活性污泥法
工艺控制

第3版

张建丰 编著

中国电力出版社
CHINA ELECTRIC POWER PRESS

内 容 提 要

本书在 2011 年出版的《活性污泥法工艺控制》一书的基础上，增加了水友普遍关心的与好氧生化处理配套的厌氧生化处理部分的内容；同时，优化整理了多年来与网友交流的经典问答，以进一步提高该书的实用性。本书共分十章，包括活性污泥法概述、物化处理系统概述、厌氧处理工艺、活性污泥法工艺控制、活性污泥性状分析法、活性污泥法运行工艺判断实例分析、活性污泥法运行故障的应对方法、生物脱氮除磷工艺控制、活性污泥法运行工艺故障处理方法交流实例及工艺控制管理者素质提升概要。

本书可供从事污水处理的工程技术人员及相关专业的在校师生参考使用。

图书在版编目（CIP）数据

活性污泥法工艺控制／张建丰编著. —3 版. —北京：中国电力出版社，2021.3（2025.3 重印）
ISBN 978-7-5198-4997-9

Ⅰ.①活… Ⅱ.①张… Ⅲ.①活性污泥处理 Ⅳ.①X703

中国版本图书馆 CIP 数据核字（2020）第 184181 号

出版发行：中国电力出版社
地　　址：北京市东城区北京站西街 19 号（邮政编码 100005）
网　　址：http：//www.cepp.sgcc.com.cn
责任编辑：王晓蕾（010-63412610）　杨芸杉
责任校对：王小鹏
装帧设计：张俊霞
责任印制：杨晓东

印　　刷：北京雁林吉兆印刷有限公司
版　　次：2007 年 1 月第一版　2021 年 3 月第三版
印　　次：2025 年 3 月北京第二十七次印刷
开　　本：710 毫米×1000 毫米　16 开本
印　　张：23.25
字　　数：448 千字
定　　价：68.00 元

前　言

　　近年来，习近平总书记多次提到"绿水青山，就是金山银山"。自 2016 年下半年开始，以中央环保督察为主，从中央到地方都对环境保护工作空前重视，包括水环境、空气质量环境等方面正逐年得到改善，而中国环境的不断改善也有助于世界环境的改善。

　　这其中，水环境质量的改善，市政和企业的污水、废水排放管控是重中之重。为了改善水环境质量，国家对市政污水和工业废水的排放要求越来越高，排放指标越来越严格，很多排放指标甚至都超过了欧美和日本的标准，而我们奋战在污水、废水处理一线的广大管理和技术人员，守着污水、废水达标排放的最后一道门，能否踢好临门一脚，关系着"绿水青山"能否早日实现这一重大历史任务。

　　笔者自 2003 年开始作为多个污水、废水处理相关论坛的版主和顾问，深感很多污水、废水处理技术人员不是科班出身，对污水、废水处理的理论知识掌握不牢，维护系统正常运行和处理异常分析对策的实践经验更是匮乏。同时，在与广大水友交流和问答过程中，普遍感受到大家对补充污水、废水处理实践知识经验的渴望，纷纷要求笔者能把更多的实践经验分享给广大水友，这也是此次本书第 3 版发行的背景之一。

　　与第 1 版和第 2 版相比，此版根据国家更严格的污水、废水排放标准的现状，修订了部分运行工艺参数值，以适应更严格排放标准的要求，另外，为了便于大家理解，对书中文字和语句进行了修改和更新，为了将污水、废水处理系统讲解清楚，补充了与好氧处理配套相关的厌氧处理知识，同时响应广大污水、废水处理管理和技术人员的要求，重点增加了生化系统运行故障的分析和对策案例（如实际案例、问答交流实例、看图问答交流实例），力求为广大污水、废水处理管理和技术人员提供最大的帮助。

　　进入新媒体时代，广大读者在学习本书过程中遇到任何问题或运行故障，都可以通过微信（ZWS2030）和笔者交流，笔者也非常乐意将自己的经验分享给广大读者。

　　我们污水、废水处理技术人员是最可爱的环保人，让我们怀着一颗环保人的心，一起努力，通过相互间的传、帮、带，不断为广大污水、废水处理管理和技术人员综合水平的提升尽一份力，为祖国"绿水青山"早日实现做出更大的贡献！

最后，应部分读者希望提供书中彩色图片及相关视频的要求，特准备了书中彩色图片及相关视频的二维码链接，有需要的读者可以扫如下二维码，根据书中内容对照查阅。

编著者

第 2 版前言

　　自 2007 年 1 月《活性污泥法工艺控制》一书出版发行以来，得到了工艺设计和调试人员，日常运行管理人员以及在校师生等广大读者的一致好评。由于作者一直担任水处理门户网站【水世界论坛】的顾问，不间断地和同行进行专业知识交流，读者在购书后的实际运用中遇到的很多问题，通过论坛交流大都得以解决。

　　鉴于第 1 版已售罄，为了回报读者长期以来的支持，应广大读者的强烈要求，本书进行了改版。作者根据多年来对活性污泥法处理工艺的把握，进一步侧重于实践经验的论述，在原有内容的基础上增加了一章，专门论述近年来比较热门的生物脱氮除磷工艺。同时，优化整理多年来与网友交流的经典问答，共计 180 例，包括工艺选择、系统调试、生物相、pH 值异常、活性污泥法运行、生物接触氧化法、泡沫浮渣、脱氮除磷、监测分析、放流出水异常等十大类问题。使读者能在掌握理论知识的情况下，迅速补充实践经验方面的不足。

　　本书共分九章，包括活性污泥法概述、与活性污泥法相配套的物化处理系统概述、活性污泥法工艺控制、活性污泥性状分析法、活性污泥法处理功能判断实例、活性污泥法运行故障的应对方法、与活性污泥法相关联的脱氮除磷工艺、活性污泥法运行工艺故障处理方法交流实例及工艺控制管理者素质提升概要。

　　限于作者水平，书中难免有不妥甚至疏漏之处，恳请广大读者多提宝贵意见。

编著者

第 1 版前言

　　中国作为发展中国家，在保持经济快速增长的同时，也使环境遭到了严重的污染。在水、气、固废三大类污染中，水的污染防治占据重要的位置，也是处理工艺最繁多和复杂的一大类污染。奋斗在水污染防治一线的所有环保人士，通过他们的努力为水污染防治工作做出了卓越贡献。这不但是对中国，也是对世界环境做出了贡献。

　　水处理工作具有较强的专业技术性，特别是实践总结尤为重要。也是这个原因，大多数在校和刚毕业的大学生会觉得学的东西和实践工作存在较大的差距，究其原因还是学校的教科书太注重理论，没有将在实际工作中可能会遇到的问题提到日程上。有的概念、要点也没有详细、通俗、全面地阐明，这也正是大家在遇到实际问题时即使拿出学过的教科书，也很难找到答案的原因。

　　在笔者和众多同行交流的过程中，深刻体会到了本行业实践知识的重要性。尤其是搞工艺控制的，很多同行都没能把基本概念搞清楚，提出来的问题虽然相当简单，但是由于基本概念没有掌握好，解释起来非常困难。由此，很多刚入行的同志会觉得无法通过实践经验的积累来提高自己的专业技术水平，总觉得从业很长时间也没有什么长进。常言道"师傅领进门，修行在个人"，这个"师傅"还是非常重要的，是你少走弯路的重要保证，也是指明你方向的人。

　　本书立足于实践，剖析活性污泥法运行工艺中涉及的所有基本概念，从独特的角度给读者以概念上的解释，更通过大量实践运行中的故障举例分析，告诉读者故障原因及对策。为了让读者易于弄懂书中的概念，书中采用了大量图片、表格予以说明，力求使刚毕业的学生拿到本书后，也能够从容应对活性污泥法工艺控制中遇到的各种问题。

　　作者希冀本书对工艺控制方面的一线操作管理人员能有所裨益，也为国家环保事业贡献一点微薄的力量。

　　本书共分八章，简单涉及部分物化处理的常见故障处理方法，重点阐述了活性污泥法的基本概念和故障原理及其相应处理方法。

编　者

目　录

第一章

活性污泥法概述

　　污水、废水处理方法分为物化处理和生化处理，在生化处理中又分为厌氧处理和好氧处理，而在好氧处理中又分为生物膜法和活性污泥法。活性污泥法是指在人工充氧条件下，对污水和各种微生物群体进行连续混合培养，形成活性污泥。利用活性污泥的生物凝聚、吸附和氧化作用，以分解去除污水中的有机污染物。然后使污泥与水分离，大部分污泥再回流到二沉池前的生化池首端，多余部分则排出活性污泥系统。在生化处理中，因为活性污泥法的工艺控制参数多，受进水影响敏感，所以是污水、废水处理中难度最大的部分。但反过来说，如果把活性污泥法工艺搞懂弄透了，那么，至少好氧生化处理法的各种工艺就可以驾轻就熟了。本书重点要介绍的是好氧处理中的活性污泥法，这一大类的处理方法中，存在着众多的工艺变形，但是其本质、基本原理、控制参数和方法等不会改变。所以，本书通过对传统活性污泥法工艺的各控制参数、运行故障等加以阐述、分析，以点带面地对活性污泥法处理工艺的本质进行阐述。

　　本书重点是对活性污泥法的概念、操作方法、故障改善等的阐述。其中涉及的曝气池、二级沉淀池（简称二沉池）等传统活性污泥法的构筑物，虽然在有的活性污泥工艺变形中可能没有设置，但是其运行及控制原理是共通的，我们需要理解的是原理本身，而不是具体的某个构筑物。这是读者在阅读本书时需要注意的。本书在活性污泥法的章节中力求展现活性污泥的基本原理，使读者具备整体分析活性污泥工艺故障的能力。

第一节　活性污泥法的主体——微生物

　　大家都知道，生化处理的主体就是微生物，而微生物的主体则是各种细菌。

　　为什么使用以细菌为主体的微生物来作为生化处理的主体呢？这还要从降解对象来加以说明。生化处理的主要目的是去除污水、废水中的有机物，也就是在污水、废水处理工艺中讲到的化学需氧量（chemical oxygen demand，COD）和生物需氧量（biochemical oxygen demand，BOD）概念，通过微生物的代谢过程将有机物分解为生物能量和无机物等。而对于大量有机物的处理，以细菌为代表的微生物在处理效果和成本上具有明显的优势，所以众多的污水、废水处理厂皆运用生化系统来处理其中的有机污染物。

一、微生物的特征

1. 微生物的种类

微生物，顾名思义是指个体微小、通常只有在显微镜下才能加以辨别的生物，包括真菌、细菌、立克次体、衣原体、支原体、病毒等，但从广义上讲还包括原生动物、后生动物以及藻类等。本书所讲的后生动物均为微型后生动物，另外，本书也把部分环节动物、节肢动物列为微生物加以讨论。

从实践管理和操作的角度，我们更需要注意以细菌为代表的这一大类有机物处理主体，而没有必要对细菌这一大门类去探讨具体的单个种类及名称，这属于医学研究的范畴。因此，本书只是将细菌作为一个大类来加以分析，也就是将它作为一个整体。只是对于微生物细菌的观察分析，由于细菌个体过小，观察多有不便，所以在实际运用中，通常将易于理解和掌握的原生动物、后生动物作为间接分析活性污泥主体细菌的观察分析工具。

2. 微生物的形态

（1）细菌。细菌个体极小，缺乏一定的形态特征，因此单靠观察形态来进行分类是很困难的，较多采用的是根据其生理和生化特性来进行分类。其中，革兰氏染色法在细菌分类上占有重要的地位。表 1-1 为细菌分类和鉴别所需的部分方法及依据。

表 1-1　　　　　　　　细菌分类和鉴别方法及依据

分类	内容
生物学性状	形状（球形、杆形、螺旋形）、大小 运动能力和鞭毛（如周毛等）
染色方法	如革兰氏染色、抗酸性染色等
培养时的特征	菌落的形态（大小、形状、表面特点、颜色、光泽等）
鉴定试验	硝酸盐还原试验，甲基红试验（MR 试验），吲哚试验，硫化氢试验，淀粉水解试验，明胶液化，糖发酵试验等
生长环境条件	生长温度，需氧化程度（好氧或厌氧），生长繁殖 pH 值，高渗溶液中的成长，血清学性质（抗原分析）
生物特性	生活场所，分布情况，寄生性，致病性

细菌的形态并不是固定的，而是因培养时间、营养的好坏、氧浓度等条件的不同有比较大的变化。在实际运行操作中，通常可以理解为幼龄细菌比老化细菌大（例如：经过 4h 培养的枯草杆菌比经过 24h 培养的要大 5~7 倍）。细菌常见形态如图 1-1 所示。事实上，在污水、废水运行操作中并不需要这样细致的分类，重要的是要知道细菌这个大类是活性污泥法中微生物的主体这一概念。

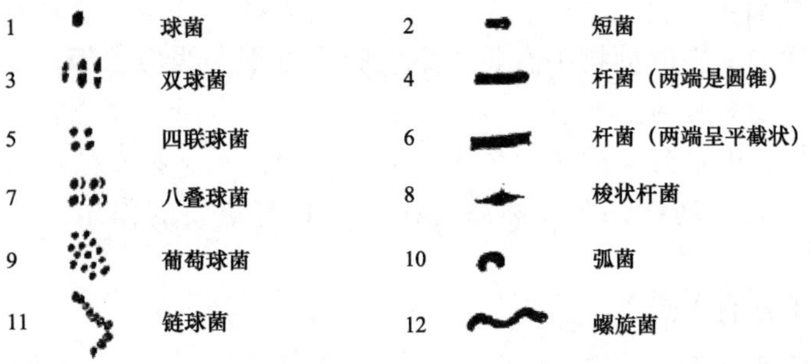

1		球菌	2		短菌
3		双球菌	4		杆菌（两端是圆锥）
5		四联球菌	6		杆菌（两端呈平截状）
7		八叠球菌	8		梭状杆菌
9		葡萄球菌	10		弧菌
11		链球菌	12		螺旋菌

图 1-1　细菌的常见形态

（2）真菌是和细菌同样重要的微生物。多细胞真菌是由孢子发芽开始逐渐伸长菌丝呈丝状，而且其中很多种类是经再次分支后，由许多菌丝聚合在一起形成菌丝体，在显微镜观察时可以看到，只是鉴别的时候比较困难，与通常的菌胶团不易区别。

（3）病毒。一般认为病毒是生物体和非生物体的中间体，是在普通光学显微镜下无法观察到的最小微生物，靠寄生在细胞内来繁殖。

（4）藻类。藻类属于一种水生生物，具有叶绿素 α，可以进行光合作用产生氧气。藻类细胞的大小一般为 $5\sim50\mu m$。污水、废水处理中所产生的藻类在生物膜法中的上层生物膜中以及在活性污泥法二沉池中比较常见，其对处理水质优劣的指标作用比较明显。

（5）原生动物。原生动物也称为原虫，与多细胞的后生动物不同，是一种单细胞动物。

原生动物可分为如下四个纲：

1）依靠一至几根鞭毛运动的鞭毛虫纲，如滴虫等。

2）依靠伪足运动的肉足虫纲，如变形虫等。

3）没有运动能力但能形成孢子而寄生的孢子虫纲，如间日疟原虫等。

4）借助于纤毛运动并具有大核和小核的纤毛虫纲，如游仆虫、棘尾虫等。

在这些原生动物中，孢子虫纲是属于寄生性的，一般不脱离菌胶团而自由活动。

通常的原生动物呈叶片状、球形、圆锥形等形状，但通常呈不对称形。其大小差别也很大，最小者 $5\mu m$ 左右，最大的甚至可达 3mm，一般在 $50\sim100\mu m$ 的比较多。另外，原生动物并不是通过细胞的任何部位都能摄取食物的，其只能通过胞口摄取，这与细菌不一样，细菌是通过细胞壁渗透入吸收营养的。原生动物中重要的伸缩泡结构可将体内形成的多余水分排出体外，也可将代谢过程中产生的废物排出体外，其位置和大小，因种类不同而有所不同。原生动物作为重要的水处理指标生物，是工艺控制中重要的参考指标。

3

（6）微型后生动物。微型后生动物中有很多种类是属于袋形动物、环节动物、节肢动物的。袋形动物中有轮虫纲、腹毛虫纲、线形虫纲。其中，轮虫纲广泛存在于水和潮湿的土壤中，体长一般在 $100\sim150\mu m$。咀嚼器的存在是轮虫纲的重要特征，也是分类的重要依据。轮虫作为污水、废水处理后段工艺中经常出现的指标后生动物，在实际系统操作中具有重要的作用，是需要重点掌握的。

二、微生物的代谢

1. 微生物的化学反应

自然界存在着各种各样的微生物，它们能够适应不同的生长环境，具备某些独特的生长繁殖功能。微生物生命过程中的化学反应在降解污染物方面的效果尤其明显。微生物的化学反应主要包括氧化反应、还原作用、脱羧反应、脱氨反应、水解反应、酯化反应、脱水反应、缩合反应、氨基化反应。不同种群的微生物，具有不同侧重点的化学反应。

实践中，更多需要了解的是氧化反应、脱氨反应和水解反应。

活性污泥法处理废水中，微生物对有机物的降解主要就是通过微生物的自身代谢过程，将有机物分解为自身生命活动所需要的能量，这个过程更多反映的是微生物对有机物的氧化反应。

在生物脱氮除磷工艺中，则依靠硝化菌和反硝化菌的作用，达到脱氮的目的。

处理高浓度有机废水的时候，进行必要的水解酸化反应有利于提高废水的可生化性，为后续生化系统的处理提供支持。

2. 不同微生物的能量来源

（1）能量来源。微生物在增长时需要菌体的组成物质和形成菌体的能量。一部分微生物能够以光作为能源生长繁殖（光营养），而多数微生物则不能以光作为能源，而利用化学能来进行生长（化学营养）。多数微生物利用有机化合物进行发酵或呼吸而获得能量。然而，在自然界环境中也存在着很多以氧化无机化合物的方式获得能量而进行生长的微生物。表1-2是根据能量来源以及对有机物的需要与否等对微生物的分类。

表1-2　　　　　　　　　微生物的分类

能量来源	对有机物的需要与否	氧气含量	被氧化物质	固氮微生物名称
光能	不需要			蓝藻（+）
				绿藻（-）
		厌氧	含硫化合物	红色硫细菌（+）
		厌氧	含硫化合物	绿色硫细菌（+）
	需要	厌氧		红色非硫细菌（+）

续表

能量来源	对有机物的需要与否	繁殖条件	被氧化物质	固氮微生物名称
化学能	不需要	好氧（以氧作为氧化剂）	NH_4^+	亚硝酸菌（-）
			NO_2^-	硝酸菌（-）
			H_2	氢细菌（-）
			Fe^{2+}	铁细菌（-）
			S，$S_2O_3^{2-}$	无色硫细菌（-）
		厌氧（以 NO_2 作为氧化剂）	S，$S_2O_3^{2-}$	无色硫细菌（-）
	需要	好氧		好氧性固氮菌（+）
				好氧细菌（-）
		厌氧	还原 NO_3^-	脱氮菌（-）
			还原 SO_4^{2-}	硫酸还原菌（-）
				厌氧性固氮菌（-）
				发酵细菌（-）

注 "+"代表革兰氏染色阳性；"-"代表革兰氏染色阴性。

　　藻类和光合作用细菌是属于以光作为能源的微生物，它具有把光能转化成ATP（三磷酸腺苷）的能力。不过藻类能够把在分解水时所产生的能量用在 CO_2 的还原上，并合成有机物。但是光合作用细菌并不能对水进行光分解，所以在合成有机物时需要以化学物质来代替水，并把化学物质作为电子供体。通常把以无机物作为能量而生长的细菌叫做自养细菌，而以有机化合物作为能量而生长的细菌叫做异养细菌。自养细菌中有红色硫细菌、绿色硫细菌、亚硝酸菌、硝酸菌、氢细菌、无色硫细菌、铁细菌等。

　　（2）光合作用细菌。高等植物和藻类是以 H_2O 作为氢供体还原 CO_2 而合成糖的，但是光合作用细菌把已被还原的无机化合物作为电子供体。红色硫细菌利用 H_2S、$Na_2S_2O_3$ 和 S 时按下列反应式进行：

$$CO_2 + 2H_2S \longrightarrow CH_2O + H_2O + 2S$$
$$2CO_2 + Na_2S_2O_3 + 3H_2O \longrightarrow 2CH_2O + Na_2SO_4 + H_2SO_4$$
$$S + CO_2 + 3H_2O \longrightarrow CH_2O + H_2SO_4 + H_2$$

红色非硫细菌利用有机物时，则按下列反应进行：

$$C_3H_7COONa + 2H_2O + 2CO_2 \longrightarrow 5(CH_2O) + NaHCO_3$$

　　（3）氧化无机物的细菌。利用氧化无机物时所产生的能量来生长繁殖的细菌列于表1-3，而这些细菌均属于自养菌。硝化菌中包括将氨氧化成亚硝酸的亚硝酸菌和将亚硝酸氧化成硝酸的硝酸菌。氢细菌属于自养菌，但其中也有以异养方式进行增长的细菌。铁细菌是以把二价铁氧化成三价铁时所产生的能量进行增长的。无色硫细菌是以氧化固体硫、亚硫酸、硫代硫酸、硫化氢来增长的。

表1-3　　　　　　　　　　　　　　氧 化 无 机 物 的 细 菌

常用名称	反应式
亚硝酸菌	$2NH_3 + 3O_2 \longrightarrow 2NO_2^- + 2H^+ + 2H_2O$
硝酸菌	$2NO_2^- + O_2 \longrightarrow 2NO_3^-$
氢细菌	$2H_2 + O_2 \longrightarrow 2H_2O$
铁细菌	$4Fe^{2+} + 4H^+ + O_2 \longrightarrow 4Fe^{3+} + 2H_2O$
无色硫细菌	$2H_2S + O_2 \longrightarrow 2S + 2H_2O$ $2S + 3O_2 + 2H_2O \longrightarrow 2H_2SO_4$

（4）还原无机盐的细菌。还原无机物的细菌有硫酸还原细菌和硝酸还原细菌。硫酸还原细菌存在于生活污水和河流底泥中，而硝酸还原细菌大多数在厌氧条件下进行脱氮反应。

微生物通过以上生物化学作用达到对水体中污染物的去除效果。同时，部分不能降解的物质，在实际运行中，由微生物菌胶团的强大吸附能力加以吸附，最终通过排泥等方式将污染物从水体中去除。

三、原生动物增长的环境条件

影响原生动物增长的环境条件，主要是温度、重金属、pH 值和盐度。下面就对这几个条件进行简要的说明。

1. 温度

应该说，在5℃以下的河流和40~50℃的温泉中都可以发现原生动物。如沼轮毛虫喜低温，如果室温提高将立即死亡；而大弹跳虫喜高温。根据对梨形四膜虫增长情况的研究发现，它可以在 5~35℃ 的范围内生长（温度越高，细胞容量会越大），但是个体数的增加只在 7.5~32.5℃ 的范围内进行。

通常认为，原生动物最佳生长繁殖温度是 25~30℃，超过 35℃将对活性污泥中的常规原生动物在繁殖速率和正常代谢方面产生影响。

2. pH 值及盐度

在自然界里，由于腐殖酸的存在和矿山废水的排放而使某些地区的 pH 值很低，在 pH 值低至 1.8 左右的地区仍可以看到有原生动物生存。能耐受低 pH 值的原生动物有：易变眼虫、尖毛虫、衣滴虫等。在酸性土壤中也大量存在有壳变形虫。

盐度方面，在淡水中和海水中生存的原生动物种类是不一样的，而且，在这两种环境中都能生存的原生动物几乎没有。淡水和海水不仅渗透压不同，而且大多数离子的浓度也不一样。就原生动物而言，其不同种类耐受盐度的能力也有很大差别，如：无角变形虫在盐度 4.4% 的环境下也能生存，而尾草履虫只能在盐度低于 1.5% 的环境下生存，卵形隐滴虫的耐受能力更低，只有 0.03%，而有的鞭毛虫类原生动物最高能够在 25% 的盐度条件下生存。

就活性污泥法而言，为了保证系统的正常运转，对原水的 pH 值和盐度还是需要合理控制的，通常以小口钟虫作为活性污泥类生物的代表。其增长环境最佳 pH 值是 6.5~7.5，pH 值超过 8 时，小口钟虫将出现死亡或畸形。

第二节 活性污泥法的概念

在第一节介绍了活性污泥法处理主体——微生物的基本概念，这为我们介绍最重要的工艺控制奠定了基础，有助于我们在实际操作中增加对活性污泥法处理污水、废水的整体判断能力。

活性污泥法处理工艺广泛应用于城市污水处理和处理对象为有机物的废水处理系统中。其发展已有上百年的历史，并出现了很多变形工艺，而且，演化出了推流式活性污泥法、完全混合式活性污泥法、分段曝气式活性污泥法、吸附—再生活性污泥法、延时曝气活性污泥法、深井曝气活性污泥法、纯氧曝气活性污泥法、氧化沟工艺、序批式反应器工艺等好氧处理工艺。应该说活性污泥法是一个成熟的工艺了。同时，好氧处理中，对活性污泥法知识的了解也能有助于增强对生物膜法工艺的了解。

一、活性污泥法原理

活性污泥法是参照水体自净原理发展而来的，可通过如下说明来加深对这一原理的理解。

假设有一个污染物排放源（污染物主体是有机物），排放的废水直接进入某河流，此时，监测污染物排放口附近的河流水样，会发现测得的 COD 数值很高，但是，再到距排放口 1km 的地方去监测的时候，测得的 COD 数值却降低了很多，到下游时几乎监测不出污染物的存在了。分析原因主要有以下几方面。

（1）稀释作用（污染物进入水体后会被稀释）。

（2）河流底泥的吸附作用（部分可沉降有机颗粒沉降到河流底部，进入河流底泥中）。

（3）微生物降解（水体及河流底泥内的微生物分解了水体中的有机污染物）。

综合以上原理可以发现，污染物进入水体后除物理稀释和空气中的化学氧化作用外，更重要的是水体中微生物的生物化学反应起了关键作用。将这一原理运用到污水、废水处理工艺中，为微生物提供足够的食物（有机污染物）、氧气（曝气），就能看到生化处理工艺中最常用的处理方法——活性污泥法。图 1-2 是水体自净原理示意图。

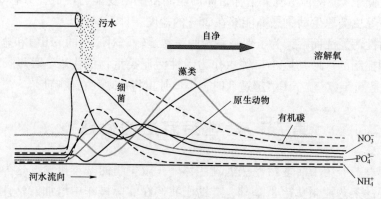

图1-2　水体自净原理示意图

1. 活性污泥法处理工艺

在人工充氧条件下，对污水和各种微生物群体在曝气池内进行连续混合培养，形成活性污泥。利用活性污泥的微生物凝聚、吸附和氧化作用，以分解去除污水中的有机污染物。然后使污泥与水分离，大部分污泥再回流到生化池首端，多余部分则排出活性污泥系统。图1-3是活性污泥法的典型工艺流程图。

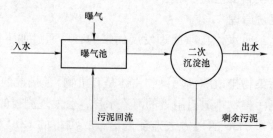

图1-3　活性污泥法典型工艺流程图

2. 活性污泥的组成

（1）具有代谢功能的活性微生物群体。

（2）微生物内源呼吸和自身氧化的残留物。

（3）被污泥絮体吸附的难降解有机物。

（4）被污泥絮体吸附的无机物。

活性污泥的净化功能主要取决于栖息在活性污泥上的微生物。活性污泥微生物以好氧细菌为主，也存活着真菌、原生动物和后生动物等，这些微生物群体组成了一个相对稳定的生态系。细菌虽是活性污泥法中微生物主要的组成部分，但是，活性污泥中哪些种属的细菌占优势，要根据污水中所含有机物的成分以及活性污泥法运行操作条件等因素而定。

二、活性污泥法与其他处理方法的比较

1. 与物化处理法的比较

废水、污水中的有机物处理，并不是只有生化处理，物化处理同样可以取得良好的处理效果。但是，为什么大型污水处理厂都会采用生化处理，特别是活性污泥法呢？这个主要是从成本方面考虑的。

对于有机物浓度较低（COD 浓度在 1000mg/L 以下的）的情况，采用物化处理法将消耗大量化学药品，处理费用高昂。相反，通过微生物代谢活动来降解有机物，其处理成本就低得多。通常以生化处理为主的污水处理厂每吨水处理成本在 0.3~0.9 元之间，而物化处理每吨水成本在 4 元以上也很正常。生化处理适合大流量污水、废水，这对降低运行成本极为有利，因为增大进水流量和底物浓度可以由微生物不断增加的数量来对应，而微生物数量上升所对应的能源消耗并不是呈比例增加，这就为生化系统处理大流量污水提供了保障。这正是生化处理系统在污水、废水处理中广泛运用的原因。

2. 与生物膜法的比较

生物膜法的原理是由土壤自净原理发展而来的，我们在日常生活中可以看到，当你把白菜叶扔在室外地面上时，它的腐烂速度明显加快，就是因为白菜叶和土壤接触后，被土壤里的微生物加速分解所致，我们把这个土壤自净原理用在污水、废水处理上，就产生了生物膜法工艺。在生化处理中，生物膜法和活性污泥法在运用方面也有所不同，表1-4对两者做了对比。

表1-4　　　　　　　　生物膜法与活性污泥法区别

比较项目	生物膜法	活性污泥法	备　注
适应负荷波动能力	强	一般	为降低负荷时，会将生物膜法放在活性污泥法前面；有稳定达标需求时，也可设置在活性污泥法后段
彻底净化能力	一般	强	单独设置生物膜法，在进水波动大时不易达标排放
动力消耗	少	多	生物膜法不用或少用曝气，一般不设回流，节能明显
系统稳定性	强	一般	生物膜法发生系统恶化的状况较少
丝状菌膨胀性	常见	少见	生物膜法即使发生丝状菌膨胀也不影响处理效果
培养时间	较长	较短	活性污泥可以接种培养

三、活性污泥法处理废水的适用范围

活性污泥法虽然广泛应用于污水、废水处理工艺中，但是也有它的一些局限性，根据具体情况斟酌选择比较合适，生搬硬套往往不能发挥最佳效果，那样只会给操作运行管理人员带来诸多不便。表1-5列出该法主要的适用范围。

9

表 1-5 活性污泥法的适用范围

适用范围	说明
中低浓度污水、废水	以进水 COD 低于 2500mg/L 为佳
水质波动不大的污水、废水	水质波动大的污水、废水需要设置调节池
可生化性较好的污水、废水	BOD_5/COD 不低于 0.3 为佳
兼带脱氮除磷时底物浓度有保障的污水、废水	低底物浓度对高氮磷去除存在影响，需补充碳源
成分单一的工业废水	需要补充外加营养源（氮、磷）

第三节 改进的活性污泥法

一、序批式反应器活性污泥法（SBR 工艺）

1. 运行过程及曝气方式

序批式反应器（sequencing batch reactor，SBR）活性污泥法通过程序控制充水、反应、沉淀、排水排泥和闲置 5 个阶段，实现对废水的生化处理。SBR 可分为限制曝气、非限制曝气和半限制曝气 3 种。限制曝气是污水进入曝气池只混合而不曝气。非限制曝气是边进水边曝气。半限制曝气是污水进入的中期开始曝气，在反应阶段，可以始终曝气；为了微生物脱氮，也可以曝气后搅拌，或者曝气、搅拌交替进行；其剩余污泥可以在闲置阶段排放，也可在进水阶段或反应阶段后期排放。

SBR 运行方式应根据废水的性质确定，易降解的有机废水宜采用限制曝气进水方式，难降解的有机废水宜采用非限制进水方式。各工序的时间控制与最终处理指标的要求有关。如处理中仅考虑重铬酸盐指数（COD_{cr}）和五日生化需氧量（BOD_5）的处理效果，曝气时间可适当减少，以达到节能的目的；若考虑 N、P 的去除，曝气时间可适当增加；以处理工业废水及有毒有害废水为目标的运行方式建议采用短时间的搅拌加上长时间的曝气。

正是因为 SBR 工艺各阶段可以灵活调整，对废水水质和水量波动异常有比较大的适应能力，这个适应能力比一般的活性污泥法工艺的要强。例如，进水有机物浓度突然升高时，可以延长曝气时间，通过增加反应时间来应对高有机污染物的负荷冲击。

2. 工艺特点

SBR 工艺将传统的曝气池、沉淀池由空间上的分布改为时间上的分布，形成一体化的集约构筑物，利于实现紧凑的模块布置。其最大的优点是节省占地。另外，可以减少污泥回流量，水泵运行减少，故有节能效果。典型的 SBR 工艺沉淀时停止进水，静止沉淀可以获得较高的沉淀效率和较好的水质。由 SBR 发展演变的循环活性污泥工艺（cyclic activated sludge technology，CAST；又称 cyclic activated sludge system，CASS），在除磷脱氮及自动控制等方面有新的特点。

　　但是，SBR 工艺对自动化控制要求很高，并需要大量的电动阀和滗水器，稍有故障将不能运行，一般需引进全套进口设备。由于一池有多种功能，相关设备不得已而闲置，曝气头的数量和鼓风机的能力必须稍大，池子总体容积也不减小。另外，由于滗水深度通常有 1.2~2m，出水的水位必须按最低排水水位设计，故总的水位较一般工艺要高 1m 左右，水泵能耗将有所提高。

　　在工艺控制层面，还有如下优缺点。

　　（1）优点。

　　1）耐冲击负荷。池内有滞留的处理水，对污水有稀释、缓冲作用。

　　2）运行灵活。工艺过程中的各工序可根据水质、水量进行调整，运行灵活。

　　3）控制丝状菌。池内厌氧、好氧处于交替状态，有效控制丝状菌膨胀。

　　4）脱氮除磷。可实现好氧、缺氧、厌氧状态交替，具有良好的脱氮除磷效果。

　　（2）缺点。

　　1）排水时间短（间歇排水时），需要专门的排水设备（滗水器）。

　　2）进水波动时，对操作人员技术要求高。

　　3）由于不设初沉池，易产生浮渣，浮渣问题比较难解决。

SBR 工艺的构筑物构造如图 1-4 所示，各反应阶段区分参考图 1-5 所示。

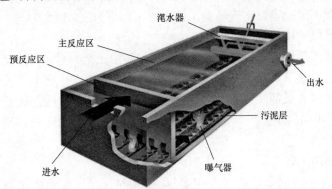

图 1-4　SBR 处理工艺构造图

　　纵观整个 SBR 工艺，通过一个池体，仅改变进水、反应方式，就可以达到去除有机物的效果，就其本质而言还是以活性污泥法为基础理论指导的。

SBR 池全景如图 1-6 所示。

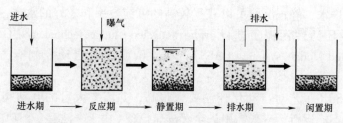

图 1-5　SBR 工艺各反应阶段区分图

二、吸附—生物降解工艺（AB 法）

吸 附—生 物 降 解 工 艺（adsorption-biodegradation，AB）由德国 BOHUKE 教授首先开发。该工艺将曝气池分为高低负荷两段，各有独立的沉淀和污泥回流系统。高负荷段（A 段）停留时间约 20~40min，以生物絮凝吸附作用为主，同时发生不完全氧化反应，生物主要为短世代的细菌群落，BOD 去除率达 50% 以上。B 段与常规活性污泥法相似，负荷较低，泥龄较长。

图 1-6　SBR 池全景

AB 法 A 段效率很高，并有较强的缓冲能力。B 段起到出水把关作用，处理稳定性较好。对于高浓度的污水处理，AB 法具有很好的适用性，并有较高的节能效益。尤其在采用污泥消化和沼气利用工艺时，优势最为明显。

但是，AB 法污泥产量较大，A 段污泥有机物含量极高，污泥后续稳定化处理是必须的，将增加一定的投资和费用。另外，由于 A 段减少了较多的 BOD，可能造成碳源不足，难以实现脱氮工艺。对于污水浓度较低的场合，B 段运行较为困难，也难以发挥优势。

同样，基于活性污泥法基本原理开发的 AB 法工艺，对较高浓度有机废水处理的节能优势明显。所以，工艺的选择对将来的设施运行成本至关重要，否则建成后单靠技术人员的工艺控制和改进，其节能效果和方法往往甚为被动。国内 AB 法工艺用到的不多，但是，AB 法处理工艺的原理对于我们理解活性污泥法很有帮助。

三、氧化沟工艺

自 1920 年英国谢菲尔德（Sheffield）建立的污水厂成为氧化沟技术先驱以来，氧化沟技术一直在不断地发展和完善。其技术方面的提高是在两个方面同时展开的：一是工艺的改良；二是曝气设备的革新。

氧化沟利用连续环式反应池（continuous loop reator，CLR）作生物反应池，混合液在该反应池一条闭合曝气渠道中进行连续循环。氧化沟通常在延时曝气条件下使用。氧化沟使用一种带方向控制的曝气和搅动装置，向反应池中的物质传递水平速度，从而使被搅动的液体在闭合式渠道中循环。

氧化沟一般由沟体、曝气设备、进出水装置、导流和混合设备组成，沟体的平面形状一般呈环形，也可以是长方形、L形、圆形或其他形状，沟端面形状多为矩形和梯形。

氧化沟法具有较长的水力停留时间、较低的有机负荷和较长的污泥龄，因此相比传统活性污泥法，可以省略调节池、初级沉淀池（简称初沉池）和污泥消化池，有的还可以省略二沉池。氧化沟能保证较好的处理效果，这主要是因为巧妙结合了 CLR 形式和曝气装置特定的定位布置，使得氧化沟具有独特水力学特征和工作特性。

（1）氧化沟结合推流和完全混合的特点，有利于克服短流并提高缓冲能力。通常在氧化沟曝气区上游安排入流，在入流点的再上游点安排出流。入流通过曝气区在循环中很好地被混合和分散，混合液再次绕 CLR 继续循环。这样，氧化沟内短期（如一个循环）呈推流状态，而长期（如多次循环）又呈混合状态。这两者的结合，既可以使入流至少经历一个循环而基本杜绝短流，又可以提供很大的稀释倍数而提高了缓冲能力。同时，为了防止污泥沉积，必须保证沟内有足够的流速（一般平均流速大于 0.3m/s），而污水在沟内的停留时间又较长，这就要求沟内有较大的循环流量（一般是污水进水流量的数倍乃至数十倍），进入沟内的污水立即被大量的循环液所混合稀释，因此氧化沟系统具有很强的耐冲击负荷能力，对不易降解的有机物也有较好的处理能力。

（2）氧化沟具有明显的溶解氧浓度梯度，特别适用于硝化-反硝化脱氮处理工艺。氧化沟从整体上又是完全混合的，液体流动却保持着推流前进，其曝气装置是定位的，因此，混合液在曝气区内溶解氧浓度是上游高，然后沿沟走向逐步下降，出现明显的浓度梯度，到下游区溶解氧浓度就很低，基本上处于缺氧状态。氧化沟设计可按要求安排好氧区和缺氧区实现硝化-反硝化工艺，不仅可以利用硝酸盐中的氧满足一定的需氧量，而且可以通过反硝化补充硝化过程中消耗的碱度，这些有利于节省能耗和减少甚至免去硝化过程中需要投加的化学药品数量。

（3）氧化沟沟内功率密度的不均匀配备，有利于氧的传质、液体混合和污泥絮凝。氧化沟不仅有利于氧的传递和液体混合，而且有利于充分切割絮凝的污泥颗粒，也能改善污泥的絮凝性能。当混合液经过平稳的输送后到达好氧区后期，混合液平均速度梯度 G 小于 $30s^{-1}$，污泥仍有再絮凝的机会。

（4）氧化沟的整体功率密度较低，可节约能源。氧化沟的混合液流速一旦被加速到沟中的平均流速，维持循环仅需克服沿程和弯道的水头损失，因而氧化沟可比其他系统以低得多的整体功率密度来维持混合液流动和活性污泥悬浮状态。据国外的一些报道，氧化沟比常规的活性污泥法能耗降低 $20\% \sim 30\%$。

　　另外，据国内外统计资料显示，与其他污水生物处理方法相比，氧化沟具有处理流程简单、操作管理方便、出水水质好、工艺可靠性强、基建投资少、运行费用低等特点。

　　所以，就市政污水处理来讲，如果氮磷去除负担不是太重的情况下，选择氧化沟工艺是较为合适的，就其工艺而言仍然是围绕活性污泥法基本原理进行的。

　　氧化沟实景如图1-7所示。氧化沟工艺专用曝气设备（转刷曝气机）如图1-8所示。

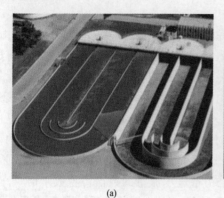 

(a)　　　　　　　　　　　　　　　　(b)

图1-7　氧化沟实景

（a）全貌；（b）局部

图1-8　转刷曝气机

　　纵观上述改进的活性污泥法就可以发现，这些变形工艺仅仅在构筑物结构及运行工艺上发生了变化，而其降解原理、运行机制却并没有发生变化，还是要受到常规活性污泥法操作控制要素（如水温、pH值、活性污泥浓度、污泥负荷等）的影响。

第二章

物化处理系统概述

　　众所周知，利用活性污泥法处理污水、废水中的有机污染物成本较低，这也是近百年来此工艺广泛应用并不断发展的原因。

　　但是，仅仅依靠活性污泥法处理污水、废水往往不能达到预期的效果，这与废水成分复杂、活性污泥法自身的局限性有关。例如对无机物的处理，活性污泥法几乎没有特别的处理效果，达不到真正意义上的去除。为此，对于大部分污水、废水处理来讲，在运用活性污泥法工艺的同时，常会配合物化处理工艺，以达到多指标达标排放的目的。本章就是重点对需要和活性污泥法配合使用的物化处理工艺进行概括性阐述，以帮助读者更清楚地理解活性污泥法在整个污水、废水处理工艺中的功能和作用，提高读者对污水、废水处理工艺管理的综合判断能力。

第一节　物理处理设施及化学处理工艺

　　污水处理厂的处理单元，依照其原理可分为物理、化学、生物处理三类，其中物理处理单元包括筛除、沉砂、调整、混合、沉淀、浮除、过滤等。接下来就此7类物理处理设施和3种化学处理工艺加以简单说明。

一、拦污栅

1. 拦污栅作用

　　市政污水和部分工业废水中存在较大的固体废物（如布条、菜叶、包装袋等），为了避免这些物质堵塞排水管、损坏搅拌机和水泵等设备，通常需要在污水、废水进入系统前将这部分固体废物进行筛除，常用的设备就是拦污栅。常见的拦污栅如图2-1所示。

　　拦污栅一般可分为粗型和细筛型两种。细筛型拦污栅除了对粗杂物有拦截作用外，对悬浮固体物也有去除作用，只是水头损失较大、容易堵塞。拦污栅依据清污方式不同，可分为人工清除格栅和机械清除格栅两种。

图2-1　拦污栅

2. 机械式拦污栅设计常规要求

机械式拦污栅应该具备前后水位差 0.35m 以上的水压强度，并且污水穿过格栅的流速应该保证在 60~120cm/s，以防止发生沉淀现象。格栅槽的底高比污水进流管管底至少低 8~15cm，以防死角淤塞。格栅设置的倾斜度应与水平成45°~90°，采用较陡的坡度可节省较大的空间。

3. 拦污栅常见故障处理对策

拦污栅常见故障处理对策见表 2-1。

表 2-1　　　　　　　　拦污栅常见故障原因及处理对策

序号	故障现象	可能原因	检查或监视	处理对策
1	令人不悦的臭味，苍蝇及其他昆虫	碎布或残渣的积聚	残渣	增加清除及处理的频率
2	过量砂石积聚在拦污栅	水位增高	沉砂池的深度	移除底部的积砂或重新设定坡度
		流速太低	测定流速	增加流速或定时冲水清洗
3	格栅堵塞频率过高	废水中含有不定量的残渣	格栅宽度及废水流经格栅的流速	使用较粗的格栅或找出故障来源而阻断其排放
4	机械式清除耙不能操作或设定	机械性堵塞	栅沟	移除障碍
5	耙子不能操作但是电动机能运转	传动链或传动带断裂	链条和传送带	换掉链条或传动带
		切换开关故障	开关	换掉开关
6	耙子不能操作且无明确原因	控制回路的缺陷	转换回路	置换回路
		电动机运转不良	电动机的运转情况	置换电动机

二、沉砂池

重力沉砂池为一狭长的水道，砂石的沉淀用流速控制，一般的流速为 15~30cm/s，停留时间为 30~60s，通常需要两个平行的沉砂池以便交替清理。沉砂池的效率与表面积成正比，而与宽、深、流速及形状无关。沉下的砂石常因夹杂有机物质而易于腐败。曝气沉砂池对流速的控制要求较宽，流量的异常变化对沉降效果影响不是太大。由于存在曝气效果，砂石不需要清洗即可处理，同时对废水也有预曝气作用，池体设计类似于活性污泥法的曝气池，只是需要增加约 90cm 深的沉砂斗，以便集泥。

1. 沉砂池设计上的缺陷及操作解决方法

沉砂池设计上的缺陷及操作解决方法见表2-2。

表2-2　　　　　　　　沉砂池设计缺陷及操作解决方法

序号	设计缺陷	操作解决方法
1	短流	装设水底挡板于扩散器后，或沿着与扩散器相反的墙上装设
2	增加沉砂量可引起有机物的沉淀量也跟着增加，从而导致明显的臭味	装设且适当操作沉砂设备
3	金属及混凝土上的锈蚀	设置鼓风机及气体刮除器，通过鼓入空气稀释腐蚀性气体
4	储砂斗的滑动阀门堵塞	用水冲刷漏斗
5	机械式清除槽的升降桶时常破裂	使用一体成型尼龙或其他轻质且强韧的桶子 装设喷水龙头以去除可能存在的大量沉砂
6	尾端磨损降低沉砂池效率	如非机械式沉砂池，在储砂部分及流动部分之间可设置移动式组板或底板格栅
7	设备发生阻塞	在沉砂池前设置拦污栅或破碎机
8	在入流区积砂过量	将入流水曝气
9	污泥处理不便	设置机械清除式沉砂槽，且自动将砂移至储存漏斗以降低处理量

2. 沉砂池常见故障处理对策

沉砂池常见故障处理对策见表2-3。

表2-3　　　　　　　　沉砂池常见故障原因及处理对策

序号	故障现象	可能原因	检查或监视	处理对策
1	砂石包围住了收集器	收集器操作的速度过快	收集器转速	降低收集器的速度
		吊桶升降机或去除设备速度太慢	去除砂石的速度	提高收集器去除砂石的速度
2	沉砂池中出现腐蛋臭味	硫化氢形成	采样分析总硫及可溶性含硫量	清洗池子且加入 ClO_2
		沉淀于底部的残渣发生腐败	监视池中是否有残渣	每天清洗池子
3	金属及混凝土的腐蚀	通风不足	通风口	增加通气量

续表

序号	故障现象	可能原因	检查或监视	处理对策
4	去除的砂颜色为棕色且感觉油腻	旋转式沉砂池压力不正确	降低池体承受压力	保持抽升水泵速度，使压力在 27.58~41.37kPa 之间
		空气流量不足	检查空气流量	增加空气流量
		除砂系统速率太低	使用染料检查流速	增加沉砂池的流速
5	沉砂池表面的扰流减少	扩散器被破碎布或砂掩盖住	扩散器	洗净扩散器
6	集砂率低	底部磨损	流速	保持流速在 0.30m/s
		曝气量太高	曝气状态	降低曝气量
		停留时间不足	停留时间	增加停留时间
7	沉砂池满溢	抽水引起波动	抽水泵	调整抽水泵
8	沉砂池中出现油性腐败物质且有气泡在表面	污泥集中在池底	沉砂池底部	每天清洗沉砂池

3. 沉砂池臭味解决方法

沉砂池臭味解决方法见表2-4。

表 2-4 　　　　　　　　　　沉砂池臭味解决方法

问题点	可能解决方法	可应用的地方	可用药品	优点	缺点
腐蛋臭味	控制硫化氢	收集系统、集砂槽	双氧水、臭氧	有效	投加成本高
入流水的 pH 值太高	降低 pH 值	沉砂池	CO_2	对于大厂相当经济	对于小厂价格高
			HCl	可接受，价格低	有腐蚀性
			HNO_3	有效	增加氮排放
			H_2SO_4	小厂常用，经济	操作危险
入流水的 pH 值太低	升高 pH 值	集砂井	石灰	有助凝作用，效果佳	增加污泥产量
			NaOH	有效，加药方便	价格昂贵
			$NaHCO_3$	处理容易、安全	不利于调节过低 pH 值废水
			Na_2CO_3	溶解度高、使用容易	不利于调节过低 pH 值废水

沉砂池实景如图 2-2 所示。

图 2-2　沉砂池实景

三、调整池

1. 设置目的

调整池（也称调节池）设置目的主要是为了减少和控制废水水量与水质的异常变化现象，并提供最佳操作条件，以利于后续操作单元的正常操作。进一步而言，其主要功能如下：

（1）提供足够的缓冲空间平衡有机负荷，减少生物处理单元的突增负荷。

（2）提供适合的 pH 值控制，减少后续为调节 pH 值所需的化学中和药剂用量。

（3）降低流量对后续物理及生物处理单元的冲击，稳定的流量确保维持稳定、合适的投药量。

（4）提供连续的正常操作功能（即使工厂暂时没有废水排入）。

（5）防止和平衡高浓度的毒性、惰性物质进入生物处理单元。

（6）必要时，可以作为事故储水池使用，为事故处理赢得时间。

2. 调整池臭味的解决方法

调整池臭味的解决方法见表 2-5。

表 2-5　　　　　　　　　　　调整池臭味解决方法

问题	可能解决的方法	可应用的地方	可用药品	优点	缺点
由于缺氧而引起的臭味及其他问题	加强前曝气装备；投加化学药品控制臭味时，在前曝气池对投加药品进行混合	前曝气池；曝气沉砂池；提升泵站	石灰	不必加盐类	产泥多
			明矾	易处理、溶解	需加可溶性固体
			氯化铁	价廉	需加可溶性固体
			臭氧	效佳	昂贵
			氯	有效	残留影响后续生物
			过氧化氢	无腐蚀	需要 15min 接触时间

3. 调整池管理上的注意点

（1）避免出现死角沉淀（沉淀物突然扬起时，会对后续生化处理段造成冲击）。

（2）保持适当的停留时间时，对有机物也有一定的去除效果，但不明显。

（3）根据第（2）点，如果追加曝气的话，则有机物去除率会提升。但是，如果有接反硝化缺氧段时，会导致缺氧池的溶解氧上升，脱氮不利而影响总氮的去除。

（4）经常进行点检，避免满溢现象的发生。多关注液面情况，例如气泡等。调整池现场照片如图 2-3 所示。

图 2-3　调整池现场照片

四、混合设备

1. 混合概述

混合可应用在沉降、气浮、过滤、絮凝、混凝、吸附、曝气、氧化、还原、中和等单元。大多数废水处理成分如悬浮固体、金属、有机物、无机物及油类等都可在混合反应槽内进行，同时，借助混合时的机械搅拌使各种物化反应能均匀且快速地在混合反应槽内进行。

混合用搅拌机的作用在于：① 避免悬浮固体沉淀；② 使废水水质混合均匀；③ 使气体以气泡的形式分散于水中；④ 对无法混合的液体，通过搅拌可以促成乳状液的形成；⑤ 增加传热能力。

2. 常用搅拌设备

（1）搅拌叶轮。常分为两种：一类是垂直流动叶轮，产生的水流与容器旋转轴方向平行；另一类是径流动叶轮，产生的水流成切线方向或辐射方向。叶轮形式主要有推进器式、桨式、轮机式。

1）推进器式搅拌机。适用于低黏度设备的搅拌，小型机转速通常在 1150r/min 或 1750r/min 左右，大型机转速为 400~800r/min，推进器常由三片叶轮组成。

2）轮机式搅拌机。这种装置和多桨式搅拌很类似，其叶轮较短，装于容器的旋转轴上，以高速度旋转。叶轮直径通常为容器直径的 30%~50%。轮式搅拌机对黏度大小的适用范围极广，遇到低黏度液体往往产生强大的漩涡和液流现象，如液体泼洒、液体晃动过烈等，这在使用中需要注意。

（2）潜水搅拌机。在污水、废水处理的需搅拌场所运用较多，由于潜水搅拌机设置在需搅拌混合液的池内，其完全浸没于混合液中，所以混合效果较好，并且其搅拌位置可以移动，也增加了其灵活性，对搅拌死角的应对比较灵活。但是该型设备对耐腐蚀的材质和电线要求较高，故障频率和维修费用值得考虑。

潜水搅拌器实物如图 2-4 所示。

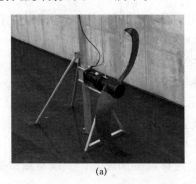

（a）　　　　　　　　　　　　（b）

图 2-4　潜水搅拌器实物

（a）示例一；（b）示例二

五、沉淀池

1. 设置目的

沉淀池设置目的是借助沉淀作用去除悬浮物。当水流进入一个大断面的池中，水流速度降低，池水处于几乎静止状态，在重力影响下，密度较高的颗粒会向下移动，反之，较低密度的颗粒则会向上浮动，因此，废水溶液会分成液面浮渣和池底的底泥两部分，如此泥水分离，便可达到沉淀池设置的目的。

2. 沉淀池操作注意事项

沉淀池由流入部分、沉淀部分、流出部分及污泥部分组成，如图2-5所示。注意事项如下：

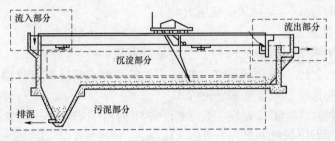

图2-5　沉淀池

（1）流入部分。

1）水位差。沉淀池与混合反应槽或曝气槽间的水位差，应该尽可能缩小，防止来自混合反应槽或曝气槽的水流卷起沉淀的污泥。如果受到用地的限制而有水位差的时候，应该在沉淀池的流入位置设置调整槽，以免对沉淀池的水流发生影响。

2）防止波动而发生影响。混合反应槽或曝气槽内的搅拌所产生的波动影响，可以通过送水管道传递给沉淀池，对送水管的形状以及因为波动造成的影响需要加以注意。

3）流入位置。沉淀池流入管的流入位置，应该位于能够避免池内发生偏向流的地方。

4）整流壁。为确保流入水流的均匀，可以在沉淀池流入部的水流直角上设置整流板或阻流板。水平流式沉淀池的有孔整流板的孔面积合计，应该为整流板面积的10%~20%。

小规模沉淀池可同时设置整流装置及阻流板以达到整流的目的。水平流式沉淀池的阻流板一般设置于距流入口60~90cm处，高度90cm左右（水面10~20cm，水面下60cm左右），当沉淀池内有发生偏流时，多以整流板或阻流板来改善其处理效果。

（2）沉淀部分。

1）沉淀部分的流速。一般水平式沉淀池的流速，以不超出沉淀速度的9~12倍为宜，基本控制在100~135cm/min。

2）沉淀时间（停留时间）。沉淀时间可以用有效水深/沉降速度×1.5来计算，一般沉淀时间根据颗粒性质采用2~6h。虽然沉淀时间长去除率高，但腐败性的废水如果也保持太长时间则常会因为发生污泥腐败而导致水质恶化。一般沉淀时间见表2-6。

表 2-6 　　　　　　　　　　　　　一 般 沉 淀 时 间

废水种类	沉淀时间/h
污水最初沉淀池的废水	1~3
污水最终沉淀池的废水	2~4
金属表面处理废水	2~4
石化污水厂废水	4~6

3）水深。有效水深一般为 0.8~1.35m，小规模处理设施也有较浅的。有效水深依沉淀池种类不同而不同，其有效水深为垂直部分加漏斗部分深度的 1/2。设有机械除泥的沉淀池，一般以最浅处的水深视为有效水深。

4）液面负荷。液面负荷为沉淀池单位表面积在单位时间内的处理水量，单位为 $m^3/(m^2 \cdot h)$，二沉池以 0.6~1.5$m^3/(m^2 \cdot h)$ 控制较为正常。

另外，需要注意初沉池与二沉池的区别，即二级沉淀池是跟随在生化处理系统之后的，其构造与初沉池大致相同，但其功能随生化处理的方法不同而有所不同。

3. 沉淀池的维护管理

为使沉淀池维持良好的操作状态，必须制定日常检查事项并进行维护，驱动部分也要定期进行检查。

（1）检查。

1）日常检查事项。

a. 流入水量的确认（流入总量、高峰流量、高峰流量持续时间）。

b. 沉淀池内水流的异常确认（偏向流、卷升流）。

c. 溢流堰的水平状况（有没有污泥流出）。

d. 有无污泥流失（有无水量过大、泛泥）。

e. 污泥容积的测定（30min 沉降比）。

f. 有无污泥上浮（有无浮渣等）。

g. 有无污泥的异常堆积（污泥抽出量是否过大）。

h. 刮泥机是否正常运转（有无异响）。

i. 排泥泵有无异常（压力表及电流确认）。

2）定期检查事项。

a. 排泥泵有无堵塞、磨损。

b. 排泥泵抽泥量的确认。

c. 刮泥机磨损及弯曲的确认。

d. 驱动部、链条等的接合确认。

e. 每年一次的排空整体检查。

（2）清理、调整。

1）日常清理事项及调整。

a. 流入区浮渣及沉淀物的清扫。

b. 浮渣及积泥的去除。

c. 溢流堰的清扫。

d. 剩余污泥的排除。

e. 回流污泥（活性污泥）的调整。

2）定期调整事项。

a. 润滑油、润滑脂的添加（链条、轴承、电动机、减速机）。

b. 溢流堰水平的调整。

c. 刮泥机整体确认。

（3）维修。清理、点检发现有故障的时候，应该尽快加以维修，否则容易造成大的故障，包括：磨损部位的维修（刮泥机等）、溢流堰、链条、轴承、减速机。

4. 沉淀池运行效果不佳的原因

（1）抽出污泥的时间和频率不足。

（2）不良的保养及维修。

（3）关于设备的知识不足，包括：

1）实验室分析。

2）沉淀池负荷量。包括：流量、停留时间、溢流率、堰负荷、固体量、质量平衡。

（4）突发的电力中断造成电机跳闸停机后无法重新开机，如雷电意外。

（5）工厂有泄漏有毒物质。

（6）暴雨径流量及水力负荷过大。

（7）收集系统问题而引起的腐败现象。

5. 初级沉淀池常见运行问题及操作解决方法

初级沉淀池常见运行问题及操作解决方法见表2-7。

表2-7　　　　　　　初级沉淀池常见运行问题及操作解决方法

常见运行问题	操作解决方法
少量油脂浮渣	以预先曝气法增加对油脂的去除
浮渣溢出	使浮渣收集系统远离溢流堰
由于砂石太多，沉淀物无法吸出	预先设沉砂池或洗砂设备
短流导致去除率低	校正水力设计且设置挡板以分散流体并降低流速
由于砂石存在，会严重磨损刮泥板或剪力销	设置沉砂池
油脂去除率太小	设置浮除槽或排泄设备
颗粒絮凝情况不佳导致油脂不易去除	设置加氯池及除油设备
超负荷形成厌氧状态	分散废水负荷

6. 二级沉淀池设计上的缺点及操作解决方法

二级沉淀池设计上的缺点及操作解决方法见表2-8。

表 2-8　　　　　　　二级沉淀池设计上的缺点及操作解决方法

缺　点	操 作 解 决 方 法
活性污泥系统中的沉淀池会受入流量的影响	进行流量调整，不能调整的改变抽水
若有多个沉淀池，其中有部分沉淀池发生短流的话，其他池可能超负荷	在入流处提供足够的水头损失，以使分流槽能以不同水位而增加效果
高流量时不能捕获沉淀物	高流量时使用斜板斜管或增加投药量
传统的污泥刮除装置不能有效去除污泥	在每组沉淀池后用吸泥管清除污泥
沉淀池太浅	渐渐增加污泥回流量以控制污泥消耗

7. 初沉池故障分析及解决方法

初沉池故障分析及解决方法见表2-9。

表 2-9　　　　　　　　　　初沉池故障解决方法

现象	可能原因	检查或监测	解决方法
污泥上浮	污泥在池中分解		大量或经常去除污泥
	刮泥设备磨损或损坏	检查刮泥设备	依需要修复或更换
	硝化良好的废弃活性污泥回流	放流水的硝酸盐含量	调整污泥流入时间或改变污泥回流点
	污泥流出管堵塞	排泥的污泥泵	以逆向流清洗管道
	流入挡板损坏或流失	挡板	修复或置换挡板
污泥黑且有腐臭味	污泥收集设备磨损或损坏	检查污泥收集设备	根据需要修复或置换
	不当的污泥抽取循环	污泥密度	增加抽取污泥的频率或时间，直到污泥密度降至标准以下
	有机工业废物前处理不当	前处理操作	预先曝气
	污水在收集系统中分解	在收集系统中的停留时间与速度	收集系统加氯
	过强的硝化澄清液回流	硝化澄清液的水质和水量	回流前预处理或减少回流量
	污泥排除管线堵塞	排泥的排泥泵	逆向流冲洗管线

现象	可能原因	检查或监测	解决方法
污泥收集系统操作不规律	剪力销磨损，收集设备损坏	剪力销及污泥收集设备	修复损害部位
	破布或碎屑缠绕在收集机械设备上	污泥收集设备	去除残屑
	过量的污泥累积	池底有无异常声音	增加抽取污泥的次数
浮渣溢出	不当的清除频率	浮渣清除率	经常清除浮渣
	混入工业废水过多	流入的废水	限制工业废水流入
	清渣板磨损或损坏	清渣板	清洁或置换清渣板
	浮渣撇除设备的不当校正	校正	调整校正
链条断裂且剪力销失效	不当的剪力销尺寸与运转校正	剪力销尺寸与运转校正	重新设定运转并改变剪力销尺寸
	壁上或表面结冰	壁及表面	去除或打破冰层
	污泥的机械刮泥设备过量负荷	污泥负荷量	延长收集器操作时间，并经常清理污泥
污泥难以抽除	过量的泥沙、黏土及其他易淤塞的杂质	砂石去除系统的操作	加强操作砂石去除单元
	抽除管流速太低	污泥抽除速度	增加污泥抽除管的流速
	管线或泵堵塞		以逆向流清洗管线，并及时抽除污泥
污泥中固体量少	水力负荷过大	流入率	使水流分布更均匀（多池）
	池中发生短流	染料或其他流量追踪剂	改变堰高、修复或置换挡板
	抽取污泥过量	抽污泥的频率与间隔悬浮固体浓度	抽污泥次数及时间降低
短流	配置堰不平整	配置堰	改变堰高
	流入端挡板的损坏	挡板损坏	修复或置换挡板
产生大波动	流入的抽水管设置不良	抽水泵循环管道	校正抽水管路
入流沟内过量沉淀	流速太低	流速	增加流速或以水、空气翻动，防止沉淀
表面或堰上凝集物太多	废水中颗粒的积累	检查表面	时常且完整地清洁表面

26

8. 二沉池管理实践中的几个注意点

（1）出水堰口的清洁问题。避免因局部堵塞而导致池面出现短流现象，使得待沉淀物的停留时间被动缩短，导致待沉淀物来不及沉淀而直接流出二沉池继而影响放流出水的水质。

（2）排泥、回流的流量不可波动过大，要遵循缓慢和逐渐加大的原则，否则波动过大的回流或排泥会导致沉淀池瞬间出水减少的现象，而这部分回流液经过生化池再次到达二沉池时，二沉池的表面负荷也会突然加大。最终有可能导致在这样的表面负荷条件下，沉淀物来不及沉淀而流出二沉池，继而影响放流水的水质。另外，在回流大幅波动时，流经好氧池的废水停留时间也会大幅波动，在曝气力度不变的情况下，会出现过曝气或曝气不足的现象，如此，会影响到氨氮最终的去除率。

（3）关注浮渣、浮泥的形状，判断沉淀池本身及前段系统的运行状况。通过调查分析，及时发现生化系统的运行故障苗头并采取调整工艺控制参数的措施。

（4）确保刮泥、排泥系统的有效性。需要关注刮泥设备能否将二沉池的底泥及时刮除。如果活性污泥没有被及时刮除，则在通过缺氧区、厌氧区后，二沉池可能会出现反硝化污泥（废水碳氮比高时）或厌氧污泥上浮的现象，继而影响二沉池的出水水质和放流水水质。

（5）悬浮颗粒物过多时，慎用斜板、斜管沉淀池。从实践中可知，二沉池使用斜板或斜管后，容易造成沉淀物在斜板或斜管内堆积，在放空二沉池进行清洗时，往往导致斜板或斜管的塌陷，继而导致在二沉池内斜板或斜管受损破坏后，发生不可逆的功能丧失。且二沉池本身水力负荷高，如果在斜板或斜管内堆积大量活性污泥而使斜板、斜管可用面积大幅减小的话，很容易导致活性污泥在二沉池内来不及沉降，造成生化系统的活性污泥在短时间内大量流失，继而造成生化系统的瘫痪。

沉淀池照片如图 2-6 所示。

六、气浮池

1. 设置目的

气浮法被用于废水处理已有 30 多年的历史，主要用于分离水中悬浮固体、油脂、纤维等物质，也可用于活性污泥和化学混凝污泥的浓缩。为使颗粒能够浮到水面，这些颗粒的密度必然要比水小。气浮的过程即是将气体注入液体中，使之呈饱和状态，然后在大气压下放出溶解气体，使小气泡与悬浮物质或油脂结合、降低密度，从而产生分离效果。

2. 空气浮除系统

常用的气浮系统主要有无回流的全流量加压式溶解空气浮除系统和回流式加压溶解气体浮除系统两种。

图 2-6　沉淀池照片

(a) 辐流式；(b) 平流式；(c) 斜板式

溶解气体浮除系统会突然降低废水压力，使水中所溶解的超饱和空气溢出变成小气泡，气泡直径约 $50 \sim 100 \mu m$。

压力可以提供气泡与颗粒接触的最大机会，虽然回流式加压溶解气体浮除系统需要一个加压抽水机，但是操作简便，较少形成乳化液，且絮体的形成较为适度，最主要还是气泡与颗粒间有更大接触机会。若有机污染物以大颗粒形态或絮体形式存在，则采用加压气浮法处理是比较合适的；而若是溶解性的有机物采用加压气浮法效果就不太好了。

设计加压气浮法的前处理设施需要考虑的因素有：调匀池大小，是否需要加药，快混时间，絮凝时间，pH 值调整时间或化学反应时间。

加压气浮设计上需要考虑的因素包括：污染物性质、上升速率、操作压力、回流比例、所需空气量、温度、水力负荷、固体负荷、停留时间、污泥量等。

气浮池照片如图 2-7 所示。

(a)　　　　　　　　　　　　　　(b)

图 2-7　气浮池照片

（a）气浮池正面；（b）气浮池液面

3. 影响气浮效果的因素

（1）混凝预处理的影响。投加混凝剂后的废水，其形成的絮体有大有小，如果形成的絮体直径和微气泡直径接近时，它们的结合力最强。气浮工艺中微小气泡吸附细小絮体的效果最佳，此时，微气泡和微小絮体直径在 $10 \sim 100 \mu m$ 之间。

（2）气浮反应搅拌强度。原则上，搅拌强度越强，形成细小絮体越多，越有利于发挥气浮池的气浮效果。

（3）气泡大小。微气泡并不是越小越好，微气泡越小，絮体颗粒在上浮的过程中就需要越多的气泡，而絮体颗粒黏附微气泡的数量不是无限多的。另外，微气泡如果太小，很容易跟随着水流进入到下一个滤池，容易造成气阻。而且，当气浮池表面负荷增大时，泡絮结合体在水中的停留时间缩短，这时只有增大泡絮结合体的上浮速率才能使其浮至水面。因此，气泡太小不利于气浮。

七、过滤池

1. 过滤原理

过滤池是为了分离水体中的悬浮性颗粒而设置的构筑物。废水处理中的过滤，可分为以去除水中颗粒物质为目的的澄清过滤和以污泥脱水为目的的脱水过滤。快滤池的作用属于澄清过滤的范畴。

2. 过滤池的维护

过滤池通常为重力式，出水构造多为封闭式，因为过滤状况及冲洗状况无法观察，维修上不太方便。所以在日常操作维护中应该经常观测过滤状况及滤层的冲洗状况，必要时应该检查槽体内部，防止出现意外影响过滤效果。过滤池主要操作检查项目见表2-10。

表 2-10　　　　　　　　　　　过滤池操作检查项目

检查项目	每日检查	每月检查	每6个月至1年一次检查
过滤水质	○		
过滤状况（重力式）	○		
过滤压力	○		
冲洗的时间	○		
过滤初期水头损失	○	○	
冲洗废水	○		
集水槽内			○
泵、阀	○	○	

注　○为应检项目。

3. 过滤池操作故障排除

（1）过滤池常见异常点及操作解决方法见表2-11。

表 2-11　　　　　　　　　　过滤池常见异常点及操作解决方法

常见异常点	操作解决方法
空气进入滤料支撑结构而使砂石层反转，影响滤池的操作，易发生在反冲洗过程中，在反冲洗泵内混入了空气	关闭反冲洗阀启动反冲洗水泵，并从反冲洗管线中的减压阀排出空气
	在反冲洗管线中的高处设置减压阀及水分压系统，使管线充水而排出空气
由于水流波动引起的操作困难	在可操作滤池中设置流量调节装置
使用单层滤料砂滤池时，要比多层滤料池更需要经常反冲洗	改用多层滤料砂滤池
滤池清洁工作不足导致堵塞	提供足够的反冲洗装置，如表面冲洗装置或水-空气联合反冲洗装置
由于回流的反冲洗水流到快混池而引起的水力波动	将反冲洗水集中一池后再控制其流出量

（2）过滤池故障解决方法见表2-12。

表 2-12　　　　　　　　　　　过滤池故障解决方法

故障现象	可能原因	检查或监测	解决方法
出水浊度太高	滤池需要反冲洗	浊度	浊度超过1先停止操作滤池，再反冲洗
	上游的化学混凝不良	通过小试确定合适的助凝剂投药量	增加适当的药量
损失水头太高	需反冲洗	滤床的水头损失	停止操作再反冲洗
反冲洗后水头损失仍高	完全清洗滤料的时间不足	起始水头损失是否大于平常	增加反冲洗时间
	空气清除系统没有动作	表面冲洗设备	修复设备
反冲洗水回流率大于5%	滤床过滤的固体太多	悬浮物浓度	改善沉淀池中固体沉淀的特性
	助滤剂量太高	助滤剂量	降低助滤剂的用量
	表面冲洗系统无法启动	表面冲洗系统	修复设备
	每次反冲洗表面冲洗时间不足	表面冲洗的时间	增加表面冲洗的时间
	反冲洗太久	反冲洗时间	减少反冲洗时间
由于水头损失急增显示滤床表面堵塞	单种滤料床前的沉淀池沉淀	水头损失的变化	改进前处理或改换成双层或加大滤层表面的空隙
	双层或多层滤床的助滤剂过量		减少或不用助滤剂以使固体能够穿透到深层
	表面冲洗或反冲洗不足		提供足够的表面冲洗或反冲洗
滤程太短	由于表面堵塞而提高了水头损失	肉眼观察滤床的水头损失	置换滤料，使用双层或多层滤料并降低助凝剂用量
	滤床过滤的固体太多		使用聚合类助凝剂以控制水头损失以确定表面冲洗与反冲洗的运作
滤床水头损失低但浊度偏大	聚合助剂药量不足	浊度太大	增加聚合助剂用量
	混凝剂加药系统不良	加药机	修理加药机
	混凝剂需药量改变	通过小试确认	调整混凝剂量

续表

故障现象	可能原因	检查或监测	解决方法
产生泥球	表面冲洗及反冲洗流量不足	砂滤床	增加反冲洗水量,并进行适当的表面冲洗
滤层变位	滤床集水系统中的反冲洗水带有空气	砂滤床	若已完全变位,滤料必须更换,限制反冲洗的总流量及水头损失
反冲洗时滤料流失	反冲洗流量过大	反冲洗流量、反冲洗流程	降低反冲洗流量、在正式反冲洗前1~2min切断辅助刮除系统
	刮除量过大		
	气泡附着于炭粒而浮起		
在温暖的天气下无法以正常反冲洗率充分清洁滤床	由于温度高而使反冲洗水黏度减小		提高反冲洗率直到预期的滤床膨胀达成
空气闭塞而使水头损失提早达到预设值	滤床入流水中含有溶解氧而接近饱和状态,并从滤床中放出	水头损失急速增加	经常反冲洗以防止气泡聚集太快
	反冲洗前水位降低且阻断流动而降低压力且放出气体	水头损失急速增加	保持滤床上的最大水深

八、化学混凝

污水、废水中的胶体、悬浮颗粒,如果其密度与水的密度相差不大,就很难通过沉淀池被有效去除,而这些悬浮颗粒往往富含有机物、无机物、惰性物质、重金属等,大量流入后段生化系统的话,将对生化系统造成影响,如污泥负荷过大、惰性物质积聚、重金属过度吸附等问题,继而造成生化系统处理效率下降,影响放流出水的水质。

为此,我们需要采用化学混凝沉淀工艺,将污水、废水中原本不易在沉淀池内沉降的细小颗粒、胶体物质等,通过投加混凝剂、助凝剂后,使悬浮颗粒絮凝后体积增大、密度增加,继而在沉淀池中进行有效的泥水分离,从而有效降低了这些悬浮颗粒对后段生化系统的影响。

1. 化学混凝的原理

化学混凝是指在混凝剂的作用下,使污水、废水中的胶体和细小悬浮物凝聚成絮凝体,然后进行泥水分离的废水处理方法。

在污水、废水中投加混凝剂后,因为混凝剂为电解质,在污水、废水中形成胶团，与污水、废水中的胶体物质发生电中和，形成细小颗粒后发生沉降。

污水、废水在未投加混凝剂之前，水中的胶体和细小悬浮物颗粒的本身质量很轻，受水的分子热运动产生的碰撞而做无规则的布朗运动。颗粒都带有同种电荷，它们之间的相互排斥阻止了微小颗粒之间彼此接近而聚合成较大的颗粒；其次，带电荷的胶体颗粒和反离子都能与周围的水分子发生水化反应，形成一层水化层，有阻碍胶体颗粒的聚合。一种胶体的胶体颗粒带电越多，其电位就越大，扩散层中反离子越多，水化反应也就越强，水化层也就越厚。因此，扩散层也就越厚，稳定性也就越强。

在污水、废水中加入混凝剂后，胶体因为电位降低或消除，破坏了颗粒的稳定状态（也称脱稳）。脱稳的颗粒相互聚集成为较大颗粒的过程称为凝聚。未经脱稳的胶体也可以形成大的颗粒，这种现象称为絮凝。不同的化学药剂能使胶体以不同的方式凝聚或絮凝。絮凝过程按照机理可以分为压缩双电层、吸附电中和、吸附架桥、沉淀物网捕四种，特别是沉淀物网捕作用，即很多细小的絮体、颗粒物在吸附架桥后的网捕作用下，成为整体，一起作为沉淀物下沉到了底部。

图 2-8 为絮凝效果，烧杯内的水体清澈。

(a)   (b)   (c)

图 2-8 絮凝效果

（a）絮凝前；（b）絮凝中；（c）絮凝后

2. 化学混凝的目的

（1）使废水中的悬浮颗粒聚集成大絮体而易于沉淀。

（2）混凝过程中由于絮体的吸附或电荷中和，能够去除部分有机物、重金属及会使水体浊度升高的物质。

（3）助凝剂（高分子物质）的投加，能使絮体结成更大的絮体而易于沉淀。

以上混凝处理目的可以通过以下途径达成：

（1）加入硫酸铝等强阳离子电解质以降低临界电位。

（2）加入阳离子电解质和卤化物产生氢氧化物以捕集絮体。

（3）加入足够的阳离子聚合电解质，使临界电位降低至零而凝集。

（4）阴阳离子聚合电解质相互混凝。

（5）负电荷胶体与阳离子或非离子聚合电解质凝集。

3. 化学混凝处理操作步骤

传统的混凝过程包括下列步骤：

（1）将混凝剂与废水高速混合，目的在于使混凝剂在最短的时间内均匀分布在废水中。

（2）慢混过程需要 20~30min，用以形成较大的可沉淀性絮体。为不使絮体因剪切力而破坏，建议使用多个连续的慢混池来逐渐降低水流速度，避免絮体被水体剪切力破坏。

（3）可以加入阴离子或非离子聚合物，以使颗粒间的凝集作用加强。投加时需通过现场杯瓶试验来确定投加量及合适的 pH 值。

（4）在混凝的过程中，如果能够将后续沉淀池的絮体回流到慢混池，可缩短混凝所需的时间，并减少混凝剂的用量。

4. 化学加药系统故障解决方案

化学加药系统故障解决方案见表 2-13。

表 2-13　　　　　　　　化学加药系统故障解决方案

故障现象	可能原因	检查或监测	解决方案
沉淀池放流水中浊度变高	不适当的加药量	加药量	以小试确定正确的加药量
	加药系统中的机械故障	加药系统	修复加药系统的故障
加药泵管堵塞	药品的沉淀	药品	提供足够的稀释水
石灰沉淀在加药机中	速度太慢		使用回流管线，避免沉淀堵塞
生石灰消化时产生高温现象	水量不足，造成反应温度太高，在消化之后有些颗粒尚未水合		加入足够的水
加药管线破裂	水锤和水力惯性	阀的位置	在泵启动之前先打开阀

5. 化学混凝的杯瓶试验

由于物化处理段投加混凝剂后的混凝效果受污水、废水的 pH 值、水温以及混凝剂和助凝剂投加比例等的影响，絮凝效果差别很大。如果投加混凝剂和助凝剂的浓度、比例、pH 值等没有找到最佳点，那么，很可能出现投加混凝剂和助凝剂后的泥水分离效果变差的情况，还会造成投加浪费的问题，继而造成运行成本的增加。

那么，如何避免以上问题呢？我们可以通过混凝沉淀的杯瓶试验来提前摸索出合适的投加量、投加比例、pH 值等信息，继而应用到污水、废水物化处理的现场，找出最经济有效的混凝剂和助凝剂的投加量等参数。

（1）化学混凝杯瓶试验的操作步骤如下：

1）将试验水样倒入搅拌杯至刻度线，根据需要测定水温、pH 值、浊度、色度和碱度等水质参数。一般测定 pH 值即可，原则上 pH 值越高，混凝沉淀效果越好。所以，可以先设定在 7.5~8.5 的 pH 值范围内进行试验，以便找出最佳混凝沉淀的效果时的 pH 值。

2）将搅拌杯放置于搅拌器的设定位置，再使桨叶进入搅拌杯中，对准桨叶与搅拌杯的中心。建议大家可以购买一套专用的搅拌器，详细可参考图 2-9。

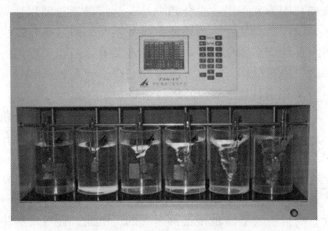

图 2-9　混凝沉淀杯瓶试验常用的搅拌器（多联）

3）根据试验水样水质设定药剂投加量，原则上先投加混凝剂，再投加助凝剂。

4）设定下列试验操作参数：

a. 设定混合搅拌转速和时间（使混凝剂和废水在短时间内充分混合）；

b. 设定絮凝搅拌转速和时间（在混凝剂和助凝剂的作用下，慢慢形成絮体颗粒）；

c. 设定沉淀时间（进行泥水分离）。

5）启动搅拌器按钮，当搅拌达到设定的混合转速时，按药剂的投加量和投加顺序同时向每个搅拌杯内加药，并同步开始记录投药量、投药顺序、搅拌时间，观察混凝状况。

6）混合阶段比较短暂，结束后需要调低搅拌速度，然后进入絮凝搅拌阶段，絮凝搅拌阶段在设定的时间结束后，应立即从搅拌杯中提出桨叶，同步记录沉淀时间，观察沉淀状况。

7）沉淀阶段完成后，先从搅拌杯的取样口排掉少许水样，再取水样测定浊度、pH 值、COD 等水质参数，并加以记录。

8）若经混凝沉淀烧杯试验后水质指标未能满足预期的处理结果，则选用另一系列的试验参数（药剂组合和 pH 值条件等），重复以上步骤，直至获得满意的结果为止。

（2）化学混凝杯瓶试验的注意点：

1）化学混凝杯瓶试验的结果最终是需要应用到污水、废水物化处理段现场的。所以，若结果是现场无法做到的投药量和 pH 值环境，试验的结论是没有太大意义的。

2）试验结论在应用到到污水、废水物化处理段现场时，需要实地验证现场投药量是否真的和实验室得出的投药量一致。这需要通过使用量筒和秒表在现场实际测定下，以便获得最真实的还原效果。当然，因为杯瓶试验和物化混凝处理设施在进水连续流、原水波动等方面存在差异。所以，具体的投药量可以根据杯瓶试验效果进行微调，这时，通过现场观察絮凝效果和取沉淀后上清液分析浊度、COD 等来进行处理效果的最终判断。

3）如果试验效果和物化混凝沉淀的效果差别很大时，需要分析是否是现场投加的混凝剂、助凝剂的有效浓度和实验室的混凝剂、助凝剂的有效浓度偏差过大所致。

4）在化学混凝沉淀时，通常会有一些误区。比如，大多数人认为所形成的羽状絮体越大越好，实际并非如此，因为，过大的羽状絮体很容易在水力剪切力作用下折断，而折断的絮体是很难再絮凝的。由此，会导致这些被折断的絮体在水中因为和水的密度差异不大，出现很难下沉的现象。最终，未沉降颗粒在后段泥水分离的沉淀池内往往因无法得到有效沉淀而流出沉淀池，对出水水质造成影响。

5）助凝剂中常用的有聚丙烯酰胺（polyacrylamide，PAM），分为阴离子PAM 和阳离子PAM，在物化处理段时，这两者都可配合混凝剂投加到污水、废水中去的。但是，在生化处理段处理效果恶化、多量活性污泥絮体流出时，就不能投加阴离子 PAM，因为，活性污泥往往是带负电荷的，而投加阴离子 PAM的助凝剂后，因为同种电荷的相互排斥，导致人们往往看不到混凝效果的发生，因此，推荐大家投加混凝剂和阳离子 PAM 的助凝剂来提高絮凝效果。

6）混凝剂和助凝剂通常是使用在生化处理前的物化处理段的，但是，如上面所讲的，生化系统出水恶化时，往往也会靠投加混凝剂和助凝剂来确保放流水达标排放。但是，毕竟活性污泥的絮凝是依靠活性污泥自身的絮凝性来实现的，如果一直通过使用混凝剂和絮凝剂来代替活性污泥应有的絮凝性的话，久而久之，活性污泥的性状就会发生改变，不利于应对冲击负荷和污泥体积指数（sludge volume index，SVI）过高等问题。为此，原则上是生化系统能不用絮凝剂就不用絮凝剂。

6. 化学混凝故障解决方案

化学混凝故障解决方案见表2-14。

表2-14　　　　　　　　化学混凝故障解决方案

故障现象	可能原因	检查或监测	解决方案
絮体不良	快混时药品并没有充分的扩散，药品在快混槽并没有均匀分布		增加快混的速度
	快混时间过长，因停留时间过长而使絮体被破坏		降低快混时间
	加药量不适当	加药量	根据现场小试确定正确的投药量
絮体良好但沉淀性不好	慢混机速度太快	慢混机的转速	降低转速
	慢混池及沉淀池间的流速太快	检查慢混池及沉淀池间的流速	降低流速
沉淀池的污泥变成厌氧状	沉淀池的污泥量过多呈现毯状	污泥	增加污泥的去除量并防止再度形成毯状
	有多量二沉池生物污泥流入	二次池污泥流向	修正二次处理程序中的问题
絮体太细或沉淀不良	废水的pH值不合适		测定废水的pH值
	所用混凝剂不合适		选择合适的混凝剂，添加助凝剂
	混合状况不佳		改善混合状况

37

九、化学沉淀

1. 化学沉淀处理的目的

（1）去除废水中的重金属，间接增加生物处理的适用性。

（2）去除废水中的磷酸盐，减少水体的富营养化。

（3）使废水溶液呈饱和状态，可同时去除水中其他的污染物质，如含色的有机物或无机物。

2. 化学沉淀的注意事项

（1）化学沉淀只是第一步，还需要通过絮凝、沉淀、浮选、过滤、离心、吸附等过程进行泥水分离，还需与后段处理工艺配合好。

（2）沉淀与否，主要取决于 pH 值，所以，需要将 pH 值调整到合理值，发挥化学沉淀的最佳效果。原则上高 pH 值时，化学沉淀效果更佳。

（3）部分两性物质的化学沉淀，例如硒，对 pH 值控制要求较高，也就是 pH 值过高或者过低，对其去除率都有负面影响。

（4）化学沉淀时，投加氢氧化钙要比投加氢氧化钠的化学沉淀效果要好，特别是在除磷方面，投加适量的氢氧化钙，往往可以使出水的磷含量降低到检测不出来的状态。但是，投加氢氧化钙后，产生的污泥量要比投加氢氧化钠要多得多，处理这些污泥导致成本会增加。所以，具体选用氢氧化钙还是氢氧化钠作为化学沉淀的药剂，要根据自己的具体情况来判断。

图 2-10 是化学沉淀投药现场。

图 2-10　化学沉淀投药现场

3. 化学沉淀处理故障解决策略

（1）化学沉淀处理选择化学药剂的考虑因素。

1）价格成本（化学药品）。

2）化学沉淀溶解度。

3）污泥量。

4）二次污染。

5）操作弹性。

6）操作维护成本。

7）污泥沉淀性。

8）污泥固化、溶出试验。

9）污泥脱水。

10）土地利用、最终处理。

11）氢氧化物与硫化物沉淀法比较，见表2-15。

表2-15　　　　　　　　　　　氢氧化物与硫化物沉淀法比较

项目	氢氧化物	硫化物
出流水水质	金属浓度尚可	金属浓度低
去除率	较好	可能有硫化物毒性存在
沉淀的 pH 值范围	窄	宽
复合金属	无法沉淀	可沉淀
六价铬	无法去除	没有还原成三价铬的形态也能去除
硫化氢气体	不会产生	当 pH 值小于 8 时会产生
化学药品	低	高
污泥沉淀体积	大	较小
污泥处理	脱水、土地掩埋	脱水、土地掩埋
使用频率	普遍	较少

（2）重金属氧化物去除效果不佳。

现象：

1）污泥减少。

2）出水不清。

3）水呈现颜色。

检查方法：

1）重金属分析。

2）pH 值测定。

3）计算沉淀负荷。

对策：

1）添加助凝剂或混凝剂。

2）调整 pH 值。

3）改善沉淀设施。

（3）由于投药或混凝过程不当，造成初沉池污泥悬浮。

现象：

1）化学处理初期初沉池污泥或气泡上升。

2）污泥沉淀不良。

3）脱水性能不佳。

检查点：

1）确认化学药剂用量。

2）进行现场小试，确认回流化学药剂的影响。

3）确认加药顺序和快混慢混的程度。

对策：

1）调整混凝剂浓度及加药点，使混凝效果达到最佳状态。

2）需要适当的快混时间，再通过慢混形成絮体。

3）调节加药量使其与废水流量及浓度相配合，监视处理后的出水浊度。

十、化学中和

化学中和，即我们俗称的酸、碱中和。采用此法可以调节酸性或碱性废水的 pH 值并回收利用酸性废水和碱性废水。

1. 化学中和的目的

（1）调节 pH 值使废水适合于生物处理或化学处理。

（2）调节 pH 值使废水符合放流水水质标准。

（3）求得最佳化学加药量，符合经济原则。

2. 化学中和时的突跃现象

在酸碱滴定接近等当点时，溶液中的 H^+ 浓度变化很大，一滴滴定液的加入，对整个溶液的 pH 值有非常大的影响。如果用溶液的 pH 值变化曲线来描述突跃现象，就是在等当点附近，曲线有一个相当大的跨度，称之为 pH 突跃，pH 值变化两个拐点之间称为 pH 突跃范围。

由于酸碱中和时会出现突跃现象，这就要求在进行酸碱中和时，不可一次性投入过量的酸或碱去中和，否则会出现比如原来 pH 值是 3，投加多量碱后一下子 pH 值变成了 10 的现象。如此往复，必将造成投加酸碱的浪费。所以，我们需要在进行酸碱中和时，随着 pH 值的上升及时调低投加量，避免化学中和时突跃现象的发生。

图 2-11 是酸碱中和突跃现象发生的示意图。

3. 常见问题对策

（1）石灰石中和效率降低。

现象：

1）呈现泡沫。

2）水流堵塞。

监视：

1）酸性废水的浓度。

2）负荷大小。

3）出水 pH 值。

对策：

1）减少流速。

2）出水以 CO_2 曝气。

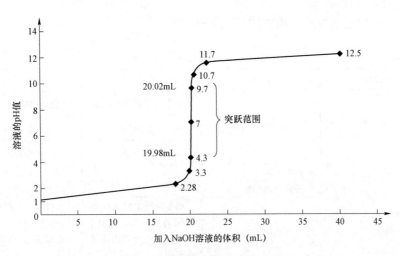

图 2-11　酸碱中和突跃现象示意图

3）更换石灰石。

（2）化学中和产泥量大及堵塞问题。

现象：

1）污泥产量大。

2）水泵、管道堵塞。

监视：

1）出泥量。

2）投药流量。

3）混合液悬浮固体含量。

对策：

1）采用氢氧化钠中和来降低污泥产量。

2）配制的石灰水浓度不宜过高，以免沉淀或堵塞管道。

3）泡药品时注意不要让包装袋的线头等杂物掉入，以免堵塞水泵。

十一、化学氧化

1. 化学氧化的目的

（1）使废水有机物质经快速氧化转化为二氧化碳、水、二氧化氮等，用以减少 BOD 及 COD。

（2）使废水中不易被生物降解的物质经化学氧化后转变为可以被生物降解。

（3）增加废水中的溶氧性以减少臭味。

（4）使废水中呈色物质转化为无色物质以减少浊度。

（5）化学氧化具有杀菌消毒的功能。

41

2. 臭氧处理系统故障解决方法

臭氧处理系统故障解决方法见表2-16。

表 2-16   臭氧处理系统故障解决方法

故障现象	可能原因	检查或监测	解决方法
臭氧产生器过热或停机	风扇或冷却系统故障	风扇放热孔是否堵塞	清洁放热孔
		风扇是否旋转	润滑风扇轴承
		风扇带是否松弛	调整风扇带或更换
臭氧产生器没有电压或电流	熔断器断了		更换熔断器
	控制电路熔断		找出并修理错误
	连接电路失效	确定所有电路及配电盘间的连接都已关闭；检查气体流量的连接是否关闭	更换电路及配电盘间的连接开关；检查再设功能设定正确的气体流量
	无主动力	远端的主要破碎机	再设主要破碎机
满电压、无电流	主要振动器失灵	熔断器	找出故障并加以维修；更换熔断器
	控制电路失灵	继电器和加热器；风扇旋转确认	更换继电器；风扇轴承润滑
低臭氧产量	进流气体露点高	露点	找出进流气体的缺陷并加以修理
	进流气体臭氧纯度减少	进流氧气含量	
	重要的单元熔断器熔断	熔断器	更换熔断器
	单元外部脏污	冷却空气是否清洁	清洁单元模组，包括冷却空气的清洁
	气体流量低	气体流量和压力	设定正确的进流压力
可监测到臭氧臭味	臭氧外泄	浸有碘化钾的纸巾是否会变成紫色	拧紧或修理有连接缺陷的地方
当操作开始时，低电压会降至零	整流器熔断器熔断	熔断器	找出并修理故障 更换熔断器
满电压，1/2 电流，噪声增加	主要振动器故障	振动器	立即关掉，并用备用的单元替代
消毒效果不佳	低臭氧剂量	臭氧产生器输出	增加剂量
	二级处理出流水质恶化	二级处理出水浊度	改进二级处理厂的操作
	扩散器部分堵塞	扩散器	清洁扩散器

第二节　水处理化学药剂概述

水处理过程中，物理化学段多采用化学水处理药剂处理废水。作为成熟的工艺，水处理化学药剂因其处理效率高、经济又简便的特性而被广泛采用。水处理化学药剂按化学成分可分为无机混凝剂、有机助凝剂和微生物助凝剂三类；按分子量大小可分为高分子混凝剂和低分子混凝剂；根据官能团的性质及离解后电荷情况也可分为阳离子型助凝剂、阴离子型助凝剂及非离子型助凝剂。

一、无机混凝剂

无机混凝剂主要是铁、铝盐及其水解聚合产物，而以羟基多核络合物或无机高分子化合物存在的无机高分子混凝剂的应用越来越广泛了。

常用无机低分子混凝剂见表 2-17。

表 2-17　　　　　　　　　常用无机低分子混凝剂

药剂名称	分子式	代号	pH 值	用途
硫酸铝	$Al_2(SO_4)_3 \cdot H_2O$	AS	6.0~8.5	絮凝沉淀
结晶氯化铝	$AlCl_3 \cdot 6H_2O$	AC	6.0~8.5	絮凝沉淀
硫酸铝铵	$(NH_4)_2Al_2(SO_4)_3 \cdot 24H_2O$	AA	6.0~8.5	絮凝沉淀
硫酸铝钾	$K_2SO_4Al_2(SO_4)_3 \cdot 24H_2O$	KA	6.0~8.5	絮凝沉淀
硫酸亚铁	$FeSO_4 \cdot 7H_2O$	FSS	8.0~11	絮凝脱水
硫酸铁	$Fe_2(SO_4)_3 \cdot 12H_2O$	FS	8.0~11	絮凝脱水
氯化铁	$FeCl_3 \cdot H_2O$	FC	4.0~11	絮凝脱水

常用无机高分子混凝剂见表 2-18。

表 2-18　　　　　　　　　常用无机高分子混凝剂

药剂名称	分子式	代号	pH 值	用途
聚合氯化铝	$[Al_2(OH)_nCl_{6-n}]_m$	PAC	6.0~8.5	絮凝脱水
聚硫氯化铝	$[Al_4(OH)_{2n}Cl_{10-2n}SO_4]_m$	PACS	6.0~8.5	处理河水
聚合硫酸铝	$[Al_2(OH)_n(SO_4)_{3-n}]_m$	PAS	6.0~8.5	絮凝沉淀
聚合氯化铁	$[Fe_2(OH)_nCl_{6-n}]_m$	PFC	4.0~11	絮凝脱水
聚合硫酸铁	$[Fe_2(OH)_n(SO_4)_{3-n}]_m$	PFS	4.0~11	絮凝脱水
活化硅酸	$Na_2O_xSiO_2yH_2O$	AS	4.0~9.0	助凝

常用混凝剂聚合氯化铝（polyaluminium chloride，PAC）的质量指标见表 2-19，聚合氯化铝最重要的三个质量指标是聚合氯化铝质量的盐基度、pH 值、氧化铝含量。

43

表 2-19　　　　　　　　　　　　PAC 的 质 量 指 标

指标名称	GB/T 22627—2014	
	液体	固体
氧化铝（以 Al_2O_3 计）的质量分数（%，≥）	6.0	28.0
盐基度（%）	30.0~95.0	
水不溶物的质量分数（%，≤）	0.4	—
pH 值（10g/L 水溶液）	3.5~5.0	
铁（Fe）的质量分数（%，≤）	3.5	—
砷（As）的质量分数（%，≤）	0.0005	—
铅（Pb）的质量分数（%，≤）	0.002	—
镉（Cd）的质量分数（%，≤）	0.001	—
汞（Hg）的质量分数（%，≤）	0.00005	—
铬（Cr）的质量分数（%，≤）	0.005	—

注　表中所列水不溶物、铁、砷、铅、镉、汞、铬的质量分数均指质量分数为 10% 的 Al_2O_3 的产品含量，当 Al_2O_3 含量不等于 10% 时，应按实际含量折算成质量分数为 10% 的 Al_2O_3 的产品含量比例计算出相应的质量分数。

二、有机高分子助凝剂

有机高分子助凝剂分为天然和人工合成两大类。人工合成有机高分子助凝剂均为水溶性聚合物，通常分为阴离子型和阳离子型。合成高分子助凝剂主要有聚丙烯酰胺及其同系物、衍生物等线性高分子物质。天然高分子助凝剂主要品种有淀粉类、多聚糖类、蛋白质类、壳聚糖类，见表 2-20。

表 2-20　　　　　　　　　　天 然 高 分 子 助 凝 剂

类型	助凝剂名称	带电性	代号	用途
淀粉类	玉米粉、糊精	阴离子型		絮凝沉淀
蛋白质类	明胶、骨胶	多型		絮凝沉淀
藻类	海藻酸钠		SA	絮凝沉淀
多聚糖类	番叶、白胶粉	阴离子型		絮凝沉淀
甲壳类	壳聚糖			絮凝沉淀

合成高分子助凝剂运用较多的是聚丙烯酰胺，被广泛运用于各种水处理工艺中。

我们在评价 PAM 时，常常会看它的分子量，一般认为分子量越高，效果越好，也越贵些。但是，这也不是绝对的，因为 PAM 有很多的型号，同时，每个废水处理厂的水质各有不同。所以，并不是一种 PAM 可以适应所有污水、废水的，需要通过杯瓶试验选型才能达到最佳和最经济的助凝剂投加。

另外，PAM 的固体溶解成液体再进行投加时，溶解时间较长，如果没有充分溶解直接投加，将会大大影响 PAM 的投药效果。同时，PAM 溶液的配置浓度一般控制在 0.06%~0.08% 之间为好，配置浓度过高，反而会影响助凝剂的投加和助凝效果。

图 2-12 是液体聚合氯化铝、聚合氯化铁、PAM 的样品。

(a)　　　　　　　　　(b)

(c)

图 2-12　聚合氯化铝、聚合氯化铁、PAM 样品
(a) 聚合氯化铝；(b) 聚合氯化铁；(c) PAM

三、物化处理和生化处理的关系

由于生化处理系统的主体是有生命的细菌，其受环境的变化影响较大，如 pH 值的波动、供氧的不足、负荷的冲击、有毒物质的流入等，对生化系统造成的不良影响会直接反映在出水指标的波动上。所以，生化系统前段会设置物化系统，通过物化系统对废水的预处理，减轻对后段生化系统的冲击。

同时，生化系统出现故障的时候，往往也要借助物化系统的运行调整来协助生化系统恢复正常状态。如通过调节池来缓解因冲击负荷导致的出水恶化；也有特意增加初沉池出水颗粒含量，以提高活性污泥的沉降性，应对污泥膨胀的不良作用。

废水处理中物化系统和生化系统相结合的处理工艺较为常见，如何协调两系统的有机结合和工艺操作互补是操作管理人员需要认真考虑的问题。本书将在活性污泥工艺控制章节加以详细阐述。

第三章

厌 氧 处 理 工 艺

第一节 厌氧处理技术概述

一、污水、废水处理中各处理工艺的关系

污水、废水处理工艺，概括起来说，包括物化处理和生化处理两部分。物化处理的主要处理对象是污水和废水中的无机物（包括重金属等），并通过调节污水和废水的 pH 值、水量、水温等为后段生化系统稳定和高效运行提供保障。另外，在整个污水和废水处理系统后段的物化处理工艺，还为污水、废水最终的达标排放提供支持。生化处理主要处理对象是污水和废水中的有机物，也包括去除污水、废水中的氮磷等污染物。生化处理工艺分为厌氧和好氧两大部分。在实践中，往往通过把厌氧处理段放在前段，好氧处理段放在后段这样组合生化处理工艺，来提高污染物净化效率，降低污水、废水处理的运行成本。

虽然物化处理工艺和生化处理工艺的处理对象不同，但是，两者之间优势互补，经常会组合在一起使用。其中，物化处理通过混凝沉淀或气浮处理等工艺可以有效去除污水、废水中的悬浮物，而这些悬浮物被去除，其所含的有机物也就被去除了。所以，从某种意义上来说，物化处理也在去除有机物。同样，生化处理依靠生物吸附作用，对废水中的颗粒物、重金属等通过活性污泥的排泥等手段来达到最终去除的目的。所以说，生化系统在某种程度上也是在去除无机物的。但是，考虑到经济性等因素，选择什么样的处理工艺，需要根据具体污水、废水进出水水质状况和要求来进行综合判断的。

二、厌氧处理概述

厌氧处理技术已有上百年的历史了。通常所说的厌氧处理是指在与空气隔绝的情况下，通过兼性厌氧菌和专性厌氧菌的生物化学作用，对有机物进行生物降解后生成甲烷和二氧化碳等的过程，这一过程称为厌氧生化处理法或厌氧消化法。

厌氧处理法处理对象以高、中浓度的有机污水、废水为主，是对好氧生化处理工艺技术的有益补充，因为，过高的进水有机物浓度往往会导致好氧生化处理的出水有机物浓度达不到日趋严格的污水、废水排放标准。另外，厌氧生化处理对有些固体有机物、着色剂、偶氮染料等也有降解作用，这方面可以弥补好氧处理工艺的不足，所以，厌氧+好氧生化处理在处理高、中浓度有机废水的领域是很常见的工艺组合。

为此，本书在讲解好氧生化处理工艺时，有必要结合厌氧处理工艺的基本

知识，来帮助读者对污水、废水处理工艺技术有个全面的了解，为广大读者形成综合分析和解决污水、废水处理系统运行故障打好基础。

三、厌氧生化处理和好氧生化处理技术的比较

厌氧处理技术虽然也是生化处理的一种，但是，由于菌种不一样，运行管理方面的差异还是比较大的，在了解运行工艺参数之前，有必要对厌氧生化处理和好氧生化处理技术进行对比。具体厌氧生化处理和好氧生化处理的差异如下：

1. 对环境要求条件不同

厌氧生化处理要求绝对的厌氧环境，对环境中的 pH 值、温度等的要求严格；而好氧生化处理要求充分供氧，所以对环境的要求没那么严格。但在耐受进水有机物浓度波动方面，厌氧生化处理技术相对更加稳定些；好氧生化处理技术在进水有机物浓度波动过大时，好氧系统的稳定性较差，恶化更快，容易导致出水有机物浓度的大幅波动。厌氧处理技术虽然抗进水有机负荷波动能力强，但是，一旦崩溃后的恢复时间却比好氧处理要长得多。另外，好氧生化处理不能很好降解的一些难降解有机物，在厌氧生化处理段常有较好的降解效果。所以，对于难降解废水而言，往往在好氧池前会加设厌氧处理池。

2. 微生物种群不同

厌氧生化处理中的微生物包括专性厌氧菌和兼性厌氧菌。其中，水解酸化菌包括细菌、真菌类，多为专性厌氧菌和兼性厌氧菌。根据分解有机物的不同，水解酸化菌可以分为纤维素分解菌、碳水化合物分解菌、蛋白质分解菌、脂肪分解菌等。产乙酸菌分为产氢产乙酸菌和同型乙酸菌，产氢产乙酸菌将有机酸转化为氢和乙酸，同型乙酸菌将氢气和二氧化碳转化为乙酸或将醇等转化为乙酸。而产甲烷菌是严格的专性厌氧菌，对环境条件要求比较严格，对 pH 值、温度、氧、有毒物质浓度等都比较敏感。

而好氧生化处理中的微生物种群是一大群好氧菌和兼性厌氧菌。就培菌来说，厌氧微生物培养耗时比好氧微生物要长得多。通常，同样在接种的情况下，好氧生化处理接种后在 1~2 周系统可以稳定运行，而厌氧生化的培菌，即使是接种培菌，要稳定运行也要至少在 3 周以上。如果是自培菌的话，好氧生化处理培菌完成需耗时在 1 个月左右，而厌氧生化处理培菌直到出现颗粒污泥并稳定运行的话，耗时 4~6 个月也是很常见的。但是，厌氧活性污泥在不进水的情况下，贮存和维持时间比好氧污泥要长得多。有的厌氧活性污泥即使储存两年后再启动，也能较快地恢复活性。

另外，好氧处理的微生物世代时间普遍较短，一般在 1 小时到数小时之间，而厌氧处理的微生物世代时间普遍较长，一般在 0.5~7d 之间。好氧处理微生物和厌氧处理微生物的世代时间不同，也会反映在处理同样数量有机物时的产泥量有较大差异上。

3. 两者的产物不同

好氧生化处理中，有机物一般会被转化成二氧化碳、氢气、氧气、氨气等，且基本无害；而在厌氧生化处理中，有机物先被转化为众多的中间产物，如有机酸、醇、醛等，以及二氧化碳、氢气、氧气等，其中有机酸、醇、醛等有机物又被另一群被称为甲烷菌的厌氧菌继续分解为甲烷和二氧化碳，理论上，去除 1kg COD 可产生 $0.35 \sim 0.42\text{m}^3$ 的甲烷。所以，厌氧生化处理所释放的气体，臭气浓度高，且通常有毒并具有爆炸性、腐蚀性。近年来厌氧罐爆炸的事件也时有发生，需要运行管理人员特别注意。

另外，在降解同样数量的有机物时，厌氧生化处理的产泥量要低于好氧生化处理的产泥量。好氧生化处理的产泥量约为每降解 1000g 有机物，产生 250~600g 新生污泥，而厌氧生化处理的产泥量约为每降解 1000g 有机物，产生 180~200g 新生污泥。

4. 反应速率不同

好氧生化处理由于有氧作为受氢体，有机物转化速率快，需要时间短，可以用较小的设备处理较多的废水；而厌氧生化处理反应速率慢，需要的时间长，在有限的设备内，仅能处理较少量的废水或污泥。当然，近年来新的厌氧处理技术在实践中被不断运用，处理水量方面已有了很大的突破了。所以，处理大水量时，厌氧生化处理的构筑物往往比较大，而好氧处理的构筑物可以相对减小，特别是近年来膜生物反应器（membrane bio-reactor，MBR）的使用，节约了泥水分离的二沉池，且活性污泥浓度可以维持较高浓度，对减小构筑物尺寸很有利。

5. 处理对象污染物的差异

好氧生化处理技术的处理对象是污水、废水中的有机物、氮、磷等污染物，而厌氧生化处理技术的处理对象主要是污水、废水中的有机污染物，对磷基本没有去除能力；在厌氧氨氧化处理技术被发现和运用之前，对氮也基本没有去除能力。

四、厌氧生化处理过程

在厌氧生化处理系统中的微生物分为两大类：一类是非产甲烷菌（水解产酸菌、产氢产乙酸菌），另一类是产甲烷菌。与好氧菌不同，厌氧菌不以分子态的氧作为受氢体，而是以化合态氧、碳、硫、氮等作为受氢体。对比两类细菌可以发现，产酸菌对 pH 值变化适应性要优于产甲烷菌，产酸菌适应的 pH 值范围是 4.5~8.5，而产甲烷菌适应的 pH 值范围是 6.8~7.2。另外，对温度的要求方面，产甲烷菌最佳温度在 30~38℃ 之间，而产酸菌在 15~35℃ 之间，所以，一般为了保证厌氧处理的效率，厌氧处理系统内的温度一般控制在 35℃ 左右。

复杂的污染物厌氧降解过程分为四个阶段，即水解阶段、酸化（发酵）阶段、产乙酸阶段、产甲烷阶段，如图 3-1 所示。硫酸盐还原菌分别利用氢气、二氧化碳、乙酸和脂肪酸将硫酸盐还原为硫化氢。

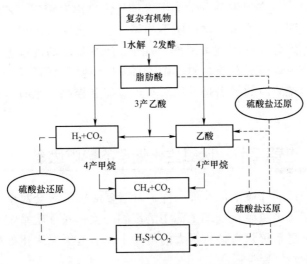

图 3-1　厌氧降解过程的四个阶段

1. 水解阶段

在细菌胞外酶的作用下，将复杂的大分子有机物水解为小分子、溶解性的有机物。整个水解过程为后续微生物进一步降解有机物打好了基础，如污水、废水中复杂的、非溶解性的聚合物（脂肪、蛋白质、多糖、淀粉、纤维素、烃类等）的水解。水解后的产物有二肽、氨基酸、挥发性脂肪酸、双糖、单糖、半纤维素、甲醇等。

影响水解的因素主要包括水解温度、pH 值、反应时间、泥水混合程度、有机物颗粒大小、水解产物浓度等。

2. 酸化（发酵）阶段

水解和溶解性的有机物被梭状芽孢杆菌、拟杆菌等酸化细菌吸收并转化为更为简单的化合物分泌到细胞外，其产物为挥发性脂肪酸、醇类、乳酸、二氧化碳、氢气、氨等。

3. 产乙酸阶段

在上一阶段的产物被乙酸菌等进一步转化为乙酸、氢气、碳酸及新的细胞物质，这一阶段的主导细菌是乙酸菌。同时，水中有硫酸盐时，还会有硫酸盐还原菌参与产乙酸过程。

4. 产甲烷阶段

前阶段产物中的甲酸、乙酸、甲胺、甲醇等小分子有机物在产甲烷菌的作用下，通过产甲烷菌的发酵过程将这些小分子有机物转化为甲烷、二氧化碳、氢气、硫化氢等小分子物质以及少量的厌氧污泥，同时，一部分溶解的氢和二氧化碳也会在产甲烷菌的作用下转化成甲烷（该路径转化的甲烷约占总甲烷产

49

量的28%左右）。所以，在水解酸化阶段的有机物浓度变化不是很大，仅仅在产气阶段由于有机物被产甲烷菌分解为甲烷等气体排出系统后，才使污水、废水中的有机物得到明显的降解，这说明不能用有机物去除率来评价水解酸化池性能，而是要用水解酸化的程度来评价。另外，产酸阶段的反应速率远高于产甲烷阶段，并且产甲烷菌对系统内的氧化还原电位值要求更高（-330mV），所以产酸阶段和产甲烷阶段的平衡是设计厌氧反应器和控制进水有机物负荷时需要特别注意的。

第二节　厌氧生化处理的影响因素

厌氧生化处理同好氧生化处理一样，有诸多影响因素会对系统稳定运行造成影响。全面了解厌氧生化处理工艺中的影响因素，对预防系统运行故障、诊断运行异常、恢复系统状态都有很大的帮助。以下是厌氧生化处理需要特别关注的影响因素和控制要点：

一、温度的控制

厌氧生化处理中的微生物对温度的变化很敏感，温度的突然改变对产甲烷菌影响明显，会导致甲烷产量明显变化，在极端情况下，温度的突然变化超过一定的范围后，厌氧生化处理系统会停止产气。

厌氧生化处理通常依赖的中温消化细菌适宜温度为35℃左右，超过40℃或低于30℃时的中温菌处理有机物的效率将出现明显的下降。因此在厌氧反应器日常温度控制中，应尽量保证厌氧反应器水温为35℃，偏差不超过±2℃（指厌氧反应器内的水温，不是指进厌氧反应器的污水、废水的水温）。

二、挥发性脂肪酸

挥发性脂肪酸（volatile fatty acid，VFA）是厌氧过程中的中间产物，通过对出水中VFA的检测，用来判断整个厌氧反应过程是否彻底和稳定。厌氧反应的过程分为水解、酸化、产酸产氢、产气四个阶段。其中VFA就是来自产酸阶段，主要包括了甲乙丙丁等酸，一般用乙酸的含量来表示VFA，所以，我们一般通过测定乙酸浓度来评价VFA。

VFA实际就是作为产甲烷菌的底物的，是影响厌氧过程的重要因素之一。实际运行中需要保持系统内VFA的平衡，不至于出现过多的积累或过少的现象。具体表现在VFA不足时，产甲烷菌的繁殖会减少，使厌氧反应器快速应对有机物负荷冲击的能力减弱。但是如果VFA的产生量大大多于产甲烷菌对VFA的分解量时，VFA在系统内就会增加和积累，从而对乙酸降解菌的代谢造成抑制，对产甲烷菌造成不可逆的影响，导致处理系统性能急剧下降。另外，和硫化氢一样，VFA中未离解的酸对产甲烷菌也有抑制作用，其在酸中的比例很大程度上取决于pH值，pH值越低其浓度越高，反之则越低。

总体而言，系统出水的 VFA 超过了标准值，通常是产甲烷阶段出现了问题。当系统发生酸化并伴有产气减少时，我们必须提高警惕。一般来讲，这种情况多半是进水负荷升高所致，由于产甲烷菌比产酸菌增殖速度慢，在进水负荷升高后，产酸菌繁殖快，产生的 VFA 多。产甲烷菌繁殖慢，来不及分解突然增加的 VFA，如果超过了产甲烷菌的极限，系统就容易出现问题了。当然，如果系统排泥过量，导致系统负荷相对升高，也有可能发生同样的问题。

实践中，如果进水负荷增加后，会伴随系统出水 VFA 升高，但是系统适应后，VFA 应该会下降到正常值，如果 4~5d 后没有下降，而且 pH 值还在下降，那么要及时降低进水负荷，避免系统发生进一步的酸化，否则厌氧反应器恢复起来会很费劲。

常见的出水 VFA 值升高的原因如下：

（1）进水 pH 值偏低。

（2）进水温度过低。

（3）进水碱度不足。

（4）进水负荷过高。

（5）有毒物质流入。

针对以上原因，日常操作管理中，需注意如下操作：

（1）保持合适的进水 pH 值，一般保持在 7.5 左右。当然，如果污水、废水进入厌氧反应器前已经进行预酸化处理了，则进入厌氧反应器的污水、废水 pH 值可以适当降低，以不低于 6.8 为宜。

（2）保持反应器内的水温在 35℃ 左右，日温度变化不超过 2℃。此处的水温是指厌氧反应器内的水温，不是指进入厌氧反应器的污水、废水的水温，进入反应器的污水、废水水量较小时，虽然水温波动较大，但是在较大的厌氧反应器内，水温还是能够被调节稳定。

（3）向系统投加碳酸钠或碳酸氢钠，提升进水的碱度。但是，每次投加不可过多，以每次投加以提升 pH 值在 1.0 以内为宜。使反应器内的碱度维持在 800~1000mg/L。

（4）进水有机物负荷如有提升，需要慢慢提升，不要一次提升过大，以每次提升在 20% 以内为好，负荷的升高会伴随 VFA 的升高。此时，根据需要可以预先投加碳酸钠或碳酸氢钠来维持碱度，避免系统的 pH 值下降，以控制系统出水 VFA 浓度小于 300mg/L（或小于 5mmol/L）为基准。

（5）进流污水、废水中的有毒抑制物质，首先会影响产甲烷菌的活性，由此造成 VFA 降解减弱，导致 VFA 积累。

（6）最终 VFA 积累是否异常，我们可以通过产气量的变化来间接判断，如果产气量没有影响，则调控时尺度可以放大点，不必过于拘泥。从实践中来看，VFA 的最高界限浓度在 1200mg/L（20mmol/L），超过这个最高界限浓度，系统基本瘫痪。推荐的 VFA 控制值是 300mg/L（5mmol/L），超过推荐控制值到最高界限浓度值范围内，所反映出来的是 VFA 越高，厌氧反应器的有机物去除率越低。

三、营养剂的要求

厌氧生化处理高有机物浓度的进水，和好氧生化处理一样也要求补充全面的营养剂。但是，好氧微生物增殖快，有机物有 50% 左右用于微生物的增殖，所以，对氮磷的要求高。而厌氧微生物增殖慢，有机物仅仅有 8% 左右用于微生物的增殖，所以，对氮磷的要求低。一般对酸化程度很高的废水（主要含有 VFA）的消化，可以根据 $COD : m_N : m_P = 250 : 5 : 1$ 来确认是否需要补充氮磷，而对于没有酸化或部分酸化的废水（如碳水化合物、蛋白质等）的消化，可以根据 $COD : m_N : m_P = 350 \sim 500 : 5 : 1$ 来确认是否需要补充氮磷。如果通过计算确认需要补充的则在厌氧处理系统前端连续投加。

对于污泥的颗粒化，二价钙离子的存在非常重要，已经证实在废水中有 $40 \sim 100mg/L$ 的钙离子有助于污泥的颗粒化，当然，过高的钙离子会导致系统内发生钙化结垢的问题。

另外，碳氮比过高会对厌氧微生物的正常生长繁殖造成抑制；而碳氮比过低的话，容易导致氮元素过剩，出现系统内微生物因为氨氮浓度过高而发生氨中毒。由于进水中的氮会被厌氧微生物转化为氨氮，所以，系统内的氨氮值往往是高于进水的，但过多的氨氮会对产甲烷菌产生抑制。一般而言，如果在厌氧反应器现场可以明显闻到氨味，则对高效厌氧反应器内的厌氧微生物（特别是产甲烷菌）会产生明显的抑制作用。

四、进水的悬浮物浓度和油脂

当进水含有过多的悬浮物时，由于这些悬浮物发生腐败和酸化的时间较长，一般需要 $1 \sim 2$ 周左右，而这些悬浮颗粒容易包裹在颗粒污泥表面，并对颗粒污泥的表面气孔造成堵塞，继而影响颗粒污泥的内部代谢。这使得颗粒污泥需要的营养物质无法进入颗粒污泥内部，而颗粒污泥内部的代谢产物如二氧化碳和甲烷等气体又无法有效排出，这会导致颗粒污泥发生膨大、密度变轻后易随出水流出系统，造成颗粒污泥的流失。另外，废水中过多的悬浮物流入系统后，且这些悬浮物密度还比较大、不易随上升流流出系统的话，就会在系统内越积越多，占据了反应器的空间，也就挤占了颗粒污泥的空间，如此就会造成反应器内的颗粒污泥总量不足，影响系统去除效率。一般来说，理想的进水悬浮物浓度要控制在 400mg/L 以下，一般不超过 1000mg/L 为宜。

脂肪、油等也是同样的道理，会黏附在颗粒污泥表面，一般允许浓度为 50mg/L。

五、氧化还原电位的控制

氧的溶入、氧化剂的存在（如三价铁、硝态氮、硫酸根、磷酸根、氢离子等）会使系统中的电位升高，对厌氧生化处理不利。其中，产酸菌氧化还原电位的要求不太高，在-100~100mV 之间，而产甲烷菌对氧化还原电位要求严格，在-150~-350mV 之间，其中，培养产甲烷菌的初期，氧化还原电位不能高于-330mV。

氧是影响厌氧生化系统中氧化还原电位条件的重要因素，但不是唯一因素。如挥发性有机酸的增减、pH 值的升降以及铵离子浓度的高低等均会影响系统的还原强度。其中，pH 值低则氧化还原电位高，反之则氧化还原电位低。

六、pH 值和碱度

pH 值主要来自进水本身的 pH 值。另外，当水解酸化过程生化速率远大于产气速率时，将导致水解酸化产物有机酸积累，也会导致 pH 值的下降，严重时将抑制产甲烷菌的正常生长繁殖，使产气量明显降低。一般进水 pH 值要求控制在 6.0~8.0。其中，产酸菌对 pH 值 3.5~8.5 仍能较强的适应，但是，产甲烷菌的 pH 值却需要尽量维持在 6.8~7.2。

当厌氧生化系统的 pH 值低于 6.8 时，要降低有机负荷，减少水解酸化产出的有机酸；当 pH 值低于 6.5（极限 pH 值 6.0）时，需要暂停进水，或投加碳酸氢钠等中和剂，提高系统的 pH 值。也可以考虑对厌氧反应器加大外循环、推清水置换、补泥等方式来提升 pH 值。当反应器内的 pH 值低于 5 后，基本是难以正常恢复产气状态了。

碳酸根和氨是形成厌氧生化处理系统中碱的主要来源，较高的碱度有利于系统抗低 pH 值波动的冲击，一般要求碱度在 2000mg/L 以上，碱度的摩尔浓度至少要在 10mmol/L 以上。

pH 值对产甲烷菌活性的影响如图 3-2 所示。

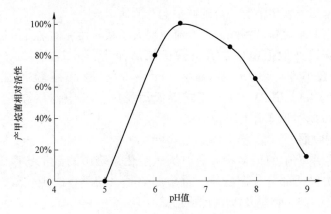

图 3-2　pH 值对产甲烷菌活性的影响曲线图

系统中 pH 值的变化主要来自如下方面：

（1）有机物水解成有机酸，则系统 pH 值会下降。

（2）系统内的 VFA 被产甲烷菌降解，则 pH 值会升高。

（3）硫酸盐被还原菌还原为硫化氢，则碱度会增加，pH 值会有小幅上升。

（4）有机氮氨化后氨氮含量升高，导致碱度增加，pH 值会较大幅度地升高。这种情况在蛋白水、淀粉类废水中比较常见，可以看到进水 pH 值为 4.5，则出水的 pH 值可以升高到 7.0 附近。

（5）高甲醇进流废水，在产甲烷过程中会产生大量的二氧化碳，因此对 pH 值降低有一定的贡献。

（6）需要注意的是，所检测的 pH 值是指厌氧反应器内部，而不是指反应器出水，反应器出水由于跌水和水压降低，溶解在出水中的气体会被释放，如二氧化碳的释放会导致反应出水 pH 值升高，而实际反应器内部 pH 值会比出水更低些，这是需要注意的。

七、水力负荷（上升流速）

上升流速包括水力上升流速和沼气的上升流速，是两者之和。在厌氧反应器启动初期，沼气产生少，主要是水力上升流速，后期沼气产生量增加后，上升流速中也就包含了沼气提供的上升流速。

上升流速的控制原则如下：

（1）保证反应器底部没有污泥积聚，要让底泥可以被搅拌上升。

（2）厌氧反应器内污泥可以在高度方向按梯度分布，从厌氧反应器底部到上部，污泥浓度递减（不同高度测活性污泥浓度和沉降比来判断）。

（3）不出现跑泥，跑泥严重时要调整上升流速（不包括投泥初期的污泥洗出）。

（4）根据沼气发生情况，合理调整上升流速。

（5）原则上来说颗粒污泥的上升流速要大于絮状污泥的上升流速。

（6）上升流速取值范围：升流式厌氧污泥床，$0.5 \sim 1.5 m^3/（m^2 \cdot h）$；内循环厌氧反应器，$3.0 \sim 8.0 m^3/（m^2 \cdot h）$；膨胀颗粒污泥床，$1.5 \sim 5.0 m^3/（m^2 \cdot h）$。其中，在升流式厌氧污泥床工艺中，颗粒污泥可取上限附近，絮状污泥可取下限附近。

八、抑制物质

原水以及系统中的很多物质能对厌氧生化系统中的微生物产生抑制作用，这些抑制物质包括部分气态物质、重金属离子、酸类、醇类、苯、氰化物等，厌氧处理常见的抑制物质及浓度上限见表 3-1。

表 3-1　　　　　　　　　厌氧处理常见抑制物质及浓度上限

抑制物质	浓度（mg/L）	抑制物质	浓度（mg/L）
挥发性脂肪酸	2000	氨氮	1500~3000
阴离子洗涤剂	100	硫代硫酸根	2500
丙酮	100	溶解性硫化物	200
丁醇	800	亚硫酸钠	200
甲醇	800	阳离子洗涤剂	500
乙醇	1600	钙离子	2500~4500
有机氮	3000	镁离子	1000~1500
甲醛	100	钾离子	2500~4500
机油	2500	钠离子	2500~5500
甲苯	10	镍离子	300
二甲苯	50	铜离子	100
氯仿	2	氯离子	8000
乙醚	360	铁离子	500~1700
四氯化碳	2	六价铬	1~3
异戊醇	800	三价铬	500
烷芳醚硫酸酯	150	镉离子	150
烷基硫酸酯	150	氰化物	4

　　另外，硫酸盐和其他硫的化合物很容易在厌氧消化过程中被还原成硫化物，在可溶性硫化物达到一定浓度（COD：$SO_4^{2-}<5:1$）时，会对厌氧消化过程中的产甲烷菌造成抑制。此时，可以投加某些金属（如 Fe）来去除 S^{2-}，或从系统中吹脱 H_2S，以便减轻对产甲烷菌的抑制作用。如果进水中的 COD：$SO_4^{2-}>10:1$，则硫酸盐降解过程中产生的毒性基本可以忽略了。

　　抑制物质的最高容许浓度与厌氧生化系统的运行方式、污泥驯化程度、废水特性、操作控制条件、持续作用时间等因素有关，表 3-1 只是一个参考值，在实践中仅作为参考，不可生搬硬套。

　　对于精细化工类的工业废水是有可能存在有毒抑制物质的。特别是在调试期间，如果调试周期大大延长、系统运行很不稳定时，需要关注进流污水、废水中是否含有有毒抑制物质，此类情况，通常需要把该部分含有毒抑制物质的污水、废水单独分流，通过物化处理先行降解掉有毒抑制物质。

九、杀菌剂的影响

　　废水中如果有余氯，会形成氯代有机物，而氯代有机物是有毒物质，会严重影响微生物的活性。我们可以通过检测进水中的余氯浓度来判断对系统的影响，一般来说，自来水厂的出厂水余氯值是 0.3mg/L，虽然这个浓度对自来水有抑菌效果，但是厌氧反应器内有高浓度的厌氧活性污泥，对杀菌剂余氯的抵抗能力会大大增强。所以，从实践中来看，进水余氯的浓度以不高于 1.5mg/L 为宜，且需要尽量缩短高余氯进水在厌氧反应器内的停留时间。另外，我们还可以通过沉降比、产气量的变化等来判断杀菌剂流入是否对系统产生了影响。实践中，特别是造纸废水有时可能含有此类物质，需要多加注意。

十、有机负荷的控制

厌氧生化系统的有机负荷主要是指容积负荷，即厌氧反应器单位有效容积每天接受的有机物量（用 COD 衡量），由于厌氧处理不需要氧，所以不像好氧生化处理那样会受到因供氧不足而导致污泥浓度无法进一步提升的限制，污泥浓度的提升不受氧的影响，系统内厌氧污泥浓度可以控制得较高，所以，一般设计容积负荷可以达到 COD 为 $10\sim20$kg/（$m^3 \cdot d$）。对于一个稳定的厌氧反应器，我们可以看到它的产气量稳定，出水 VFA 小于 300mg/L，出水 pH 值稳定，反应器内 pH 值不低于 6.8，没有明显的污泥流失，COD 去除率稳定，罐体内温度稳定。

有机负荷的影响表现如下：

（1）有机负荷高时，营养充分，导致代谢产物有机酸产量很大，超过产甲烷菌的吸收利用能力，有机酸积累后反应器内的出水 VFA 浓度升高（VFA 大于 600mg/L），pH 值会降低（pH 值低于 6.8），从而导致产甲烷效率低下，整个有机物去除效率降低。所以，厌氧处理系统要避免进水有机物负荷突然增大，导致系统来不及跟上节奏，出现系统运行故障。

（2）有机负荷适中时，产酸细菌代谢产物中的有机物基本上能被产甲烷菌有效利用，并转化为沼气，残存的有机酸低于 300mg/L，pH 值在 $7.0\sim7.5$ 左右，呈现弱碱性，表明系统处在高效稳定的运行状态。

（3）有机负荷低时，说明进水中有机物不足，产酸会偏少，此时的 pH 值会大于 7.5，出现碱性发酵状态，是低效的运行状态。这种情况下，可以提高进水有机物浓度（增加 10% 计），或者降低厌氧系统中的厌氧污泥浓度。

容积负荷的取值（以 COD 计）可参考如下：

（1）升流式厌氧污泥床（絮状污泥）容积负荷取 4kg/（$m^3 \cdot d$）

（污泥负荷取 0.4kgCOD/（kgVSS $\cdot$ d），此时污泥中 VSS 浓度为 10kg/m^3）。

（2）升流式厌氧污泥床（颗粒污泥）容积负荷取 10kg/（$m^3 \cdot d$）

（污泥负荷取 0.5kgCOD/（kgVSS $\cdot$ d），此时污泥中 VSS 浓度为 20kg/m^3）。

（3）IC 容积负荷取 25kg/（$m^3 \cdot d$）

（污泥负荷取 $0.5\sim0.6$kgCOD/（kgVSS $\cdot$ d）；此时污泥中 VSS 浓度为 50kg/m^3）。

不同的废水，内循环厌氧反应器的容积负荷取值（以 COD 计）可参考如下：

造纸废水，15kg/（$m^3 \cdot d$）；柠檬酸废水，20kg/（$m^3 \cdot d$）；酒精废水，

15kg/（m^3·d）；制药废水，10kg/（m^3·d）；印染废水，10kg/（m^3·d）；黄原胶废水，15kg/（m^3·d）；APMP废水，18kg/（m^3·d）。

十一、污泥龄的控制

因为厌氧微生物的世代时间较长，所以，污泥龄一般控制在30~50d左右。虽然厌氧生化处理的污泥龄较长，但不代表不需要排泥，排泥不但是排出多余的厌氧微生物，更多的也是把累积在厌氧系统内的惰性物质、无机杂质排出系统，否则，此类物质过多的积聚在厌氧系统中，会导致厌氧系统的处理效率逐渐降低。通过污泥龄来控制排泥量时，可以同时参考厌氧反应器各高度层的污泥量来判断是否需要排泥和排泥量是否恰当。

以颗粒污泥为例，不同的工艺对应的污泥床高度比如下：

（1）升流式厌氧污泥床工艺：污泥床高度比为20%（即5m高的升流式厌氧污泥床反应器，颗粒污泥床高度为1m左右）。

（2）膨胀颗粒污泥床工艺：污泥床高度比为40%。

（3）内循环厌氧反应器处理工艺：污泥床高度比为60%。

第三节　常见的厌氧生化处理工艺

厌氧生化处理工艺已出现了第三代厌氧反应器，在实践中应用较多的是升流式厌氧污泥床（up-flow anaerobic sludge blanket，UASB）工艺和IC工艺两种代表性工艺。

一、UASB处理工艺

升流式厌氧污泥床工艺是20世纪70年代开发的厌氧处理技术，具有结构简单、处理效率较高的特性，是国内外运用较多的厌氧处理工艺。UASB反应器是以泥水气三相分离为一体的集成化废水厌氧处理工艺，在其反应器内可以培育出沉降性能良好、处理效率很高的颗粒污泥，并形成污泥浓度极高的污泥床，使其具备容积负荷率高、污泥截留效果好、反应器结构紧凑等一系列优良的运行特点。

UASB包括进水分配系统、反应区（污泥床、污泥悬浮层区）、三相分离器、排水系统、排泥系统。

UASB构造如图3-3所示。

1. UASB的组成

（1）进水分配系统。主要是将废水尽可能地均匀分配到整个UASB反应器中，并具备一定的初始搅拌作用。良好的进水分配系统可以避免严重短流的发生，是反应器高效运行的关键因素之一。在进水方式方面，可以是间歇进水，也可以是连续进水。

（2）反应区。反应区是UASB的重点区域，这里聚集了大量厌氧微生物，担负着去除有机物的重任，进流废水将在这个区域与厌氧污泥充分混

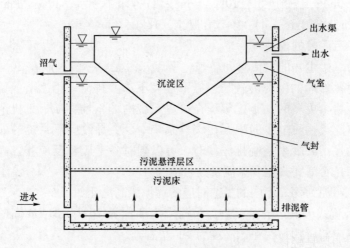

图 3-3   UASB 构造图

合和接触，进流废水中的有机物会得到充分降解。在反应区内分为下部的污泥床和上部的污泥悬浮层，污泥床内具有很高的污泥量，一般是沉降性能好、有机物去除率高的颗粒污泥，污泥浓度通常在 $35 \sim 75 g/L$，其在反应区所占容积大概为 30% 左右，但是，却可以担负有机物去除量的 80% 左右。污泥悬浮层区的厌氧污泥其污泥浓度在 $15 \sim 30 g/L$，一般为非颗粒状的絮状污泥。

（3）三相分离器。由沉淀区、气室、气封组成，其目的是为了反应器内的气体、液体、固体进行有效分离，最核心的作用是使足够多的污泥能够留在 UASB 反应器内。图 3-4 是安装前的三相分离器图片。通常为了耐腐蚀，其材质多为玻璃钢而非金属，但是，材质不良的三相分离器容易发生破损，导致功能无法有效发挥，出现堵塞、沼气分离不彻底、跑泥等问题。三相分离器的设计和质量是各家环保公司技术实力的体现。

（4）排水系统。也是 UASB 反应器的出水系统，由出水堰收集出水后，通过出水口流向后段处理设施。

（5）排泥系统。UASB 需要设置排泥口。排泥口的位置可以是反应器的底部，也可以是反应器的中部，也可以是距上部三相分离器 0.5 米左右设置，原则上可以多设几个排泥点，并且可以引出管道，兼做污泥采样口。

2. UASB 处理工艺常见问题及对策

（1）系统跑泥问题。通常跑泥是气泡夹带污泥上浮所致，如果气泡不能从污泥上脱离，则会导致污泥密度变轻，最终流出系统。常见的跑泥原因是系统酸败、进水负荷（水力负荷或有机负荷）冲击、有毒物质流入、过多的油脂流入、水中纤维或悬浮物过多、系统前预酸化程度过高等。如果跑泥严重，需要

图 3-4　三相分离器（安装前）

采取对策，如果是轻微的跑泥，则不必采取特别的对策，只要产生的污泥量是大于跑泥量的，对整个 UASB 系统来说就是可控的状态。

（2）进水悬浮物含量过高。进入反应器的悬浮物浓度，原则上来说不高于 500mg/L，如果进水悬浮物含量超过 1500mg/L，则需要通过混凝沉淀、气浮等方式加以去除。另外，也可以通过设置水解池对悬浮物和难降解有机物进行预酸化，以提高 UASB 反应器系统的稳定性，但是，预酸化不可过头，否则 UASB 反应器内的水解酸化和产甲烷的平衡就会被打破，导致反应器内以产甲烷为主，则对反应器的操作难度会增加，不利于系统的稳定运行。

（3）上升流速问题。UASB 反应器的上升流速原则上控制在 $0.5 \sim 1.2 \mathrm{m/h}$。容积负荷控制在 $10 \mathrm{kgCOD/}$（$\mathrm{m^3 \cdot d}$），上升流速过低，则污泥无法悬浮；上升流速过高，则污泥容易流出反应器。

（4）进水硫酸根含量。硫酸根对 UASB 系统的影响，通常硫酸根浓度超过 500mg/L 或硫酸根浓度除以 COD 浓度大于 $10\% \sim 20\%$ 时，对反应器影响会比较大，需要通过稀释等方法加以控制。

（5）颗粒污泥问题。颗粒污泥的优势表现在提高污泥沉降性上，有利于防止污泥的流失，因为絮状污泥更容易流失。所以，颗粒污泥利于保持反应器内污泥的浓度。另外，产甲烷菌存在于颗粒污泥内部，产酸菌存在于颗粒污泥外部，如此，产酸菌就为产甲烷菌提供了保护层，提高了污泥耐受进水水质波动的能力和抗 pH 值波动的能力。但是在实践中，有 80% 的 UASB 系统是没有颗粒污泥而只有絮状污泥的。

（6）反应器污泥量减少的问题。UASB 反应器污泥量不断减少的原因通常是污泥流失导致的，而去除率的降低，除了与温度、pH 值、容积负荷等工艺控制参数不佳有关外，也与流入废水中的硫酸根、抗生素等抑制物质有关。如果条件允许，可以在 UASB 反应器后设置一个沉淀池，对从 UASB 反应器流出的污泥进行泥水分离后，沉淀的污泥可以回流入 UASB 厌氧反应器，用以补充和维持反应器内的污泥浓度，这对稳定运行是比较有利的，如果要排剩余污泥，也可以从这个沉淀池进行排放。

（7）液面跑气问题。UASB 反应器出现从液面跑气问题，通常是由于水封罐液位过高或者水封罐管道压力过高所致。另外，污泥回流间隙被污泥堵塞，沉淀区污泥不能及时回流到反应器中也是常见问题。当然，设计方面，如果气室体积太小，气室液面有大量浮泥，将出气口堵塞，也会使沼气进入沉淀区。

二、IC 厌氧反应器处理工艺

内循环（internal circulation，IC）厌氧反应器处理技术是 20 世纪 80 年代中期由荷兰 PAQUES 公司研发成功的。IC 厌氧反应器是一种高效的多级内循环反应器，为第三代厌氧反应器的代表类型（UASB 为第二代厌氧反应器的代表类型）。与第二代厌氧反应器相比，它具有占地少、有机负荷高、抗冲击能力更强、性能更稳定、操作管理更简单等优点。当处理 COD 为 10000~15000mg/L 时的高浓度有机废水，第二代 UASB 反应器一般容积负荷（以 COD 计）为 5~8kg/m^3，第三代 IC 厌氧反应器容积负荷（以 COD 计）可达 10~25kg/m^3，所以，IC 厌氧反应器更适用于有机高浓度废水。

IC 厌氧反应器看上去是由两个上下重叠的 UASB 反应器串联而成的。由下面的第一个 UASB 反应器产生的沼气作为提升的动力，使上升管与下降管的混合液产生密度差，实现下部混合液的内循环，让废水获得强化的预处理效果。上面的第二个 UASB 反应器对废水继续进行后处理，使出水进一步得到降解。

IC 厌氧反应器的构造和外观如图 3-5 所示。

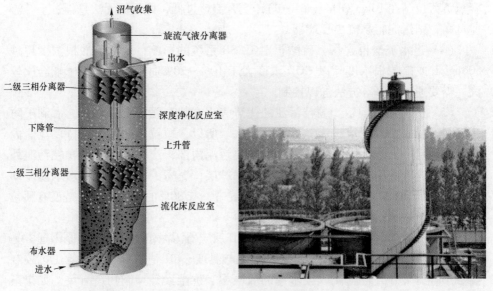

图 3-5　IC 厌氧反应器构造（左）和 IC 厌氧反应器外观（右）

1. IC 厌氧反应器的处理过程

（1）进水通过泵由反应器底部进入第一反应室，与该室内高效颗粒污泥进行充分混合和接触，分解有机物产生的沼气被第一反应室的集气罩收集，沼气将沿着上升管上升。沼气上升的同时，把第一反应室的混合液提升至设在反应器顶部的气液分离器，被分离出的沼气由气液分离器顶部的沼气排出管排走。分离出的泥水混合液将沿着下降管回到第一反应室的底部，并与底部的颗粒污泥和进水充分混合，实现第一反应室混合液的内部循环。内循环的结果是第一反应室不仅有很高的生物量、很长的污泥龄，并且具有很大的升流速度，使该室的颗粒污泥完全达到流化态，有很高的传质速率，使生化反应速率提高，从而大大提高第一反应室的有机物去除率。

（2）经过第一反应室处理过的废水，会自动进入第二反应室，即一级三相分离器的上部区域。在该区域废水会被第二反应室内的厌氧污泥（通常为絮状污泥）进一步降解，使得废水进一步得到净化，提高出水的水质。产生的沼气由第二反应室的集气罩收集，通过集气管进入气液分离器。第二反应室的泥水混合液进入沉淀区进行固液分离，处理过的上清液由出水管排走，沉淀下来的污泥可自动返回到第二反应室。如此，废水就在 IC 厌氧反应器内得到了全过程的处理。

2. IC 厌氧反应器的特点

（1）COD 容积负荷。IC 厌氧反应器的设计 COD 容积负荷在反应器温度控制在 35℃左右时，通常为 $10\sim24kg/(m^3\cdot d)$，其中第一反应室的容积负荷可以取 $30kg/(m^3\cdot d)$，第二反应室的容积负荷可以取 $10kg/(m^3\cdot d)$，IC 厌氧反应器的整体容积负荷大概是 UASB 反应器的 $2.5\sim3.0$ 倍。IC 厌氧反应器的 COD 去除率通常可以达到 80% 以上，但是去除率方面较 UASB 反应器无明显优势。

（2）IC 厌氧反应器的高径比。通常 IC 厌氧反应器的高度是 UASB 反应器的 4 倍，高径比一般取值为 $4\sim8$。在同样的去除率下，其体积相当于普通反应器的 1/3。而在上升流速方面，IC 厌氧反应器底部上升流速是 UASB 反应器的 20 多倍，上部的上升流速约是 UASB 反应器的 5 倍左右，但在上部的气体流速，却没有比 UASB 反应器高多少（2 倍左右），这为污泥留在 IC 厌氧反应器内创造了良好的条件，实现了高负荷运行条件下不严重跑泥的稳定状态。

（3）抗冲击负荷方面。IC 厌氧反应器内的循环流量会随着有机负荷的增减而自动增减，处理低浓度废水时，循环流量约为进水量的 $2\sim3$ 倍；处理高浓度废水时，循环流量可达 $10\sim15$ 倍。另外，由于循环流量大，相当于更多的出水回流到第一反应室，利用 COD 分解转化的碱度对进水的 pH 值起到了很好的缓冲作用。而反应器的循环流是依靠反应器自身产生的沼气作为提升的动力的，所以不需要额外的外部循环泵来打循环，节约了动力费用。

（4）在启动培菌方面。IC厌氧反应器内的污泥活性高，生物增殖快，所以，启动速度比UASB要快2~3倍。IC厌氧反应器的颗粒污泥主要集中在底部，中部比较少，上部几乎没有；如果上部有，那就是沼气和颗粒污泥夹带上升的，还会流回来。

（5）IC厌氧反应器内部结构比UASB要复杂，设计施工要求高，由于反应器的高径比大，使得进水泵需要较高的扬程，动力消耗大；并且由于反应器内水流上升速度快，使得其出水中的颗粒夹带流出的情况要比UASB严重，这对后段好氧处理段会造成一定的影响。另外，混合液的上升管道还容易发生堵塞现象，使内循环无法有效进行，处理效率会明显降低。

（6）由于IC厌氧反应器的水力停留时间较短（约为UASB反应器的1/3），上升流速可达4~6m/h，使其需要较长时间才能水解不溶性有机物，导致有机物去除率低下。同样，由于其有机负荷较高，产气量大，在停留时间不高的情况下，有机物的整体去除率没有明显的优势。

3. IC厌氧反应器运行常见问题

（1）IC厌氧反应器出水氨氮上升问题。这主要是有机氮在反应器内被分解为氨氮的缘故，这个过程本身对后段的好氧生化处理系统有益无害。

（2）颗粒污泥流失。通常是由于进流废水水力负荷过大，导致污泥流出反应器。另外一个重要原因是有毒物质或抑制物质流入导致颗粒污泥解体所致。

（3）IC厌氧反应器的外回流。一般仅仅在培菌启动初期使用，以替代还不能运行的内循环流，一旦沼气量稳定了，内循环正常，外循环就不再需要了。

（4）厌氧颗粒污泥生长过于缓慢。对于企业生产上使用超纯水导致排放的废水中营养和微量元素不足的，需要考虑补充氮、磷和铁、钴、镍、锌等微量元素来促进颗粒污泥的生长。对于进水预酸化度过高、颗粒污泥被洗出、颗粒污泥破裂导致颗粒污泥生长缓慢的问题，可以通过减少预酸化程度、增加反应器负荷来应对。另外，保持反应器中40~120mg/L的钙浓度有利于颗粒污泥的形成。

（5）反应器出现过负荷现象。通常是由于反应器污泥总量不足或者污泥产甲烷菌活性不足所致，可以通过增加污泥活性、提高污泥总量、增加种泥量或促进污泥生长、减少污泥洗出量来应对。

（6）污泥中甲烷菌活性不足。主要与营养及微量元素不足、产酸菌过于旺盛、有机悬浮物在反应器中积聚、反应器温度降低、废水中存在有毒或抑制物质、钙离子等无机物引起沉淀等有关，可以通过添加营养与微量元素、增加废水预酸化度、降低反应器负荷、提高温度、降低进水悬浮物浓度、减少进水中钙离子浓度、在反应器前采用沉淀池等应对。

（7）颗粒污泥的洗出。主要是因为气体聚集于空的颗粒污泥中，在低温、低负荷、低进水浓度时更易形成大而空的颗粒污泥。另外，颗粒污泥形成分层后，产酸菌在颗粒污泥外大量覆盖使产气菌聚集在颗粒污泥内所致。当然，颗粒污泥因为废水含有大量蛋白质和脂肪也容易引起污泥上浮。出现此种情况，可以通过增大污泥负荷、增加废水预酸化程度、采用预处理去除蛋白质和脂肪等来应对。

（8）絮状污泥或表面松散的"起毛"颗粒污泥形成并被洗出。原因主要是进水中悬浮物的产酸作用导致颗粒污泥聚集在一起。另外，颗粒污泥表面或以悬浮状态大量的繁殖产酸菌，形成"起毛"的颗粒污泥，实际上是产酸菌大量附着于颗粒污泥表面所致。为此，需要去除进水悬浮物、增加废水的预酸化度。

（9）颗粒污泥破碎且分散。主要是负荷或进水浓度突然变化所致。另外，预酸化度的突然增加会使产酸菌处于饥饿状态，当然也有因为有毒物质或抑制物质存于反应器内所致。为此，要稳定预酸化条件，进行必要的脱毒处理，延长厌氧污泥驯化时间并稀释进水浓度，降低有机负荷与上升流速，并通过出水循环以增加选择压力，使絮状污泥洗出。

（10）厌氧污泥上浮。通常是由于三相分离气室有浮泥，导致沼气排出不顺所致；也有因为负荷突然增大，导致产气过大而高于分离器的能力所致。另外，温度突然增高后，产气也会增大，在高于分离器能力时也会出现浮泥，其他的诸如水封高度问题、废水中蛋白质产生泡沫以及其他有机物降解过程中产生的中间产物可能降低了液体的表面张力，从而产生泡沫。为此，可以通过降低水位、积极冲洗、缓慢升温、回流、调整水封、调整水温等来应对。

第四节　厌氧反应器的启动调试

厌氧反应器的启动调试是新系统启动时会经历的阶段，本节以 UASB、IC 厌氧反应器的启动调试为例，讲述调试启动过程和重点注意事项。

一、UASB 反应器的启动调试

我们将 UASB 的启动调试分为四个阶段：

第一阶段：UASB 启动准备阶段

（1）选用接种污泥。选用污水厂污泥消化池的消化污泥接种（具有一定的产甲烷活性），接种的污泥尽量少含无机杂质。

（2）接种过程和污泥量。一般市政污水厂的脱水污泥含水率在 80%~85%，将接种污泥加水搅拌呈可流动液态后，均匀注入 UASB 反应池。

接种污泥量为 UASB 反应器有效容积的 20%~30%，最少 15%，一般为 25%。接种污泥的填充量不超过 UASB 反应器有效容积的 40%，否则，启动后的上升流速会使接种的污泥多量流出 UASB 反应器。

最初接种污泥启动时的污泥中 VSS 浓度可以控制在 $15~30 kg/m^3$，随着启动后的洗泥过程，反应器内的污泥浓度会下降，并在进水有机物浓度和操控条件形成最终稳定的污泥浓度。当然，接种污泥量低了也不是说不能启动，只是启动时间会相应地有所延长，对初期加负荷力度会有些限制。

初期进水的水质控制，初始配水最低COD浓度为2000mg/L，然后逐步提高有机负荷直到可降解的COD去除率达到80%为止。当进水COD浓度高时，可采用对原水进行稀释，调节到适宜的COD浓度。

第二阶段：初始启动阶段（约30~40d）

此阶段反应器的容积负荷（以COD计）由0.1kg/（m³·d）开始，逐步分多次提升到2kg/（m³·d）。开始采用间歇进水，污泥负荷宜控制在0.05~0.2kgCOD/（kgVSS·d），通过外回流保持UASB反应器上升流速维持在0.2~0.3m/h。当接种污泥逐渐适应进水后，污泥逐渐具有除去有机物的能力，当COD去除率达到70%~80%，或出水VFA浓度低于300mg/L，可以提升进水负荷（以COD计）大约到0.5kg/（m³·d），此时进水可以由间歇进水改为连续进水。

在本阶段运行中，最初会有一定量的污泥流出反应器，接种污泥中不适应反应器的污泥和杂质，后期有少量的细小的分散污泥流出，其主要原因是水的上流速度和逐渐产生的少量沼气所致。

本阶段的日常数据主要检测进出水的pH值、COD、VFA、碱度（ALK）等项目，若出水VFA<5mmol/L、VFA/ALK=0.3以下，表示UASB系统运行正常。

直到UASB反应器的进水负荷（以COD计）达到2kg/（m³·d），初始启动阶段结束，进入下一阶段。

第三阶段：继续加负荷阶段（约30d）

随着有机负荷的继续提升，上升流速加大到0.4~0.6m/h，UASB反应器内的污泥对进水有机物的去除能力进一步提升，反应器的有机负荷（以COD计）由2kg/m³逐步向5~8kg/（m³·d）方向提升。每次负荷增加20%，每次操作所需时间长短不同，有时可长达两周，有时仅几天，经过多次重复操作可达到设计容积负荷。

本阶段中，由于提升水量大、COD浓度高、产气量和上流速度的增加引起污泥床膨胀，出水中带出的污泥量较多，大多为细小非分散的污泥或部分絮状污泥。这种污泥的带出量只要小于污泥的增殖量，对UASB反应器来说就没有负面影响，有时还有利于颗粒化污泥的形成。

本阶段日常检测数据同第二阶段。

如果进流废水水质和操控条件决定了UASB反应器不能形成颗粒污泥的话，则在本阶段有机物去除率稳定后，即可视为调试结束，进入正常的运行阶段了。

第四阶段：颗粒污泥培养期（约30~60d）

如果废水水质特点可以形成颗粒污泥，本阶段需要把容积负荷（以COD计）提高到5kg/（m³·d），或者污泥负荷提高到0.5kgCOD/（kgVSS·d）以上，使微生物获得充足养料，促进其快速增长。

在这段的运行中，pH 值、温度、有机负荷、VFA、ALK 等各项操作参数严格控制，促进逐步形成颗粒污泥。

二、IC 厌氧反应器的启动调试

第一阶段 IC 厌氧反应器启动准备阶段

1. 选用接种污泥

首先，IC 厌氧反应器必须接种颗粒污泥，颗粒污泥来源一般是来自山东地区的柠檬酸厂，该地区的柠檬酸厂多，颗粒污泥产量大，已形成了一定的产业。当然，如果能接种到同类型企业的且性状良好的颗粒污泥，则最佳。

2. 接种颗粒污泥的性状

接种过来的颗粒污泥浓度一般为 10%（100kg/m³），颗粒污泥中的有效成分约 70%，颗粒污泥的粒径以 2~3mm 大小为佳，且颗粒污泥要有一定的硬度，表面应光滑发亮，要以颗粒污泥为主，只含有少量絮状污泥。

3. 颗粒污泥的接种量计算

以 1500m³（底面积 60m²×25m 高）的 IC 厌氧反应器为例，计算颗粒污泥的接种量，计算所需参数如下：

IC 厌氧反应器容积为 1500m³；设定 IC 厌氧反应器启动容积负荷（以 COD 计）为 3kg/（m³·d）；设定 IC 厌氧反应器启动污泥负荷为 0.6kgCOD/（kgVSS·d）；颗粒污泥有效成分 70%；初次启动颗粒污泥活性 50%；接种颗粒污泥的浓度 = 100kg/m³；反应器设定去除率 = 85%。

接种颗粒污泥量计算如下：

每日配水 COD 总量 = 1500×3×85% = 3825kg

需要接种的绝干颗粒污泥量 = 3825/（0.6×50%）= 12750kg

需要接种的颗粒污泥体积 = 12750/（100×70%）= 182m³

4. 颗粒污泥的投加

首先将 IC 厌氧反应器注满清水，然后使用螺杆泵接 IC 厌氧反应器的排空阀，将颗粒污泥注入 IC 厌氧反应器。槽罐车内的剩余颗粒污泥可以用清水冲洗后继续泵入 IC 厌氧反应器。

5. 厌氧反应器升温

投加颗粒污泥结束后，需要对 IC 厌氧反应器进行升温，以每小时升温不超过 1℃，每天升温不超过 2℃来控制，直到 IC 厌氧反应器内水温达到 35℃为止。

6. 原水进水量和进水浓度

启动容积负荷按 3kg/（m³·d）进行，原水进水量按 450m³/d 计，原水 COD 浓度按 10000mg/L 计，折算每天进水 COD 总量 = 1500×3 = 4500kg，按照 IC 厌氧反应器的上升流速 2~3m/h 计，进水流量 = 60×（2~3）= 120~180m³/h（含出水循环的外回流流量）。

7. 负荷提升步骤

按容积负荷 3kg/（m³·d）折算后的原水浓度和原水进水量后，开启外回流泵，待回流量稳定后，开启原水泵，开始向 IC 厌氧反应器进水，根据日处理原水水量，折算为原水进水流量 = 450/24 = 18.75m³/h。最终，包括外回流流量在内的总进水量维持在 120~180m³/h，此时，IC 厌氧反应器的上升流速在 2~3m/h，可以使颗粒污泥处于悬浮状态。

本阶段进水维持 7d 左右，其间的日常数据主要检测进出水的 pH 值、COD、VFA、碱度（alkalinity，ALK）等项目，若出水 VFA<5mmol/L，VFA/ALK = 0.3 以下，表示 IC 厌氧反应器系统运行正常。

当检测到 COD 去除率达到 80%~85%后，就可以进一步提升 IC 厌氧反应器的进水负荷，按进水容积负荷 5kg/（m³·d），重新调配原水 COD 浓度和水量，同时，进一步提高外回流水量，使 IC 厌氧反应器的上升流速提升到 4~5m/h。同样本阶段维持 7d 左右，并继续检测主要进出水指标。待测到的 COD 去除率再次达到 80%~85%后，重复以上步骤，继续提升进水容积负荷到 8kg/（m³·d），如此重复，直到 IC 厌氧反应器的负荷达到设计负荷值。

随着调试的进行，IC 厌氧反应器的产气量会不断增加，上升流速中有了沼气气体的参与，外回流就可以逐渐退出，直到最后依靠进水的上升流速和汽提的上升流速即可维持 IC 厌氧反应器的上升流速，外回流就可以完全退出了。

8. 调试期间重要关注点

调试期间，重点关注 IC 厌氧反应器出水的 VFA。如果 VFA 大于 300mg/L，就需要降低负荷；VFA 超过 400mg/L，又必须运行时，可以考虑投加碳酸氢钠等碱度补充剂予以调节。另外，也需要时刻关注沼气流量的变化，只要沼气流量稳定，说明产甲烷菌活性正常，系统相对处于稳定状态；如果沼气流量降低，且判断产甲烷菌产气量降低，就需要及时降低进水 COD 负荷来进行缓解和恢复。

第五节　厌氧处理工艺与后段好氧处理工艺的协调

在工艺流程中，把厌氧处理放在好氧处理的前段，目的是为了保证出水达标排放。通过厌氧处理段可以降低高浓度进水的有机负荷，使后段的好氧段构筑物减小尺寸，有利于降低好氧段的运行成本。在日常运行中，如下问题需要多加关注。

（1）厌氧段跑泥问题。厌氧反应器的跑泥会流入后段的好氧系统，直接的变化就是导致原本棕黄色的活性污泥颜色加深，厌氧污泥不能变成好氧污泥，甚至导致好氧前段的污泥发黑。通过显微镜观察生物相时，可以看到菌胶团内夹杂有多量的黑色污泥颗粒，且容易导致溶解氧跟不上。

出现这种情况，一方面会导致二沉池出水浑浊，另一方面，由于厌氧污泥的干扰，好氧池的 MLSS 会虚高，实际的有效成分降低后，如果仍然维持现有的污泥浓度，会导致去除率逐渐下降。通常，由厌氧段和好氧段组成的生化处理系统中，如果厌氧段跑泥严重的话，需要提高好氧段的排泥量，以便及时把活性污泥中的厌氧颗粒杂质排除出好氧系统，维持好氧系统活性污泥的活性。

（2）会导致流入后段好氧系统的有机物浓度不足。当厌氧处理系统效率较高时，流入好氧段的有机物浓度过低，往往会导致好氧的污泥浓度降低，如果降低到极限以下，比如 MLSS 低于 900mg/L 时，污泥絮凝性受到影响，会出现出水悬浮物升高的情况。另外，如果整个系统还有脱氮除磷的要求时，流入后段缺氧池的有机物浓度不足时，势必影响反硝化脱氮效果。如果出现这种情况，建议将部分进入厌氧系统的废水超越厌氧反应器，直接进入后段的缺氧池，以便为缺氧池的反硝化提供足够的碳源。

（3）当进水有机物浓度或者 pH 值波动过大时，可以考虑将好氧池的出水回流到厌氧反应器，以便对原水进行稀释，降低异常原水对厌氧反应器的冲击，这对保持整个生化系统稳定有利。当然，如果进入厌氧反应器的有机物浓度过高时，也可以用这个方法稀释处理的。

（4）厌氧反应器在节假日、大修时的停产，实际对厌氧反应器的影响不大；也就是说较长时间的停产不进水，对反应器内的污泥影响不大。系统恢复进水后，厌氧反应器的处理效率恢复较快，但是好氧处理系统相对脆弱些，在停止进水期间，还要考虑回流、曝气等的维持，且回流和曝气的力度、频率还要根据停产时间做相应计划，必要时还要补充碳源，维护好系统内好氧微生物的基本生存状态，为后续再次进水处理污水、废水做好必要的准备。

另外，厌氧调试时间比好氧的长，用厌氧好氧组合处理污水、废水，需要先把好氧的负荷提起来，这样厌氧调试时，厌氧出水有波动也不会导致整个系统的出水发生大的波动。

67

第四章

活性污泥法工艺控制

第一节 工 艺 控 制 概 述

一、工艺控制的内容

活性污泥法工艺控制的参数相当多，这也是众多一线操作人员在工艺控制过程中遇到困难的一个原因。就单个控制参数来讲，大家把握起来比较容易，但是系统地通过各控制参数实际情况的分析、把握、调整来达到较佳的运行工况，就很困难了。

活性污泥法工艺控制中，主要针对如下参数：

(1) pH 值。pH 值的控制不但是排放水的要求，更是对活性污泥法主体微生物生长条件的要求。控制不好将直接影响处理效果，甚至造成生化系统瘫痪。

(2) 水温。进入活性污泥法处理系统的原水，其水温控制也很重要，合适的水温是实现活性污泥法最高处理效率的基本前提条件。

(3) 原水成分。活性污泥法作为处理有机污染物的首选处理工艺，有机污染物的浓度固然重要，但是其水质成分均匀、全面也是至关重要的。有时候排除大量干扰因素后，会发现水处理效率低下往往是由于原水成分不均匀、水质成分单一造成的。

(4) 食微比（F/M）。污泥负荷的调节和控制是操作人员对系统控制和调整的常用方法，往往在应急调整中被用到，当然也是维持系统长期稳定运行需要经常调节的工艺控制参数。

(5) 溶解氧（dissolved oxygen，DO）。活性污泥法工艺的微生物皆以好氧菌为主体，缺乏溶解氧的时候首先影响的是处理效率，甚至会对整个活性污泥系统产生抑制，使恢复周期延长；而过量的溶解氧也会影响出水水质。对其控制也显得尤为重要，由于控制简单，往往会被一些一线操作人员忽略，从而对系统长期处理效果评价产生影响。

(6) 活性污泥浓度（MLSS）。控制活性污泥浓度对有机污染物的去除率、抗冲击负荷能力、出水悬浮颗粒浓度、节能降耗等都有显著的影响，它也是日常操控常用的系统运况调整工具。

(7) 沉降比（SV_{30}）。沉降比实验作为现场监测活性污泥系统运行状况最简易、有效的方法，却往往被一些操作人员忽略，此控制参数对整个活性污泥系统故障的及早发现具有重要的参考价值，掌握好对这一控制参数的认识，对操作活性污泥法系统具有重要意义。

（8）污泥容积指数（sludge volume index，SVI）。这一指标对于刚开始涉及现场的技术人员来讲，理解并运用到对系统工艺的判断上面，还是有一定困难的。但是，能够充分地理解其本质含义，对判断活性污泥处于何种增长状态、污泥膨胀情况、活性污泥浓度等也具有重要的参考价值。

（9）污泥龄：就活性污泥的主体微生物而言，和人类一样有儿童、青少年、成人、老年人的年龄段划分，将这样的划分用在活性污泥的微生物上，就需要用污泥龄来加以衡量。将活性污泥控制在不同的污泥龄，其净化污染物的效果和系统的稳定性会有明显差异，是活性污泥法系统中非常重要的一个工艺控制参数。

（10）回流比。活性污泥回流比在工艺控制中，其目的是为了补充活性污泥槽流失的活性污泥，达到处理的平衡。却很少有人能够理解在工艺控制中，回流比的大小对处理效果的影响。脱氮工艺中的内回流控制同样有重要的意义。

（11）营养剂的投加。活性污泥的正常代谢像人体一样需要多种元素，除了蛋白质外，对氮、磷、铁、锰等也有不同的需求。对这方面的基本认识，是系统分析活性污泥系统很重要的基础。

二、工艺控制的重要性

活性污泥法的运行需要众多控制参数的合理调配，只有这样，才能很好地保证活性污泥处理工艺正常、高效运行。所以，必须充分认识活性污泥法工艺中工艺控制参数的重要性。

控制参数是大家在日常工作中经常能够遇到的，对有些参数自己也有充分的认识。但是，实际操作管理中，却无法很好地根据一个参数进行调控并取得满意的效果。原因就在于忽略了各参数间的关系，以及没有从整体角度去分析运行故障。要达到较高的整体把握能力，就必须对单个指标的运用进行充分的认识。

第二节　工 艺 控 制 参 数

一、pH 值

1. 定义及实践操作的运用

（1）pH 值的定义。pH 值是体现某溶液或物质酸碱度的表示方法，表示水中氢离子（H^+）浓度。pH 值的范围为 0~14，一般 0~7 属酸性，7~14 属碱性，7 为中性。

（2）pH 值在实践操作中的运用。污水、废水处理过程中，往往会出现进流水 pH 值的异常波动，单靠调节池等设备自身调整，有时无法达到系统可承受的 pH 值范围（通常为 6~9）。这种情况下，如果不对进流后的污水、废水进行 pH 值调整，将会对物化处理段和生化处理段造成明显的影响。

2. pH 值异常波动对各处理段的影响

pH 值异常波动对各处理段的影响见表 4-1。

表 4-1   pH 值异常对各处理段的影响

pH 值异常	物化段影响	生化段影响
pH 值过低（低于6）	混凝处理段絮体细小、混凝效果差；初级沉淀池出水混浊，堰口有生物膜或青苔剥落	活性污泥系统池面有酸味；处理效率下降；原生动物活动减弱
pH 值过高（大于9）	混凝处理段絮体粗大、间隙水混浊，混凝效果差；初级沉淀池出水混浊，堰口有生物膜或青苔剥落	出水混浊；处理效率下降；活性污泥有解体现象；原生动物死亡解体

3. 污水、废水 pH 值调整注意点

首先，污水、废水的 pH 值调整，以废水中和废水的方式最为经济节能，可通过调整池的水质调整达到以上目的。废水的混合可在一项处理工序内完成，也可在相邻工厂之间完成，利用碱性废水或碱性废渣中和酸性废水。如建筑材料厂产生碱性废水（含石灰和氧化镁），在加以均化后，用泵送至附近化工厂与酸性废水混合。这样结合所得的中性废水就比较适合进行最终处理了，完全达到了以废治废的目的，双方企业既节约了资金，也减轻了环境污染负荷。

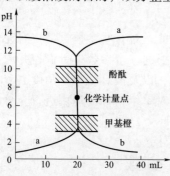

图 4-1 pH 值中和突跃现象
a—NaOH 滴定 HCl 时的曲线；
b—HCl 滴定 NaOH 时的曲线

在实际的污水、废水 pH 值调节过程中，经常会遇到如图 4-1 所示的 pH 值中和突跃现象，使得污水、废水很难真正调整到 pH 值为中性，特别是在水量大，污水、废水 pH 值过高或过低时，使用强酸强碱中和效果尤为明显。遇到这种情况还是要充分发挥调节池的作用，通过连续投加中和药剂、频繁监测，保证中和后的污水、废水 pH 值不致过大地偏离中性值。就实际操作过程来看，污水、废水最终调节的 pH 值宁可偏碱性而不要偏酸性，原因在于：

（1）酸性污水、废水更容易腐蚀污水、废水处理设施。

（2）偏碱性废水更利于后段混凝沉淀效果的提升。

（3）就活性污泥主体微生物来说，抗碱性污水、废水能力要优于抗酸性污水、废水能力。

（4）偏碱性废水更容易形成氢氧化物沉淀而为污染物的进一步去除提供了便利。

（5）系统有脱氮要求时，硝化段会消耗碱度，所以，进生化系统前偏碱性更有利于硝化段 pH 值的稳定。

在中和酸性污水、废水的时候，如果污水、废水中需去除磷酸盐和重金属时，采用氢氧化钙要优于使用氢氧化钠的效果，特别是兼带除磷和除重金属时。

4. pH 值和其他控制指标的关系及联合分析方法

（1）pH 值与水质水量的关系。pH 值的异常波动，并对污水、废水处理系统构成威胁的情况，更多的是发生在以处理工业废水为目的的污水、废水处理厂。当企业瞬间排放水洗水、着色液、前处理废水的时候，往往伴随水量大、pH 值过低或过高的状况。此时，水中其他污染物指标并不高，仅仅在 pH 值的波动上显得特别突出。究其原因是此类废水含有低有机污染物、低悬浮颗粒。

熟知此类废水的特性，除了要充分利用调节池的功能外，也需要操作人员走出去，与排放此类 pH 值波动过大的污水、废水单位建立联系，以便提早知道并做好对应的策略准备。否则，在不能备有多量中和药剂的情况下，一旦因为药剂不足导致无法中和高浓度污水、废水时，将对后续的活性污泥系统造成相当大的影响。

（2）pH 值与活性污泥沉降比的关系。活性污泥沉降比通常受 pH 值的冲击影响较大，表现得也比较快速和明显。因以细菌为主体的活性污泥对 pH 值的耐受存在一定的限度，当受到 pH 值过高或过低的污水、废水冲击的时候，在沉降比检测时，往往可以看到，活性污泥沉降缓慢，上清液混浊，甚至发现液面有漂浮的活性污泥絮体。通常 pH 值低于 5 或高于 10 时对活性污泥的影响快速而明显，活性污泥系统受抑制恢复也需要相当长的时间。

具体 pH 值时活性污泥沉降比实验表现分析见表 4-2。

表 4-2　　　　　　　　　pH 值异常时沉降比实验表现分析

pH 值异常时 SV_{30} 实验表现	异常表现原因	辅助确认项
上清液浑浊	污泥解体	伴随 COD 去除率降低
集团沉淀不明显	活性被抑制	伴随絮体棱角钝化
液面浮渣增多	部分外围污泥死亡	搅拌后不下沉
沉淀污泥活性差	活性被抑制	污泥色泽暗淡，不新鲜
活性污泥异味	酸碱废水流入	伴随原生动物消失

图 4-2 是某餐饮废水处理生化系统受到 pH=5.5 的水冲击后所表现出来的上清液状态。可以明显看到上清液变得浑浊，活性污泥的泥水液面不清，活性污泥的卷毡状消失，说明该低 pH 值废水对生化系统的活性污泥造成了冲击。

（3）pH 值与活性污泥浓度的关系。从实践方面来看，pH 值对活性污泥造成冲击，往往是由于系统操作人员没有及时发现入流废水的 pH 值变化，或者是

图4-2　活性污泥受到 pH 冲击
时的沉降比实验状态

中和药剂短缺导致中和失败造成的。单就活性污泥对大波动 pH 值污水、废水的耐冲击性而言，活性污泥浓度越高，越能耐受大波动 pH 值的污水、废水的冲击，抗冲击持续时间也较低活性污泥浓度时为佳。但在大波动 pH 值的污水、废水冲击过后，系统需要排出受冲击的活性污泥，利用快速增殖的新活性污泥来尽快恢复活性污泥的正常处理功能，这一点是非常重要的。

（4）pH 值与活性污泥的污泥龄的关系。pH 值与活性污泥的污泥龄，有些读者可能觉得两者并无直接联系，但是正如上文中所说的，在大波动 pH 值的污水、废水冲击过后，活性污泥系统需要排出受冲击的活性污泥，来恢复正常的处理功能，其中的排泥过程就可以理解为通过降低活性污泥的污泥龄来使活性污泥处于对数生长期，以获得最佳的增殖和系统恢复速度。只是系统恢复阶段很难控制入流污水、废水中污染物的浓度，为此，常会出现系统恢复期排放处理水出水指标超标的现象。

活性污泥虽受大波动 pH 值的污水、废水的冲击，但是其吸附能力将伴随到其死亡分解阶段，只是活性污泥受大波动 pH 值的污水、废水的冲击后沉降絮凝性变差，游离在水中后，常常会随放流水排出处理系统，导致处理水指标 COD、悬浮固体浓度（suspended solids，SS）超标。为此，对应的策略是在生化处理出水段投加絮凝剂来暂时缓解因过量活性污泥解体导致的出水指标超标现象。

（5）pH 值与活性污泥回流比的关系。应该说活性污泥受大波动 pH 值的污水、废水冲击的影响程度与 pH 值波动的大小、持续时间、活性污泥原有状态等存在关联。当生化系统整池水体 pH 值上升超过 10 的时候，持续时间超过 2h，将需要大约 2d 的时间来恢复整个活性污泥系统的正常运转。所以，有必要采取一切手段来降低大波动 pH 值的污水、废水对活性污泥系统的作用时间。其中有效的就是加大活性污泥的回流比，在预计大波动 pH 值的污水、废水冲击程度较大的情况下，可以将活性污泥回流系统开至最大，以最大限度地调动二沉池内的中性废水去稀释进入生化系统的大波动 pH 值的污水、废水。通过这样的回流比调整，在大波动 pH 值的污水、废水冲击不是太强大的情况下，往往可以缓解对生化系统的冲击影响，至少可以最大限度地保护活性污泥系统，争取到更短的系统恢复时间。

（6）pH 值与活性污泥生物相的关系。众所周知，活性污泥的微生物对 pH 值的变化是敏感的。由细菌组成的菌胶团通过集体作战，在受到过高或过低 pH 值废水冲击时，菌胶团外围的细菌先死亡，但是，可以最大限度地保护菌胶团内部的细菌不至于迅速死亡，这为系统恢复后，活性污泥内的细菌迅速恢复活性提供了基础。

相反，原生动物、后生动物因为是以单个个体存在的，所以，在受到过高或过低 pH 值废水冲击后，将比菌胶团更快地死亡和消失，这个特征实际上是有助于判断活性污泥被高低 pH 废水冲击的状态的。例如，如果还有原生动物存活的话，说明对菌胶团的冲击还不大。

在受到过高或过低 pH 值废水冲击后，生物相具体表现如下：

1）初期观察时，非活性污泥类原生生物、活性污泥类的楯纤虫等小型原生动物会最早消失。

2）中期观察时，可以发现原生动物、后生动物活动性降低，甚至停止活动。

3）后期观察时，原生动物、后生动物会彻底消失。

4）活性污泥菌胶团表现为细碎，游离的小菌胶团增多。

而高低废水 pH 值冲击缓解后的生物相表现如下：

1）原生动物率先出现，数量逐渐增多。

2）其中首先出现的是非活性污泥类原生动物，而后是中间性活性污泥类原生动物，最后是活性污泥类原生动物和后生动物相继出现。

3）控制较低污泥龄时，将更加有利于生化系统的恢复。

二、水温

1. 定义及实践操作的理解

（1）水温的定义。是指整个生化处理系统内构筑物中的污水或废水的水体温度，也就是活性污泥法工艺中微生物所处环境的温度，水温的高低直接影响微生物降解污染物的速率，对生化处理系统的污染物去除率和稳定性有重要影响。

（2）水温在实践操作中的理解。

和水处理息息相关的是被处理污水、废水的水温。

在全年度的水温变化方面，会发现水温的变化通常是由气温的变化引起的，也会清楚地发现夏天的处理效率高于冬天的处理效率。

而由排放企业所排出的中高温废水在工业废水处理中也会经常遇到。通常水温过高对系统的冲击是明显高于因季节变化引起的冲击的。为此也需要对工业企业排放的污水、废水进行冷却预处理。

2. 水温异常波动对各处理段的影响

水温异常波动对各处理段的影响见表 4-3。

表 4-3　　　　　　　　　　　水温异常波动对各处理段的影响

异常水温表现	物化段影响	生化段影响
水温过低（低于10℃）	混凝效果变差，絮体细小；耗药量增加；初沉池处理效率下降	处理效率降低，抗冲击能力减弱；出水未沉降絮体增多。脱氮工艺中的硝化菌活性明显降低
温度过高（高于40℃）	无明显影响，在缺氧状况下，沉淀池底泥容易上浮	部分活性污泥受高温环境影响，容易导致解体；同时受微生物活性增强影响也会导致出水混浊发生

3. 污水、废水温度调整注意点

水温的调整对后续处理装置的运行影响虽然没有 pH 值波动带来的负面影响大，但是，可以发现其对生化处理系统的中长期影响，特别是处理效率提升困难、丝状菌膨胀、出水混浊等情况比较常见。

对于污水、废水温度的调节特别是低温水对处理系统造成的处理效率低下的问题，通常在设计阶段，考虑到北方气温的影响，建造地下或半地下室及室内处理设施比较有效。对于高温污水、废水，增设冷却塔等设施会增加比较大的投资和运行费用，通常可通过利用调节池或者增设生物塔等设施来兼带的达到降低污水、废水温度的目的。

所以，在设计阶段考虑对污水、废水水温的调节显得尤为重要。同时，在系统运行发生故障的时候，如果是长期性困扰的难题，也应考虑是否为活性污泥对水温比较敏感的所致并加以确认。

4. 水温和其他控制指标的关系及联合分析方法

（1）水温对混凝效果的关系。如前所述，混凝过程往往受多种因素限制和影响，其中就包括水温的影响。水温过低，分子间活动减弱，絮凝的机会和效果受到限制，特别是在水中颗粒杂质不多的情况下，絮凝效果变差特别明显。通过观察发现的絮体细小、间隙水混浊可以验证水温偏低对絮凝效果的影响。当水温低于10℃时，其对混凝效果的影响开始显现，7℃以下时会产生明显的混凝影响。

（2）水温对活性污泥内原生动物种群的影响。众所周知，活性污泥的主体是微生物，即细菌，由于观察细菌的难度较大，所以在实际工艺控制中直接观察细菌受温度影响的程度显得不太切合实际，而通常观察活性污泥中原生动物的种群变化可以发现水温对活性污泥的影响。以原生动物为例，当水温过低时，会出现原生动物、后生动物数量降低、活动受限、部分种类消失等现象。

以代表性原生动物小口钟虫和楯纤虫为例，通常在水温较低的情况下，楯纤虫数量较少，小口钟虫数量也会明显减少。而在高水温（高于40℃）的情况下，楯纤虫将会消失，小口钟虫消失甚至死亡。

（3）水温与活性污泥沉降性的关系。活性污泥的沉降性受多种因素的影响，水温也是其中的一个因素。与物化段混凝处理受水温过低导致絮体细小、混凝效果不佳一样，水温过低也同样导致活性污泥的活性降低，分解有机物耗时增加，表现在完成沉降及泥水分离的时间延长，二沉池活性污泥成团上扬、细小颗粒流出堰口的现象时常发生。同时，由于分解有机物时间延长，导致处理效果降低，在做沉降比实验时，往往上清液有朦胧模糊的现象产生，这都是有机物降解不彻底的结果。

（4）水温与溶解氧及系统去除率的关系。原则上来说，水温越高，溶解氧效果越差，因为水温升高后分子活动性增强，溶解氧更加不容易溶解在水中；相反，水温越低，溶解氧越容易溶解在水中。所以，同等条件下，冬天的溶解氧比夏天会高一些。

而在去除率方面，相对来说，水温高比水温低时，生化系统去除率要更高。冬天的生化系统去除率往往不是太高，这时需要把活性污泥浓度适当提高些，以弥补水温偏低导致的生化系统去除率下降问题。为了维持较高的去除率，在冬季的活性污泥的浓度通常要比夏季高130%左右。在脱氮工艺中的硝化段，为了维持硝化反应的效果，当水温低于10℃时，如果处理的是工业废水，则污泥浓度需要提升到150%～200%（以水温20℃时为基准），才有可能获得满意的硝化反应效果。

三、原水成分

1. 原水成分定义及实践操作的理解

（1）原水成分定义。原水成分，通常理解为进入污水、废水处理系统前的污水、废水成分。因原水成分对系统处理效果影响颇大，需要系统地分析原水成分，以期在管理整个系统时能够做到全局性的认识和调节。

（2）原水成分组成。

1）城市生活污水的水质成分。生活污水主要来源于日常生活过程中，其中包括化粪池的溢流水、厨房的洗涤水以及其他洗涤用水等。生活污水就成分而言，其主要特点是：氮、磷、硫含量高；污水中含有大量纤维素、糖类、脂肪、蛋白质和尿素等；常含有大量合成洗涤剂和磷（洗涤剂不易被生物降解，磷可使水体导致富营养化）；水体中会含有多种微生物，如每毫升生活污水中就含有上百万个细菌，并含有多种病原体，虽不易直接造成人体感染，但长期接触也增加了感染的机会。

生活污水因为含有大量的有机污染物，不经处理就直接排放的话，将会造成地表水体功能的降低和水环境恶化，并将危害居民的身体健康。

生活污水虽然有机物含量高，导致富营养化物质多，但是，就其成分的稳定性和对活性污泥的冲击来讲，较工业废水要好得多。如前所述，活性污泥主体细菌的食物来源就是有机物，而生活污水中的有机物又是属于降解性颇高的有机物类，因此对活性污泥法处理而言是相当适合的。而水体中的富营养化物质，由于其也是活性污泥主体细菌细胞合成所必需的营养元素，因此在一定程度上也为活性污泥生长提供了所必需的生长条件，所以，在污水、废水处理过程中此类富营养化物质可被降解掉。只是超过了活性污泥生长繁殖所需要的营养物质需求量时，会出现排放水体中此类富营养化物质的超标排放。

当然也会发生生活污水中营养物质氮磷不足的现象，这通常是混入过多的工业废水或天然雨水所致。为保证活性污泥正常生长繁殖，还是需要补充这部分营养物质（氮磷），以满足微生物生长繁殖所需。

2）工业废水的水质成分。工业废水因为成分复杂、降解困难，是水体污染最重要的污染源。它量大面广，所含污染物种类繁多，有些成分在水中分解困难而不易降解净化，处理起来就有相当的难度。就工业废水的成分而言，其主要特点是：悬浮物质含量通常较高；降解耗氧量高，部分有机物一般难以降解，有的甚至对微生物产生毒性或抑制作用；有机物浓度波动巨大，对系统耐冲击要求高；pH值受工艺影响，排放废水时波动巨大；水温变化大，直接排放水体或进入处理系统可造成系统运行不稳定和热污染的产生；重金属及有毒有害物质多。

工业废水因为具备以上的水质成分特性，在处理过程中往往需要物化处理配合的需求更大，有的水质成分则不需要生化处理或者说无法进行生化处理。由于工业废水成分单一，在系统处理工业废水中常会遇到的问题见表4-4。

表4-4　　　　　　　　　工业废水处理常见问题

工业废水常见问题	对物化段的影响	对生化段的影响
悬浮物质含量高	通常理解为悬浮物含量高，增加絮凝剂投加量即可，但是，实际操作中往往发现控制困难，为此，需要经常通过现场小试来调整药品投加的合理性	通常过高的悬浮物含量会对物化段造成较大的负担，导致混凝沉淀失败的情况也会增多。随即此部分悬浮物质进入生化系统将会对系统稳定运行造成影响，常见有惰性物质增多，上清液发生混浊
降解耗氧量高	降解耗氧量高不会对物化段造成过大的影响，主要表现在初级沉淀污泥容易腐败上浮。通过合理的排泥频率来达到抑制污泥上浮运用较多	降解耗氧量高的物质，往往属于难降解有机物，对生化系统造成的压力较大，表现在充氧需求量大、活性污泥浓度高、降解率低等方面，这也是处理成本高的原因
难降解有机物	难降解有机物对物化系统影响不大，除部分电性表现不明显的物质对混凝沉淀有影响外，其他方面尚可。相反，为了缓解难降解有机物对生化系统的冲击，需要加强物化系统的处理深度	难降解有机物的影响主要表现在需要更长的被处理时间，在设计污水、废水停留时间不足的情况下容易导致出水指标过高；同时部分难降解有机物对活性污泥有一定的抑制作用，对活性污泥的泥水分离也产生影响

续表

工业废水常见问题	对物化段的影响	对生化段的影响
pH 值影响	物化段的影响主要是对设备的腐蚀和混凝效果的影响方面比较明显；对进流水进行 pH 值调整也就成为必然	活性污泥中微生物本身对生长环境的 pH 值是有要求的，如 pH 值波动过大及长时间作用于活性污泥的话，将对微生物正常代谢产生影响
水温变化大	水温的波动同样对物化段的影响不大，并可通过物化段来降低水温	生化段低温处理效果差；高温会引起微生物解体死亡
含有重金属及有毒有害物质	重金属及有毒有害物质对物化段同样影响不大，但是，也需要在物化段对这些物质进行重点去除	活性污泥对有毒物质及重金属的反应有快速和滞后的表现，这和重金属、有毒物质的浓度、种类、接触时间有关；活性污泥反映出来的表现多为解体和活性降低

2. 原水成分注意事项

（1）明确原水成分波动对生化系统的影响。生化系统对运行环境的要求是水质均匀、波动小、冲击少，如何做到这些方面使原水入流稳定，保证生化系统的中长期稳定是需要考虑的。生化系统往往因为进水等原因导致系统处理效率及运行稳定性受到影响，由于影响面是系统性的，所以，要恢复到正常的水平需要较长的时间。

（2）原水成分对混凝效果的影响。混凝对原水中颗粒物质含量及带电性也有较高的要求。原水中颗粒物质含量偏少的污水、废水，由于颗粒间碰撞机会少、絮凝吸附能力相对不足、整沉效果不明显，所以，低悬浮颗粒污水、废水需要增加在混凝池内的停留时间。而高悬浮颗粒废水，将消耗大量混凝药剂，同时，形成的大量絮体颗粒在搅拌的作用下相互碰撞，导致絮体结构折断，表现为上清液混浊、间隙水不清澈。

3. 原水成分和其他控制指标的关系分析

（1）原水成分和 pH 值的关系。原水成分一般比较复杂，但是，通过长期的原水成分监测和数据整理也能够得出较正确的原水成分，这对工艺调整的判断和系统总体把握具有重要的参考意义。

以工业废水为例，pH 值的变化往往因工艺影响而出现间歇性的排放所致，如更换工艺中的水洗水、酸洗水、系统排水等。但多股废水同时汇集入流到废水处理系统时，就会出现进流水的 pH 值波动异常。通常情况下，原水 pH 值异常时，其废水成分也变化复杂，但是其有机物浓度通常较低，而工业排水往往会带有重金属及特殊化学药剂的排放，此时的废水对工艺的冲击同样存在。

就处理对策而言，纠正异常的 pH 值是后续工艺正常运行的重要保障。如伴有大水量时，预先准备足够的酸碱是必要的，发挥调节池的作用也甚为重要。

（2）原水成分与活性污泥浓度的关系。原水成分异常波动，将不利于后续生化系统的正常运行，前已述及。原水成分变化对活性污泥的影响及原因分析见表4-5。

表4-5　　　　　　　原水成分变化对活性污泥的影响及原因分析

原水成分变化	对活性污泥的影响	原因分析
pH值异常波动	抑制微生物生长、导致死亡	不适合微生物的生长环境
有机物浓度过高	造成冲击负荷，沉降性差	微生物增长迅速，活性高
有机物浓度过低	活性污泥易老化	食物供给不足，活性污泥死亡
悬浮颗粒浓度过高	物化段去除不足，活性污泥有效成分低	混杂过多固体颗粒，造成活性污泥浓度增长的假象
进水含有有毒物质	活性污泥解体，活性抑制	中毒发生，细胞合成受到抑制
表面活性剂过多	池体泡沫过多，充氧效率低	泡沫覆盖池体液面，氧转移率低

在实际运行中，特别要注意原水成分中惰性物质过多带来的活性污泥浓度虚假增高现象。一些操作人员认为不排泥，活性污泥浓度高了，自然处理效率就高了，其实是由于活性污泥浓度中含有多量惰性物质，其有效活性污泥不多，结果只是出水悬浮颗粒多，处理效率实际上变低了。

（3）原水成分与食微比的关系。食微比的概念将在下一个控制指标中加以说明。食微比中的 F 与原水成分的关系比较密切，进水可利用有机物的多少决定了 F（即进水有机物浓度）的大小，也间接控制了 M（即活性污泥浓度）所需控制的范围。

当进水成分中有机物浓度较高时，会引起活性污泥浓度快速增长，相反当进水有机物浓度较低时，活性污泥浓度也会有所降低，以适应降低的进水有机物浓度。

4. 活性污泥对原水成分中常见有毒、抑制物质的耐受极限

虽然，不同的生化系统以及有毒、抑制物质与活性污泥的接触时间等因素，对活性污泥系统的冲击影响程度差别比较大，表4-6列举了一些活性污泥耐受有毒和抑制物质的上限数据，供大家参考。因为实践中影响因素众多，所以，表4-6也仅仅是参考，切勿按部就班。

表4-6　　　　　活性污泥耐受有毒物质及其抑制浓度上限　　　　单位：mg/L

有毒物质	抑制浓度	有毒物质	抑制浓度	有毒物质	抑制浓度
酚	100~250	游离氯	0.1~1.0	锰化合物	10
苯或苯胺	100	银化合物	5	六价铬	2~5

续表

有毒物质	抑制浓度	有毒物质	抑制浓度	有毒物质	抑制浓度
甲苯、二甲苯	7	硫酸钠	3000	三价铬	10
氯苯	100	氯化钠	10000	乙酸根	100~150
乙基苯	340	氯化钾	12000	硫酸根	5000
丙酮	9000	铜化合物	5~10	硝酸根	5000
四氯乙烷	80~160	铁化合物	1000	醋酸根	100~150
甲醛	160	铝化合物	30	亚砷酸盐	5
甲醇	200	锌化合物	5~20	砷酸盐	20
乙醇	200	铅化合物	1	四环素	150
巴豆醛	600	镍化合物	2	硫化氢	25
氯化镁	16000	镉化合物	10	硫化物	30~40
硫酸镁	10000	氰化物	5~20	吡啶	400
油脂	30~50	汞化合物	5	氨	100~1000

四、食微比（F/M）

1. 食微比定义及理解

食微比的定义，应该说比较牵强，因为教科书上似乎是没有注解的，更多的是用 F/M 来表示的。这里运用食微比的说法，把 F 比作食物，把 M 比作微生物，无非是让大家更容易掌握罢了。运用食微比概念，更易了解活性污泥法的基本原理，诸如此类是本书的特点。

实践运用中要突出食微比概念中食物与微生物的关系，让我们通过生动的例子来说明食微比的概念吧。

M 是活性污泥浓度的意思，也就是活性污泥存在的数量。活性污泥是由微生物组成的，那么，我们假设微生物是一座庙里的和尚，而 F 是食物，原本是有机物即微生物待分解的食物，但在这里我们把它理解为是和尚的口粮。

好啦，问题来了，口粮对于庙里的和尚来说会有表 4-7 所示的三种情况和结果。

表 4-7　　　　　　　　食 微 比 形 象 理 解 表

口粮情况	和尚生活状况	最终结果
口粮富余	营养状况好，新和尚来了	庙里香火旺盛
口粮紧张	营养状况差，新和尚不来了	香火勉强维持
口粮严重不足	和尚容易得病，有的死了	和尚数量少了很多

通过表4-7，我们可以清楚地理解到：活性污泥数量的控制不是人为的，而是完全取决于进水有机物的浓度。也就是我们需要了解的一个基本问题：多少食物可以养多少微生物？应该说这也是一个非常容易理解的问题，只是，有些人不去重视这个问题而已。所以，在实际操作过程中经常会遇到不懂得为什么要对活性污泥进行排泥，或者不知道控制多少活性污泥浓度是合适的等问题。回答这些问题，只要充分领会"有多少食物才可以养多少微生物"这个概念就可以了。

2. 食微比的计算方法

食微比（F/M）实际应用中是以污泥负荷率 N_s 来表示的。

$$N_s = QL_a / XV$$

式中　Q——每天污水流量，m^3；

　　　V——生化池容积，m^3；

　　　X——混合液悬浮固体（MLSS）浓度，mg/L；

　　　L_a——进水有机物（BOD）浓度，mg/L。

需要注意的是，还有另一个常常被提到的负荷就是表面负荷，即沉淀池的水力负荷（单位面积过流水量）。这个表面负荷虽然是沉淀池设计时就已经确定的，但是我们在实际操作时，要注意进流污水、废水的流量不要过大地波动，特别是不要因为二沉池回流突然开大，导致二沉池水力负荷超过设计值，继而影响二沉池活性污泥的泥水分离效果。

3. 食微比计算公式的理解

从上边公式中我们可以发现，公式本身需表达的含义是：在一天内进入处理系统的有机物量与已有的活性污泥量的比值关系，继而为食物数量决定微生物数量的观点提供实际数值上的参考。为此，操作人员应该高度重视此公式的运用和含义。特别是系统发生故障时，一定要运用此公式对系统进行运行状况的确认，大多数运行故障多与食微比的控制不合理存在关联。

4. 食微比参考控制值

食微比参考控制值见表4-8。

表4-8　　　　　　　　　食微比参考控制值

序号	运行工艺	食微比控制值
1	传统活性污泥法	0.08~0.12
2	阶段曝气法	0.05~0.10
3	生物吸附法	0.2
4	完全混合法	0.05~0.10
5	延时曝气法	0.03~0.05
6	氧化沟	0.03~0.05
7	高速曝气法	1.5~3.0

表4-8的食微比参考控制值仅供参考，随着国家对放流水的排放标准越来越严格，也迫使我们把生化处系统的食微比必须控制得更低，否则很难做到达标排放。当然，维持较低食微比时，活性污泥的泥水分离会变差，上清液出水容易浑浊。所以，近年来，MBR膜和活性污泥组合的工艺在实践中已用的比较多了。

5. 高低污泥负荷的不良表现

（1）高负荷时：

1）污泥沉降性差，上清液浑浊，液面白色泡沫多。

2）有机物去除率低，氨氮去除率低，抗冲击负荷差。

3）溶解氧消耗大，非活性污泥类原生动物占优势。

（2）低负荷时：

1）曝气池和二沉池容易产生浮渣。

2）放流水容易夹带颗粒物。

3）有水力负荷冲击时，容易导致活性污泥流出二沉池。

6. 食微比和其他控制指标的关系及联合分析方法

（1）食微比与活性污泥浓度的关系。由食微比的计算公式就可以知道，这两个控制指标的关系非常密切。食微比作为活性污泥系统故障必须分析的项目之一，其分析目的也就是为了能够系统地了解进水有机物浓度对应当下的活性污泥浓度是否合适，由此可以指导调整活性污泥的浓度值，并得出活性污泥浓度与进水有机物浓度的恰当比例。

如前所述，活性污泥浓度控制值必须和进水浓度相适应，在实践操作中更重要的是加大排泥控制方面的经验积累。过大的排泥速率会使活性污泥浓度过快下降，等到活性污泥浓度每日分析结果出来的时候，再去改变操作，恐难以迅速恢复。同样过小的排泥速率，会导致排泥效果不明显，如果排泥量低于活性污泥的增长量，我们还会发现污泥浓度随着排泥的进行反而还会上升。如何控制合理的排泥，将食微比控制在合理范围，这就需要我们积累排泥的经验数据，特别是在不同活性污泥浓度情况下，对应排泥量的曲线还是有必要制作的。

（2）食微比与溶解氧的关系。食微比与溶解氧的关系，与食微比和活性污泥浓度的关系相类似。即在较低食微比情况下，同样降解一定量的有机物，所消耗的溶解氧反而更高。这为我们在实践操作中的节能工作提供了基础性的指导，表4-9所列即为不同食微比情况下的溶解氧消耗情况。

表4-9　　　　　　　　　不同食微比情况下的溶解氧消耗情况

食微比	需氧量	最大需氧量与平均需氧量之比	最小需氧量与平均需氧量之比
0.10	1.60	1.5	0.5
0.15	1.38	1.6	0.5

食微比	需氧量	最大需氧量与平均需氧量之比	最小需氧量与平均需氧量之比
0.20	1.22	1.7	0.5
0.25	1.11	1.8	0.5
0.30	1.00	1.9	0.5
0.40	0.88	2.0	0.5
0.50	0.79	2.1	0.5
0.60	0.74	2.2	0.5
0.80	0.68	2.4	0.5
≥1.00	0.65	2.5	0.5

注 需氧量为每千克 O_2 与每千克 BOD_5 的比值。

由表 4-9 可知，随着食微比的增加，需氧量反而是减少的，其原因在于一定量的有机物被微生物所降解，消耗的溶解氧是一定的。当食微比过低时，相应的活性污泥浓度处在一个过剩的范围内，这部分过剩的活性污泥越多，消耗额外的溶解氧就越多了。所以，食微比越低，需氧量相对就越高了。这就可以指导我们在水处理过程中通过控制食微比来达到节能的目的，即在保证处理效果的前提下，尽量提高食微比，以避免不必要的曝气消耗。

（3）食微比与活性污泥沉降比的关系。活性污泥控制在不同的食微比阶段，其表现的沉降特性是不一样的，这样通过沉降比表现也可侧面了解活性污泥的食微比概况，避免出现单靠计算数据带来的误判。因为计算数据往往受到活性污泥有效成分含量不明、采样误差大等现象的困扰，导致最终数据有时失真较大。而沉降比的观察则相对客观和有效。表 4-10 列举了有关食微比与活性污泥对应沉降比的对应关系。

表 4-10　　　　　　　　　　食微比与活性污泥对应沉降比表现

食微比表现	对应沉降比表现
食微比过低	1. 液面容易看到浮渣层； 2. 活性污泥色泽较深； 3. 沉降过程较迅速； 4. 上清液带有细小颗粒； 5. 沉降的活性污泥压缩性好
食微比过高	1. 泥水界面不够清晰； 2. 活性污泥色泽呈淡棕黄色； 3. 絮凝沉降速度相对缓慢； 4. 上清液混浊； 5. 沉降的活性污泥阶段压缩性差

五、溶解氧（DO）

1. 概念及实践操作的理解

溶解氧的概念可以理解为水体中游离氧的含量，用 DO 表示，单位为 mg/L。溶解氧在实际的污水、废水处理操作中具有举足轻重的作用，这一指标的恶化或波动过大，往往也会迅速导致活性污泥系统的稳定性大幅波动，对处理效率的影响也非常明显。

从理论上来讲，当曝气池各点监测到的溶解氧值略大于 0（如 0.01mg/L）时，可以理解为充氧正好满足活性污泥中微生物对溶解氧的要求。但是，事实上我们还是没有简单地将溶解氧控制在略大于 0（如 0.01mg/L）的水平，而是运用教科书中通常的做法，即将曝气池出水溶解氧控制在 1~3mg/L 的范围内。究其原因，就整个曝气池而言，溶解氧的分布和各曝气池区域内的溶解氧需求是不一样的，并且从活性污泥菌胶团内外的溶解氧分布看，菌胶团内部往往表现出溶解氧不足的现象，所以，为了保守地估计活性污泥在分解有机物或自身代谢过程中对溶解氧的需求，才将曝气池出水溶解氧控制在 1~3mg/L 的范围内。但是，实际运行中发现，很多情况下将溶解氧控制在过高的范围内是没有必要的，特别是溶解氧控制值超过 4.5mg/L 更是意义不大（有激活硝化细菌、保证充气搅拌效果、擦洗 MBR 膜等要求时除外），结果只能是浪费电能且导致出水含有细小悬浮颗粒。所以，合理又节能的溶解氧控制范围在 2.0mg/L 左右即可。

2. 溶解氧的监测

溶解氧的监测按监测场所可分为两种，即实验室监测和现场监测。由于实验室监测受样品沿途的影响，监测数据就不够准确，并且监测方法复杂不易控制。所以，溶解氧的监测常常是运用在线检测仪器或便携式溶解氧检测仪进行的。

在监测中需要注意监测点在曝气池范围内的位置，避免监测到不具代表性的数据。正确的监测方法应该是将整个曝气池划分成若干区域，就整个区域范围的溶解氧监测值进行统计分析，以便摸清本系统的不同阶段及时间点的溶解氧分布，这样对后续系统的整体把握非常有益，也为一些活性污泥系统故障分析提供参考。在不具备这样的监测条件的情况下，也可以通过监测曝气池出口端的溶解氧作为活性污泥系统对有机物降解进程的最终结果判断依据之一。

溶解氧监测的点位分布举例说明如图 4-3 所示。

在诊断系统异常时，需要排除是否存在溶解氧的影响，所以对系统各位置的溶解氧要重点监测。平时系统正常时，监测几个关键点位就可以了，如只监测好氧池出口的溶解氧浓度。测量溶解氧时的深度为探头距离液面 1m 左右。

季节对溶解氧的影响，有这样的现象，即在相同条件下（这里的相同条件主要是指相同的进水浓度、水质成分、活性污泥浓度等活性污泥工艺控制条件），冬季充氧效果要明显优于夏季。主要原因是冬季水温较低，溶解氧的饱和

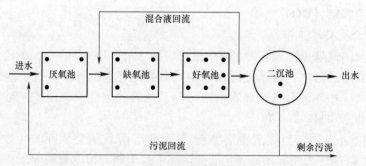

图 4-3　溶解氧监测参考位置

● 表示监测点位。

度高，相反，在夏季溶解氧的饱和度低。所以能够在冬季看到全程曝气的情况，冬季曝气池的溶解氧能到 7.0mg/L 左右，而在夏季相同情况下最多到 5.0mg/L 左右。正确认识这一现象有助于我们对整个活性污泥工艺控制中的整体判断和综合分析系统故障。

3. 溶解氧在曝气池的正常分布状态示意

溶解氧在曝气池的正常分布曲线如图 4-4 所示。

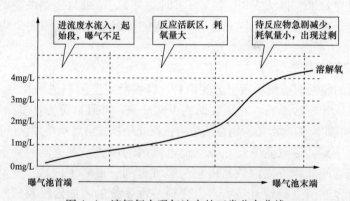

图 4-4　溶解氧在曝气池中的正常分布曲线

从图 4-4 可以发现，曝气池首端溶解氧通常很低，主要还是因为废水在曝气首端高速流入导致曝气设备无法在瞬间就将足够的溶解氧充入水体。即曝气设备在曝气池首端对水体的曝气是非连续性的，而是瞬间性的，这种现象只表现在曝气池的首端。在曝气池方向向后延伸的过程中水体被重复曝气的次数迅速增加，这也是曝气池后端出水溶解氧偏高的原因。

认识到这一点的话，就不会对曝气池前端测得极低的溶解氧感到困惑了，它是正常现象。另外一个层面上，曝气池首端随着活性污泥的回流进入，此区域活性污泥更多的是发挥快速吸附作用迅速去除水体有机物及其他污染物，所以对吸附的有机物进行降解时，对溶解氧的需求也是最大的。

而在曝气池中部溶解氧的监测值也不是太高，分析可知，溶解氧不能升高不是曝气不足，也不是像曝气池首端一样水体曝气频率过低，而是由于曝气池中段是活性污泥通过代谢分解有机物的重点部位，对应的游离氧消耗最大，所以会出现曝气池混合液在曝气池中段溶解氧偏低的现象。

再来看看曝气池末端，在这个位置监测到的溶解氧往往是整个曝气池中最高的，认识这个问题还是要根据活性污泥在曝气池不同位置的特性来观察。经过整个曝气池池长的活性污泥对进水有机物的吸附分解后，到达曝气池末端的时候有机物分解已进入尾声阶段。末端曝气池混合液除了活性污泥自身代谢需消耗的一定量游离的溶解氧外，受曝气池末端剩余可分解有机物所剩无几的影响，这部分对游离态溶解氧需求甚少。所以会发现曝气池末端的溶解氧在整个曝气池范围内是最高的。污水、废水进入曝气池首端，流动到末端，被曝气时间也是最长的。

以上对曝气池各位置的溶解氧分布说明做了简单的介绍，目的也是为了让读者能够了解到曝气池溶解氧分布不匀的原因所在，以便对系统出现的现象有个正确的判断，为综合判断系统故障提供参考。

4. 溶解氧和其他控制指标的关系及联合分析方法

（1）溶解氧和原水成分的关系。溶解氧和原水成分的关系，在理解上重点是原水成分中有机物含量和溶解氧的关系，具体表现在原水中有机物含量越多，微生物为代谢分解这些有机物所需消耗的溶解氧就越多，反之就越少。所以在控制曝气的时候，要注意进流水量和进流污水、废水有机物的含量，前者也往往被忽视掉，因为当进水量是平时的 1.5 倍时，曝气量如果不调整的话，往往会出现曝气池出流废水溶解氧过于低下，有时甚至会低于 0.5mg/L 的现象，这样对活性污泥发挥高效率处理效果是不利的，而这一点往往被一些操作人员忽视。在进流水量明显增大的情况下，一些操作人员只看到结果，而忽略了为什么会发生溶解氧低下，甚至于增加曝气量也不见溶解氧升高的现象。所以，不知道是什么原因，自然不知道采取何种措施了。如果进流污水、废水流量没有增加，但是污水、废水中有机物浓度过高时，同样也会出现对溶解氧需求增大、继而出现曝气池出流水溶解氧过低的现象。这个现象被发现并确认，尚需要通过多参数联合分析才能有效判断，这对操作人员的要求和技能提出了更高的要求。

另外，原水中一些特殊成分的存在，同样也会影响充氧效果，比如水中的洗涤剂的存在，使得曝气池液面存在隔绝大气的隔离层，由此，对曝气效果的提升也就存在影响了。

（2）溶解氧和活性污泥浓度的关系。溶解氧和活性污泥浓度的关系还是比较密切的，通常看到的是高活性污泥浓度对溶解氧的需求明显高于低活性污泥浓度对溶解氧的需求。所以，在达到去除污染物并达到排放浓度的情况下，要尽量降低活性污泥的浓度，这对降低曝气量、减少电能消耗是非常有利的。同时，在低活性污泥浓度情况下，更要注意不要过度曝气，以免出现溶解氧过高，对仅有的活性污泥出现过度氧化现象，这样对二沉池的放流出水不利。通常可以看到二沉池出流水中夹杂较多的未沉降颗粒流出，这是因为被氧化的活性污泥解体后分解在放流出水中。同样高活性污泥浓度对溶解氧的需求是很高的，不能不加控制地将活性污泥浓度一直升高（在非 MBR 工艺中，活性污泥浓度以不高于 8500mg/L 为宜），这样会因供氧跟不上而出现缺氧现象，活性污泥的处理效果也就受到抑制了。

（3）溶解氧和活性污泥沉降比的关系。溶解氧和活性污泥沉降比的关系，可以理解为溶解氧对活性污泥沉降性的影响，在以下几个方面需要注意。首先是过度曝气容易使细小的空气气泡附着在活性污泥的菌胶团上，导致活性污泥上浮到液面，在曝气池就可以看到有液面浮渣了。在做沉降比实验的时候，就更有可能发现活性污泥絮凝后不能沉降或悬浮在水体中的现象。同时，活性污泥的压缩性也变差了。在实际操作中应该注意这个问题，特别是活性污泥产生丝状菌膨胀的时候，更加容易导致曝气的细小气泡附着在菌胶团上，继而导致液面产生大量浮渣。

（4）溶解氧和回流比的关系。表面上看，溶解氧和回流比关系不大，实际上，在曝气量一定的情况下，流过曝气池的水体越多，该水体被曝气的时间就越短，则溶解氧就越低。所以，在我们调整回流比时，如果过大地调高回流比，势必导致流入曝气池的水体增加，继而出现曝气池溶解氧下降的情况。

那么，反过来考虑，如果我们发现曝气池的曝气设备已经开到最大而溶解氧上不去，继而影响生化系统去除效果时，我们就可以调低回流比，使水体在曝气池的停留时间延长，被曝气时间增加，以此来提升生化系统的溶解氧。这个方法特别是在曝气设备出现故障，例如曝气头堵塞，曝气效率降低时，我们可以灵活运用的。

以图 4-5 的缺氧-好氧（anaerobic-oxic，AO）工艺内外回流调节示意图为例，说明当曝气设备无法有效调节，导致系统内溶解氧过高或过低时可以采取的对策。

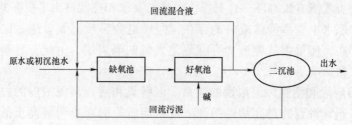

图 4-5　AO 工艺内外回流调节示意图

1）二沉池回流污泥比例（外回流）：① 调高回流比，用以降低系统内的溶解氧；② 调低回流比，用以提高系统内的溶解氧值。

2）好氧池回流混合液比例（内回流）：调低回流比，用以降低缺氧池的溶解氧。

（5）溶解氧和活性污泥性状的关系。通常我们看到的是当溶解氧正常时，活性污泥的颜色是鲜艳的棕黄色；而溶解氧不足时，污泥的颜色发黑、发暗。但是，如果把溶解氧大幅提升后，我们可以看到更加明亮和鲜艳的活性污泥颜色。说明高溶解氧状态时，整个活性污泥的菌胶团内都处于不缺氧的状态，对有机物的去除效率自然也是最高的。这种情况我们通常是在纯氧曝气时可以看到的，图 4-6 是纯氧曝气和一般曝气时活性污泥的颜色状态，供大家学习时参考比对。

图 4-6 纯氧曝气活性污泥（左）和一般曝气活性污泥（右）状态

六、活性污泥浓度（MLSS）

1. 定义及实践操作的运用

活性污泥浓度是指曝气池（生化池）出口端混合液悬浮固体的含量，用 MLSS 表示，单位是 mg/L，它是计量曝气池中活性污泥数量多少的指标，包括：① 活性的微生物；② 吸附在活性污泥上不能被生物降解的有机物；③ 微生物自身氧化的残留物；④ 无机物。这四者之和即为 MLSS，就测定方便性而言，实际操作中常以它代替活性污泥混合液挥发性悬浮固体作为相对计量活性污泥微生物量的参考指标。

操作过程中，特别要注意的是 MLSS 仅指曝气池中混合液的浓度，而不考虑二沉池内混合液的浓度。同时，在检测曝气池混合液浓度的时候需要注意是以曝气池出口端混合液浓度为标准来衡量整个曝气池内活性污泥浓度的。

活性污泥浓度控制的重要性，在前面的内容中已经略有涉及了，实践操作中这个指标运用非常广泛，其指标改变被运用于系统调整上也相当广泛。

2. 实验室检测

为了日常了解曝气池混合液的浓度、MLSS 及其他控制参数，有必要至少每天检测一次 MLSS，这对日常操作而言意义重大，不能看到出水不合格的结果才去改变操作控制参数，在前段各系统部位的过程阶段就应该重点管理了。MLSS的日常检测就是为过程控制提供数据支持。

在检测 MLSS 方面，实验室检测是比较快速和简单的一个方法，采用质量法即可，只是在抽滤过程中要注意抽滤力度不要过大，倒入的活性污泥混合液不要太多，以免有活性污泥穿过滤纸而没有被过滤下来的情况。另外烘干的时候，如果滤纸过滤的活性污泥较多，烘干时间也要灵活掌握。只有准确的实验数据才能给现场工艺调整和故障纠正提供最大的支持。

3. 活性污泥浓度控制的上下限问题

（1）MLSS 下限建议不低于 900mg/L。过低的 MLSS 一方面可能对 COD 降解不彻底，另一方面，也会被动导致负荷过高，使活性污泥处于对数增长期，这对在二沉池进行泥水分离是不利的，并且，活性污泥总量过低，不利于活性污泥之间的相互絮凝，容易导致活性污泥伴随放流水流出生化系统，表现为放流水的浑浊。

（2）MLSS 上限建议不高于 10000mg/L。从实践中可以看到，凡是活性污泥浓度超过 10000mg/L 的，一般放流出水都会存在这样和那样的问题。因为保持过高的活性污泥浓度，很可能出现无效成分的积聚，继而出现活性污泥活性降低。并且维持过高的活性污泥浓度，可能会出现供氧跟不上，继而导致活性污泥的 COD 去除率降低，当然也会浪费能耗，出水方面表现为颗粒物质随放流水流出。但此种情况在纯氧曝气工艺时除外。

（3）推荐的 MLSS 区间是 1200～6500mg/L 之间。

4. 活性污泥法的活性污泥浓度概况

（1）氧化沟工艺。活性污泥浓度控制不宜过高，因为氧化沟工艺中活性污泥处于低负荷运行状态，如果活性污泥浓度控制过高的话，在较长的氧化沟内很容易出现污泥老化的现象，这样对后续的处理出水的影响比较明显。所以，在活性污泥浓度较低的情况下，仍然能够看到氧化沟的出水常带有细小的未沉降活性污泥颗粒流出。如果在氧化沟控制高浓度活性污泥的话就更容易出现这样的现象了。

（2）传统活性污泥法。传统活性污泥法对活性污泥浓度的控制要求更高，因为传统活性污泥法不具备氧化沟那样的抗冲击负荷能力，可调节操作性差，因活性污泥浓度变化而产生的不良处理效果表现得更加明显。为此，在日常操作中应该严格按照食微比要求来调节活性污泥浓度，避免活性污泥浓度波动与进水浓度不配比或出现相反趋势。

（3）SBR 法。SBR 法处理工艺中，活性污泥浓度变化对系统影响是较小的，可以人为地延长或者缩短活性污泥与污染物的反应时间，以此来抵消活性污泥浓度过高或过低的不利影响。因此，从这一点上也可以将 SBR 工艺视为较能适应冲击负荷和较能及时调整工况应对系统故障的活性污泥法工艺。

5. 活性污泥浓度和其他控制指标的关系

（1）活性污泥浓度和污泥龄的关系。污泥龄的概念前面已有表述，从定义中可以了解到通过排除活性污泥是达到污泥龄指标的可操作手段。这样污泥龄和活性污泥浓度两者的关系就表现出来了，通过合理的污泥龄及对食微比的控制即可给出活性污泥浓度的合理范围了。事实上，一味提高活性污泥浓度，在进水有机物浓度不高的情况下，会发现污泥龄特别长，这种超出正常污泥龄的情况，明显地提示我们活性污泥浓度控制过高了，这样的方法要比用活性污泥浓度的绝对值来判断对活性污泥浓度的控制是否合理要准确得多，也体现出我们一直提倡用综合分析的方法去判断活性污泥系统运行工况和故障诊断的意义所在。

（2）活性污泥浓度与温度（水温）的关系。活性污泥浓度和温度的关系，实际上是活性污泥和水温的关系。活性污泥在生化池内的生长、繁殖、代谢，和水温的关系很密切。在日常运行报表中将夏季和冬季活性污泥对有机物的去除率进行对比，可以发现活性污泥对有机物的去除率在夏季明显优于冬季，提高 10% 是非常容易的；在排放水方面也可以看到，夏季的排放水清澈程度肯定是优于冬季的。这些都说明活性污泥和水温关系密切。

通过观察发现，水温每降低 10℃，活性污泥的活性就降低一半；当水温低于 10℃ 时，可以明显发现处理效果不佳。以排放水 COD 为例，将会较正常水温（20℃）时上升 50%。以活性污泥每 4h 繁殖一代的情况来看，活性污泥在水温正常时，代谢旺盛，处理效率极高。我们在日常操作中就应该明确这一点，通过对活性污泥浓度的调整来应对水温的变化。当水温偏低时，可以提高活性污泥浓度以抵消活性污泥活性降低的负面影响，从而达到增高去除效率的目的；相反，当水温较高时，活性污泥活性旺盛，不利于活性污泥的沉降，更多的是可看到细小的未沉降絮体和混浊的上清液，这样的情况下我们应通过降低活性污泥浓度来避免出现未沉降絮体和上清液混浊的不良状况，另外，也可以通过对降低对溶解氧的需求而达到节能的目的。

（3）活性污泥浓度和活性污泥沉降比的关系。影响沉降比的因素有很多，其中就有活性污泥浓度的影响。活性污泥浓度越高，活性污泥沉降比的最终结果就越大，反之则越小。在分析活性污泥浓度对沉降比的影响时，理解的出发点就是活性污泥浓度较高时，生物数量多，在压缩沉淀后自然就会出现较高的沉降比了。区分高活性污泥浓度与其他也能导致沉降比升高的因素的要点是观察沉降压缩后活性污泥是否密实、是否呈深棕褐色。通常非活性污泥浓度升高导致沉降比升高的活性污泥多半压实性差、色泽暗淡。

当然，活性污泥浓度过低对沉降比影响也很明显，但往往不是操作人员刻意降低活性污泥浓度导致沉降比过低的，而是进水有机物浓度过低导致的。这样的情况，一些操作人员总觉得活性污泥浓度控制过低，就努力去拉高活性污泥浓度，结果就是出现活性污泥老化，可以观察到活性污泥压缩性高、色泽深暗、上清液清澈但夹有细小絮体等典型活性污泥老化的现象。如果是异常排泥出现的沉降比过低，通过观察也可以发现此时沉降的活性污泥色泽淡、压缩性差，沉降的活性污泥稀少。

6. 活性污泥混合液挥发性悬浮固体

（1）活性污泥混合液挥发性悬浮固体（mixed liquor volatile suspended solid，MLVSS）定义。活性污泥混合液挥发性悬浮固体是指活性污泥混合液悬浮固体中有机物的质量，包括：① 活性的微生物；② 吸附在活性污泥上不能被生物降解的有机物；③ 微生物自身氧化的残留物。和 MLSS 相比，它不包括无机物。所以这一指标能够较确切地代表活性污泥微生物的数量，为排除活性污泥中无机物等惰性物质的干扰提供了数值上的参考。

（2）检测原理说明。利用高温灼烧将活性污泥中的有机物燃烧殆尽，剩余的部分就是不能被燃烧掉的无机物了，这样就能够计算出活性污泥混合液中可利用的活性污泥有效成分了。

（3）实际运用情况。通过 MLVSS 的检测原理可以知道，检测 MLVSS 远比 MLSS 要复杂得多，而且检测方法及准确性对实验人员的要求甚高，稍有操作不正确，对结果影响较大。在实际操作中，通常使用 MLSS 较为常见，因为 MLVSS 只是扣除了 MLSS 中的无机成分的剩余部分而已，所以对稳定的污水、废水处理厂而言，通过定期的（每月一次）MLVSS 检测得到的检测值与日常检测到的 MLSS 进行对比，求得月度的稳定对比值，即可为日常操作提供参考了，这样就可以避免每天检测 MLVSS 带来的诸多麻烦了。

通常就稳定的市政污水处理厂而言，MLVSS/MLSS 为 0.60~0.70 左右。工业废水生化系统的这个值波动较大，在实际工作中，操作人员可以通过多次实验对比得出适合本厂的真实 MLVSS/MLSS。

7. 有关二沉池回流活性污泥的 MLSS

（1）如前面所讲的，MLSS 通常是指曝气池末端出水混合液的活性污泥浓度，实践中很少关注二沉池回流活性污泥的浓度。

（2）了解二沉池回流活性污泥浓度对我们掌握排泥力度有重要参考价值。

1）当二沉池回流活性污泥浓度偏高时，保持与以往同样的排泥流量，生化系统内的活性污泥浓度降低速度将加快。

2）反之，当二沉池回流活性污泥浓度偏低时，保持与以往同样的排泥流量，生化系统内的活性污泥浓度降低速度变慢。

3）以上情况在二沉池回流活性污泥浓度大幅波动时，对系统影响尤为明显。例如当丝状菌出现高度膨胀时，如果我们没有了解二沉池回流活性污泥浓度，而继续保持原来的排泥流量时，整体的绝对排泥量会大幅减少，导致污泥浓度上升，继而进一步促进污泥膨胀，最终出现活性污泥流出二沉池的现象。

反之，出现活性污泥高度老化的现象时，如果我们没有了解二沉池回流活性污泥浓度，而继续保持原来的排泥流量时，整体的绝对排泥量会大幅增加，很可能还没来得及反应，曝气池的活性污泥浓度就已降低到了令人不安的程度。

4）要避免以上问题的发生，需要我们定期对二沉池回流活性污泥浓度进行检测，以便给生化系统排泥力度提供参考。通常我们可以根据 SV_{30} 的表现来判断，如果 SV_{30} 波动不大，那么每月测 1 次也可以的，如果 SV_{30} 波动很大，则需要实时跟进对二沉池回流活性污泥浓度的检测。

5）另外，在 SBR 系统中，由于排泥在沉淀或滗水阶段进行，如果活性污泥沉降比低，有可能出现排泥后期排不到泥的问题，所以也要观察具体排泥的情况，避免无效排泥的发生。

七、沉降比（SV_{30}）

1. 定义及实践操作的运用

活性污泥沉降比是指取曝气池末端混合液 1000mL 于 1000mL 的量筒中，静止 30min 后，沉淀的活性污泥体积占整个混合液的体积比例即为活性污泥的沉降比，用百分数表示。

活性污泥沉降比在所有操作控制指标中是最具备操作参考意义的。首先是检测简单；其次是整个沉降过程近似地表达了曝气池和二沉池的工作状况及活性污泥的沉降性，对观察活性污泥的工况提供了直观的帮助。通过观察活性污泥的沉降比实验过程，可以从侧面推定多项活性污泥控制指标的近似值，这将减少大量的实验数据支持及计算推导，对综合判断运行故障和运转发展方向具有积极的指导意义。

2. 沉降比检测注意事项

前面提到过沉降比检测是简单、快速的检测项目，但是在实际检测过程中还是有一些注意事项及正确做法，具体见表 4-11。

表 4-11　　　　　　　　　沉降比检测注意事项及正确做法

注意事项	注意理由	正确做法
以曝气池末端混合液作为检测对象	曝气池末端混合液是直接代表进入二沉池待沉降活性污泥的沉降部分，更具沉降代表性	准确地在曝气池末端采样
沉降过程的全程观测	观察整个 30min 的沉降（代表了活性污泥在二沉池的沉降过程），对正确把握沉降性能有利	避免采用只看沉降结果的观测方法
沉降过程的静置场所要避免日光或震动	日光直射下，混合液温度升高，溶解在混合液中的气体膨胀析出易导致气泡夹带活性污泥上浮，而且，在日光照射下，局部升温导致量筒内混合液出现上下对流，并且也会出现下沉后的活性污泥絮体再次随水流上升的现象；震动则不利于沉降结果的准确性	将样品放置于阴凉无震动的地方进行仔细观测

续表

注意事项	注意理由	正确做法
重点观察前 5min 的沉降效果	活性污泥沉降比实验的前 5min 往往可以完成沉降过程的 80%，此阶段的沉降效果往往可以影响人们对活性污泥性能的判断	认真观察前 5min 的沉降值和絮凝性能
沉降比实验用量筒要保证 1000mL 的	1000mL 的量筒更能体现活性污泥在系统中真实的沉降过程，并且可以避免过小的量筒中常发生的活性污泥挂壁现象	准确选用 1000mL 的量筒，不要使用烧杯或小号的量筒及塑料量筒

3. 活性污泥沉降比实验操作要点

活性污泥沉降比实验过程中，从开始采样到最终的沉降比实验结论得出，全过程注意点是很多的。通过全面掌握活性污泥沉降过程中的各部细节，可以准确得出最有效的活性污泥性能检测指标 SV_{30}。

采样过程中，除了注意位置，还要在混合液倒入 1000mL 量筒中前进行必要的搅拌，以避免倒入量筒中的混合液出现因之前发生的沉淀现象而产生检测结果较实际值偏小的现象。但是，搅拌的力度要均匀，点到为止，不要过分剧烈搅拌，避免将部分结合紧密的活性污泥絮体打碎，否则沉降过程中会有大量解体的活性污泥悬浮在上清液（这里上清液是指活性污泥沉降比实验中沉降之后，活性污泥泥水分层后的上层清液）中，这样会对沉降结果的真实性产生影响。

活性污泥的沉降过程分为沉降开始阶段、自由沉淀阶段、集团沉淀阶段、压缩沉降阶段。如图 4-7 所示。

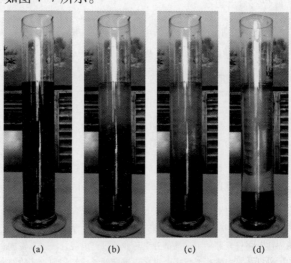

图 4-7 活性污泥沉降比实验各阶段照片

（a）沉降开始阶段；（b）自由沉淀阶段；（c）集团沉淀阶段；（d）压缩沉淀阶段

4. 活性污泥沉降过程

（1）自由沉淀阶段。沉降比实验开始时，首先是活性污泥发生迅速地絮凝，并出现快速沉降的现象，称为自由沉淀阶段，其沉降速度完全由活性污泥的特性决定。通常表4-12所列因素对自由沉淀效果有影响。

表 4-12　　　　　　　　影响自由沉淀效果的因素及处理对策

影响因素	后果	对策
活性污泥浓度过低	活性污泥浓度过低，在活性污泥絮凝沉淀的时候，由于活性污泥絮团间间距相对较大，碰撞机会减少，导致初期絮凝不充分，延长了自由沉淀阶段的沉降过程	提高活性污泥浓度，保证活性污泥浓度不低于 900mg/L
活性污泥丝状菌膨胀	丝状菌膨胀后，活性污泥絮团间的吸附能力不足以抵消丝状菌产生的支撑膨胀力，导致在自由沉淀阶段出现弥漫的沉淀效果，沉淀速度极其缓慢	抑制丝状菌膨胀，具体方法将在第 7 章第 7 节中叙述
曝气过度	曝气过度往往导致细小的气泡夹杂在活性污泥的絮团中，自由沉淀初期絮团夹带气泡后无法快速沉淀，只有等到絮团再次增大的时候才会达到沉淀的效果	降低曝气量，并减少导致活性污泥黏度增加的因素（如污泥老化）
活性污泥浓度过高	自由沉淀初期由于活性污泥浓度过高，在自由沉淀还没有结束的时候就发生集团沉淀了，由此导致自由沉淀区间效果不明显	用食微比及污泥龄确定当下的活性污泥浓度是否合适

（2）集团沉淀阶段。当活性污泥沉降的自由沉淀阶段一旦结束，就可以看到集团沉淀了。集团沉淀发生的原理是在自由沉淀发生后，活性污泥不断地絮凝沉淀下沉，这样越往下部沉淀，其密度越高，如此相互拥挤的活性污泥就会成集团式，发生同步的集团沉淀现象。集团沉淀现象和许多活性污泥控制指标有关。如活性污泥浓度过高时，集团沉淀会提早出现，但由于过多的活性污泥发生挤压，所以集团沉淀也就进展缓慢了。另外，活性污泥中如果夹杂过多的惰性杂质将加快集团沉淀的进程，表现出沉降性能优良的假象。当活性污泥老化严重时，在集团沉淀阶段也会出现沉降速度明显增快的现象，这就告诉我们，不是所有的沉降快速对活性污泥系统都是有益的。

（3）压缩沉淀阶段。随着集团沉淀的结束，随之而来的就是压缩沉淀了。压缩沉淀是活性污泥间絮体进一步吸附压缩的结果，这一过程是最长的。从时间上来讲，自由沉淀耗时最短，集团沉淀其次，最长的就是压缩沉淀。影响压缩沉淀的因素有多个，如惰性物质的加速压缩沉淀的影响，也有反硝化导致最终的压缩沉淀失败等。

（4）三个沉降阶段，请扫右方二维码观看，来体会三个沉降阶段的区别。

5. 活性污泥沉降过程的观察要点

（1）自由沉淀阶段。

1）自由沉淀阶段活性污泥沉降速度，初期絮凝是否迅速。好的自由沉淀在极短的时间内（30s）即可完成。消耗过多的时间往往是活性污泥系统故障或即将产生故障的信号。如活性污泥丝状菌膨胀、污泥负荷过高、污泥发生中毒等皆可表现为自由沉淀阶段耗时的延长。

2）自由沉淀阶段活性污泥絮体内夹杂气泡的问题。自由沉淀阶段絮凝的活性污泥，如果絮体内夹有细小的气泡，则重点与活性污泥黏度增高、曝气过度等因素有关。活性污泥黏度升高，导致细小气泡更易被截留在活性污泥絮体内，这比较容易理解。但活性污泥在什么情况下容易出现黏度增高也是需要认真考虑的。活性污泥浓度过高、活性污泥老化、进流有机物浓度过高等是容易导致活性污泥阶段性黏度增高的原因。

（2）集团沉淀阶段。

1）集团沉淀阶段活性污泥色泽的表现。进入集团沉淀阶段的活性污泥色泽将逐渐加深，主要原因是活性污泥不断相互吸附，汇集成越来越大的絮体，自然颜色随浓度的增大而加深。如果集团沉淀过程中活性污泥的色泽没有明显加深，通常要分析活性污泥浓度控制是否太低，活性污泥对应的污泥负荷是否过大，进入生化系统的无机颗粒物质是否过多等。

2）集团沉淀阶段活性污泥絮团呈悬浮状态的认识。在集团沉淀阶段有时候可以发现活性污泥快速絮凝后悬浮于量筒中部而不下沉，导致上部和下部皆是清液，而中部却是活性污泥的现象。这样的现象多与活性污泥内充入多量气泡、并发生活性污泥中度膨胀有关。此种因为气泡大量包裹于活性污泥内产生的活性污泥上浮和反硝化导致的活性污泥上浮在机理上是有区别的。反硝化过程中，由于产生了氮气，最终导致气泡夹带活性污泥上浮，此种上浮的机理决定了发生上浮的现象是呈雪花样向上漂浮，而不是悬浮于量筒中部。

（3）压缩沉淀阶段。

1）压缩沉淀阶段活性污泥性状观察及判断。压缩沉淀阶段重点需要观察的是沉降的活性污泥的压密性如何，是细密的压缩呢，还是粗密的压缩？对这种现象的判断，对掌握活性污泥处在何种状态或判断故障非常有价值。通常而言，在压缩沉降阶段，细密的活性污泥通常代表的是活性污泥沉降性不佳。因为要取得良好的沉降性，活性污泥絮团的大小和絮凝的彻底性关联较大，活性污泥浓度过低、活性污泥负荷过大等是常见的影响因素。当然，活性污泥内无机杂质过量，也会出现压缩沉淀阶段絮体过于细密的现象。如果观察到粗密的活性污泥沉淀，再配合色泽、沉降压缩时间等，可以确定活性污泥是否处在稳定的阶段。良好的压缩阶段活性污泥表现出来的色泽呈深棕褐色，带有鲜活的感觉，压缩的活性污泥如毛毡样卷曲而显粗密感。

2）压缩沉淀阶段活性污泥观察对污泥老化定性的判断依据。通过压缩阶段的活性污泥色泽及性状来判断活性污泥是否出现老化是非常有效和准确的，通过沉降比实验分析得出的活性污泥老化判断往往具有预知性，而由出水阶段看到的性状来反推活性污泥是否出现老化，往往比较被动，也就是说发生了老化的不良后果再去做出对策是滞后的操作方法。通过活性污泥沉降比实验中压缩阶段的活性污泥性状表现可以更早地判断出活性污泥老化是否存在，对我们及早做出工艺控制参数的调整有重要意义。

压缩沉淀阶段完成后，需要重点观察活性污泥是否呈现淡白色，尤其是絮团边缘部分的色泽是否偏淡、絮团中心色泽是否偏暗淡、整体色泽是否过深、絮团是否过于粗大。压缩阶段过于明显、最终沉淀物压缩性过高、上层清液夹杂细小解絮絮体等是判断活性污泥老化或将要老化的重要依据，如图4-8所示，上清液带有细小未沉降絮体，但间隙水清澈，为典型的污泥老化现象。

图4-8 活性污泥老化现象

（4）三个活性污泥沉淀阶段的观察要点总结。

1）SV_{30}沉降比实验液面状态的观察要点见表4-13。

表 4-13　　　　　　　　　SV_{30}沉降比实验液面状态的观察要点

观察要点		分析
油状物	描述	朦胧的油状物覆盖液面，通常稀薄而不易被注意到（混合液黏度增大）
	原因	① 进水含有矿物油或乳化液；② 进水含有洗涤剂或消泡剂；③ 进水过少，相对曝气过度，活性污泥解体所致；④ 活性污泥老化解体所致
浮渣	描述	棕黄色、黑色絮团状浮渣浮于液面
	原因	① 曝气过度（棕黄色）；② 活性污泥老化（棕黄色）；③ 油状物堆积过度；④ 污泥中毒；⑤ 污泥丝状菌膨胀；⑥ 污泥缺氧（黑色）；⑦ 进水生化 SS 高
气泡	描述	液面与量筒壁间的成排气泡（较大）；液面浮渣中有气泡（较小）
	原因	① 曝气过度；② 活性污泥老化过度；③ 液面油状物；④ 反硝化；⑤ 丝状菌膨胀
气味	描述	散发的气味
	原因	① 土腥味重则污泥活性高；② 臭味重则考虑缺氧或流入了厌氧池污泥过多；③ 酸碱味重则生化池 pH 值异常；④ 其他味道可考虑工业废水原有的特殊味道

2）SV_{30}沉降比实验沉降过程的观察要点见表 4-14。

表 4-14　　　　　　　　　SV_{30}沉降比实验沉降过程的观察要点

观察要点		分析
整沉性	描述	自由沉淀到集团沉淀的阶段，其整沉性表现出泥水界面清晰，呈整体下沉状态
	原因	① 污泥活性正常（无活性过度情况）；② 污泥负荷正常（无高负荷）；③ 无曝气过度；④ 无污泥中毒；⑤ 无丝状菌膨胀
速度	描述	初期絮体絮凝速度、自由沉淀到集团沉淀阶段的速度、泥水界面形成速度
	原因	① 污泥活性（越高越慢）；② 污泥中毒（不明显）；③ 污泥膨胀（缓慢）；④ 污泥负荷（越高越慢）；⑤ 污泥老化（越老化越快）；⑥ 污泥浓度高（过早出现集团沉淀）；⑦ 惰性物质（越多越快）；⑧ 水温和扰动性有负影响
间隙水	描述	絮体形成后，絮体间的水体状态（清澈程度，悬浮颗粒）
	原因	① 曝气过度（增加不絮凝细小颗粒数量）；② 丝状菌膨胀（高度清澈）；③ 活性污泥老化（有颗粒但间隙水清澈）；④ 污泥负荷高（间隙水很浑浊）
絮体形态	描述	絮凝后的絮体大小、絮体沉降方向（顺逆流）、絮体色泽
	原因	① 曝气过度（松散）；② 污泥老化（粗实、色深）；③ 负荷高（絮体细小）；④ 丝状菌膨胀（絮体细密，泥面平整）

3）SV_{30}沉降比实验上清液的观察要点见表 4-15。

表 4-15 　　　　　　　　　SV_{30} 沉降比实验上清液的观察要点

观察要点		分析
清澈程度	描述	整体色度、浊度
	原因	① 污泥负荷（越高越差）；② 曝气（过曝气则变差）；③ 污泥中毒（整沉性差）；④ 丝状菌膨胀（清澈程度高）
颗粒	描述	悬浮颗粒物数量
	原因	① 污泥老化（越老化，可辨颗粒物越多）；② 污泥中毒（浑浊伴细小散在颗粒）；③ 污泥负荷（越高则细密不可辨颗粒越多）；④ 惰性物质（越高则细颗粒越浑浊）
间隙水	描述	散在颗粒间水体清澈程度
	原因	① 曝气过度（大颗粒间可见小颗粒）；② 污泥中毒（间隙水浑浊）；③ 活性污泥老化（有颗粒但间隙水清澈）；④ 污泥负荷高（间隙水很浑浊）
挂壁	描述	量筒壁粘挂有活性污泥絮体
	原因	① 活性污泥老化；② 曝气过度；③ 量筒太小（100毫升、500毫升）

4）SV_{30} 沉降比实验最终沉淀物的观察要点见表 4-16。

表 4-16 　　　　　　　　　SV_{30} 沉降比实验最终沉淀物的观察要点

观察要点		分析
压实性	描述	最终沉淀污泥密实度
	原因	① 惰性物质流入（越多越密实）；② 污泥负荷（越低越密实）；③ 曝气（过曝则差）；④ 污泥中毒（细碎而密实）；⑤ 丝状菌膨胀（越膨胀越疏散）
色泽	描述	颜色深浅、颜色光泽、颜色新鲜度
	原因	① 污泥活性（越高越淡）；② 污泥老化（越老化色越深而无光泽）；③ 污泥中毒（色泽晦暗）；④ 丝状菌膨胀（淡而泛白）；⑤ 反硝化（色泽亮丽）；⑥ 污泥浓度（越高色越深）；⑦ 污泥负荷（越高色越淡）
卷毡度	描述	沉淀后的污泥絮凝性进一步得到强化，表层非压缩部将呈现出卷毡样
	原因	① 正常活性污泥卷毡适度；② 污泥老化则卷毡过度；③ 污泥中毒、高负荷、丝状菌膨胀时无卷毡样出现
气泡	描述	沉淀絮体内夹有气泡
	原因	① 曝气过度（沉淀后马上可见细小气泡）；② 污泥老化过度后黏度增加；③ 丝状菌膨胀；④ 反硝化（搅拌后气泡可释放）；⑤ 高温细小气泡膨胀所致

以上四个部分的观察要点联合起来分析时，可以通过表 4-17 来判断系统运行状态。

表 4-17　　　　　　　　SV_{30}沉降比实验联合分析检索表

现象	正常活性污泥	活性污泥负荷高	活性污泥浓度高	活性污泥老化	活性污泥膨胀	活性污泥中毒	污泥含惰性物质	活性污泥反硝化	活性污泥曝气过度
液面有油状物	×	×	○	○	×	○	×	△	○
液面有浮渣	×	△	○	○	△	○	△	○	○
液面有气泡	×	×	△	△	×	△	×	△	○
有土腥味	○	△	△	△	△	×	△	△	△
絮体整沉性好	○	×	△	×	×	×	△	△	△
沉降速度快	○	×	△	△	×	×	△	△	△
间隙水清澈	○	×	△	×	×	×	×	○	○
絮凝状态好	○	×	○	△	×	×	△	○	○
上清液如自来水	○	×	×	×	×	×	×	○	○
上清液颗粒多	×	△	×	○	○	○	○	×	×
有挂壁现象	×	×	×	○	○	○	○	×	○
沉淀物压实佳	○	△	×	×	×	×	×	△	△
污泥艳丽	○	○	×	×	×	×	×	×	△
污泥卷毡性好	○	×	×	×	×	×	×	×	×
污泥夹有气泡	×	×	△	×	×	×	×	○	○

注　○代表完全符合；△代表有可能符合；×代表完全不符合。

6. 活性污泥沉降比和其他控制指标的关系

（1）沉降比和污泥容积指数的关系。污泥容积指数在判断活性污泥是否发生膨胀方面具有重要作用，也是确认活性污泥是否老化的一个参考指标。运用这一指标的时候往往发生误判断的现象，原因在于活性污泥浓度很高时会直接影响污泥容积指数，出现污泥容积指数偏大的假象。为了排除这一干扰，可以运用检测简便的活性污泥沉降比来判断活性污泥的膨胀及沉降性能。沉降过程中重点观察污泥的最终压缩沉淀是否松散，污泥颜色是否呈淡白色，由此来辅助判断最终的污泥容积指数计算值是否正确，为用数值说明活性污泥的膨胀程度提供帮助。

（2）沉降比和进流污水、废水的 pH 值关系。进流污水、废水的 pH 值对活性污泥的沉降性能影响还是很大的。当 pH 值超过正常值（6~9）的时候，我们能够在沉降过程中清楚地发现解絮的活性污泥，且最终的活性污泥压缩性较正常时大。过大的 pH 值波动还会导致液面浮渣的产生及出水混浊。为了判断活性污泥是否受到进流污水、废水的 pH 值影响时，除了在实验室检测进流水 pH 值外，还可以通过显微镜观察和活性污泥沉降比实验来确认活性污泥受 pH 值的影响程度。总体上来说，受影响程度通过显微镜观察最易确定。但是，如果你的经验足够丰富，通过活性污泥沉降比观察同样能够确认受影响程度，重点是活性污泥解絮的程度，通过观察分散在上清液中的细小絮体数量及颗粒间间隙水混浊的程度可以准确判断出活性污泥的受影响程度。

（3）沉降比和污泥龄的关系。污泥龄作为反映活性污泥活性和新鲜度的重要指标，与活性污泥沉降比的关系也很密切。污泥龄的确定主要是通过计算完成。由于计算涉及多个参数，其准确性往往容易受到这些指标参数误差的干扰，但是可以通过对活性污泥沉降比的观察来减小误差，继而为污泥龄最终计算值的确认提供极有力的参考。重点是通过观察活性污泥沉降过程中是否表现出絮凝、沉速快、上清液存在解絮颗粒、间隙水清澈等情况来判断活性污泥的污泥龄是否过长。

7. 生化池和 MBR 组合时的特殊情形

由于国家对废水排放指标的要求越来越严格，有的废水处理厂往往会将 MBR 膜和生化系统结合来提高废水处理的净化效率。由于在生化池安装 MBR 膜后，出水是经过 MBR 膜过滤的，所以出水 SS 极低，这就为生化池内 MLSS 的提高提供了条件。因为 MLSS 控制过高会导致出水悬浮颗粒过多的问题，但是，有了 MBR 膜后就可以避免这个问题。所以，我们看到的 MBR 膜在生化池运用后，生化池的 MLSS 可以控制得很高，通常可以控制到 7.0~12.0g/L。

由于生化池的活性污泥浓度极高，导致我们在做沉降比实验时会发现 30min 后没有看到清晰的泥水分离界面，图 4-9 是 MBR 工艺生化池内混合液未稀释时的沉降比实验照片，可以发现，基本看不到泥水分离界面，但是，由于有 MBR 膜存在，也不会发生活性污泥流出生化池的问题。这就给我们通过沉降比实验判断活性污泥性状造成了障碍，此时，我们可以通过比例稀释后来做沉降比实验，以便观察沉降效果。当然，过高的污泥浓度也会降低 MBR 膜的使用周期，所以，还是需要合理控制活性污泥浓度。

八、活性污泥容积指数

1. 定义及实践操作的理解

活性污泥容积指数（SVI）是指在曝气池末端取悬浮固体混合液倒入 1000mL 量筒中，静止 30min，1g 活性污泥干污泥所占的容积。

图 4-9　MBR 工艺生化池沉降比实验照片

$$SVI = SV_{30} \times 10 / MLSS$$

传统活性污泥法的 SVI 在 70~150 为正常值。仔细理解一下活性污泥容积指数就可以发现，SVI 是通过活性污泥沉降比和活性污泥浓度的比值得到的，其中活性污泥沉降比的大小将直接影响 SVI 的最终值。因为活性污泥浓度的人为可控性好，而活性污泥沉降性人为可控性差。所以，在纠正 SVI 的时候重点是调整活性污泥的浓度。

和活性污泥浓度可控性相反，SVI 只是活性污泥松散性的表现指标，不具备对活性污泥直接调控的操作性。

2. 对活性污泥容积指数 SVI 合理控制值说明

理论上 SVI 在 70~150 为合理控制值，根据活性污泥沉降比和活性污泥浓度这两个指标的关系，可以发现活性污泥容积指数能充分正确地表示活性污泥的松散程度。如果单看活性污泥沉降比，往往会忽略活性污泥浓度很高时对 SV_{30} 的正面影响，而 SVI 却可以排除活性污泥浓度对沉降比的影响，清楚地判断活性污泥的松散程度。

活性污泥容积指数超过 200 时，可以判定活性污泥结构松散，有发生丝状菌膨胀或沉降性转差的迹象。当活性污泥容积指数低于 50 时，可以判定活性污泥出现污泥老化的可能性比较大。

在计算活性污泥容积指数时有一点需要特别注意，就是当物化处理段处理不到位的时候，如果有大量无机颗粒流入生化处理系统，检测到的活性污泥浓度是会相对偏高的，因为无机颗粒密度大，在检测 MLSS 的时候会留在滤纸上面而被计入 MLSS 中。同样，无机颗粒的存在加快活性污泥沉降速度的同时，还大大加强了活性污泥的压缩性。由此我们会发现，当活性污泥中混入大量无机颗粒的时候，计算 SVI 用的活性污泥沉降比变低了，而活性污泥浓度因为无机颗粒的存在其数值就相对变大了。根据 SVI 的公式，活性污泥的沉降比作为分子变小了，而分母活性污泥浓度却变大了，所以 SVI 就会明显变小。此时，虽然 SVI 低于 50，但是我们不能判定为活性污泥老化，这在实践操作中需要特别注意。

3. 污泥容积指数调整方法

污泥容积指数调整方法见表 4-18。

表 4-18　　　　　　　　　　　　污泥容积指数调整方法

SVI	产生原因	对策
SVI>150	活性污泥负荷过大，导致活性污泥相对沉降性降低	发挥调节池作用均化水质，提高活性污泥浓度
	活性污泥发生丝状菌膨胀	依据丝状菌膨胀对策处理
SVI<50	活性污泥发生老化，导致活性污泥沉降比异常降低	废弃部分活性污泥，根据污泥负荷要求调整活性污泥浓度
	活性污泥内过量无机颗粒，导致活性污泥沉降的异常压缩	强化物化段处理效果，依据污泥龄要求积极排泥

4．活性污泥容积指数和其他控制指标的关系

（1）活性污泥容积指数与回流比的关系。我们已经了解到，活性污泥容积指数是活性污泥松散性的表现指标，那么这一指标偏高直接导致的结果就是活性污泥回流比中的回流活性污泥效率降低，从而过度消耗电能。同时，在冲击负荷发生的情况下，会出现活性污泥流出沉淀池的现象。在预知这样的情况下，应该根据实际情况适当加大回流比——即提高回流流量，以保证足够的活性污泥回流到生化池首端。

（2）活性污泥容积指数与溶解氧的关系。活性污泥容积指数与溶解氧的关系主要是要考虑过量的曝气对活性污泥沉降性的影响。首先，过量的曝气不利于活性污泥的沉降；同时，当活性污泥出现黏度增高时，容易出现细小气泡被活性污泥包裹吸附而导致活性污泥沉降和压缩性变差的情况，由此我们会发现过量曝气会导致活性污泥容积指数相对增高。通过检测活性污泥沉降比我们能够比较容易地识别曝气过度对 SVI 的干扰。

溶解氧过低对活性污泥容积指数的影响主要体现在溶解氧过低时，活性污泥因为缺氧或厌氧状态的存在而表现出压缩性增强，继而 SVI 表现出相对偏小，这个我们在实践中也要进行必要的识别和干扰排除。

（3）活性污泥容积指数与 SV_{30} 的关系。一般情况下，SV_{30} 越高，SVI 就越高，但这也不是绝对的，如果活性污泥活性很高，而且 MLSS 也很高时，也可以出现 SV_{30} 很高的情况，而此时的 SVI 并不会很高。

从图 4-10 可以发现，即使是右边的照片所示 SV_{30} 很高，也不能说这个样品的 SVI 一定很高。

九、污泥龄

1．定义及实践操作的运用

污泥龄是指生化池中工作的活性污泥总量与每日排放剩余污泥量的比值，在稳定运行时，剩余污泥量就是新增长的活性污泥量。因此，污泥龄也是新增长的活性污泥在曝气池中的平均停留时间，或者理解为活性污泥总量增长一倍所需要的时间。

因为污泥龄是一个比值，所以需要考虑活性污泥总量和排泥量的关系。活性污泥浓度决定了活性污泥总量的可变性，而活性污泥的废弃量又决定了污泥龄长短的可控性。

一方面是泥龄越长，微生物在生化池中的停留时间就越长，而微生物降解有机污染物的时间越长，对有机污染物的降解就越彻底。另一方面是泥龄长短对微生物种群有影响，因为不同种群的微生物有不同的世代时间，如果泥龄小于某种微生物的世代时间，这种微生物种群就很难优势生长，为了培养繁殖所需要的某种微生物，选定的泥龄必须大于该种微生物的世代时间。例如硝化菌，它是产生硝化作用的微生物，它的世代时间较长，并要求在充足溶解氧的好氧

(a)   (b)

图 4-10   不同活性污泥浓度时的 SV_{30}

(a) 低活性污泥浓度时；(b) 纯氧曝气下，高活性污泥浓度时

环境下工作，所以在污水进行硝化降解时就需要有较长的好氧池泥龄。

日常实践操作中，一些操作人员很少注意活性污泥的污泥龄控制，觉得控制大小无所谓，而且计算也比较复杂，按照理论控制值对应的污泥龄调整常收不到满意的效果。因此，在运用污泥龄进行分析的时候一定要结合多个分析参数进行综合分析。

2. 调整污泥龄的方法

调整污泥龄的方法中，能够被操作人员运用的只有活性污泥的废弃，也就是排除废弃的活性污泥。排泥的设施常可见如下：

（1）通过设置在二沉池回流污泥管上的排泥支管排泥，排泥支管上需设置阀门和流量计。阀门用于调节排泥量，而流量计用于准确测定排泥量。

（2）直接用排泥泵排泥，同样也需要设置阀门和流量计。

（3）依靠重力排泥，这样的方式往往导致排泥量的控制不够准确，需要较高的运行管理和操作经验才能够很好地保证系统的稳定运行。

3. 污泥龄调整过程中出现反向效果的分析

在进行污泥龄控制时，常会发现加大排泥或者降低排泥并没有使活性污泥浓度随污泥龄的正面波动也出现正面波动。如通过加大排泥以降低污泥龄的时候，我们发现活性污泥浓度并没有随着排泥的进行而降低，结果是继续加大排泥量力度，但还是效果不佳，诸如此类现象是导致污水、废水处理操作人员对运用污泥龄来对工艺进行控制失去信心的主要原因。

当改变操作不能达到期望的工艺调整效果的时候，我们还是可以通过多方面分析来说明为什么以污泥龄为依据的操作工艺改变得不到理想效果，具体原因和对策见表4-19。

表 4-19　　　　　污泥龄调整过程中出现反向效果的原因及对策

污泥龄变化	负面效果	原因	对策
通过增加排泥来降低污泥龄	排泥后，未见活性污泥浓度降低，即相应的污泥龄并未缩短	进流废水有机物浓度过大，导致活性污泥增长迅速，排泥力度低于活性污泥增长量，可以通过进流废水有机物浓度、污泥负荷等指标判断	继续加大活性污泥的排泥力度
		活性污泥浓度检测值较理论值偏低，导致确定的污泥龄偏小，在排泥力度上就显得相对不足	确认活性污泥浓度检测值是否正确，修正活性污泥排泥量
		活性污泥发生丝状菌膨胀等问题导致活性污泥松散，继而导致活性污泥回流比的有效率不高，回流的是大量的水体而非活性污泥。最终加大了排泥力度也没有看到 MLSS 明显地降低，通过显微镜观察 SV_{30} 沉降比及 SVI 对应，可以明确地判断出活性污泥松散的程度	可以针对性地就活性污泥丝状菌膨胀进行控制；特殊情况下也可投加絮凝剂强迫活性污泥絮凝，增加活性污泥的压缩性以利于排泥有效达成
通过降低排泥量来延长污泥龄	降低排泥后，未见活性污泥增长，即相应的污泥龄并没有延长	活性污泥老化过度，在降低排泥后导致活性污泥进一步老化，所以不能看到活性污泥浓度的进一步增长。通过活性污泥的污泥负荷可以判断当下污泥的老化程度，当然通过前面谈到的 SV_{30} 观察要点也可判断	纠正操作思维，不是非要升高污泥浓度才可以提高处理效率的，活性污泥浓度的确定要根据污泥负荷。就污泥龄而言，如果控制过长的情况下仍然降低排泥的话将导致系统故障
		进流污水、废水有机物浓度低，导致活性污泥浓度无法增长到合理的范围。因为在底物浓度过低的情况下，微生物增长量低于排泥量的话，就会出现污泥龄相对没有延长的现象	尽量减少排泥是保证足够的活性污泥量的关键
		活性污泥沉降的压缩性过大，导致废弃的活性污泥浓度极高，从排泥效率上看，虽然排泥量减少了，但在减少排泥量后，排出的高浓度活性污泥同样导致曝气池活性污泥浓度出现不增长的现象	分析废弃活性污泥的浓度或通过 SVI 确认最终的合理排泥量

4. 计算排泥量的方法

排泥量的计算方法比较重要，否则没有目的地排泥往往导致系统严重损坏，使得活性污泥系统恢复时间延长。下面就实际的活性污泥废弃污量的计算公式加以说明：

$$污泥龄\ t=\frac{VX_1}{X_2QF}$$

式中　t——污泥龄，d；

　　V——生化池容积（包括 A^2O 系统的所有 A 池），m^3；

　　X_1——生化池混合液悬浮固体浓度，mg/L；

　　X_2——回流活性污泥混合液悬浮固体浓度，mg/L；

　　Q——废弃活性污泥（排泥）流量，m^3/h；

　　F——一天内的总排泥时间，h。

根据以上公式，如果确定了要控制的污泥龄，就可以方便地推算出废弃活性污泥时排泥的量了。这里特别要注意 MLSS，作为回流活性污泥的浓度，理论上总比生化池混合液的活性污泥浓度要高，通常要高出一倍以上，如果低于一倍，我们就应该检查活性污泥是否过于松散了。

5. 污泥龄和其他控制指标的关系

我们从污泥龄的概念中已经了解到，污泥龄是用以判断活性污泥是否更新及时的关键指标，这个控制指标可以告诉我们活性污泥的活性及需调整的方向。

（1）污泥龄与污泥负荷的关系。污泥负荷反映了活性污泥和进流污水、废水中有机物浓度之间的关系，当进流污水、废水中有机物浓度高的时候，污泥负荷就增大，此时对应的污泥龄需要延长，用以克服的进流污水、废水中突增的高有机物浓度。如果仍然保持原有的污泥龄状态，势必加大污泥负荷，进而出现高污泥负荷所表现的系统故障特征，如出水混浊、排放水 COD 升高、活性污泥沉降性变差等。从另一个侧面理解，当进流污水、废水有机物浓度增高时，势必需要更多的活性污泥来对应，而活性污泥的增长需要一个过程，如前面讲到的 4h 为一个世代时间。而当原有污泥龄不变时，我们看到的是活性污泥无法在最短的时间内出现有效的增长，所以这种情况下，应该大大降低排泥量，以获得最佳的污泥龄调节力度。

相反，当进流污水、废水有机物浓度很低的时候，如果仍然保持原有的污泥龄很容易出现系统故障，事实上这种情况下的污泥龄控制是最困难的。可以想象到，为了控制污泥龄而加大排泥的话，由于进流污水、废水浓度低，生化池活性污泥浓度会越来越低，最后因为活性污泥量偏少，而出现活性污泥间相互吸附的能力减弱。而延长污泥龄、减少排泥的时候，又会发现活性污泥特别容易出现老化。

准确地确定合理的污泥龄，是我们最关心的，也是确定排泥是否过大或过小，污泥龄是否过短或过长的依据。

通常控制污泥龄的时间在 15~30d，但这只是参考值，各个污水、废水处理厂还是要结合自身实际情况确认出不同季节的合理污泥龄控制值，在确认过程中，可以充分运用其他活性污泥控制指标进行参考调整。

（2）污泥龄与沉降比的关系。第（1）点讲到对活性污泥的污泥龄控制可以参考其他活性污泥控制指标在实践中加以确定，就污泥龄和活性污泥沉降比的关系，我们还是可以发现，活性污泥的污泥龄长说明污泥发生老化的概率大，而活性污泥老化在活性污泥沉降比实验中是很容易被发现的，由此其对确认污泥龄是否过长就有很好的参考价值。相反，污泥龄控制过短，在活性污泥沉降比实验过程中可以发现大量新增的活性污泥活性极高，沉降性和絮凝性差，上清液混浊。

（3）污泥龄和活性污泥容积指数的关系。前已述及这个问题，在污泥龄的计算公式中就可以发现，决定排泥量大小的一个很重要的影响因素就是废弃污泥的浓度，即公式中的 X_2。如果因为活性污泥过于松散，表现出 SVI 过大的话，势必会发生排泥流量的被动加大。同样，压缩性极好、污泥容积指数极低的排泥，在活性污泥浓度不高的情况下，排泥流量一定要控制准确，否则，可能半天的时间内活性污泥浓度就可以下降 40%，这对活性污泥系统来讲是相当不利的。

（4）污泥龄和进流有毒物质的关系。当生化系统中流入过度的有毒物质或抑制物质时，系统会迅速恶化，此时，必须控制低污泥龄的运行状态，通过低污泥龄时的活性污泥更新加速来把有毒物质和抑制物质通过排泥代谢到处理系统之外，以便于生化系统迅速恢复。

十、活性污泥回流比

1. 定义及实践操作的运用

活性污泥回流指流入二沉池的沉降活性污泥需要重新抽升到生化池首端，与在生化池首端入流的污水、废水进行混合，以达到吸附降解有机物的目的。从中可以看出，活性污泥的回流是用于补充生化池活性污泥的浓度，在整个生化池范围内达到首末段的活性污泥循环流动和降解。

我们把回流的活性污泥混合液流量与进入生化池首端的污水、废水进流量的比值定义为活性污泥回流比，简称回流比，用百分比表示，通常控制在30%~70%。

回流比在实际的工艺控制操作中，正面的操作调控作用不甚明显，但是在活性污泥系统故障时的应急调控中具有重要作用。

2. 回流比的合理控制

活性污泥回流比的正常控制在 30%~70%，也就是说回流的活性污泥混合液流量占生化池进流污水、废水流量的 30%~70%。

控制高回流比和低回流比的依据见表4-20。

表 4-20 控制高回流比和低回流比的依据

回流比控制	控制依据	判别依据
回流比控制在较小值	活性污泥在二沉池内沉降压缩性较好时，可以调低回流比，因为在调低回流比的时候，回流的活性污泥浓度会上升，最终到达生化池首端的总量就基本保持不变	通过活性污泥沉降比和活性污泥容积指数可以识别出活性污泥的压缩性状况
	进流废水处于高负荷状态，此时也需要调低回流比进行应对，理由在于，高负荷的进流污水、废水通常表现出有机污染物浓度高、水量大等特点，大水量对活性污泥的冲击还是很大的，通常导致活性污泥在二沉池出现沉降不佳的现象。同时，在大进流污水、废水情况下提高活性污泥的回流比，势必导致污水、废水在生化池的停留时间缩短，其结果是活性污泥降解过量有机物的所需时间被缩短，降解效果不充分，活性污泥不易进入衰竭期，沉降性不佳	通过进流污水、废水的有机物浓度检测可以识别出进流污水、废水的有机物浓度。同样，还需要结合当下的活性污泥负荷来判断受进流污水、废水冲击时的污泥负荷，最终用以指导确定合理的活性污泥回流比值
	控制较小的活性污泥回流比，有利于延长沉降在二沉池底部的活性污泥的静止时间，最终的结果是活性污泥将处于非常饥饿的状态，随后回流到生化池首端就会出现惊人的吸附和降解有机物的能力。这在活性污泥负荷控制得当的时候尤为明显，但凡出现极佳处理效果的时候，都需要发挥活性污泥最佳吸附降解状态	通过活性污泥沉降比确定沉降的活性污泥是否具有恰当的压缩性，否则，在压缩性不明显的情况下，一味延长活性污泥在二沉池的停留时间将不具任何意义
回流比控制在较大值	回流比控制在较大值有利于抑制在低负荷状态下活性污泥老化现象的发生，通过加快停留在二沉池中的活性污泥回流到生化池首端，可以避免活性污泥在二沉池停留时间过长。如果停留时间过长的话，缺氧状态下的活性污泥更易发生污泥老化	通过 SV_{30} 确认活性物污泥沉降后污泥的性状，并结合生化池入流污水、废水的有机污染物浓度检测值进行判断
	控制高回流比有利于在一定时间内加大活性污泥的抗冲击负荷能力，特别是发现污泥负荷突然激增，但是水量没有增大时，那就有必要通过调整回流比提高活性污泥的抗冲击负荷能力，其原理在于明显地提高回流比，会在较短时间内相对提高生化池首端的活性污泥浓度，以此应对高负荷的冲击，但是，通过加大回流比来提高应对有机负荷的冲击时，毕竟二沉池加大回流污泥入生化池首端活性污泥量是有限的，所以，这样提高回流比，效果是有限的	通过进流污水、废水的有机物检测值可以确认进流负荷的冲击程度

回流比控制	控制依据	判别依据
回流比控制在较大值	加大回流比是在生化池受到除负荷冲击以外的情况需稀释生化池混合液的时候使用。如 pH 值过高过低时，可以通过加大回流比来快速稀释生化池内的混合液，以降低 pH 值变化对系统产生的影响	可以通过预测入流到生化池的污水、废水的 pH 值变化，提前将二沉池的活性污泥回流到生化池首端来稀释入流废水的 pH 值。通常二沉池的容积是生化池的一半，如果充分利用这部分回流活性污泥将极大地抵消各类冲击物质对活性污泥的影响

3. 活性污泥回流比和其他控制指标的关系

（1）回流比与食微比的关系。食微比调控得当对活性污泥系统来说至关重要，其中通过活性污泥浓度的增减来调控活性污泥系统，与通过调整活性污泥回流比相比，无法快速取得调控效果。相反，通过回流比的调整能够较快地对食微比大幅波动提供辅助支持。当食微比升高时，可以调小回流比，使污水、废水短期内在生化池的停留时间延长，来提高对有机物的降解效果。当食微比较低时，可以加大些回流比，短期内加快污水、废水通过生化处理池的时间，同时，回流水中的有机物还可以提供一部分给微生物，也就起到了二次处理的效果，对维持微生物生长、避免污泥老化有一定的效果。

（2）回流比与 SVI 的关系。回流比体现的是补充生化池流失的活性污泥，其他用途无非是生产实践中的经验而已。SVI 的高低对回流效果影响很大。SVI 过大，回流的活性污泥浓度不高，支援生化池首端的能力就不足，所以，我们需要适当加大生化系统的回流比。相反，SVI 过低，回流比不经调节的话，回流效率过高，进入生化池首端的活性污泥过多，最终的结果是活性污泥始终不能处于饥饿状态，回流入生化池的活性污泥吸附性能不佳，这个时候可以调低些生化系统的回流比。

（3）回流比与活性污泥沉降比的关系。回流污泥中回流比的确定仅仅是流量的确定，而我们要掌握的关键是回流比所体现的回流入生化池的活性污泥数量。为此，可以通过检测回流活性污泥的浓度进行确认，当然，最简便的方法是通过活性污泥沉降比进行判断。通过活性污泥沉降比可以了解到活性污泥的沉降性能，继而推断出活性污泥在二沉池中的沉降状况，这为调节回流比在合理范围内提供了很好的参考。沉降比实验中发现活性污泥沉降缓慢、压缩性差的时候，就应该加大回流比，同时提高废弃此部分活性污泥的力度，通过新增优良的活性污泥来改变活性污泥系统微生物的性状功能。丝状菌膨胀和活性污泥发生反硝化等异常状况导致的活性污泥松散是比较常见的，在发现这种状况的时候尤其要注意调整活性污泥的回流比。

十一、营养剂的投加

1. 定义及实践操作的运用

营养剂的投加，教科书上并没有特别地说明其定义，我们在理解的时候主要是要知道投加营养剂是为了向活性污泥提供营养支持，保证其正常的生长繁殖。实践中，营养剂投加不足会导致活性污泥诸多方面的问题，特别是活性污泥沉降比和生物相方面能够发现诸多异常，而投加过量可导致放流出水的氮磷指标超标。

2. 微生物对营养剂需求的原因

在处理生活污水的时候，污水中的有机物和其他无机物之间的比例还是比较协调的，这时候活性污泥对各种营养元素的需求量不存在短缺的问题；但是处理一般的工业废水时，经常会出现营养元素和微量元素的短缺或过量。

这里讲到的营养元素指的是微生物生长繁殖所必需的食物中除主要的碳氢化合物外的氮元素和磷元素，俗称氮磷，氮磷作为活性污泥的营养元素非常重要。

大家都知道活性污泥的微生物主体是细菌，所以活性污泥生长的主体食物源即进流污水、废水中的有机物是活性污泥中细菌的碳氢供给源。但是，微生物的正常生长繁殖中仅有碳氢是远远不能保证细菌合成正常的细胞体的，其他氮磷元素同样需要补充。这也是营养剂在活性污泥正常繁殖中的重要意义。

在实践操作中，考虑更多的是食微比，主要就是考虑污水、废水中碳氢对微生物的适调性情况，却往往忽略了营养剂对活性污泥正常繁殖所起的重要作用。营养剂对细菌合成良好的新生活性污泥具有决定性意义。

3. 营养剂对微生物供给的故障分析

营养剂对微生物供给的故障分析见表4-21。

表4-21　　　　　　　　　营养剂对微生物供给的故障分析

营养剂投加情况	活性污泥的表现	原因分析
营养剂投加不足	活性污泥絮凝性差	活性污泥在分解有机物时需要配合适当比例的营养剂投加，当出现营养剂不足的时候微生物就不能分解足量有机物了。在缺乏营养剂的状态下，活性污泥合成过程得不到氮磷的足量配合，絮凝性随即转差，絮体细碎而膨胀
	活性污泥沉降性差	由于活性污泥絮凝性较差，过量细小的活性污泥絮团就更不能发挥较好的沉降作用了。同样，由于没能合成足够的微生物来应对进流浓度相对高的有机物，活性污泥处于高负荷状态，在污泥负荷较高的状态下出现活性污泥沉降性差也就成为必然了
	活性污泥处理效率下降	处理效率的下降是因为营养剂的不足而导致细菌不能有效和足量地合成。同时，活性污泥结构的松散和因沉降性差而流失是导致活性污泥处理效率差的另一个原因

续表

营养剂投加情况	活性污泥的表现	原因分析
营养剂投加不足	二沉池放流出水带呈棕黄色	二沉池放流出水带呈棕黄色有多种原因。其中因为活性污泥缺乏足够的营养剂而导致活性污泥合成和代谢发生故障，活性污泥就会发生解体，当解体的活性污泥溶解到水体中时便可发现二沉池放流出水的异常了
营养剂投加过量	二沉池滋生青苔	青苔和藻类一样，利用光合作用进行繁殖，但同时需要营养剂作为必要元素。当营养剂投加过量时，在二沉池出水堰口上极易滋生青苔。在水质处理较好时也可发现藻类的踪迹。我们可以理解为投加入生化系统的氮磷过量导致活性污泥正常生长繁殖后不能用尽投加的营养剂，在有富余的情况下就会出现富营养化现象
	二沉池出现浮泥	二沉池发生污泥上浮的原因很多，但由于营养剂投加过多导致的活性污泥上浮，多半是因为活性污泥中存在过量的氮而导致活性污泥在缺氧状态下发生了活性污泥的反硝化现象。反硝化过程中产生的气体携活性污泥絮团上浮，其状态常呈雪花样片状或成团上浮

4. 营养剂投加点

营养剂作为微生物新陈代谢和繁殖的必备元素，就其投加位置来说，我们很清楚是投加在生化池内，但就具体位置而言，投加点应设置在生化池的首端。但是我们发现营养剂投加在生化池首端时，尚不能与进流污水、废水快速混合，这对生化池首端的活性污泥营养剂的供给来说是显得不足的。为了避免这种情况的发生，可以借鉴管道混合器的原理，即在营养剂投加入生化系统之前就让营养剂与进流污水、废水进行充分的混合。当然也可将营养剂投加到初沉池的出水堰中，同样能够达到相同的效果。

5. 营养剂配制方法

前面已经阐述过微生物生长繁殖所需的氮元素和磷元素，在供给氮元素的时候我们通常会选择用尿素。尿素的含氮量在46%左右。配制（含氮营养剂）的时候先放水入溶解槽，然后倒入尿素。在配制含氮营养剂的时候，我们要注意不要将缝合用的线头拆卸到溶解槽内，以免堵塞加药泵，影响投药量及投药效果。为了供给微生物所需的磷元素，我们可以选用磷酸配制含磷营养剂来提供磷元素，磷酸的浓度通常在85%。在配制含磷营养剂的时候，也可以先放水再投加磷酸入制药槽，因为磷酸是腐蚀性液体，所以在配制的时候，要佩戴防腐蚀手套和防护眼镜。

6. 营养剂投加方法

营养剂的投加方法通常有两种：一是将营养剂配制成液体用定量泵投加；二是直接将固体或浓液投加于生化池内。均匀连续地将营养剂投加入生化系统是非常有必要的，这可以充分发挥活性污泥的降解能力，所以将营养剂制成稀溶液通过定量泵投加是比较理想的。相反，直接将营养剂抛洒入生化池就显得不太可取，通常在设备故障或不稳定的时候可以临时使用，但就长远来讲还是要避免用此种方式供给营养剂，因为，非连续投加营养剂会导致生化系统不同断面上营养剂的浓度波动过大，即投加后的水体中营养剂浓度很高，停止投加营养剂后的流入水体中营养剂浓度很低，这对活性污泥综合利用营养剂不利。

7. 营养剂投加量的确定

营养剂投加量的确定是合理投加营养剂的前提。在确认投加营养剂的量时，通常采用经验比例进行计算，即有机物和氮、磷的比例为 100∶5∶1。比例式中，有机物可以用 BOD 来表示。实践中计算此比例的时候，由于 BOD 计算的滞后性，我们一般用 COD 来反推 BOD。反推的比值需要检测多个对比值进行最终确认，而且也需要进行定期校验确认，这是 COD 转换为 BOD 正确性的重要保障。

此比值我们可以理解为每分解 100g 有机物，需要消耗 5g 氮和 1g 磷，才能保证活性污泥分解有机物时对营养剂的需求是平衡的。

下面通过一个例子来说明如何计算营养剂的投加量。

日处理水量：$20000\text{m}^3/\text{d}$；

进入生化系统的 COD：500mg/L；

BOD/COD=0.4；

尿素含氮量：46%；

磷酸含磷量：31.6%。

计算：

$$每天投加尿素量=20000×500×0.4/1000×0.05/0.46$$
$$=435\text{kg}$$

式中　20000——每日处理水量；

　　　500——进入生化系统的有机物浓度；

　　　0.4——有机物浓度 COD 转化为 BOD；

　　　1000——单位换算，即克转化为千克；

　　　0.05——有机物、氮、磷的比例为 100∶5∶1 中氮的量；

　　　0.46——尿素中有效氮的含量。

$$每天投加磷酸量=20000×500×0.4/1000×0.01/(0.85×0.316)$$
$$=148.9\text{kg}$$

式中　20000——每日处理水量；

　　　500——进入生化系统的有机物浓度；

　　　0.4——有机物浓度 COD 转化为 BOD；

　　　1000——单位换算，即克转化为千克；

0.01——有机物、氮、磷的比例为100∶5∶1中，磷的量；

0.85——市场上所售磷酸中磷酸的有效浓度；

0.316——磷酸中有效磷的含量。

8. 营养剂计算投加量和实际投加量的差值说明

通过营养剂投加量计算公式计算出的营养剂投加量往往比实际需求量大，这主要是因为忽视了进流污水、废水中或多或少含有的营养剂，如果忽略了这部分营养剂的含量，按理论投加量投加，出现排放水氮磷超标就比较正常了。因此要对进流污水、废水中氮磷值引起足够重视，将此部分氮磷含量计算出来，在理论计算值中扣除掉，这样投加的氮磷含量就不会过量了。

计算例题如下（基本条件如前）：

日处理水量：20000m³/d；

进入生化系统的COD：500mg/L；

BOD/COD=0.4；

尿素含氮量：46%；

磷酸含磷：31.6%；

进入生化系统的污水、废水含氮量：5mg/L；

进入生化系统的污水、废水含磷量：0.5mg/L。

计算：

1）进流水中含氮量

$$m_N = 20000 \times 5/1000 = 100 \text{kg}$$

式中 m_N——生化系统进流污水、废水中氮含量，kg；

20000——进入生化系统的水量，m³/d；

5——进入生化系统的污水、废水含氮量，mg/L；

1000——g转换到kg的换算；

100——计算出的最终流入生化系统的氮含量。

2）进流水中含磷量

$$m_P = 20000 \times 0.5/1000 = 10 \text{kg}$$

式中 m_P——生化系统进流污水、废水中磷含量，kg；

20000——进入生化系统的水量，m³/d；

0.5——进入生化系统的污水、废水含磷氮量，mg/L；

1000——g转换到kg的换算；

10——计算出的最终流入生化系统的磷含量。

在"7. 营养剂投加量的确定"一节中计算给出的答案是忽略进流污水、废水中营养剂的含量得出的。根据理论计算值来投加营养剂，就会出现出流水氨氮和总磷偏高的现象，而在这个计算例中，我们就可以看到，如果没有扣除进流污水、废水的营养剂含量，实际就多投加尿素为217kg（100/0.46=217kg），多投加了磷酸为 37.2kg[10/(0.85×0.316)=37.2kg], 不但容易导致出流水的营养剂超标, 而且经济性方面也不合适。

9. 导致进流污水、废水营养剂偏高的原因

前已述及, 通常的市政污水水质成分均衡, 微生物所需的各种元素丰富, 富含氮磷也很正常。但是, 工业废水却总会缺少部分微生物所需的元素, 特别是营养剂中的氮磷, 这主要和工业废水成分单一有关。

但是, 在实践操作中却可以看到如下的现象: 在检测调整池内的污水、废水时却还能检测到氮磷。看似矛盾的检测结果, 却给我们很多提示, 不注意这一点的话通常很难把握最终向生化系统投加营养剂的量。那么, 这些氮磷是哪里来的呢? 要回答这个问题, 需要从系统内的流程说起。通常进入调整池的污水、废水大多来自生产线上的污水、废水排放源, 其中缺乏氮磷元素是非常普遍的, 但是, 来自压滤机的滤后水也会回流到调整池, 另外生化系统的活性污泥废弃通常是要进入污泥浓缩池, 而浓缩池上清液溢流后同样也回流到调整池, 如此, 调整池中氮磷就会升高, 特别是活性污泥排出剩余污泥时, 如果污泥浓缩池碳源足够, 通过浓缩池上清液回流进入调整池的磷含量是相当可观的。而氮的升高就没有磷这样明显了, 其产生多与活性污泥性能的阶段性波动有关, 在利用率不高时投加过量的尿素, 自然会有部分回流到系统的首端调整池中。

10. 如何确认投加营养剂没有过量

要确认营养剂投加是否过量, 通过理论计算并扣除进流污水、废水氮磷含量, 由此得出的氮磷投加需求量理论上是对的, 但往往还是出现投加过多或过少的情况。那么如何找到一种快捷有效的方法来判断投加的氮磷是否适量, 并以此来指导投加量的修正呢? 我们认为通过检测放流出水的氮磷含量指导投加量是比较可行的方法。通常氮磷排放满足国家排放标准即可, 但是这个检测值给我们在氮磷投加是否适量方面的指导作用是明显的。理论上, 检测到放流出水的氮磷值越小越好, 因为检测值越小, 代表微生物对投加补充的氮磷有效利用率越高, 也越不浪费。同时, 由于检测氮磷所需的检测时间不是太长, 利于及时调整营养剂投加量。

11. 营养剂投加和其他控制指标的关系

(1) 营养剂投加和污泥负荷的关系。营养剂的投加量主要是依据进流污水、废水中的有机物含量决定的, 这在营养剂投加参考比值中也已提到。同样, 活性污泥负荷与进流污水、废水中有机物含量关系密切。当进流污水、废水中有机物含量过高时, 就需要更多量的活性污泥与之对应, 增加活性污泥浓度自然需要更多的营养剂作为合成细胞体的补充物质。相反, 则活性污泥对营养剂的需求降低。活性污泥负荷的调整就活性污泥浓度这一可调措施来讲, 往往是滞后的, 但是, 营养剂投加的调整则需要先行对应, 这也是活性污泥浓度跟随调整的基础。

（2）营养剂投加和活性污泥沉降比的关系。活性污泥沉降比的好坏受到诸多方面的影响，这也是通过对活性污泥沉降比的全程观察能够了解活性污泥系统诸多方面影响因素的原因。营养剂投加不足同样可以在活性污泥沉降比中得以确认。

当活性污泥缺乏营养剂的时候，活性污泥会出现解絮、菌胶团细小膨胀、出水混浊等现象，主要还是因为活性污泥缺乏营养剂，导致活性污泥中微生物合成细胞体受限。这样的活性污泥沉降速度缓慢，处理效率低下。我们必须根据放流出水的氮磷检测数据，系统判断出活性污泥的对营养剂的需求情况，避免出现营养剂投加不足的现象。

营养剂投加过量同样对活性污泥沉降不利。除了会发生污泥反硝化导致的污泥上浮，还会造成活性污泥系统中生物相的变化，主要表现在爬行类纤毛虫的数量变化上，如楯纤虫的消失、累枝虫代替钟形虫占优势等活性污泥原生动物的变化。从这个方面可以发现营养剂投加过多，在一定时期内对活性污泥中的微生物影响不大，但是长期过量投加，微生物种群将发生变化，影响的直接后果是活性污泥处理效率低下，另外，投加过量的营养剂也会导致藻类增生，对生化系统会产生不好的影象。

（3）营养剂投加和原水成分的关系。营养剂的投加和进流污水、废水的原水成分关系密切，因为投加多少营养剂完全取决于进流污水、废水中的有机物浓度和固有氮磷含量，我们从确定营养剂投加量的公式中就完全可以得到印证。并也提到市政污水由于主要污水来源是居民小区，所以其水质成分比较均匀，微生物所需的各种营养组分都能涉及，这种情况下，基本上不需要补充额外的营养剂。而工业废水通常会缺少氮磷，但是有的工艺也不见得是这样的情况，主要还要从生产工艺中所用到的化学药品来进行分析。如果投加含有氮磷的化学药剂作为原辅料，那么来自生产现场的排放废水中就含有或多或少的氮磷成分，有时甚至是过量的，这样对后续生化系统中的微生物来说可能是过量的，其结果是容易导致后段排水氮磷超标。为此，我们有必要强化前段物化处理系统中对此部分过量氮磷的有效去除，特别是磷，可以通过投加氢氧化钙进行混凝沉淀去除。

12. 运行方式的改变

（1）运行方式改变的定义。

运行方式是指为了提高处理效率，应对运行故障，对现有污水、废水处理系统进行如下运行方式的改变：

1）连续运行改间断运行，如非24h运行改为24h运行，或者有24h运行改为仅白天运行。

2）进水负荷在生化池各部位的再分配，如将集中进水分流到各生化池，用以降低负荷，提高活性污泥的活性。

3）对生化池出水投加絮凝剂，降低放流水悬浮物浓度。

4）系统内活性污泥置换，将并列生化系统中相对优良系统的活性污泥在排泥时，排放到相对不良的系统中去，用以更新不良系统中的活性污泥，提高整个系统的运行工况。

（2）运行方式改变的操作参考见表4-22。

表 4-22 运行方式改变的操作

改变运行方式项目	使用场合	预期目的
连续运行或间断运行	改连续运行： 1）F/M 过高，导致达标困难时； 2）水力负荷超标时； 改间断运行： 节假日停产、减产时	降低冲击负荷，维持活性污泥系统的稳定，保证出水达到预期值
进水负荷在生化池各部位的再分配	1）COD 去除率偏低，污泥负荷前高后低时； 2）提高脱氮除磷效果时的碳源合理分配时	平衡污泥负荷，提高脱氮除磷和 COD 的去除率
生化池出水投加絮凝剂	二沉池出水悬浮颗粒过多，导致出水 COD 上升时	通过降低放流水的悬浮颗粒，达到降低出水 COD 的目的
系统内活性污泥置换	存在并列生化系统，比如有两套 AO 系统，多套 SBR 系统等场合使用	通过相对优良的活性污泥去置换相对不良活性污泥，实现内置换

（3）进水负荷在生化系统分流处理示意如图4-11所示。

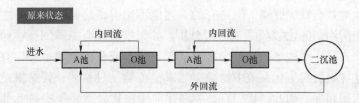

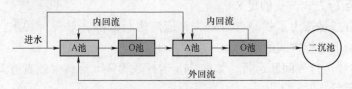

图 4-11 生化系统分流处理示意图

A 池—缺氧池；O 池—好氧池

通过进水再分配，有利于提升系统对特定污染物的去除率、纠正系统异常状态、加速系统恢复等效果，大家可以在实践中灵活运用和掌握。

（4）生化池出水投加絮凝剂的示意如图 4-12 所示。

通过对生化池出水投加絮凝剂可以应急保证放流出水达标排放，但是，投加前必须进行杯瓶试验，确定合适的絮凝剂种类和合理的絮凝剂投加量。

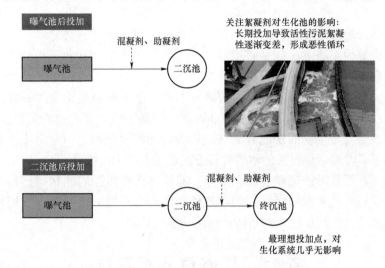

图 4-12　生化池出水投加絮凝剂示意图

第五章

活性污泥性状分析法

就活性污泥法处理工艺而言，其运行功能好坏、发展趋势判断、恢复功能确认等，最好的判断方法就是直接对活性污泥主体微生物性状进行判断，这也是最有效和最可靠的判断方法。

但是，在实践运用中，这方面的研究不多，由于涉及微生物学，使得环境专业人员在理解、掌握和综合分析方面存在一定的困难。笔者曾涉足医学专业，所以对活性污泥微生物的功能判断在理解方面才略觉便利，但是对微生物学没有深入学习，在对活性污泥的本质理解方面还是有不少的困难。

通过日常用显微镜观察总结和学习，能够对活性污泥的性状得到非常直观的了解，这对某些方面的活性污泥功能性判断非常重要。接下来，我们就重点讲述如何通过显微镜观察来判断活性污泥功能性状。

第一节　显微镜分析方法

一、显微镜选用概述

显微镜作为观察活性污泥的工具，是我们观察活性污泥性状必备的助手。观察活性污泥用的显微镜是普通的光学显微镜，放大倍数在 100~1200 倍，单筒和双筒的皆可。一般学校用的简易型的也可用，但晚上观察如果没有自带补充光源的话，观察效果会受到很大影响。所以购买显微镜最好是自带光源的，一般单价在 3000~10000 元。

较好一点的显微镜大多是双筒的，但是观察的时候却没有单筒的方便。由于双眼视力有别，用双筒显微镜时需要调整焦距，这对多人使用同一台显微镜是非常不方便的，在频繁的调整显微镜焦距的情况下，显微镜比较容易损坏。而且调整目镜位置的时候，很难使双眼观察汇集到同一范围，使得观察者不能适应这样的观察效果，最终还是使用一只眼睛来观察，这其实就失去了双筒显微镜的意义了。单筒的就比较方便，不存在出现双视野的情况。随着技术的进步，很多显微镜自带显示屏或可以外接电脑和手机摄像头，这就大大提升了我们观察生物相的便利，并且，通过保留生物相图片、视频等信息，对我们分析、回顾生化系统的性状很有帮助。

二、显微镜观察对放置场所的要求

显微镜观察时，对显微镜放置场所的要求主要是避免高温、阳光直射、振动、光线不足、光线异常等情况。

（1）避免高温情况。因为在显微镜观察时，载玻片上的水样本身数量较少，高温下样品水体会出现膨胀，富含的细小气泡会析出来而影响观测效果。

（2）避免阳光直射可以有效防止被检测样品中的气泡析出及膨胀的发生，更可避免存在的气泡因为阳光直射而发生反光、折射等现象而影响观测效果。同时，也可以防止对眼睛的伤害。特别是夏天，在阳光直射的地方观察生物相时，眼睛比较容易产生疲劳。

（3）要防止振动。这不但是观察稳定性的需要，更是本身安全性的需要，同时显微镜的放置场所也需要保证安全。

（4）光线不足问题。前已述及，在显微镜没有自带补充光源的情况下，如果环境照度低于300lx，观察的时候显微镜视野就显得比较暗，这种情况在晚上观察就比较常见。为此，需要显微镜自带的补充光源来满足观察对照度的要求。

（5）光线异常，指的是如果周围的光线是彩色光线，那么，在显微镜内观察到的视野色彩通常也是彩色的，这对观察活性污泥性状有干扰作用。

三、显微镜观察用样品采集的注意点

样品采集对显微镜观察效果的影响是比较明显的，采样错误，得出的观察结果会误导我们对活性污泥运行参数的调控。要避免这样的情况发生，除了学会规范的采样方式和采样注意点，自身经验的积累和通过综合分析方法来最终对活性污泥系统工艺控制参数进行调整就显得比较重要了。

1. 样品采集位置

采集的活性污泥样本位置和检测活性污泥沉降比一样都是来自曝气池末端的混合液，此位置的活性污泥混合液不论从活性污泥的稳定性、絮凝性、种群数量还是原生动物代表性来讲都是最佳的。

（1）稳定性是依据活性污泥增长阶段方面分析得出的。在曝气末端，活性污泥处于减速增长期，活性污泥活性降低，稳定性更高了。

（2）絮凝性方面。因为活性污泥处于减速增长期，活性污泥沉降性表现得就更明显，自然絮凝性也更佳。

（3）微生物种群方面。这里指的还是原生动物、后生动物种群，微生物的主体细菌种群不在讨论之列。由于活性污泥中原生动物、后生动物的种群在曝气池首端常见的是非活性污泥类原生动物占优势，在曝气池中段是中间性活性污泥类原生动物占优势，而曝气池末端的原生动物以何种种类占优势决定了活性污泥生物相的功能性状。据此位置采集的活性污泥混合液进行生物相显微镜观察，其结果最具代表性。

2. 检测液采集的方法

当我们在曝气池末端采集到待检测的混合液后，需要吸取一滴到载玻片上，以备检测。这一过程需要注意如下要点：

（1）所取活性污泥混合液在被取样检测前，最好不要让它发生絮凝沉淀，

117

可以通过不停地缓慢摇动来避免在检测前发生絮凝沉淀。我们认为，活性污泥发生絮凝沉淀后，如再次被搅匀，其随后发生的絮凝效果将会略有减弱，而悬浮在上清液的细小絮体将会增多。这样对我们利用显微镜观察活性污泥性状的时候会存在一定的误导，如观察到的活性污泥结构松散、细小、不密实、颜色偏淡等。为了规避这样的影响，确保在曝气池采样后活性污泥不絮凝的控制还是必要的。

（2）通常采集活性污泥样本到载玻片上所用的工具是胶头滴管。在采集活性污泥样本前需要进行充分搅拌，使活性污泥悬浮于混合液中，同时胶头滴管伸入到混合液中的深度也要控制好，一般到混合液的中部为宜。采集后，再将活性污泥混合液移动到载玻片前，可以将胶头滴管内的混合液挤掉几滴，然后将一滴活性污泥混合液置于载玻片上。

（3）载玻片上所取的一滴混合液，在实际使用过程中是过量的，在盖上盖玻片时会有部分溢出而需要擦拭掉，否则盖玻片容易在载玻片上移动。同时，被采集的这一滴活性污泥混合液也会在温度等作用下发生内部流动或移动。因此擦拭掉这多余部分的活性污泥混合液是有必要的，可以擦拭掉 1/4 的量，也就是说在被擦拭后的待检测样品中，其实际采集样品量是 3/4 滴活性污泥混合液。

3. 采集样品计数方法

我们可按如下方法计算被采集样品的实际体积。

1mL 活性污泥混合液可以滴出 24 滴，那么，每滴活性污泥混合液的体积就是 $1/24mL=0.04mL$，而我们需要擦拭掉 1/4，所以最终这一滴待检测的样品实际取用体积是 $0.04mL×3/4=0.03mL$。据此，我们可由显微镜观察过程中所得的原生动物、后生动物数量推算到每毫升的数量，此时的数据更具参考意义。

4. 样品采集用容器的日常管理

样品采集容器的使用和管理需要多加注意，否则，其对检测结果也会产生一定的影响。

（1）采样容器没有清洗干净，会导致容器内滋生生物膜、青苔等，严重时甚至堵塞胶头滴管。这样的问题主要还是与一些实验人员习惯不佳有关。

（2）为了清洗采样容器、避免滋生生物膜，通常会用酸类物质进行必要的清洗，但是如果没有清洗干净的话，残留的酸类物质就会对微生物产生抑制作用。特别是胶头滴管的清洗，残留酸类物质不去除的话，采集的活性污泥会受到较大的干扰，严重的时候会发现原生动物、后生动物失去活性，这时我们会误判断为进流污水、废水导致的活性污泥受到冲击。

（3）为了保持采样容器清洁，最好是每次采集完样品后用自来水清洗，容器内残留的水分要去除干净，避免残留在容器内而使生物膜或藻类滋生。

四、活性污泥显微镜观察样品的制作

活性污泥显微镜观察样品的制作对观察效果的好坏有较大的影响。样品制作需要用到载玻片和盖玻片，这两者的操作配合需要多加练习，否则盖玻片极易损坏。具体制作步骤如下：

（1）将载玻片用水（自来水）沾湿后，用纸巾擦干待用。

（2）盖玻片的清洁也需要沾湿，然后用手拿住一个角，然后用纸巾沿外侧方向擦拭干水分，只沿一个方向轻轻擦拭是避免盖玻片破裂的一个方法。擦干后待用。

（3）用胶头滴管吸取混合均匀的活性污泥混合液，废弃首端的数滴，从中段取一滴于载玻片中部。

（4）将准备好的盖玻片拿起，尽量只捏住一个角，先将盖玻片外侧的一个边插到被检测活性污泥样品的边缘，当盖玻片的边接触到水样边缘和载玻片时，倾斜25°左右缓缓放下盖玻片，则盖玻片可以完全压住被测样品了。

（5）用纸巾将游离在盖玻片周围、被挤压出来的活性污泥混合液擦掉，保证被观察样品内液体不因为过多而发生盖玻片下液体流动和移位的现象，从而避免生物相观察时出现样品分层和样品流动产生的不良影响。

通过以上步骤，被检测样品制作完成。

五、使用显微镜观察前的注意事项

用显微镜观察前的必要调整具体步骤如下：

（1）将显微镜电源接通，以便开启辅助光源。

（2）调整物镜到最小放大倍数位置（例如100倍、200倍），以便在观察时能够保证在较大视野上了解被测样品中活性污泥的状态，如菌胶团的性状、絮凝状态、活性污泥色泽等。

（3）放置显微镜的位置要避免阳光直射，以免影响观测效果。

六、活性污泥样本的观测过程

（1）当被检测样品放置到显微镜上时，我们就可以通过显微镜开始观测活性污泥了。

（2）调节显微镜自带辅助光源的亮度，当从目镜中观察到被测样品呈现亮白色时即辅助光源强度调节到位。

（3）将粗调旋钮上下旋转，捕捉活性污泥样品以粗调焦距，再用微调旋钮进行精确调节，以得到最佳观测焦距。

（4）观测时需要注意，微调过程会发现三层：第一层是盖玻片表面。如果盖玻片擦拭不干净，不熟练的观测者会误以为就是活性污泥样品的观测层，鉴别要点是该层表面以无机质为主，不存在活性污泥菌胶团所特有的絮凝效果，而是呈现不均匀的单体散乱状。第二层观察到的就是活性污泥层了，该层被观测物丰富，可观察到原生动物和后生动物，是我们需要观察的检测层。第三层

119

是载玻片表面，其观测到的内容与盖玻片表面相仿。

（5）观察到了第二层的活性污泥，我们的显微镜调整就结束了。在实际检测中，通过改变物镜的倍数可以使被检测活性污泥的观测效果达到最佳。

（6）显微镜放大倍数方面，就寻找和确认活性污泥来讲，用400倍即可，对原生动物和后生动物的观察用600、800倍也能达到较好效果了，如需要观察非活性污泥类原生动物及丝状菌等的特殊结构，可以选用1000倍的放大倍数进行细致观察。

（7）在放大倍数与照度的关系方面，放大倍数越大，辅助光源开启照度要求就越高。为此，我们需要在高放大倍数情况下开大辅助光源的亮度来满足观测亮度的要求。

第二节　显微镜观察对象——原生动物、后生动物

活性污泥的主体微生物种类繁多，其中细菌占据主导地位，细菌不仅种类繁多，其在数量和降解有机物中的地位也是绝对的。但是，观察活性污泥性状时，却不能以细菌作为观察对象来确认活性污泥的运行现状及发展趋势。较为成熟的方法是通过显微镜观察活性污泥内的原生动物、后生动物种类、数量、活性等来评判活性污泥的现状及发展趋势，并最终指导运行工艺参数调整和追踪效果及结果。

一、原生动物的作用

（1）促进细菌的絮凝作用，提高活性污泥的沉降效果。

由于原生动物和细菌之间存在捕食和被捕食的关系，细菌为了不被原生动物捕食，就会相互聚集，形成菌胶团，个体积大增，原生动物就很难捕食了，而只能去捕食游离的细菌。

（2）原生动物，特别是附着类原生动物会促进活性污泥快速沉降，并且，由于沉降过程中会把细菌裹挟起来或黏附在其分泌物上，从而提高了对水体中游离细菌的捕获率，对改善上清液清澈度非常有利。

（3）原生动物大量捕食游离的细菌后，水体中游离细菌的密度大为降低，因而有利于提高细菌的整体活力。

二、观察原生动物、后生动物和观察细菌的区别

（1）通过观察细菌的种类、数量、活性等来评判活性污泥的现状及发展趋势存在的不足点。

活性污泥的微生物中，占绝大多数的是细菌，由于其个体体积过小，用普通显微镜没法进行观察，同时，细菌的性状识别需要通过培养过程来达到确认要求，这在管理上也非常的不方便，加之需要染色观察等复杂过程，活性污泥显微镜观察并不把细菌作为观察对象，而仅仅通过普通光学显微镜对菌胶团的

形态、色泽、松散紧密度等进行观测。

（2）利用原生动物、后生动物代替细菌进行显微镜观察的缘由。

前已就细菌在观察的时候存在诸多不方便的地方进行说明，所以，我们认为用观察细菌的形态、种群、数量来为活性污泥工艺操作提供参考基本上是不可行的。但是，并不是说细菌的观察受到限制，显微镜观察就可以不要了，相反可以通过观察活性污泥中的原生动物、后生动物来达到了解活性污泥性状的目的。选择利用原生动物、后生动物的主要原因是大部分原生动物、后生动物都把游离的细菌作为捕食对象，这样一来，游离细菌的状态可以通过对原生动物、后生动物的观察来得到验证。

（3）原生动物、后生动物在活性污泥系统中的地位和作用。

活性污泥系统中出现的微生物包括细菌、真菌、病毒、立克次体、衣原体、支原体、原生动物、后生动物、节肢动物等。其中病毒在微生物中是最小生物，其所体现的降解能力可以忽略，主要因为病毒是寄生在细菌体内，以分解细菌体来获得能量的，所以可以将病毒理解为其不对有机物有降解作用。立克次体、衣原体、支原体是介于病毒和细菌之间的，因其种类和数量有限，也可理解为其不对有机物有降解作用。细菌则是活性污泥降解有机物的绝对主力军，其世代时间短、凝聚成菌胶团后极强的抗冲击负荷能力等明显特点，决定了活性污泥的可调节性，是发挥活性污泥超强处理能力的基础保证。

而在活性污泥中为数较少的原生动物、后生动物，其主要食物来源是游离的细菌和细小的菌胶团。原生动物都以单体存在，所以，在抗冲击负荷和活性污泥运行条件改变时，通常原生动物、后生动物在数量、活性、种类等方面会出现明显的波动，这对我们通过这些波动来反推活性污泥的状态具有重要意义，也是我们利用显微镜观察原生动物、后生动物的变化来判断活性污泥工艺状况的重要依据。

就原生动物、后生动物的个体来说，其体积大小正好是普通光学显微镜观察的范围，大部分原生动物、后生动物都可在放大 800 倍后清晰观察到其形态及个体，更大一些的后生动物通过 400 倍放大即可清晰鉴别确认。

综上，由于活性污泥中原生动物、后生动物在食物链上与细菌存在着捕食和被捕食的关系，其在活性污泥控制参数及环境变化时表现的敏感度、观察其个体形态及活性的便利性等决定了活性污泥显微镜观察原生动物、后生动物的重要地位和作用，使得我们通过普通光学显微镜来观察活性污泥成为可能，更为活性污泥工艺控制中对活性污泥自身直接的功能判断提供了可能。

三、原生动物、后生动物分类

原生动物、后生动物种类繁多，如果不进行必要的分类，在实际观察过程中很难将观察结果用于活性污泥的系统功能判断上。如何进行分类，不同的参考资料都有一定的说明，但在实践方面的意义大多数参考书上并没有明确的说明。这

121

种基础性的理论结合实践的说明是非常有必要的，是我们更加深入了解活性污泥显微镜观察的重要依据。接下来我们将共同探讨和学习这方面的分类知识。

1. 活性污泥系统中原生动物的分类方法

（1）根据原生动物的特殊结构可分为鞭毛虫和纤毛虫。

（2）根据原生动物的活动方式可分为游动型类、爬行类和附着类。

（3）根据其对活性污泥是否有利可分为非活性污泥类原生动物、中间性活性污泥类原生动物和活性污泥类原生动物三类。

以上分类中，第（3）类在实践中运用最多，也是最能指导活性污泥性能判断和调整效价的分类方法。下面就对这三类原生动物进行详细的分类意义说明。

（1）非活性污泥类原生动物。非活性污泥类原生动物是指往往在活性污泥系统发生故障，各种控制项目参数控制不合理的情况下才会大量繁殖并占据优势地位的活性污泥内原生动物种群。

非活性污泥类原生动物的常见种类见表5-1。

表5-1　　　　　　　　　非活性污泥类原生动物的常见种类

非活性污泥原生动物名称	形　态	形态特点	活动特点
侧跳虫		大小为6～10μm； 个体偏小，有两根鞭毛，放大800倍以上可辨析其外部形态及鞭毛。鞭毛位置在身体侧中上部，两鞭毛根部合并，内部伸缩泡、包囊等不可见（800倍放大观察视野内其大小约1mm）	以不停地跳动为特点，不固着于菌胶团上
滴虫		大小为8～12μm； 形状多样，以椭圆形、心形和不规则形多见，结构大小略大于侧跳虫，也带鞭毛，但较侧跳虫为短，鞭毛以一根主鞭毛带一根较短的次鞭毛为特征	以慢速游动形为特点
波豆虫		大小为11～15μm； 体积较滴虫略小，较侧跳虫略大一点，其形态多样，鞭毛根数也是两根，但位置是在头部，而侧跳虫的是在身体中上部	以缓慢游动为主
豆形虫		大小为60～95μm； 体形如豌豆，周身具稀疏纤毛，个体较大（800倍放大，视野内约2cm）	以慢速游动形为特点

续表

非活性污泥原 生动物名称	形　态	形态特点	活动特点
肾形虫		大小为 32~48μm； 体形较大，约草履虫 1/3 大小，周身有纤毛，带细胞口，食泡及收缩泡明显	以慢速游动形为特点，常游弋于菌胶团周围
扭头虫		大小为 120~160μm； 体形较大（800 倍放大，视野内约4mm），周身具丰富纤毛，身体前段成扭曲状，扭转部位可见进食口缘	以慢速游动形为特点，其活动速度快于滴虫
草履虫		大小为 180~300μm； 体形较大，课本中曾讲过，所以鉴别难度不大，其个体较侧跳虫大 50 倍以上	以慢速游动形为特点，常游弋于菌胶团周围
暗尾丝虫		大小为 30~50μm； 体形较小，800 倍放大确认体形，周身纤毛，单根尾毛明显，可见口缘，头部台形可见	以慢速游动为主
膜袋虫		体形与暗尾丝虫相仿，800 倍放大确认体形，周身长纤毛，单根尾毛明显，侧边膜袋明显	以快速跳动的方式移动，较暗尾丝虫多见
表壳虫		大小为 100~150μm； 如圆盘，显微镜观察略带透明，有指状伪足，图片所示为表壳虫侧面，从正下方看时，表壳虫为圆形	移动缓慢，通常不能观察到其移动
变形虫		体形不固定，伪足和收缩泡 800 倍可见，以其体形可变为主要特征，观察整体透明性较好	移动极其缓慢，常深入菌胶团捕食，有时也捕食小原生动物

123

（2）中间性活性污泥类生物。多以慢速游动型为主要特征，无破坏或影响菌胶团絮凝及沉降的不良表现，但其种类数量不多。其存在的时间是在活性污泥系统由培菌初期到活性污泥成熟期的过渡阶段，或者是活性污泥由差转好和由好转差的阶段，究其原因是此时间段内有少量的游离细菌供其生长繁殖。

中间性活性污泥类原生动物的常见种类见表 5-2。

表 5-2 　　　　　　　　　　　中间性活性污泥类原生动物常见种类

中间性活性污泥原生动物名	形　态	形态特点	活动特点
卑怯管叶虫		大小为 40~55μm； 在游动型中间性活性污泥类原生动物中，其体形是较小的一类，周身带纤毛，颈部较长（约占体形的 1/2），头部两侧有较长纤毛，且对称等长，体形柔软可变	以快速游动为特点，穿梭于菌胶团内的能力强
裂口虫		大小为 120~150μm； 裂口虫体形较大，一般是较卑怯管叶虫体形大小的 4 倍左右，颈部长度约占身体的 1/2，头部两侧有较长纤毛，且对称等长，体形柔软可变，周身具纤毛	其游动速度较卑怯管叶虫慢，混杂在菌胶团内的活动能力也低于卑怯管叶虫
斜管虫		大小为 70~250μm； 800 倍显微镜观察可清晰辨认其形态，身体柔软，头部倾斜，口器明显，周身具纤毛	游动速度较快，以菌胶团外缘活动常见
粗袋鞭虫		大小为 50~80μm； 体形较裂口虫略小，周身不具纤毛，头部两侧鞭毛特征明显，600 倍显微镜放大可清晰辨认其形态。体形不透明，周身不具纤毛，体形柔软度好	游动速度缓慢，沿头部鞭毛方向前行
沟内管虫		大小为 25~30μm； 与粗袋鞭虫一样，同样具备两根鞭毛，但沟内管虫体形呈长椭圆形，身体垂直方向沟槽状凹陷明显，头部鞭毛呈前后伸展，体形约是斜管虫的 1/5，周身不具纤毛	游动速度缓慢，不善于在菌胶团内移动
漫游虫		大小为 80~110μm； 体形与裂口虫相当，颈部约占整体的 1/3，体部圆厚，不透明，周身具纤毛，头部两侧有较长纤毛，但头部一侧纤毛明显偏长，身体变形能力较卑怯管叶虫为差。400 倍放大可辨析清楚，800 倍可辨析其纤毛	游动较裂口虫为快

（3）活性污泥类原生动物。其种类最多，常见且观察方便，其作为指标对活性污泥所处状态具有较高的参考价值。对于活性污泥类原生动物存在的原因，我们认为成熟的活性污泥，在主要控制参数得当的情况下，大量繁殖是存在可能性的，特别是附着原生动物。当活性污泥混合液中游离的细菌进一步减少时，可供非活性污泥类及中间性活性污泥类原生动物摄食的游离细菌量不足以为其提供支持。那么，可以摄食游离细菌及细小菌胶团的活性污泥类原生动物即可大量繁殖并在数量上占优势了。

活性污泥类原生动物的常见种类见表5-3。

表 5-3　　　　　　　　　　**常见的活性污泥类原生动物种类**

活性污泥类原生动物名称	形态	形态特点	活动特点
楯纤虫		大小为 25~50μm；属于体形较小的一类，依靠刚毛行走，体形如楯牌而得名	匍匐爬行，善于穿梭于菌胶团内
游仆虫		大小为 135~230μm；其体形特征是呈椭圆形，刚毛数量多，周身也具稀疏纤毛	具中速游动和在菌胶团内穿梭的能力
棘尾虫		大小为 110~120μm；尾部三根较长的刚毛可与游仆虫明显地区分开来，周身具更多纤毛	具快速游动和在菌胶团内穿梭的能力
三刺榴弹虫		大小为 55~65μm；因其尾部具三根明显的刚毛，加之体形如榴弹而得名，体表似磷壳而可助鉴别，周身具稀疏纤毛，不透明	游动速度较快，因没有爬行用刚毛而不适在菌胶团内移动，常在菌胶团外围活动
鼬虫		大小为 80μm；体形如鼬鼠，两尾突明显，周身具纤毛，头部口器明显，其头、体、尾区分清晰	活动能力强，如鼬鼠状活动，能穿梭于菌胶团内
鳞壳虫		大小为 50μm；头平，整体椭圆形，不可变形，周身呈鳞片状	游动速度较快；但是，也有部分鳞壳虫不具有游动能力，而是处于静止状态的

125

活性污泥类原生动物名称	形态	形态特点	活动特点
栉毛虫	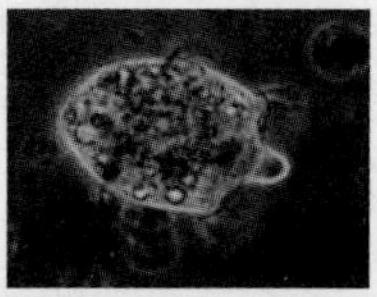	大小为60~80μm；身体中部有两层纤毛	游动速度很快，常在菌胶团内寻找食物
钟虫	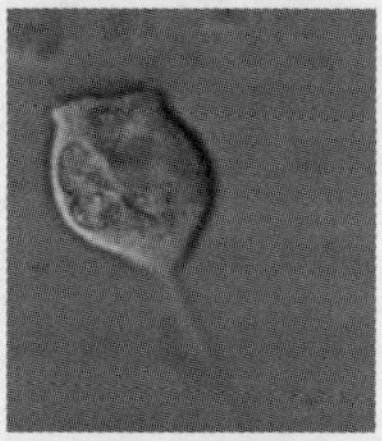	大小为50~100μm；钟虫是活性污泥在正常状态下最常见的原生动物，是单独存在的	其不具备自主游动能力，需黏附在菌胶团上，由于其柄不具刚性，而在活性污泥中可随水流被动摆动
累枝虫	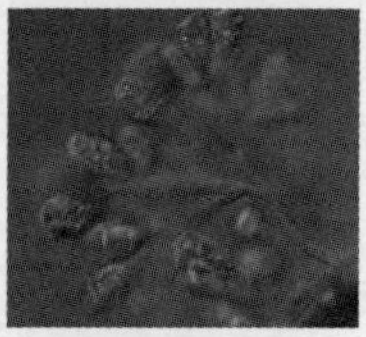	大小为100~160μm；其生长方式以累接集居为特征，其累枝带节为其鉴别要点	不具备自主游动能力，需黏附在菌胶团上，但其身体具活动性，口部纤毛的频繁运动是处于摄食状态
独缩虫	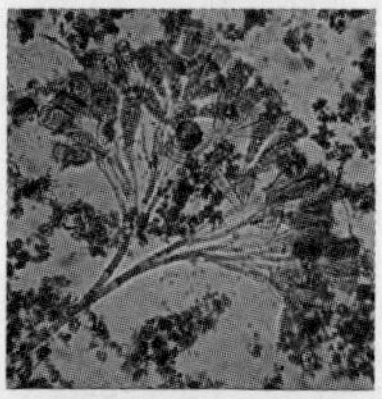	大小为80~130μm；其个体较钟虫为大，与累枝虫相比，体形直径更窄，体形更长	附着于菌胶团上，靠头部纤毛活动摄食
盖纤虫	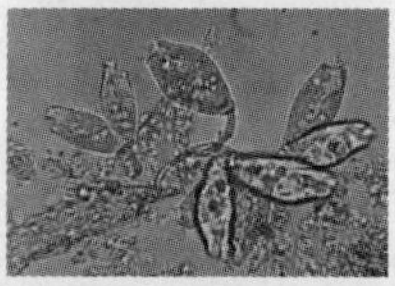	大小为50~200μm；其个体较钟虫为大，胞口及胞口纤毛突出，虫体偏细长，尾柄细而短，无肌丝	附着于菌胶团上生长，通过头部纤毛活动来摄食
鞘居虫	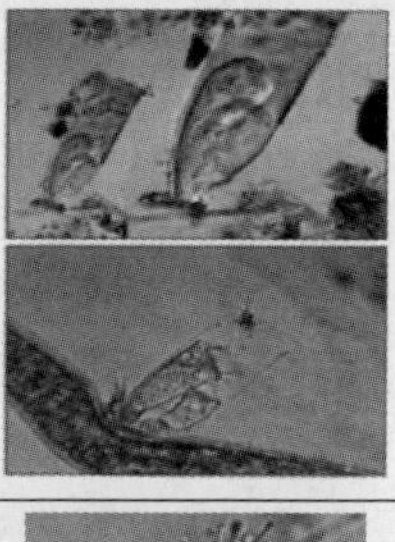	大小为80~100μm；有透明壳，内有一个或两个虫体。部分图书上还将虫体有尾柄的称作魔门虫	虫体可以伸出透明壳体外摄食
吸管虫	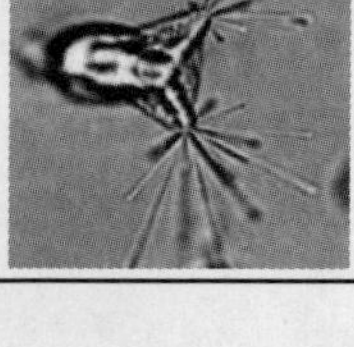	大小为80~160μm；主体上伸出很多吸管，附着在菌胶团上，图示这个比较狭瘦，也有圆形丰满的吸管虫，种类较多	以游离菌胶团和小原生动物为食

续表

活性污泥类 原生动物名称	形态	形态特点	活动特点
喇叭虫		大小为 80~150μm； 附着在菌胶团上，形如喇叭	头部纤毛转动摄食

2. 对后生动物的认识

（1）后生动物的特征。后生动物较原生动物高级，其体形和活动能力都远强于原生动物类，显微镜观察 400 倍即可清晰辨认。对后生动物来讲，其口器、消化道等都已具备，因此后生动物多以菌胶团为食。作为活性污泥正常运转状态的表现，后生动物的存在具有指示作用，但其数量不会太多。

（2）后生动物的种类见表 5-4。

表 5-4　　　　　　　　　　常见的后生动物种类

后生动物名称	形态	形态特点	活动特点
鞍甲轮虫		大小为 250~450μm； 其体形如马鞍形盔甲，体形透明，尾部两伪足较长，总体呈圆形	活动缓慢，以水流流动作为主要移动方式
猪吻轮虫		大小为 200~400μm； 其形状如猪而得名，主要是其外表比较丑陋所致，头部咀嚼器复杂而灵活，体形成长条形	活性较好，主要依靠头梳足划动水流而移动
璇轮虫		大小为 400~700μm； 其体形都比前两种为大，其身体具有较好的收缩性，因其头部伸出可见两璇轮而得名，并且其身体中上部可见透明的咀嚼器，对吞食菌胶团进行消化比较有利	活动性较好，主要依靠如下两种方式：① 通过其头部的两璇轮的摆动而在水体内游动；② 通过尾部的支撑和身体的收缩来在菌胶团内移动
线虫		大小为 430~900μm； 其体形较细，身体部可见食物微粒，体呈细长条型，周身不具纤毛	依靠自身身体挪动来达到在水体内的移动目的

127

续表

后生动物名称	形态	形态特点	活动特点
瓢体虫		大小为1000μm以上； 体形较大，放大100倍可清晰辨识，除身体内具食物微粒外，其体内的结构也可清晰鉴别，周身具细小稀疏刚毛	依靠身体伸缩来达到在菌胶团内移动的目的
仙女虫		大小为3000~7000μm； 体形巨大，一个视野无法看全。虫体周身有刚毛，体内脏器滑动明显	常寄居于污泥层内，慢速移动
熊虫		大小为1000~1500μm； 体形特大，放大400倍可满视野观察到，带足部且头部特征明显，因其体如熊而得名	依靠其足部挪动来达到在菌胶团内移动的目的

四、常规原生动物介绍

原生动物分类中前已述及，根据其对活性污泥是否有利可分为非活性污泥类原生动物、中间性活性污泥类原生动物、活性污泥类原生动物这三类。此三类分类方法概括性及理论实践面支持性极高。我们将以此为例，重点通过实践面的经验来推导其在理论上成立的理由。

1. 非活性污泥类原生动物

首先让我们来看一下非活性污泥类生物中的代表生物侧跳虫、滴虫、波豆虫都有哪些共同特征。

（1）体形特小。这一点在显微镜观察的时候就可见一斑，通常800倍以上可观察其形态而得以大概鉴别，当1000倍放大时才能鉴别，特别是侧跳虫的细部鉴别，在1000倍放大的情况下，仍然需要丰富的显微镜观察经验才能隐约观察到其具有特征的两根鞭毛。

（2）具有鞭毛。身体长有2根超过身长的鞭毛是其又一鉴别特征，只是其鞭毛所长位置不同，而具备鞭毛是非活性污泥类原生动物和中间性活性污泥类原生动物的一个共同特征。

（3）活动快速。此类生物活动速度和频率相当惊人。侧跳虫几乎没有停止跳动的时候，而滴虫和波豆虫的游动也表现出无规律的快速游动状。

（4）数量惊人。非活性污泥类中的这些细小原生动物，数量通常惊人，往往在观察到后很难详细计数和统计，满视野出现也经常能够观察到。

（5）以游离的细菌为食。这是此类非活性污泥类原生动物又一重要特征，其体形细小，以游离的单体细菌为食是其生长繁殖的物质基础。

那么，为什么将这些原生动物归类为非活性污泥类原生动物呢？当活性污泥混合液中存在较多的游离细菌时，此类非活性污泥类原生动物就会大量繁殖。那么我们就可以理解为，当通过显微镜观察发现有大量非活性污泥类原生动物（特指侧跳虫、波豆虫、滴虫类）存在时，即可判断此时的活性污泥混合液内存在有大量的游离细菌。这种反推活性污泥性能的方法在前面也已述及，即不通过直接观察细菌的特性变化来判断活性污泥性能，而是利用原生动物来间接判断活性污泥的性能。对此类非活性污泥的存在原因分析也是基于这一分析方法的。

　　这里就又引申出一个问题了，就是为什么存在游离细菌就说此类原生动物是非活性污泥类呢？这主要是基于如下分析。

　　（1）活性污泥内出现大量的游离细菌，直接原因就是此时的活性污泥絮凝性不佳，继而表现出沉降性差。如此，我们就可知道大凡存在较多游离细菌的时候，污水、废水处理效果和沉降性将不容乐观，自然处理后的放流出水不合格的概率大。

　　（2）存在游离细菌不利于系统处理效率和效果的发挥。但是还应该注意，活性污泥混合液中是否存在大量的游离细菌，单靠观察活性污泥混合液的性状是不足的，而非活性污泥类原生动物的是否存在及数量却给我们提供了确认的途径，而且此类非活性污泥类原生动物出现的数量越多，在活性污泥混合液中存在的游离细菌就越多，也就是两者是呈正比的。

　　活性污泥培菌过程中原生动物的变化能够更加清楚地证明游离细菌的存在与非活性污泥类原生动物的关系。在活性污泥培菌过程中，如果不是通过接种培菌的话，在培菌初期，活性污泥混合液中浓度极低，可以说很少有像样的菌胶团和活性污泥种群。随着培菌的进行，开始出现细菌的不断增殖，但在增殖过程中，初期表现为浓度极低、细菌絮凝力不足，絮凝机会也相对较少且容易被水流剪切力打碎，这样的环境可以为非活性污泥类生物提供很好的增殖条件，所以培菌初期用显微镜观察到大量非活性污泥类生物的存在是必然的，也是正常的。随着此部分非活性污泥类生物的不断减少，培菌过程才能逐渐转入正轨。

　　（3）就此类非活性污泥类原生动物而言，由于其大量存在也导致了活性污泥性能的恶化，主要原因是此类非活性污泥原生动物大量增殖，其活动加剧了活性污泥的松散程度，促进了活性污泥的分散状态，并使得活性污泥的絮凝和沉降性能转差。

　　豆形虫、肾形虫、扭头虫、暗尾丝虫等非活性污泥类原生动物的特点如下。

　　（1）体形大小相仿。此类非活性污泥类原生动物，其体形大小相仿，基本上是侧跳虫的 20 倍左右。在 800 倍放大视野内可较为清晰地对其进行辨认。除暗尾丝虫具备鞭毛外，其余已看不到鞭毛而只有周身的纤毛，这成为其快速活动的主要工具。

　　（2）由于此类非活性污泥类生物不具备刚毛，难以在菌胶团内穿梭，所以我们看到更多的是在菌胶团周围游弋。

　　（3）食物来源还是游离的细菌。但其已具备对菌胶团进行干扰的活动能力，触发在菌胶团上将菌胶团破坏,当出现游离的细菌时,即将其捕食。所以此类非活性污泥类原生动物的存在已不是被动地依靠活性污泥产生的过量游离细菌了,其可以通过自身活动来寻找食物来源,特别是在菌胶团结构不紧密、絮凝性能差的时候,此类非活性污泥生物大量增殖。

以上这三个特征是以豆形虫、肾形虫、扭头虫、暗尾丝虫为代表的非活性污泥类原生动物的共同特征。我们总结一下可以发现,由于其结构大小已较侧跳虫等为代表的非活性污泥类原生动物高级,所以在观察的准确性方面更易确认,而从其摄食方面也可以看出其与侧跳虫等为代表的非活性污泥类原生动物有了本质的区别。

同样,为什么把以豆形虫、肾形虫、扭头虫、暗尾丝虫为代表的这一类原生动物也定义为非活性污泥类原生动物呢?这里很重要的一个原因,其实和以侧跳虫等为代表的非活性污泥类原生动物一样,也是与活性污泥性能不佳、随之出现大量游离细菌有关。另外我们在实践中又发现其大量存在和活性污泥在溶解氧长期不足或过量的情况下更易发生大量繁殖存在关联,这里所指的溶解氧不足或过量同时包括整个生化池范围内的局部溶解氧不足和过量。

溶解氧异常波动与非活性污泥类原生动物之间的关系概要分析如下。

(1) 溶解氧过高与活性污泥的关系。溶解氧过高确实容易对活性污泥系统的原生动物种群产生较大影响,当然,短暂的溶解氧过高并不会对活性污泥系统中的原生动物种群造成影响,但是这种波动超过1个月以上通常是容易发生影响的。

溶解氧过高的影响主要表现在过高的溶解氧供给,所曝气体通常对活性污泥的扰动是相当大的,这样一来,活性污泥受水流扰动更容易解体而不易絮凝。同时,过高的溶解氧摄入,在被活性污泥利用后,溶解氧仍然会有较多的剩余,那么此部分剩余就会导致活性污泥过氧化,直接后果是活性污泥容易被氧化而解体,这在系统发生故障时(如污泥老化等)尤为明显。

由此我们就可以发现,溶解氧过量发生的曝气过度能够使活性污泥解体或氧化,那么最后的结果是存在于活性污泥内的游离细菌(解体而来的游离细菌)将增多。在这样的情况下,非活性污泥类原生动物异常繁殖所需的基础条件就具备了。

(2) 溶解氧过低与活性污泥的关系。溶解氧过低同样能够导致非活性污泥类原生动物大量繁殖,尤其是以豆形虫、肾形虫、扭头虫、暗尾丝虫为代表的这一类非活性污泥类原生动物会大量繁殖。在生化系统整体因溶解氧过低而出现缺氧状态或局部发生缺氧时,同样能够导致活性污泥絮体解絮,随之而来的结果也就是出现在混合液内的游离细菌增多。如此,非活性污泥类原生动物就可利用这部分因为缺氧而解絮的活性污泥游离细菌大量增殖了。了解了以豆形虫、肾形虫、扭头虫、暗尾丝虫为代表的这一类非活性污泥类原生动物会在活性污泥解絮量大时增殖的特点,那么其与以侧跳虫等为代表的这一类非活性污泥类原生动物占优势地位生长的环境区别在哪里呢?回答这个问题,首先是发现在以侧跳虫等为代表的非活性污泥类原生动物占优势地位生长时，往往看不到以豆形虫、肾形虫、扭头虫、暗尾丝虫为代表的这一类非活性污泥类原生动物大量增殖，反之也一样。为此就有必要引申出一个实践性的结论，即以侧跳虫等为代表的这一类非活性污泥类原生动物，其大量繁殖除了有足够的游离细菌外，还必须要求其所在的活性污泥混合液不出现缺氧状态。相反，以豆形虫、肾形虫、扭头虫、暗尾丝虫为代表的这一类非活性污泥类原生动物，其大量繁殖除了要有大量游离的细菌作为食物基础外，其所处的活性污泥混合液还必须要处于偏缺氧状态。

认识到以上两类主要的非活性污泥类原生动物大量繁殖所需要的活性污泥混合液环境，我们就可以比较简单地通过观察到的非活性污泥类原生动物的优势种群来判断当下活性污泥混合液内出现的游离细菌数量。同时，更可以辅助判断当下活性污泥混合液溶解氧状态是否存在缺氧或过曝气的现象。

2. 中间性活性污泥类原生动物

中间性活性污泥类原生生物中的代表生物有卑怯管叶虫、粗袋鞭虫、漫游虫、斜管虫、沟内管虫等。对于这类中间性原生动物，我们将主要的共同点总结如下：

（1）体态柔软。体态柔软是中间性活性污泥类原生生物的共同特征，因其身体的可变动性，在穿梭于菌胶团内的时候就显得游刃有余了。这对其捕食游离细菌和破坏菌胶团来摄食是有利的。

（2）大型鞭毛虫和慢速游动型纤毛虫并存。我们仔细看一下会发现中间活性污泥类原生生物中包含了以粗袋鞭虫、沟内管虫为代表的大型鞭毛虫类以及以卑怯管叶虫和漫游虫为代表的慢速游动型纤毛虫类。

（3）不具有刚毛。中间性活性污泥类原生动物具有纤毛或鞭毛，但是不具有刚毛，所以显微镜观察到此也可作为判断依据。由于不具有刚毛，其没有在活性污泥菌胶团上的行走能力，只能是穿梭于菌胶团内。

以上三点总结，勾勒出了中间性活性污泥原生动物的特征。那么为何将具备这些特征的活性污泥原生动物定义为中间性活性污泥类原生动物呢？主要从以下几点进行分析。

（1）与中间性活性污泥原生动物的食物来源有关。它们能摄食游离的细菌，也能通过破坏菌胶团来获取游离出来的细菌。那么，就可以发现它们不但具备了非活性污泥类原生动物的直接摄食游离细菌的能力，同时还具备了活性污泥类原生动物那种既能摄食菌胶团又能破坏菌胶团并导致出现游离细菌将其捕食的能力。为此，就比较容易理解将这类原生动物定义为中间性活性污泥类原生动物了。

（2）说此类原生动物是中间性活性污泥类生物，与其占优势繁殖阶段都处在活性污泥的过渡期有关。这里所指的过渡期主要有三种：① 活性污泥由正常状态转变为恶化状态的过程；② 活性污泥由恶化渐渐好转，在向正常状态转变的过程中；③ 活性污泥初期培菌阶段。

（3）从活性污泥的功能判断来讲，先有活性污泥恶化时的非活性污泥类原生动物占优势，在活性污泥开始好转时会出现中间性活性污泥类原生动物占优势。

3. 活性污泥类原生动物

用显微镜观察活性污泥类原生动物对指导活性污泥运行实际工况具有重要意义。因其种类众多，且多数原生动物种类具备特殊的指示特征，所以在显微镜观察时尤为需要注意。用显微镜观察活性污泥的性状，重点就是希望能够观察到占优势的原生动物是活性污泥类原生动物。

活性污泥类原生动物主要的共同点如下。

（1）体形大小特征。活性污泥类原生动物的体形明显较非活性污泥类原生动物的大。但活性污泥类原生动物的大小，在不同种类间也有区别。较小体形的楯纤虫和游仆虫相比，个体差异也在 5 倍以上，而作为相同类型的匍匐爬行类原生动物，个体大小的差异就比非活性污泥类中的滴虫和侧跳虫的大。多数活性污泥类原生动物在显微镜 600 倍放大的情况下皆能观察清楚。

（2）体形结构。活性污泥类原生动物的结构外形偏刚性。前面说到的中间性活性污泥原生动物的身体结构多数偏柔性，故可以穿梭于活性污泥菌胶团中。而活性污泥类原生动物由于其身体结构偏刚性，就无法在菌胶团中穿梭，但爬行类原生动物具备刚毛，可以利用刚毛或发达的纤毛来移动或爬行于菌胶团内。

（3）摄食对象。活性污泥类原生动物较非活性污泥类原生动物和中间性活性污泥类原生动物高级，大多数活性污泥类原生动物已具备明显的口部、食物泡、伸缩泡甚至是低级的消化系统。我们可以发现活性污泥类原生动物已经可以将菌胶团作为食物来源了，有的甚至可以捕食非活性污泥类原生动物了。但是其摄食的菌胶团应该是游离的菌胶团。另外，有一些活性污泥类原生动物也可以将其他更小的原生动物作为摄食对象，如吸管虫可以摄食非活性污泥类原生动物等。

（4）活动性。活性污泥类原生动物的活动性较非活性污泥类原生动物和中间性类原生动物的活动能力弱，其对自身有规律性的移动和控制能力较强，可以停留在某一处摄食。同时，活性污泥类原生动物又可以分为游动型、爬行类、附着类这三类。如楯纤虫是爬行类，游仆虫是游动型，钟虫是附着类。

以上四点总结，同样可以勾勒出活性污泥类原生动物的特征。但是，为何将具备这些特征的原生动物定义为活性污泥类原生动物呢？主要从如下几点进行分析。

（1）活性污泥类原生动物大多活动缓慢，不会对菌胶团絮凝性造成负面影响。如楯纤虫仅在活性污泥菌胶团内爬行，而以钟虫为代表的附着类原生动物也仅仅是附着在菌胶团上，更增强了菌胶团的絮凝性，所以此两类活性污泥类原生动物的活动性可以体现出活性污泥的状态良好。

（2）活性污泥类原生动物对菌胶团的摄食，从侧面诱导了菌胶团的进一步絮凝，避免了被摄食，为此，活性污泥类原生动物的存在更加加剧了活性污泥的絮凝，这和附着类原生动物吸附在菌胶团上辅助菌胶团的进一步絮凝一样，最终结果相同。

（3）附着类原生动物大量繁殖，其活动过程中将摄食水体中大量的游离菌胶团，这将大大净化水中的细小活性污泥絮团，使活性污泥沉降性能优化，上清液也会表现得清澈。

综合以上三点，我们发现当活性污泥内有大量活性污泥类原生动物时，由于促进了菌胶团的絮凝，使活性污泥性能表现优异。反过来，良好的活性污泥絮凝状况和运行条件也是活性污泥类原生动物所必需的。如此互补的状态就使得活性污泥类原生动物在判断活性污泥性能上具有很大的意义，具备了实际判断特性。

五、代表性原生动物特性

活性污泥中原生动物种类繁多，大多具有共性，但也有一部分原生动物的存在具有特殊指标意义，几种代表性原生动物及其对活性污泥系统的指示作用介绍如下。

1. 侧跳虫

前述将侧跳虫归入非活性污泥类原生动物中的，对其大量繁殖存在的机理和原因也有了明确的说明。实际操作中，发现侧跳虫通常是大面积地增殖的，也就是说能够在一段时间里观察到侧跳虫的存在，而且通常其数量惊人。这种现象反映的活性污泥系统状况如下：

（1）活性污泥系统负荷过高。活性污泥系统负荷过高（通常污泥负荷在超过0.25时常见）导致活性污泥始终处于对数生长期，大量的新生细菌絮凝性较差，游离在水中而成为非活性污泥类原生动物的食物，这是侧跳虫大量繁殖的基础条件。

（2）反映活性污泥培菌阶段。活性污泥的培菌需要经历细菌因食物（底物浓度）充足，而趋向培菌成熟期方向发展。当经历培菌的过渡阶段（将细菌不受食物源量影响的繁殖阶段称为过渡阶段）时，同样会产生大量非活性污泥类原生动物，而侧跳虫又是典型代表。只是在观察到此类非活性污泥类原生动物大量繁殖时，并不用将其判定系统恶化或不合格，相反可以将其理解为活性污泥正向正常阶段发展的表现，预示培菌进展顺利。

（3）活性污泥老化。侧跳虫的存在常和高负荷有关，但在实际运行中用显微镜观察却也发现在活性污泥极度老化的情况下会发生侧跳虫大量增多的现象。究其原因还是和活性污泥中存在游离细菌有关，只是这部分游离细菌是来自解絮的活性污泥。

总之，当活性污泥出现大量侧跳虫的时候，可以断定系统正处于不正常状态，需要改变控制参数来调整系统运行，并经常观察活性污泥中非活性污泥类原生动物的数量，用以判断其具体变化趋势，同理，滴虫大量出现代表的意义也同上。

2. 表壳虫

表壳虫的形态，前已述及，其形状多为圆形，并以不主动移动为特点，在显微镜下观察到少量并不具有特别的含义，但是如果在一个视野内可以观察到3个以上，则视为表壳虫异常增多。这时就需要检查活性污泥系统的运行状况了。具体反映的活性污泥运行故障如下：

（1）低负荷。表壳虫大量出现的时候，通常是活性污泥处于低负荷状态，尤其是污泥负荷低于 0.05 时比较常见。究其原因与表壳虫不进行自主活动有关，因为不具备自主活动的原生动物能量消耗最小，在低负荷状态下更能够维持其繁殖；同时，低负荷状态下活性污泥容易老化解絮，这为不具备自主活动性的表壳虫也提供了摄食的便利。相反，实践中在活性污泥高负荷状态下几乎看不到表壳虫的存在。

（2）活性污泥老化。活性污泥老化说明表壳虫产生的概率很大，同时，表壳虫虫体也常表现出略带棕褐色色泽，这与简单的低负荷状态下繁殖的虫体透明度高的表壳虫相比就有了明显的区别。一般而言新生的表壳虫虫体常透明度高，而年老的表壳虫虫体常表现为棕褐色色泽。

以上是表壳虫大量增殖时活性污泥系统的表现，主要集中在低负荷和活性污泥老化两点上，结合食微比和活性污泥沉降比就可以综合判断出活性污泥的准确状态了。

3. 豆形虫

准确地说，豆形虫是我们最不愿意看到的一类非活性污泥类原生动物，其大量繁殖的场合通常会伴有活性污泥的极度恶化。为此，即使出现少量豆形虫时，也要引起较高的重视，及时对活性污泥的各控制参数进行确认、纠正错误的控制参数。同时也要对进流废水进行监测，确认是否存在抑制活性污泥增长的情况。

豆形虫反映的活性污泥运行故障如下：

（1）进流废水水质异常波动。非活性污泥类原生动物出现大量繁殖并在数量上占生长优势时，多与活性污泥运行不正常有关。豆形虫的大量繁殖还与进流水的异常波动有关，主要是水质方面，如化学抑制物质的流入、低进流有机物浓度等。主要机理还是在于豆形虫的最低生命极限要优于其他活性污泥类生物，当其他原生动物被抑制生长的时候，豆形虫往往仍然能够有生长优势，相反，在系统稳定的时候，豆形虫受其他有生长优势的原生动物排挤，其数量将相当稀少。

（2）活性污泥极度缺氧。活性污泥处于极度缺氧状态，也可以理解为活性污泥中大多数原生动物生长将受到极度抑制。我们却发现豆形虫耐受低溶解氧状态的能力极强，所以，在低溶解氧和极度缺氧状态下，仍然能够看到大量豆形虫的存在。不单是豆形虫，在非活性污泥类原生动物中，扭头虫、暗尾丝虫、肾形虫等都是耐受低溶解氧和极度缺氧状态的占优势原生动物。

在这里需要补充一个现象，就是细菌耐受极度缺氧条件的能力较原生动物要强得多，往往在活性污泥因为缺氧而出现解体前，大部分的原生动物已消失，特别是活性污泥类原生动物的消失更为明显，而以豆形虫为代表的非活性污泥类原生动物却因其优势存在。

综合以上两点，豆形虫的存在常预示着系统处在较差的运行状态中，重点考察的问题是溶解氧值和进流废水的水质成分是否存在抑制物质或底物浓度过低。

4. 草履虫

草履虫体形特征明显，在活性污泥显微镜观察中属于个头较大的一类，非活性污泥类原生动物体形普遍偏小，但还是将其归类为非活性污泥类原生动物。其所指示活性污泥的特征如下：

（1）低溶解氧状态。草履虫的生长环境倾向于低溶解氧状态，我们在野外采样分析水样的时候，往往能在略为发黑的水体中观察到较多的草履虫，而发黑的水体往往提示溶解氧不足。所以，在其大量繁殖时必须确认活性污泥系统是否存在溶解氧不足的情况。

（2）低负荷状态。活性污泥处于低负荷状态外加低溶解氧状态的情况下，发生草履虫大量繁殖的情况还是较为常见的。在实践中没有发现过高负荷状态下草履虫能占优势生长的情况。

综合以上两点，我们还是将草履虫作为非活性污泥类原生动物来看待的，其繁殖占优势的情况下，往往反映活性污泥处于低溶解氧和低负荷状态。

5. 卑怯管叶虫

卑怯管叶虫作为中间性活性污泥类原生动物的典型代表，具备了中间性活性污泥类原生动物的多种特性，如周身具有纤毛、体形柔软、游动速度适中、不具有刚毛等。

现就其所反映活性污泥的运行状态主要概括如下：

（1）活性污泥处在非最佳运行阶段。中间性活性污泥的存在与活性污泥混合液中有多量游离的细小菌胶团有关，这样的环境是中间性原生动物大量增殖的一个条件。当然，如果活性污泥混合液中存在大量细小的活性污泥絮团的话，通常系统是处在恶化或开始好转的阶段。所以，活性污泥混合液中存在多量中间性原生动物是一种不好的征兆。

（2）培菌阶段的必然表现。培菌阶段由于要经历细菌的分散到初步具备絮凝性的阶段，所以给中间性活性污泥原生动物的存在提供了条件，在培菌阶段约2周的时间内（指非接种培菌）可以观察到中间性活性污泥类原生动物占优势。

综合以上两点，卑怯管叶虫的存在对活性污泥处于非正常状态的判断是比较准确的，也是判断活性污泥将好转或向恶化状态发展的重要参考，并且，也有利于我们尽早在活性污泥显微镜观察时发现问题，据此进行必要的分析来排除系统故障。

6. 楯纤虫

楯纤虫是活性污泥类原生动物的第一代表生物。因其体形在活性污泥类原生动物中属于较小的一类，对环境的变化极为敏感，这对我们利用楯纤虫来判断活性污泥的波动方向及健康状态非常有利。

其反映的活性污泥状态主要表现在如下方面：

（1）活性污泥运行状态。当用显微镜观察到多个楯纤虫存在（视野范围内3~4个）的时候，活性污泥往往处在较好的运行状态，此时的活性污泥沉降性好、上清液清澈、液面无浮渣、放流出水清澈而不带解絮颗粒。但是，一个视野内有5个以上时，系统反而不一定是最佳状态。总之，通过对活性污泥各主要控制参数的确认会发现大多是处于正常控制状态的。

（2）有无冲击负荷。冲击负荷，特别是污泥负荷的冲击对楯纤虫的影响较大，通常会出现数量锐减或消失，这主要还是运行环境发生了变化所致。其环境方面的变化主要还是活性污泥受到冲击负荷后混合液中会出现大量游离细菌，而这对活性污泥类原生动物并无益处，相反，会让非活性污泥类原生动物大量繁殖。因此楯纤虫的数量变化对我们判断活性污泥是否受到冲击负荷很有指示作用。当然，我们通过食微比的确认，结合楯纤虫的观察自然能比较准确地判断活性污泥是否受到负荷冲击。

（3）毒性、惰性物质影响。在一定浓度的情况下，惰性或毒性物质流入活性污泥系统都会对原生动物造成或大或小的影响，但是在实践中可以发现，楯纤虫对毒性和惰性物质的敏感程度特别大，往往在其他原生动物受到抑制前楯纤虫就已经明显减少或消失了，所以将其作为判断活性污泥是否受到惰性和毒性物质的冲击就有了参考依据。反过来，当发现生化系统有有毒物质流入，但楯纤虫没有影响，则可以排除有毒物质流入的情况。

综合以上三点，楯纤虫对活性污泥正常状态的指征作用是非常明显且具有可操作性的，主要表现在楯纤虫耐受活性污泥系统参数变化能力较弱，在系统发生不大波动的时候其数量、活性等会产生较大的影响甚至直接消失。

7. 钟虫

钟虫作为活性污泥类原生动物中附着类的典型代表，对活性污泥的运行状态也具有较好的指示作用。这主要体现在附着类原生动物对附着要求和食物源两方面。

钟虫所反映的活性污泥运行状态主要表现在如下方面：

（1）活性污泥絮体的絮凝性。活性污泥絮体的絮凝性直接影响着以钟虫为代表的附着类原生动物的生长情况。附着类原生动物生长的必备基础条件是其附着体的存在。我们已经知道，附着类原生动物的附着体是菌胶团，那么，菌胶团的形态直接影响了附着类原生动物在菌胶团上的生长，典型的情况是当菌胶团解絮的时候，附着类原生动物也将无法附着在菌胶团上。特别是菌胶团细小的时候，更不利于附着类原生动物的繁殖。大凡出现细小的菌胶团的时候，我们发现其沉降性也很差，这样的运行环境在活性污泥受到负荷冲击或食微比过高的时候较为常见，所以，此时占优势地位生长的原生动物是非活性污泥类原生动物，而非附着类原生动物。

（2）活性污泥混合液内游离细菌的平衡状态表现。从钟虫为代表的附着类原生动物的形态上可以发现，其头部的纤毛不停地活动，使身体周围的混合液流过其口部，并对混合液内的细小菌胶团进行过滤，过滤截流后的细小菌胶团即作为食物而被吞食利用。然而，附着类原生动物对其周围的活性污泥混合液的要求较高。当活性污泥混合液中出现的是游离的细菌而非细小菌胶团的时候，附着类原生动物不能将其作为食物，最终的结果是附着类原生动物因为食物来源不足而会减少其占优势的数量。所以，当附着类原生动物占优势存在的时候，活性污泥混合液内的游离细菌必定较少，而且存在大量由游离细菌絮凝而成的细小菌胶团。那么，活性污泥的性能决定了游离的细菌能否絮凝成细小的菌胶团。可以明确的是，受冲击负荷影响而大量滋生的游离细菌，由于其活性极高而不易絮凝成细小的菌胶团，只有活性污泥处于正常状态的时候，新增的细菌才能逐步絮凝成细小菌胶团，而细小菌胶团才能继续絮凝成较大的菌胶团，我们判定据此产生的活性污泥为正常的活性污泥。

（3）毒性、惰性物质的指征。附着类原生动物在合适的环境中能够很好地生长繁殖，而且还能占优势地位。附着类原生动物同样对惰性物质、毒性物质有较大的敏感性（特别是小口钟虫）。当活性污泥受到毒性、惰性物质的冲击时，初期表现是活动性减弱或停止活动，钟虫表现为口部纤毛停止摆动，继而体内伸缩泡膨胀，内容物流出体外。这是初期钟虫对毒性物质、惰性物质的表现，后期则可以发现钟虫数量迅速下降，显微镜观察时间较长的话，可表现为钟虫突然消失。

综合以上三点，钟虫对活性污泥的指示作用主要表现在菌胶团的絮凝性能、活性污泥混合液内游离细菌及细小菌胶团的数量、毒性惰性物质流入对附着原生动物的影响表现等方面，这对我们利用显微镜观察原生动物的状态，由此得出活性污泥状态有较高的参考价值。另外，累枝虫、吸管虫也和钟虫一样，有类似的指导和参考意义。其中，吸管虫常以其他非活性污泥类原生动物为食。

六、代表性后生动物特性

后生动物在活性污泥生物相中也有较高的参考价值。对其观察识别简便，对活性污泥运行趋势表现明显，所以在实践中的显微镜观察中也是需要特别重视的。后生动物作为一个大类，并没有过多分类，主要是因为其本身种类并不太多，分类必要性不高，同时后生动物各种个体代表的活性污泥运行状态大多接近。

1. 后生动物地位

后生动物各器官在形态结构上皆有明显的分化和特征，出现了明显的消化器官和咀嚼器官。所以，较原生动物来说，不但个体大得多，而且行动和摄食对象及方式也有了明显的区别。

后生动物是显微镜观察的最大种群了。

137

2. 后生动物摄食对象

后生动物摄食的对象是细小的菌胶团,当然这里的细小菌胶团要比原生动物所摄食的那一类要大得多。同时,后生动物还可以通过主动摄食来剥离菌胶团外围的活性污泥絮团,因此,具备了穿梭于菌胶团内的能力,这也帮助了它的穿梭移动。有时,我们也能看到后生动物摄食原生动物,特别是摄食非活性污泥类原生动物中的侧跳虫、滴虫等,这应该理解为随机性的摄食,因为后生动物摄食的细小菌胶团大小与此类非活性污泥类原生动物中的侧跳虫、滴虫大小相仿。

3. 后生动物摄食方式

后生动物具备了比较发达的咀嚼器和消化器官,为此可以看到后生动物明显的吞噬和消化过程。这种吞噬方式具备了主动性,也保证了其能够摄食菌胶团边缘的絮体或游离的细小菌胶团。

4. 后生动物观察与活性污泥功能性状的关系

后生动物存在种类和数量的改变对活性污泥功能性状的判断还是很有指导意义的。我们将其与其他活性污泥控制项目进行综合分析,将有助于对活性污泥状态判断的总体把握。

(1) 与活性污泥老化的关系。后生动物摄食的游离菌胶团的数量是其大量繁殖的关键,当活性污泥发生老化的时候,就会产生大量游离的细小菌胶团,此时后生动物的大量繁殖也就有其所需的条件了。这里需要说明一点,前面讲到的后生动物能够主动摄食菌胶团外围的絮体,但是就摄食选择性来讲,后生动物还是会主动摄食游离的细小菌胶团。那么,我们所看到的后生动物摄食菌胶团外围的絮体说明了什么问题呢?答案是活性污泥混合液中没有充足的游离细小絮体。此时,我们看到的后生动物数量较少,可能多个视野才能观察到一个后生动物。所以,后生动物数量过多和活性污泥处于老化阶段的关系是密切的,这在活性污泥老化初期已可体现出来。

(2) 后生动物与活性污泥沉降性关系。实践中发现,大凡后生动物占优势地位时,活性污泥常处在老化状态,同时也发现,此时的活性污泥沉降性中的压缩性特好,但上清液略显混浊、不沉降细小絮团较多。这样的状态正好是后生动物所适合的生长环境。

综合以上两点,我们对后生动物与活性污泥的关系就有了较清楚的把握,其重点就在于后生动物生长优势和活性污泥老化的关系。在结合活性污泥的监测结果(如沉降比实验)进行综合判断的时候,我们再判断活性污泥老化就比较准确;在纠正活性污泥老化的时候,判定调整力度和程度方面也具有参考意义。

5. 后生动物种类间的差别

后生动物虽然就其种类进行分类不具备什么实践意义,以下对部分特殊的种类进行特征说明,这有助于我们更加深入地了解后生动物对活性污泥系统功能状态的指示作用。

就轮虫而言，我们常观察到的是璇轮虫、鞍甲轮虫、猪吻轮虫这三类。在指征代表性方面，璇轮虫对活性污泥状态的正面表达较为常见，而鞍甲轮虫和猪吻轮虫则常常表现出活性污泥运行状态的负面影响，特别是猪吻轮虫的负面表现更加突出。通过观察发现，同样数量的璇轮虫和猪吻轮虫，其在活性污泥老化和上清液絮体解絮方面的表现力区别较大，即璇轮虫在活性污泥老化方面的指示性是低于猪吻轮虫的。

另一类比较常见的后生动物线虫。其在活性污泥内的数量一般较少，但是，大量出现也和活性污泥老化有关，其出现通常是在活性污泥老化的开始阶段，在活性污泥老化进入加速期时，反而看不到线虫在后生动物中占优势存在的现象。红斑瓢体虫的特性与其相仿。

熊虫等更高级一点的后生动物，我们一般观察到的机会较少，究其原因，还是和这类后生动物对活性污泥的环境要求有关。活性污泥中的后生动物对活性污泥环境的要求高于原生动物，而原生动物中的非活性污泥类原生动物最能耐受恶劣的活性污泥功能环境。

活性污泥各工艺操作改变或进水水质变化时，原生动物和后生动物的综合表现见表 5-5。

表 5-5　　工艺操作或进水水质变化时，原生动物和后生动物的综合表现

运行状态	原生动物表现	后生动物表现
低污泥负荷运行	表壳虫开始出现，每视野大于 2 个；附着类原生动物较正常时略有减少	轮虫数量较正常时增加 1 倍，特别是鞍甲轮虫数量
高污泥负荷运行	非活性污泥类原生动物出现，附着类原生动物较正常时明显减少，爬行类原生动物数量也明显减少，表壳虫等低负荷原生动物消失	无后生动物出现
低溶解氧运行	非活性污泥类原生动物中的豆形虫、扭头虫等优势出现，附着类原生动物较正常时略有减少，爬行类原生动物数量也减少明显	低溶解氧状态下，也能出现后生动物，但以猪吻轮虫为多见
高溶解氧运行	非活性污泥类原生动物（侧跳虫、滴虫、肉足虫类等）出现，附着类原生动物较正常时略有减少，爬行类原生动物数量也略有减少	高溶解氧状态下，也能出现后生动物，但多以鞍甲轮虫为多见
有毒物质流入	原生动物数量减少明显，特别是楯纤虫最早消失，附着类原生动物消失较为滞后	后生动物不耐受有毒物质，消失较快，但其躯体水解需要一定时间
短污泥龄运行	非活性污泥类原生动物出现，附着类原生动物较正常时减少明显，爬行类原生动物数量也减少明显，表壳虫等低负荷原生动物消失	偶尔见到后生动物
长污泥龄运行	表壳虫出现较多，每视野大于 2 个；附着类原生动物较正常时略有减少	轮虫数量较正常时明显增加

注　本表所指每视野是 600 倍显微镜放大后的每视野。

部分原生动物、后生动物的视频请扫下方二维码来进行观看，以便大家加深对原生动物、后生动物形态的认识。

第三节　活性污泥显微镜观察结果与其他活性污泥控制参数的综合分析

显微镜观察结果对调整活性污泥的运行工况和判断活性污泥的运行趋势有较好的作用。但是，单独利用显微镜观察的结果来指导活性污泥运行工况的调整或运行趋势的判断，多半是不充分的，还需要结合其他监测指标进行判断。这是综合判断的具体要求体现。

一、污泥沉降比与显微镜观察结果的关系

在之前专门的知识点中已经充分强调了活性污泥的沉降比在活性污泥运行工艺管理中的重要性了，熟练运用这一指标是一线运行管理人员必须练好的一项基本功；同时，在不能很好地利用这一观察检测项目的时候，通过联合分析方法强化判断依据是很有必要的，而用显微镜观察活性污泥在某些方面对活性污泥沉降比的辅助参考作用是非常强的，利用这两者之间的互补和联合分析对我们的实践操作非常重要主要体现在以下几方面：

1. 综合判断活性污泥负荷

通过沉降比实验能够很好地判断活性污泥运行状态的好坏，尤其是在判断污泥负荷是否过高和活性污泥老化的方面。当活性污泥出现冲击负荷时，可以观察到上清液混浊、沉降污泥界限不明显等特征，此时，同样可以在显微镜观察中发现活性污泥絮团细小并存在大量非活性污泥类原生动物，尤其是侧跳虫、滴虫类细小型非活性污泥类原生动物，结合食微比是否过高即可准确判断活性污泥是否处于过污泥负荷状态。

2. 综合判断活性污泥老化

当活性污泥沉降比实验中发现活性污泥压缩性过好、上清液虽清澈但夹杂有未沉降的细小菌胶团时，我们通过显微镜观察可以看到轮虫数量较多，而非活性污泥类原生动物几乎没有，结合污泥龄是否过长及食微比是否过低，可以准确地判断活性污泥是否处于老化状态。

3. 综合判断活性污泥过曝气

在活性污泥沉降比实验中，如果发现活性污泥絮凝后悬浮于量筒中央而不下沉，出现上下皆是清液而中间是活性污泥的现象，此时的显微镜观察可以发现非活性污泥类原生动物较易占有优势，而附着类原生动物活性减弱，有的会出现头顶气泡的现象，菌胶团内夹杂有细小的气泡。综合活性污泥混合液的溶解氧状况及活性污泥负荷是否过高可以判断出活性污泥是否发生了严重的过曝气现象。

4. 活性污泥浮渣成因的综合判断

活性污泥液面出现浮渣的原因很多，如果与有毒物质流入有关，此时活性污泥沉降比实验会出现上清液混浊、沉降的活性污泥色泽暗淡的现象。而显微镜观察到的活性污泥中会很难发现原生动物和后生动物的存在，特别是爬行类的活性污泥类原生动物和附着类的活性污泥类原生动物。对有毒物质流入与否的判断，利用显微镜观察就有较大的优势了，特别是对活性污泥类原生动物中的楯纤虫数量及活性变化的观察。

5. 活性污泥上清液漂泥现象的综合判断

活性污泥沉降后的上清液作为放流排水，其水质状况的好坏除了和活性污泥的处理效率有关外，还与活性污泥的沉降性有关。在活性污泥的沉降比实验中如果看到有大量未沉降的活性污泥絮体存在，多半放流出水也会出现类似的情况，显微镜观察的结果与活性污泥老化观察到的结果相仿，即后生动物数量明显增加，总体原生动物较正常时偏少。结合食微比偏低、污泥龄偏长这些特征，我们就能够断定这样的活性污泥上清液漂泥现象是由活性污泥老化引起的。

6. 活性污泥混入过量惰性物质的综合判断

活性污泥如果前段物化处理控制不好，会有大量无机物流入后段生化系统，由于排泥过程中很难将其彻底排除，所以会大量积聚在活性污泥内。这些惰性无机物质的存在，对活性污泥的降解效率有比较大的影响，同时也会误导操作人员、把监测到的 MLSS 当合理值，而实际 MLVSS 是相当低的。

活性污泥内是否存在过量的无机物质，可以通过多种方法进行判断，最后总结判断出正确的结果。首先是通过活性污泥沉降比进行判断。如果活性污泥先期沉降速度明显高于正常运行状态对监测到的活性污泥沉降速度，并且最终沉降的活性污泥压缩性过大。压缩性过大的活性污泥细密而色淡，这与在正常情况下的压缩性佳时表现的色深而呈毛毡样卷曲完全不一样，结合上清液混浊的现象可以怀疑活性污泥流入了过量惰性物质。其次是通过显微镜观察进行再确认，显微镜观察的结果往往可以看到活性污泥絮团内存在不具活性的暗黑色颗粒或透明的颗粒，这些多半是杂质颗粒，再观察活性污泥的絮体，我们发现活性污泥絮体比较细小松散，很难观察到较大的活性污泥絮团。最后，结合物化段出水 SS 和混凝效果等情况，判断活性污泥是否掺入了大量无机颗粒还是比较容易的。

二、活性污泥 SVI 与显微镜观察结果的联合分析

活性污泥 SVI 在判断活性污泥是否出现膨胀、是否出现高负荷运行和活性污泥老化方面的数值表现方面有比较明显的优势，并且结合活性污泥显微镜观察对确诊活性污泥是否存在膨胀、老化、过负荷方面同样有较大优势。

1. 活性污泥 SVI 偏高时结合显微镜观察结果确认系统故障状态

SVI 在 50~150 属于较为健康的活性污泥容积指数，当该指数大大超过此范围上限时，往往出现活性污泥膨胀、过负荷、过曝气等现象。通过显微镜观察有助于对活性污泥发生故障的具体原因进行确认。

通过显微镜观察，发现活性污泥中产生大量丝状菌时，由于其占用活性污泥空间体积较大，弯曲性能较差，活性污泥的压缩性也较差，此时 SVI 通常较高。而当活性污泥仅仅是由过负荷导致的 SVI 过高时，SVI 通常徘徊在 200 左右，此时的显微镜观察结果符合非活性污泥类原生动物占优势的生物相表现。过度曝气导致活性污泥无法有效体现出压缩沉淀效果的，其 SVI 自然是偏高的，显微镜观察如果能够在菌胶团内发现细小的气泡存在，就认为过度曝气是成立的。当然，结合曝气池混合液监测到的溶解氧值也能进行辅助诊断，但是，检测人员如果只是一点监测的话，其监测值的代表性不高。为避免发生错误的判断，我们还是提倡运用诸如显微镜观察等多方法综合判断为宜。

2. 活性污泥 SVI 偏低时结合显微镜观察结果确认系统故障状态

SVI 长期范围内偏低需要考虑活性污泥老化因素，而当在短期内发生 SVI 偏低的情况，要考虑活性污泥是否为大面积死亡或惰性物过度流入等不正常因素。

当活性污泥老化时，用显微镜观察活性污泥可看到轮虫数量较多，活性污泥颗粒粗大、色泽深暗，据此判断活性污泥老化将更有参考价值。而在短期内发生 SVI 突降的情况，就要重点观察两处：一是放流出水中夹杂的细小活性污泥絮体；另一个就是惰性物过度流入方面。这两个点控制不佳都容易发生 SVI 突降，通过显微镜观察发现，轮虫占优势数量的情况下容易导致活性污泥因为老化而解体，最终随放流水漂出。当然，有毒物质流入等情况也可导致大量活性污泥解体而出现 SVI 过低的现象，这在显微镜观察方面也不难确认，主要表现在原生动物数量锐减或消失。由于惰性物质过度流入导致的 SVI 相对偏低，显微镜观察也能提供一定的证据，典型的就是活性污泥镜检发现菌胶团内夹杂着黑色不透明杂质或无色透明杂质，结合活性污泥沉降比实验可以相互验证并加以判断。

3. 污泥回流比与显微镜观察结果相结合确认系统故障状态

之前已就回流比在活性污泥系统调整过程中所具备的作用进行了详细说明，

但对回流比过大或过小的判断，依靠显微镜观察是最有效的。回流比控制过大不但浪费能源，而且对发挥活性污泥的高去除率不利。反过来，回流比控制过小，活性污泥容易诱导而出现老化，并且加重二沉池的沉降负担。

如何通过活性污泥显微镜观察来确认回流比过大和过小呢？这还要从回流比变化引发的活性污泥功能状态变化谈起。

回流比过大，可以发现流经生化系统的速度增加，即活性污泥在生化系统的停留时间在短周期内被缩短了，这样的运行状态持续久了，污泥负荷会有后移现象，通过显微镜还能发现活性污泥因为有未降解的有机物而表现出相对负荷偏高的现象。此时的生物相中，菌胶团显得细小而色淡，相对的非活性污泥类生物占优势。由于活性污泥混合液中仍然存在较多的未降解有机物，使得活性污泥进入二沉池后仍然表现得较为活跃而不易絮凝沉淀。这样，回流的活性污泥浓度也就偏低了，这样的回流状况也只是浪费能源而不是真正的有效回流。

回流比过小，流经生化系统的速度降低，即活性污泥在生化系统的停留时间在短周期内被延长了。延长活性污泥在曝气池的停留时间也就是延长了被曝气时间。如此，容易促进活性污泥老化也就很正常了，显微镜可以观察到轮虫等后生动物出现较多，而与此相反的非活性污泥类原生动物却很少能看到了。

三、通过生物相判断活性污泥状态的实例

下面我们通过三个不同活性污泥工艺控制状态下的生物相实例来体会三者之间的区别，具体请参考表5-6。

表5-6　　　　　不同活性污泥工艺控制状态下的生物相变化

微生物		实例1	实例2	实例3
		活性污泥类原生动物占优势	中间性原生动物占优势	非活性污泥类原生动物占优势
SV_{30}（%）		18	8	20
MLSS（mg/L）		1900	1000	4200
SVI		82	66	46
溶解氧（mg/L）		2.9	4.5	0.9
处理水清澈度		优	良	差
放流水 BOD_5		14	25	50
活性污泥类原生动物（个/mL）	钟虫	900	1000	50
	独缩虫	150	—	—
	吸管虫	120	30	—
	楯纤虫	11000	200	—
	游仆虫	—	350	—
	磷壳虫	150	—	—

续表

微生物		实例 1 活性污泥类原生动物占优势	实例 2 中间性原生动物占优势	实例 3 非活性污泥类原生动物占优势
活性污泥类后生动物（个/mL）	轮虫	50	10	—
	红斑瓢体虫	15	—	—
中间性活性污泥类原生动物（个/mL）	漫游虫	300	—	—
	卑怯管叶虫	—	1200	—
	粗袋鞭虫	—	200	—
	暗尾丝虫	—	100	—
非活性污泥类原生动物	豆形虫	—	—	500
	滴虫	—	—	500
	波豆虫	—	—	5000
	侧跳虫	300	1000	—
	表壳虫	100	1000	—
总数（个/mL）		13085	5090	6050
活性污泥类原生动物占比		95%	31%	1%
中间性活性污泥类原生动物占比		2%	29%	0%
非活性污泥类原生动物占比		3%	43%	99%

从表 5-6 明显可以看出：

1）实例 1 中的楯纤虫占优势，所以，出水指标是最好的，此时只要继续维持操作即可。

2）实例 2 可以看到处于过曝气状态，导致絮体细小，处理水的透明度有所下降，此时的生物相中以中间性活性污泥类原生动物俾怯管叶虫占绝对优势，而活性污泥类原生动物所占比例较小，为此，需要适当地降低曝气量，减少活性污泥的排泥量来提升活性污泥浓度。

3）实例 3 中物化段处理效果欠佳，大量的悬浮颗粒流入生化池后，导致生化池负荷升高所致，负荷升高后溶解氧需求增加，导致溶解氧不足，出现了代表性的波豆虫等非活性污泥类生物。此时，在提高溶解氧的同时，要进一步提高污泥浓度，以降低污泥负荷，使系统逐渐恢复。

通过本章对活性污泥显微镜观察的叙述，对活性污泥中原生动物和后生动物有了一定的了解。但是，我们还是要注意显微镜的生物相观察也只是活性污泥功能综合判断的依据之一，切不可据此来单独判断和修正其他活性污泥运行的工艺参数。就原生动物、后生动物对活性污泥的影响与显微镜生物相的分类方法方面，一线操作人员要多加体会和运用，因为分类方法的好坏直接影响着显微镜观察结果对活性污泥功能判断的有效性。

第六章

活性污泥法运行工艺判断实例分析

介绍活性污泥法处理功能判断实例的主要目的是帮助污水、废水处理一线操作及管理人员能够充分了解活性污泥正常的运行状态和异常运行状态的表现，使运行管理人员能够明确把握活性污泥运行工艺的发展趋势和运行方向。

第一节　系统运行概况及基本参数

选取长三角某大型造纸企业的废水处理设施运行概况为例，该造纸企业是国内较大的抄造纸和涂布纸的生产企业，在抄造纸及涂布纸生产过程中会产生大量过滤液、水洗水、涂布废弃原液等，这些废水和工厂的生活污水构成了每日待处理的纸厂污水、废水。

1. 水质水量概况

两台抄造纸机压滤后的排水数量约占整个废水量的96%，一台涂布纸机的生产废水量约占整个废水量的4%。整个废水处理厂接纳的废水量每天约 $1.8×10^4 m^3$。

抄造纸过程中排放的废水，其成分主要是纸浆纤维、碳酸钙填料、工业淀粉、有机高分子助剂、增白剂、荧光剂、表面分散剂等；而涂布纸机产生的废水中，主要成分是矿物染料、显色微胶囊等。

通常抄造纸工段排放的废水 COD 约为1400mg/L，SS 约为1300mg/L，pH 值正常时显中性。涂布纸工段排放的废水 COD 约为 $1×10^5 mg/L$，SS 约为400mg/L，pH 值正常时显碱性（约为12）。

2. 废水储存输送方式

在各生产工段，都设置了能够进行2h事故储水的调节槽，通过输送水泵将废水输送到2km外的废水处理厂。

3. 废水处理厂运行工艺介绍

该大型造纸企业的废水处理工艺为典型的物化处理加生化处理工艺。具体流程如下：集水井→细筛机→调整池→pH 值调节池→快混池1→慢混池1→慢混池2→初沉池→生物塔→曝气池→二沉池→快混池3→慢混池4→放流池→放流出水。

从工艺说明中可以看到，来自该造纸厂的生产和生活废水首先进入集水井，用潜水泵将其抽升至细筛机中，通过细筛机进行过滤，将废水中的粗大杂质和纤维颗粒进行筛除，保证进入调整池的废水不出现混杂过多的杂质而影响后续搅拌器、水泵等的正常运转。

调整池内的废水经过充分搅拌可以避免发生过多沉淀。通过调整池的废水提升泵可以将废水抽升到后续物化阶段进行物化处理。首先进入的是pH值调整池，由于pH值调整在整个废水处理中非常重要，pH值调整失控将直接导致物化段和生化段发生运行故障，因此，要第一时间对废水进行pH值调整。快混池的设置缩短了投加的混凝剂与废水充分混合的时间，后段的两个慢混池的设置为投加助凝剂后废水中形成有效的絮团提供了保证。通过初沉池的沉淀，废水中的大部分无机物被去除了，这对减轻生化系统的压力比较重要。由于抄造纸废水在停机或清洗排水过程中会排放大量纸浆纤维及淀粉，为了进一步减轻对活性污泥系统的冲击，初沉池后段设置了生物塔（废水由上而下流经生物塔中的塑料填料层，通过填料上的生物膜对废水中的有机物进行降解），借生物塔的强抗冲击负荷能力减小对后段活性污泥的冲击。生物塔后段就是活性污泥法的生化池了，也称其为曝气池，在曝气池内微生物对废水中的有机物进行降解。在二沉池内，活性污泥进行泥水分离，为了避免活性污泥功能不佳导致大量活性污泥随放流水流出池外，在二沉池后段同样设置了加药和沉淀的物化混凝沉淀设施，经过三沉池的上层清液通过放流槽渠就向外排放水体了。

4. 活性污泥系统正常控制参数

pH值控制：6.8～7.9	SVI：180
DO：2.0～4.5mg/L	回流比：80%～120%
F/M：0.05～0.12	污泥龄：9～11d
SV_{30}：15%～30%	MLSS：1400mg/L

以上是该造纸企业的整个原水水质及废水处理设施概况，这套废水处理装置整体设计较为合理，对大水量、高浓度废水的应对设计也较为合理，特别是二沉池后段加设的物化沉淀部分表面上看有点多余，实际应用中，在活性污泥系统发生恶化时是有相当作用的。

第二节　常见系统运行故障

前面已经描述了该大型造纸企业的多项基本废水处理资料，接下来就该系统下的常见运行故障加以介绍，以加深读者对实践操作中常见故障的概念理解。

1. pH值异常

该大型造纸企业作为典型的工业废水产生企业，在生产过程中会排放大量废水，而在定期保养时往往需要对设备进行碱洗，大量的设备清洗水此时会呈高碱性，通常pH值在13左右。该部分高pH值废水，往往需要废水处理管理人员预先得到信息，并提前准备废酸对高pH值废水进行中和。pH值中和失败将直接影响对该批次废水的有效处理，甚至会影响后续高pH值废水的降解。

2. 进水水量突增

进水水量大大超过平时的日进水量，超过 $2.6×10^4 m^3/d$，废水流经各系统的时间明显缩短，物化区和生化区都会出现有漂泥的现象。特别是物化区，在高进流水量的情况下，初沉池出水常呈乳白色，这多与进流水量过大、沉降不及时有关，特别是在高水量伴随高有机物浓度的时候。

3. 调整池出现过量沉淀物

调整池作为调节水量和调匀水质的构筑物，通常容积较大。由于进流废水中含有大量纸浆纤维，在搅拌能力不足的时候，经常会出现大量沉淀，对调整池而言，其有效容积就被大大占用了。该大型废水处理厂在调整池采用的是表面搅拌机，该搅拌机随液面升降而对调整池废水进行搅拌，保证从调整池抽出的废水是经过充分搅拌混合的废水。但是，由于调整池容积较大（达到 $5000 m^3$），所以搅拌效果不佳，在立方形的调整池四个角落积聚了大量沉淀物。

4. 物化区絮凝效果不佳

该大型造纸企业的物化反应区由 pH 值调整池、快混池、两个慢混池组成。运行过程中经常会发现絮体的絮凝性能不佳，絮体间的间隙水混浊等现象。其直接结果是影响初沉池的物化沉淀和泥水分离效果。

5. 初沉池运行故障

初沉池的运行故障经常表现为出水混浊和底泥上浮，这些故障与物化区的混凝效果不佳及初沉池的排泥效果不佳有关联。另外，初沉池如果积泥太多，刮泥机也将停止运转，此时对处理系统的影响就比较大了，往往需要耗费比较多的时间来清理沉淀池的沉淀物。

6. 生物塔运行中常见的故障

生物塔的故障，主要表现在生物膜剥落流入活性污泥系统对活性污泥生物相的影响，因为寄生在生物膜上的微生物中，丝状菌比较容易占优势，如果剥落后流入生化系统中，此类生物膜上的丝状菌并不能适应曝气池的环境，仍需要通过排泥去除。

另外，生物膜过厚的话，承重的滤料变形会比较严重，局部发生塌陷常会导致整体塌陷和发生局部过流负荷。

生物塔顶部一般为敞开式。受阳光直接照射的原因，生物膜在顶部会较多地滋生藻类，结果就是影响了生物膜顶部范围的有机物去除效果，排放的生物塔处理水就显得混浊。

生物膜除了会产生藻类等影响处理效果外，另一种常见的故障是生物膜颜色呈现白色，而非正常的棕黄色。这种变成白色的生物膜对废水中有机物的去除率较正常生物膜略有下降。

通过用显微镜对生物膜的观察发现，生物膜基层絮团是否紧密决定了其应对进流废水的抗冲击能力。生物膜的生物相中，原生动物主要以爬行类原生动

147

物为主，如尾棘虫、榴弹虫等；另外也能观察到豆形虫和肾形虫等非活性污泥类原生动物，主要是体形较大的非活性污泥类原生动物，而非侧跳虫类鞭毛虫。

非活性污泥类原生动物在生物膜内的出现与在活性污泥法中出现，其代表的意义并不一样。活性污泥法中大多代表活性污泥系统受到了冲击负荷，而在生物塔的生物膜内出现非活性污泥类原生动物的主要原因是生物膜的表面与空气接触，属于好氧层，而在生物膜中部是缺氧层，到生物膜和滤料的附着部位时，就出现厌氧层了。所以生物膜内出现的非活性污泥类原生动物大多是能在缺氧环境中生长的种类。

7. 曝气池常见故障

曝气池是整个废水处理厂的核心和难调控部位，实际运行中经常出现的问题如下所述：

（1）液面浮渣的产生。由于该大型造纸厂的废水成分比较单一，活性污泥中生物相结构比较单一，运行调控稍有不慎即爆发丝状菌膨胀，丝状菌膨胀会导致活性污泥系统中液面浮渣大量产生。由于并非厌氧导致的活性污泥上浮，所以曝气池液面浮渣颜色仍和活性污泥色泽接近，显微镜观察到浮渣内原生动物和活性污泥内的原生动物区别并不是很大。

在曝气池内并不会出现厌氧状态，所以不会有成团的厌氧污泥上浮，即使局部死角有厌氧污泥浮起，也会因为曝气的原因而被打碎。

（2）活性污泥的土腥味。正常运转状态的情况下，人们走在生化池走道上能够闻到清新的活性污泥土腥味，这是活性污泥代谢过程中释放的气态化合物，夹杂在曝气溢流气体内所致。活性污泥的土腥味通常在活性污泥发生故障时会减弱。而当生化池内 pH 值异常时，能够闻到酸味或碱味。

（3）曝气池泡沫问题。曝气池泡沫产生原因很多，通常看到大量爆发的多是白色的泡沫，持久而量少的泡沫通常是棕灰色的，并且也会夹杂一些细小的活性污泥絮体。大量泡沫产生会影响表面曝气机的曝气效率，也会导致活性污泥处理效率降低。

8. 二沉池常见故障

二沉池作为活性污泥系统中泥水分离的场所，其运行好坏关系到活性污泥系统的整体效果，实际运行中经常出现的问题如下。

（1）液面浮渣的产生。在曝气池产生的液面浮渣会流入二沉池，不断积聚会使液面浮渣越来越厚。最后，液面浮渣会不断地流出二沉池而影响出水水质。和曝气池的液面浮渣不同，二沉池会因为缺氧导致液面浮渣底部及中部发生厌氧反应，所以二沉池浮渣就更容易发黑和腐败了。

（2）二沉漂泥。对二沉池的巡检中，有时会发现出水中夹杂有细小的污泥颗粒随溢流水流出二沉池，这就是常说的二沉池漂泥现象。常见漂泥大概有两种：一种是漂泥时二沉池出水是混浊的；另一种是漂泥间的颗粒间隙水是清澈的，只是夹杂有密度较轻的活性污泥絮体颗粒而已。

（3）流入二沉池的活性污泥成团扬起。二沉池出现活性污泥成团扬起大多是发生在二沉池的进流区附近，整体扬起在二沉池表面负荷较高时表现得尤为突出。在活性污泥沉降性不是太好的情况下，持续地活性污泥成团上扬，活性污泥很有可能直接流出二沉池，这对整个系统是致命的，通常会导致放流出水COD严重超标。

9. 三沉池运行波动表现

三沉池对该大型造纸企业的废水处理厂而言，主要还是为了巩固放流出水，通常看到的是清澈的入流水和放流水。由于三沉池和二沉池一样都是6000m³，所以在沉淀时间上因为三沉池的存在，二沉池的停留时间几乎延长了一倍，从而沉降原因导致的放流出水超标的情况在该废水处理厂很少见。因为三沉池的存在大大延长了二沉池的停留时间，使得活性污泥有足够的停留时间来应对沉降性不佳的活性污泥。

三沉池故障很少，如果处理水优良，看到三沉池水深4.5m以下的刮泥板是没问题的。如果有故障的话，通常无法看到刮泥板。由于处理水优良，在三沉池出水堰上常常会有大量青苔滋生。

第三节　常见系统运行故障原因分析

如前所述的是常见系统各构筑物的运行异常点，对运行异常点汇总分析是需要重点掌握的，这对我们系统判断能力的提高大有帮助。下面就对整个系统中常见故障进行详细地分析，以帮助一线操作管理人员提高对系统故障的认识。

1. pH值的异常波动成因

pH值的异常波动主要与生产现场排放的酸碱类物质有关。对于该大型造纸企业来说，酸碱废水主要来自对设备的定期清洗。

2. 进水水量、水质异常分析

进水水量通常保持恒定，但是如果发生事故排水，生产线为了清洗槽体、设备等也会产生大量水洗水，事故还会废弃大量原料和化学品，这样的废水流入废水处理厂，往往会对系统造成比较大的冲击，这也是初沉池、生化池出水COD偏高的原因。由于废水中混入的原材料大多是纤维和直链淀粉，特别是直链淀粉分子量较大，物化沉淀性也不好，加之混杂的分散剂也影响了物化处理段PAC和PAM的混凝效果。这些都是进流废水水量和水质异常的原因。

3. 调整池的过量沉淀物影响分析

调整池的过量沉淀物来自日常进水中未过滤的碳酸钙颗粒和纸浆纤维。由于调整池搅拌装置居中，其搅拌的离心力使得大量沉淀物积聚到调整池的四个角落，这是造成调整池大量积泥的主要原因。由于在调整池内并没有设置专门的曝气装置，沉淀的污泥在厌氧状态下进行水解酸化反应，这就无意中对进流废水进行了一次预处理，即通过调整池积泥的水解酸化反应，大分子的纸浆纤维及直链淀粉被水解酸化为小分子易降解的有机物，有机物降解率约为10%。通过对比进入调整池的废水pH值与排出调整池的废水pH值的会发现，流出调整池的pH值要比进入调整池的废水pH值低约0.5~1.0。这是调整池内由于积泥发生水解酸化反应的一个有力证明，也可通过这个pH值差值来了解具体的水解酸化反应的程度。非常典型的是，这个差值在夏天明显高于冬天。温度对水解酸化反应的影响可见一斑。

4. 物化区絮凝效果不佳原因分析

物化区絮凝效果不佳的因素主要包括进流废水分散剂含量过多、混凝剂和助凝剂投加量不是最佳投加范围、pH值的影响、快慢混搅拌的问题、负荷流量关系、废水中悬浮颗粒含量、不易絮凝物质含量过多等。下面将详细分析。

（1）分散剂的影响。该大型造纸企业为了使纸浆在纸机毛毯上分布均匀而不结块，投加了分散剂。分散剂和絮凝剂是作用相反的两种化学药品。经过纸机压滤后的白水内富含分散剂，经过废弃排水，此部分富含分散剂的废水将进入废水处理厂，由此就对投加絮凝剂进行物化沉淀的加药区造成了影响。典型的就是投加了混凝剂和助凝剂后，悬浮颗粒絮体不能够絮凝成粗大的胶羽（胶羽是指细小絮体进一步絮凝形成的羽绒状粗大絮体），人们所看到的就是细小而不易絮凝的悬浮颗粒，这类细小颗粒受水流扰动性高，在初沉池内的沉降并不理想，在高水力负荷情况下容易流出初沉池而对后续生化系统造成影响。

（2）混凝剂和助凝剂投加量不是最佳投加范围。混凝剂和助凝剂的投加量及两者的投加比例非常关键，这是提高絮体沉降效果、降低混凝剂和助凝剂使用量的核心。当混凝剂PAC投加不足时，一级慢混池出现的是不能形成初步的絮体细小而间隙水清澈的混合液，尤其间隙水的清澈程度是现场确认投加PAC等混凝剂用量是否符合的关键。相反，投加过多的混凝剂和助凝剂同样不能取得最佳的絮凝效果。过量地投加混凝剂和助凝剂，其混合液内形成的胶羽是比较粗大的，但同样的问题是，粗大胶羽间的间隙水并不会因为投加过量的药剂而变得清澈。主要还是因为投加过量药剂后虽然形成了粗大的胶羽，但是胶羽非常容易折断。在慢混池的水力搅拌作用下，折断后的胶羽再絮凝性能较差，这种情况下被折断的胶羽就变成了使间隙水内混浊的颗粒物质了。

在整个物化投药区的组成上，可以看到在快混池前面有pH值调整池，pH值调整后的废水投加混凝剂和助凝剂才能发挥最佳效果。快混池中投加PAC或同类混凝剂后，快速搅拌并不会影响混凝效果，相反可以使投加的混凝剂快速混合到整个废水中，为在慢混池内形成第一阶段的胶羽打好基础。慢混池的慢速搅拌目的也就在于能够让形成的胶羽进一步絮凝增大，并保证水流切力不破坏形成的胶羽。该废水处理厂投加的助凝剂是PAM，按照设计投加点是在第一慢混池，此时第二慢混池也就为絮体在投药作用下继续增大提供了混凝场所。

5. 初沉池运行故障原因分析

初沉池为投药后的废水进行物化絮凝后的泥水分离提供场所，如果泥水分离效果不佳，势必影响后续的生化处理系统正常的处理效果。初沉池的泥水分离效果不佳，除了因建造设计时可能会遗留下问题，更多的是物化投药区所投加的混凝剂和助凝剂不合理所致。投药不足导致的絮体絮凝不充分和投药过量导致絮体过大而折断在初沉池的泥水分离中所造成的结果是一样的。当初沉池的停留时间能够满足絮体完全沉降所需的沉降时间时，看到的是初沉池出水清澈而不夹杂未沉降颗粒，相反则容易导致絮凝颗粒流出初沉池，继而对后续生化系统造成影响。

初沉池的排泥故障，大多是排泥设备发生了故障所致，如排泥泵故障、排泥不及时、进流废水含有大量悬浮颗粒而未加大排泥量等。在观察初沉池是否积泥过多时，重点是观察刮泥机是否行走顺畅，如果发现刮泥机行走抖动或打滑，就要重点确认是否存在初沉池积泥过多的问题。

6. 生物塔常见运行故障分析

生物塔运行过程中故障主要是进水波动对已形成生物膜的影响。如果生物塔运行效果不能充分发挥，会对后续活性污泥法系统冲击较大。生物塔的常见故障分析如下。

（1）pH 值异常导致生物塔故障。生物膜同活性污泥一样，在耐受 pH 值异常波动方面虽比活性污泥法要强，但受到异常 pH 值废水冲击后所受损害也很大。由于生物膜表面微生物受到冲击后会死亡剥落，随即内部的微生物也会受到冲击而剥落，最终使整个生物膜发生剥落。剥落的生物膜极易堵塞生物塔的滤料间隙，使得水流不畅而发生溢流。

生物膜因受到 pH 值的冲击发生剥落后需要一定的自动修复时间。通常在消除 pH 值异常波动的影响后，需要 1 周左右的时间来恢复。

（2）生物膜生长不良。典型的生物膜生长不良主要是生物膜生长过厚或过薄。另外，较为常见的就是生物膜生长厚薄不均匀。除了和生物塔进水中有机物含量有关外，还与进水中营养剂是否充足有关。

进水中有机物过低，生物膜就偏薄；而当进水有机物含量过高时，生物膜增长旺盛，在滤料上普遍生长有过厚的生物膜。在实际运行中发现生物膜过厚，其对有机物的去除率并不一定比生物膜薄时高，其原因在于，生物膜对废水中有机物的去除效率与生物膜与废水的有效接触面积有关，而与膜厚无关。

对于废水中营养剂的不足，可以和活性污泥法运行中对营养剂的需求一样来理解。为此，在生物塔进水前段就需要投加营养剂了。由于营养剂的投加量需要考虑到生物塔和活性污泥法中微生物对营养剂的需求，投加营养剂的有机物含有量的选取应该是比较重要的。该大型造纸企业的废水处理厂中，生物塔前投加营养剂的量，其计算所需进水有机物的值是取自初沉池出水中的有机物含量。这样的计算方式势必导致生物塔有未用完的营养剂，此部分营养剂将流到活性污泥系统中被再利用。表面上看，这样的营养剂投加并没有问题，但是，实际情况中发现，由于生物塔有过多的营养剂存在，加之生物塔不设池顶，所以在生物塔滤料表面会滋生大量的藻类。由此也会降低生物塔的处理效率，通常会降低10%的去除效率，其原因在于滋生的藻类并不具备降解废水中有机物的能力。

对生物膜颜色出现乳白色异变的其认识并不是太充分，结合进水水质与系统运行概况，基本认为与生物膜发生丝状菌体膨胀有关。显微镜观察可以发现乳白色菌胶团是由大量丝状菌体组成的。在丝状菌体周围几乎没有原生动物存在，这在生物相观察分析中也是可以理解的，因为丝状菌体不像菌胶团那样可以供给原生动物食物，如游离的细菌及细小菌胶团等。由于丝状菌体也有对水体的净化能力，因此可以看到丝状菌体在生物膜中大量繁殖时，整个生物塔对废水有机物的去除率并不是明显降低的，而是略微降低而已，通常较正常的生物膜对有机物的去除率低10%左右。用显微镜观察此类丝状菌形态发现，有与活性污泥法发生丝状菌膨胀所表现的特征相似的丝状菌，即体形细长、刚硬、不易弯曲的；也有体形柔软的，是生物膜特有的丝状菌体。总之，丝状菌体的大量繁殖势必在生物塔的生物膜上表现出乳白色散落菌团，与菌胶团附着在滤料上依靠厌氧层的吸附不同，乳白色丝状菌体主要依靠菌体表面细密的整体来抗击废水冲击而保留在滤料上不脱落。

虽然生物膜产生乳白色菌体后，对废水有机物的降解能力不会显著降低，但我们会发现，此类丝状菌体非常容易导致后续的活性污泥系统中爆发丝状菌膨胀。主要原因是日常的运行中会有一定量的此类白色生物膜剥落而流到后续的曝气池中。开始阶段，丝状菌体从生物膜的环境中转移到曝气池中，因为对环境的不适应很难有效存活，所以不会在曝气池中形成爆发。但是时间长了，这些丝状菌体终归会有部分能够适应新的环境，从而在曝气池内形成优势种群而影响活性污泥系统的整个运行质量。

7. 曝气池常见运行故障分析

（1）曝气池液面浮渣产生原因。我们在分析曝气池液面浮渣的时候，应该有一个基本认识，就是说产生的浮渣一定是因为其密度比曝气池混合液低才浮于液面。于是在判断曝气池为什么会出现浮渣就可以从这个方面入手了。就对实践运行面的观察来讲，主要还是浮渣中混杂了气泡的原因。而气泡仅仅是让浮渣浮起的原因，而气泡为什么能够托起浮渣是要确认的根本原因。

由于曝气的存在，气泡的产生是不可避免的。所以，主要问题是活性污泥是否具备吸附和包裹气泡的能力。如果具备这样的能力，吸附气泡后的菌胶团自然就会浮在液面上了，这是我们认识曝气池液面浮渣的原因。

152

活性污泥具备吸附气泡的能力主要是由活性污泥自身决定的。其自身的黏性物质分泌过多，活性污泥的黏性将大幅上升，这样对细小气泡的吸附能力也将增强。

回过头来再就气泡产生的原因加以分析。前已述及曝气可以产生大量细小气泡而被带有黏性的活性污泥吸附，最终导致浮渣产生。另外，产生气泡的原因是活性污泥分解有机物时释放的气泡包含二氧化碳和氢气等，此类气泡在实践中更易导致带黏性的活性污泥发生吸附后产生浮渣。同理，如果活性污泥因为反硝化释放氮气等，同样会产生气泡导致的浮渣。

鉴别液面浮渣是由何种性质的气泡导致的，对运行管理中如何调整工艺是非常重要的，在这里常用的鉴别方法是观察活性污泥沉降比。在观察完活性污泥沉降比后，再观察量筒内的液面浮渣时，可以清楚地看到液面浮渣内有气泡存在，这时看到的气泡是来自曝气过程中的。而我们无法通过肉眼在液面浮渣内观察到气泡存在，但如果在显微镜观察时可以发现的话，就可以认为这些气泡是活性污泥自身分解有机物时所产生的。方法是对液面浮渣进行快速小幅度搅动，如果液面浮渣在搅动后再次下沉，可以认为此时液面浮渣内的气泡是活性污泥自身分解有机物时所产生的，或是活性污泥发生反硝化时产生的。而当对液面浮渣进行搅拌后仍然看不到明显的浮渣下沉时，多数情况下认为此时的液面浮渣内所包裹的气泡是对活性污泥进行曝气时所产生的气泡。这是通过观察液面浮渣搅动后出现的现象对液面浮渣内气泡产生源头的判断。

（2）活性污泥的土腥味产生的原因。在生化池巡检的时候，能够闻到很明显的土腥味，这主要是活性污泥在分解有机物及自身繁殖代谢过程中产生的特有的味道。活性污泥中除了活的菌体外，也有死亡的菌体，所组成的活性污泥也就具备了污泥的特性。受曝气的影响，活性污泥内各种气味也就被曝气而抽取出来了，这是人们在曝气池周边巡检时闻到土腥味的主要原因。在这里对活性污泥产生土腥味并不持否定态度，相反需要这样的土腥味来确认活性污泥的正常功能，而当在生化池上闻不到土腥味或闻到了其他的味道，那么活性污泥系统就产生问题了，需要进行深入的确认。

活性污泥土腥味的剧烈程度与气温、活性污泥反应程度有关。在夏季，生化池上的土腥味受气温较高的影响而挥发加剧，这是在夏季更易闻到土腥味的原因；在冬季则相反。同时，活性污泥的土腥味还与生化系统的反应剧烈程度有关，当控制过高的活性污泥浓度时，生化反应也加剧，同样能够闻到较强烈的土腥味。

实践中发现，土腥味的浓烈与否可以判断出活性污泥系统是否处在较好的运行状态，大凡在活性污泥负荷过高阶段和活性污泥处于老化阶段时，人们都很难闻到浓烈的活性污泥土腥味。这一点对综合判断活性污泥运行工况方面很有帮助。

在生化池除了闻到活性污泥的土腥味外，还能闻到一些其他的气味，特别是酸味或碱味。究其原因主要还是有 pH 值过高或过低的废水流入到了生化系统中，导致生化系统中整体的活性污泥混合液 pH 值发生异常波动。这样的情况下，人们就很容易在生化系统周围闻到酸味或碱味，这时对生化系统的调整就非常有必要，否则可能对生化系统造成不必要的影响。

（3）曝气池泡沫问题。曝气池的泡沫问题产生原因多样，分析也较为复杂，但就实践来讲还是有规律可循的，主要分析如下。

1）曝气池的浮渣在某种程度上是由泡沫演变而来的。随着泡沫的不断积聚，浮渣将变得越来越厚，随后的问题就是浮渣内部出现厌氧、发黑。解体的浮渣消散和新增的浮渣产生，这个进程决定了浮渣层的最终厚度，而溶解消散的浮渣却成为二沉池出水混浊的主要原因，也是出水有机物检测值升高的原因。通过以上的分析，我们对生化池泡沫的产生应该引起高度重视，避免其对生化池液面浮渣的形成造成助推。

2）前已述及曝气池出现浮渣与活性污泥黏度过高有关，那么，同样可以发现泡沫的产生和活性污泥混合液黏度有关。

3）生化池液面所产生的泡沫在色泽上也能给人们很多提示。当出现棕褐色泡沫的时候，结合泡沫的易碎性及泡沫的堆积速率可以判断是否为活性污泥老化所致的泡沫。可以通过多个方面来确认活性污泥是否发生老化，如活性污泥沉降比 SV_{30}、SVI、F/M、污泥龄等。这里我们又要补充一个知识点，就是大凡活性污泥发生严重的老化问题时，生化池液面都会产生棕褐色泡沫，其泡沫特征除具棕褐色外，易破碎、易堆积成浮渣、黏度偏低等也为其主要特征。

除了棕褐色泡沫外，另一种常见的泡沫是白色泡沫。白色泡沫除了具备颜色为白色的特征外，黏度高、易堆积但不会产生浮渣等也为其主要鉴别特征。这类白色泡沫的产生通常可以给我们比较明显的活性污泥系统的对应故障特征，即此类白色泡沫的产生与活性污泥系统受到突然的高冲击负荷有关。究其机理来说，可以认为高有机物浓度的废水在曝气充足的情况下，同样能够出现较高堆积的泡沫，就像放流池在有水跃的地方通常会堆积大量的白色泡沫一样。那么可以想象一下，放流水有机物浓度（以 COD 为例）通常不会超过 100mg/L，其能够在水跃作用的情况下堆积较多的泡沫，而在进入生化池的废水中有机物含有量（以 COD 为例）通常高于 500mg/L，此类带高负荷冲击性的废水进入生化池后，在曝气作用下更容易出现泡沫堆积的。所以，总结的结果是活性污泥在受到大水量高负荷的进流废水冲击的时候，可以产生多量白色的带黏性的泡沫，且泡沫表面不带棕褐色活性污泥浮渣（活性污泥受到高负荷冲击就不会处在老化阶段，自然不会有解体的活性污泥附着在白色黏稠的泡沫上。相反，受到冲击的活性污泥，其微生物都处在对数增长状态，活性极高，更不会有游离的菌胶团出现而被黏附在白色黏稠泡沫表面了）。

4）对于上一点充分阐述的污泥老化和冲击负荷导致的泡沫问题，还需要对洗涤剂流入产生的泡沫、活性污泥中毒解体后产生的泡沫这两类特殊情况加以区别。

洗涤剂流入生化系统，我们可以看到的是白色的泡沫，并具有黏性，但是其黏性强度不如负荷过高时产生的白色泡沫强。另外，由于洗涤剂、表面分散剂导致的泡沫在阳光下会略带彩色，这是由于此类洗涤剂和表面分散剂、表面活性剂大多来自石油而具备了油类成分，故在阳光照射下泡沫会出现有彩色的反光。为了进一步鉴别是否是洗涤剂或表面分散剂、表面活性剂导致的泡沫，可以在生化池前段的物化区进行确认，重点是观察初沉池的出水堰堰口处是否有泡沫产生。通常由于高负荷原因，在废水中有机物过高的情况下，只要水跃不太明显，一般也不会积聚泡沫。但是，洗涤剂和表面分散剂、表面活性剂等导致的泡沫在很小的水跃作用下就会产生较多的泡沫，有时在物化加药区的搅拌机中轴位置也会有泡沫产生，这是与废水中由于富含有机物而导致的泡沫的不同之处。

活性污泥中毒产生的泡沫与活性污泥老化产生的泡沫可以从色泽上来区别。发生中毒后的活性污泥解体迅速，也容易被曝气推动而浮于水面成为泡沫，但泡沫色泽晦暗，灰色占多数，而不像活性污泥老化出现的泡沫那样仍带有鲜活的活性污泥粘在泡沫上。当然，辅助诊断的最好方法是结合显微镜观察原生动物观察，这样确认就比较方便了。

8. 二沉池常见运行故障分析

二沉池的故障多半是曝气池运行不良引起的，因为曝气池和二沉池联系紧密。二沉池作为生化系统中活性污泥的泥水分离场所，其运行好坏直接关系到活性污泥泥水分离后放流出水的质量，常见故障的原因分析如下。

（1）二沉池液面浮渣。二沉池本身很少产生浮渣，液面浮渣主要来自曝气池。因为曝气池产生浮渣后容易进入二沉池，并在二沉池浮出水面，而二沉池不具备混合作用，从而更容易导致浮渣产生。

当然，相比曝气池，二沉池更容易出现活性污泥的反硝化，最终导致大量活性污泥上浮而形成液面浮渣，原因就是反硝化需要相对的缺氧条件，而曝气池中却不会有明显的缺氧条件。这是二沉池容易发生活性污泥反硝化的原因，特别是在曝气池出口溶解氧过低且碳氮比严重失衡时。

（2）二沉池出水有漂泥现象。漂泥的产生主要和活性污泥老化有关，因为老化的活性污泥解体后会有细小的絮体悬浮在水体中，并在未来得及沉降的情况下流出二沉池而成为二沉池的漂泥。当然，很多情况下漂泥是多种因素综合作用的结果，如水力负荷过大，混合液内的活性污泥絮团来不及在正常情况下沉淀就流出池外。

（3）二沉池活性污泥絮团的成团上扬。当我们在二沉池巡检的时候，通常会看看二沉池进水口近端的水体状况，因为那里是二沉池沉降变化最早会出现征兆的地方。如果发现进水口端有大量活性污泥成团上扬，通常问题比较严重。这些成团上扬的活性污泥絮团如果来不及最终在二沉池沉淀的话势必会流出二沉池，那样对整个活性污泥系统来讲是致命的，因为一旦流出二沉池，曝气池内的微生物数量就会急剧减少，这样曝气池恢复需要较长时间，同时放流出水也绝对会出现超标现象。那么是什么原因导致活性污泥絮团在二沉池会发生成团上扬呢？在实践中发现此类情况的出现与活性污泥发生丝状菌膨胀关系密切，这也是我们对丝状菌膨胀感到非常头疼的原因。所以在活性污泥发生丝状菌膨胀后，如果再遇到水力负荷冲击的话，出现活性污泥絮团成团上扬是非常有可能的。

（4）二沉池出水堰口滋生过量青苔。这个问题前也有述及，主要还是二沉池出水中营养剂含量过高，导致藻类在有光的场合大量滋生。结合对二沉池出水中营养剂的检测，能够发现是否是过多剩余的营养剂导致的藻类滋生。

9. 三沉池运行故障分析

在该大型造纸企业，三沉池一般不会有太多故障，因为它负责的是为二沉池的沉降再次提供保证。一些操作人员很容易在三沉池前段的物化反应区发生失误。在这个区域的物化反应段进行操作时，主要目的是通过投药，使二沉池出水中夹带的微沉降颗粒，在三沉池得到更好地去除。但是投药却经常发生问题，因为所投药剂与初沉池前物化段完全一样。这样问题就出现了，因为初沉池前物化段投药针对的废水中悬浮物质大多和黏土颗粒接近，都带负电荷，所以在初沉池前段的物化加药区投加 PAC 后所形成的颗粒是细小的，只有再投加助凝剂 PAM（阴性）后絮体才会变得粗大。

究其原因是 PAC 作为絮体形成的骨架，将废水中的颗粒物质进行絮凝，在 PAC 的聚合基团上就能吸附大量带负电的胶体颗粒或类似黏土性质的颗粒。但是 PAC 的缺点是不能在已形成的絮团上继续吸附别的絮团而增大絮团体积，所以看到投加 PAC 后所形成的絮体大多细小。这种情况下判断投加 PAC 是否合适就看整体的混合液中在形成的絮体间是否有清晰的水痕，也就是颗粒间是否有清晰的间隙水带存在，这样的观察对投加 PAC 后的效果评价是很有帮助的。

投加 PAC 后再投加 PAM 来提高对混凝絮团的增大作用，我们也有理论面的支持。PAM 是有机高分子助凝剂，分子量巨大（分子量越大，絮凝能力越强），水解后形成的絮凝单体数量众多，吸附和捕捉水体中颗粒物质的能力强大，通常和 PAC 配合使用的阴性 PAM，即 PAM 电离水解后的单体（带负电荷）。前面已经指出，经过 PAC 带正电荷的基团吸附后，PAC 的基团上几乎都会吸附满带负电荷的类似黏土颗粒的物质，而投加带强负电荷的 PAM 后，以 PAM 为核心的骨架可以吸附大量的 PAC 链团，当一个 PAM 核心基团吸附多量 PAC 链团后，我们就可以看到很大的絮团颗粒了。这里我们就清楚地看到了水体中带负电荷的颗粒物质被投加的带正电荷的PAC吸附成为长链絮团，再投加带负电的PAM助凝剂，其又将带正电荷的PAC吸附成长链絮团增大絮凝，这是形成大絮团的主要过程。

为了保证三沉池出水达标，需要将流出二沉池的活性污泥絮体通过投加絮凝剂进行沉淀去除。我们发现投加少量的混凝剂根本不能起到絮凝作用，出现这种情况的原因是流出二沉池的絮体大多是解絮的活性污泥，是带有很强的负电荷的絮团颗粒，但活性污泥因为各种原因解絮后，想要让这些解絮的活性污泥絮团再絮凝是相当困难的，因为没有活性污泥中微生物固有的粘肽，都带负电的活性污泥絮团是无法很好地絮凝成更大的活性污泥絮团的。二沉池出流水中随水流流出的解絮活性污泥颗粒显得尤为明显。所以，在三沉池前段的物化区投加的PAC不足量将难以达到很好的絮凝效果。而很多操作人员看到这种情况大多认为是PAM投加不足，于是不断加大PAM的投加量，结果是带负电的PAM单体大量存在，与解絮的活性污泥所带负电的絮体根本不能絮凝，所以结果是不但没有絮凝后的絮体出现，相反使得活性污泥解絮颗粒间更加稳定，絮凝效果就一点也看不到了。解决这个问题要重点加大PAC的投加量，利用PAC充当絮体骨架。因为来自二沉池漂出的活性污泥解絮颗粒有时并不太多，所以在水体中解絮颗粒数量不多时，颗粒间相互碰撞絮凝的机会就少了。这部分散落的解絮颗粒，只能通过加大PAC的投加量，以PAC作为絮凝骨架来提高絮凝效果。实践也证明，确定二沉池漂泥的电性非常有助于我们确定投加絮凝剂和助凝剂的选择与投加量。

第四节　常见系统运行故障处理方案

对于该大型造纸企业的运行故障，前面已进行了描述、原因分析，接下来就重点对故障的处理对策进行全面地分析。

1. pH值的异常波动应对策略

在该废水处理厂的整个系统中，我们发现导致处理系统pH值异常波动的根本原因是生产现场的酸洗和碱洗过程排放的废水流入废水处理厂。应对的策略是：在源头的控制将比后段更加重要。该企业在生产区有一个$3000m^3$的储水池，如何有效利用该池进行先期水质调匀就显得比较有价值了。通过前后水体的混合，pH值能够在最大范围内得到调节。对于没有调节到位的部分，将其抽到废水处理厂后，仍然可以通过废水处理厂的调整池进行水质调节。该调整池共计$5000m^3$，所以充分发挥该池的调节作用，也能达到较好的调节效果，同时节省酸碱中和剂。

在调整废水pH值的时候，投加的酸碱中和剂在什么程度最经济呢？回答这一问题，还是要观察酸碱滴定曲线中的一些规律，即酸碱滴定中存在的突跃现

157

象，在实际的酸碱调整中也会遇到。为此我们认为当调整池 pH 值维持在 6.0~6.5 的时候就不用再投加碱去强行升高 pH 值了；同样，当 pH 值在 8.5~9.0 时也不用再投加酸去强行降低 pH 值。因为这种情况下，再对 pH 值进行调整的话，会因为 pH 值发生突跃而导致 pH 值纠正过度。实践中，调整 pH 值在 7.0，在大水量的情况下是很难做到的。所以除了特殊情况外，保证 pH 值在 6~9 的范围内都是可以的。

另外，系统中的中性水体能够回流中和的，都可以调动起来进行中和处理，比如将三沉池的水先回流到调整池进行稀释中和。当达到极限的时候，同样可以通过加大二沉池的回流污泥量，将大量中性的二沉池水体回流入曝气池进行再中和。这样一来，在应对进流 pH 值异常的废水时所消耗的酸碱量就不会太多了，这样的操作既节省了费用也降低了资源的消耗。

2. 进水水量、水质异常时的应对策略

首先明确的是，进流水量、水质的异常波动如果超过了调整池的调节能力，那么对物化系统和生化系统的影响将不可避免。具体的应对策略因影响因素不同而有所差别，下面就针对性策略进行介绍。

（1）进流水量波动影响的应对策略。废水流量异常波动对设施的影响重点表现在水力停留时间上，当波动过大时我们看到的主要是对反应池和沉淀池的水力负荷冲击。

水量波动过大，特别是进流流量过大时，需采取必要的预防手段。该大型造纸企业的废水排放还是有较好的规律的，如何在有规律的基础上加强生产企业在预见有大水量异常排放时提前与废水处理厂联络就显得格外重要，因为废水处理厂在得到大水量排放的提前通知时可以采取很多措施进行应对。主要提前应对措施如下：

1）调整池的提前调整准备。通过加大调整池的抽水力度，提前预留出调整池的空间容量，以便最大限度延长来水的处理时间，减少水力冲击负荷。

2）调整和确认加药系统。通常大流量进水需要加大絮凝剂和助凝剂的投加量，由此来保证物化段的处理效果。

3）曝气设备的确认。废水进流水量的增加会导致废水流过生化池的时间缩短，相应的曝气时间也将缩短，结果就是整个处理水体将出现曝气不足。为了避免这种情况发生，需要确认可开启曝气设备的数量，同时调整二沉池回流污泥的流量，将回流污泥流量调小，从而减轻曝气入口段的进流水量。

4）排泥量的控制。控制排泥量的目的主要在于使活性污泥的浓度能够调整到最优状态来应对进流水量或水质的波动。提前得知进流水量的增加，可通过停止或减少排泥来提高活性污泥浓度，争取在最短的时间内使活性污泥浓度得以最快的增长是应对突然的水力负荷和活性污泥负荷的较好方法。这样的操作改变能够最大限度地提高应对冲击负荷的能力，保证出水有机物排放浓度控制在较低水平。

（2）进流水质异常的对策。进流废水的水质异常主要表现在有机物浓度过高、进水惰性物质过多、洗涤剂含量过高等方面。对策措施如下：

1）有机物浓度过高。该大型造纸企业排放的废水有机物浓度很高的情况主要发生在纸浆报废外排和涂布纸机药剂更换后。由于纸浆报废外排废水中富含纸浆纤维和淀粉，所以不但 SS 含量高，有机物浓度也是平时的好几倍。而当涂布纸机更换药剂而排放废水时，涂布显色微胶囊分子量极高，原液有机物浓度达 $2 \times 10^5 \, \text{mg/L}$ 以上，稀释后进入废水处理厂的废水 COD 有时超过 $1 \times 10^4 \, \text{mg/L}$。这样的入流原水对在一段时间内已适应了处理低浓度废水的活性污泥来讲，影响是相当大的，基本上是增长不足，出现活性污泥的高冲击负荷，最终导致放流出水有机物含量上升。这个上升原因是因为活性污泥浓度不足，无法充分降解有机物。

应对这样的高浓度废水，首先是要充分发挥调整池的均质调节作用，并在物化段重点强化废水的物化处理效果，将水中的有机固体悬浮颗粒尽可能地去除，如淀粉颗粒、涂布用染料微胶囊颗粒等。做到这些除了按经验判断投药量外，平时的数据积累、现场针对性的小试等是确定此种状况下混凝剂和助凝剂投加量的关键。另外应对的方法是充分发挥生物塔的作用。为避免高浓度有机废水对活性污泥系统的冲击，充分发挥能够耐受高负荷冲击的生物塔的作用是非常有必要的，通过提高生物塔回流水量可以在一定程度上提高处理水效率。回流水量的增加加重了生物塔的负担，但是对于耐冲击负荷能力高的生物塔来说，因为不存在诸如活性污泥沉降问题，所以对出水质量的负面影响不大。也可将生物塔的回流水量调整到 300%，这样生物塔的生物膜对有机物的去除效果将达到一个很高的水平。

2）进水惰性物质过多的应对策略。惰性物质流入生化系统过多会在活性污泥系统中集聚，会造成活性污泥沉降比优良的假象；同时，随着沉降比的恶化，生化池出水中活性污泥颗粒物质会逐渐增加，由于活性污泥有效成分的不断降低，有机物处理效率自然也会处于较低的水平。

惰性物质种类很多，其中多是无机颗粒。该大型造纸企业产生的废水中，纸张中的碳酸钙填料是主要的惰性物质。对惰性物质的清除，重点是放在物化处理单元，所以混凝沉淀的部分也是非常重要的，混凝剂和助凝剂的最佳投加量是确保处理效果的前提。在活性污泥系统中保持正常的污泥龄也是避免惰性物质在活性污泥系统中累积的重要措施。

3）洗涤剂等表面活性物质的影响。洗涤剂等表面活性物质容易漂浮在水体表面，造成水体携氧能力减弱，同时容易产生大量泡沫而影响系统的正常运转。

该大型造纸企业也一样，在清洗纸机的时候也会用到清洁剂，这样大量清洗水进入废水处理系统的时候就会产生大量泡沫；同时，在曝气池可以发现曝气设备的充氧能力有所下降。这些表现都与进流废水中含有的洗涤剂或表面活性剂有关。

应对这样的问题，我们认为表面活性剂或洗涤剂并不会导致废水中有机物浓度过分升高，为此，除了在物化段提高废水的 pH 值来抑制泡沫的过多产生外，重要的是让这部分废水尽快流出处理系统。要做到这一点，需要加大二沉池的回流污泥量，使进入活性污泥系统的表面活性剂或洗涤剂能够尽快地流出生化系统。

3. 物化区颗粒物质絮凝性能差的原因分析及应对策略

物化区颗粒絮凝性能差的原因很多，在分析判断的时候如果不明确地鉴别区分，往往不能对症处理，其结果就是初沉池一侧的沉降压力很大。接下来就对这个令人头疼的运行问题的应对策略进行全面的分析。

（1）废水中性颗粒含量过高。我们知道，只有打破废水中颗粒间的稳定性，这些悬浮颗粒才能够脱稳而相互吸附，最终在絮凝剂的作用下形成粗大的絮体而被沉降分离出水体。但是，当废水中富含不带电颗粒的时候，发挥絮凝剂的电离吸附作用就显得相当困难了。在该大型造纸企业的废水处理厂中也会遇到这样的情况，特别是涂布车间排放的染料废水，由于其中颗粒物质多数不带电，所以投加混凝剂和助凝剂后很难看到好的絮凝效果。

有的操作人员为了提高这类废水的混凝效果，往往会一味地加大混凝剂和助凝剂的投加量，结果是并没有看到絮凝效果的好转，原因也就在于不带电的颗粒稳定性极高，要破坏这种稳定性非常困难。相反，投加过多的混凝剂和助凝剂会使得原来脱稳的悬浮颗粒再次发生稳定的现象。所以遇到这样的情况时，不主张过量投加混凝剂和助凝剂。

（2）废水中悬浮颗粒含量过高、波动过高。我们在日常物化区的管理中始终遵循的原则是混凝剂和助凝剂的投加量要和废水中的浮颗粒相匹配。但是，在实践操作中却发现废水中的悬浮颗粒浓度如果波动过大，对物化区的絮凝效果影响是很大的。操作人员巡检连续运行的环保设施有一定的周期，如果对突发的巡检观察不够的话，出现一次废水絮凝效果不佳最终流到初沉池导致出水恶化的情况也是有的。所以，在巡检的时候要特别注意，重点观察投加絮凝剂后的废水颗粒间间隙水的清澈度及颗粒间的紧密度。当然如果在进流水之前就预知入流废水中悬浮颗粒含量过高的话，采取调整措施时就游刃有余了。就投药的应对方面，对于高悬浮颗粒的废水而言加大混凝剂和助凝剂的投加量是必然的，只是投加量需要通过杯瓶试验认真地确认。

（3）投药量不合理导致物化区絮凝效果差。物化区投药的合理与否对最终的絮凝效果影响相当密切，为了更好地保证现场投药量的准确性，需要在现场进行杯瓶试验，也称现场小试。下面就现场杯瓶试验做个简单的操作介绍。

1）仪器：1000mL 烧杯 4 个；玻璃棒 4 根（20cm 左右）；移液管 2 支（1mL

1 支、5mL 1 支）；手表 1 块（计时用）；100mL 小烧杯 2 个。

2）药剂：0.05%PAM 100mL；10%PAC 100mL。

3）药剂配制方法。

0.05%PAM 溶液的配制：在电子天平上称取 0.5g 固体 PAM 粉末，准备 800mL 自来水于 1000mL 的烧杯中，将烧杯置于电磁加热搅拌器上，投磁力搅拌子于烧杯中，开启磁力搅拌器。当水被均匀搅动的时候，将称好的 PAM 固体颗粒慢慢地少量的倒入烧杯内，随着磁力搅拌子的不断转动，进入水体的 PAM 颗粒均匀分布于水体中，并不断被溶解和搅拌。约 2h 后我们可以发现 PAM 固体已全部溶解，将烧杯内的 PAM 溶液倒入 1000mL 容量瓶中，加入自来水稀释到规定刻度，那么 0.05%浓度的 PAM 溶液就配制好了。所配制的溶液在通常情况下可以保存约 1 周，超过一周则有效成分分解严重，需要重新配制。

10%PAC 溶液的配制：该溶液配制步骤比较简单。通常废水处理厂现场使用的 PAC 溶液是附近的化学药剂公司配制好的 PAC 溶液，这种溶液浓度为 10% 最为经济。我们只要到采购的 PAC 储存槽内去提取若干即可，只是在计算投加浓度问题上，为了数据的准确性需要确认采购的 PAC 溶液是否为 10%的浓度，因为很多厂家都会通过降低浓度来获得更多的利益。检测其浓度是否合格可使用比重计或者国标的 PAC 含量检测方法。

4）运行状况下混凝剂和助凝剂投加流量的确定。要确定投加到水体中的混凝剂及助凝剂的流量是一项烦琐的过程，但是它对物化段投加混凝剂及助凝剂的合理量确定至关重要。

检测所需器具为 1000mL 量筒 1 个，秒表 1 只。

检测方法为：在 PAC 的投加出口处用 1000mL 量筒承接从管道内流出的 PAC，当开始流到量筒内时按下秒表开始计时，到达最高刻度前将量筒移开，同时按下秒表，停止计时。观察量筒内盛得的 PAC 溶液量并除以计时得到的秒数，即可得到 PAC 溶液每秒投加的流量了。

同样方法可以检测到 PAM 的投加流量，只是在实际的 PAM 投加现场，多数看到的是多点投加 PAM，这给我们集中盛接 PAM 溶液带来了不便，好在 PAM 投药管大多是 PVC 管道，可以在前段锯开后安装活动接头，在需要时拧开后集中盛接然后计量。

5）通过监测到的混凝剂和助凝剂投加流量来计算实际投加到废水中的混凝剂和助凝剂的投加浓度。在确定投加混凝剂和助凝剂的量时，多以投加浓度作为参考，因此计算出混凝剂和助凝剂的投加浓度具有重要的实际指导意义，也使得投药量的可比性得到量化。

根据投加混凝剂的流量确定投药量：假设 PAC 的投药流量是 1000mL/min，那么实际投加到水体中的 PAC 为 1000mL×10% = 100mL。按假设密度 1.0 计，实际每分钟投加到水体中的 PAC 质量是 100000mg。假设此时的废水处理流量是

$500m^3/h$，那么每分钟的处理水流量就是 $8.3m^3$（8333L），最终投加到水体中的 PAC 浓度 = 100000/8333 = 12.0mg/L。

根据投加助凝剂的流量确定投药量：假设 PAM 的投药流量是 12000mL/min，那么实际投加到水体中的 PAM 量为 12000×0.05% = 6mL。按假设密度 1.0 计，实际每分钟投加到水体中的 PAM 重量是 6000mg。此时的废水处理流量假设是 $500m^3/h$，那么每分钟的处理水流量就是 $8.3m^3$（8333L），最终投加到水体中的 PAM 浓度 = 6000/8333 = 0.72mg/L。

我们计算出投加入废水中的混凝剂和助凝剂的浓度后，就可以通过小试确定当前废水所投加的混凝剂和助凝剂是否为合适的投加量。如果投加浓度有误差，可以对混凝剂和助凝剂的投加流量进行调整以满足对最佳投加量的需求。

现场的小试如何进行呢？接下来做详细的说明。

现场小试是现场工艺调整人员必须具备的一项技能，因为我们已经知道了整个废水处理工艺中物化段的重要性，也知道混凝剂和助凝剂的投加量是否准确决定了整个物化段的最终沉淀结果。具体的现场的小试操作步骤如下：

1）将 4 个 1000mL 的烧杯放在可操作的平稳位置，注入搅拌均匀的废水原水，保持液面高度在烧杯的 1000mL 刻度位置。

2）按上述方法确定目前现场实际投加 PAC 的浓度，由此决定在现场小试过程中所需确认的波动投加量，一般先取 0.8 倍、1.0 倍、1.2 倍、1.4 倍来投加。

3）假设现场 PAC 测得的投加浓度是 12mg/L 的话，根据上面提到的倍率关系，需要设定小试过程中投加的测试浓度是 9.6mg/L、12mg/L、14.4mg/L、16.8mg/L，投加入 4 个烧杯的 PAC（浓度 10%）容积分别是 0.096mL、0.12mL、0.144mL、0.168mL。

4）投加 PAC 到烧杯后，需要用玻璃棒迅速搅拌烧杯内的水体，理论上需要做到的是尽可能快速搅拌水体，只要水体不外溢。搅拌时间控制在 15s 左右，需要做到 4 个烧杯同时开始搅拌和同时停止搅拌，多人操作需要手法尽量相同。

5）快速搅拌的目的主要是为了在最短时间内使投加的 PAC 能够快速分布在废水中，为此，一旦完成了 PAC 在水体中的快速分布就可以停止搅拌了。

6）接下来的步骤是投加 PAM，还是按上述方法确认目前现场实际投加 PAM 的浓度，由此决定在现场小试过程中所需确认的波动投加量，一般也先取 0.8 倍、1.0 倍、1.2 倍、1.4 倍来投加确认效果。

7）假设现场 PAM 测得的投加浓度是 0.72mg/L，根据上面提到的倍率关系，需要设定小试过程中投加的测试浓度是 0.58mg/L、0.72mg/L、0.86mg/L、1.01mg/L，投加到 4 个烧杯的 PAM（浓度 0.05%）体积数分别是 1.16mL、1.44mL、1.72mL、2.02mL。

8）在投加 PAM 之前，我们已经投加了 PAC，所以可以通过观察投加 PAC

后的效果来确认投加的 PAC 是否符合最佳投加量的要求。主要观察项目是 4 个烧杯中形成的絮体颗粒大小、颗粒间的间隙水等变化区别，此组最优最劣的观察结果将用于最后投加 PAM 后的药价效果的综合对比。

9）观察好投加了 PAC 的效果后应该尽快同时向烧杯内投加 PAM，投加入 4 个烧杯的 PAM（浓度 0.05%）体积数分别是 1.16mL、1.44mL、1.72mL、2.02mL。

10）投加入 PAM 后，需要同时慢速搅拌烧杯中的水体，使得水体中逐渐形成粗大的胶羽。搅拌速度控制在 40r/min。搅拌 2min 后停止搅拌等待沉淀。

11）在搅拌和等待沉淀的过程中需要观察多个项目来判断不同投药浓度情况下的药价效果。主要项目是：胶羽形成的大小、速度，胶羽间间隙水的清澈程度，液面浮渣情况等。

12）当形成的胶羽在水力旋转作用消失后会快速进入沉淀阶段，经过 30min 的静置沉淀后，我们就可以对沉淀的胶羽形态进行一个投药效果的再判断了，主要通过如下项目判断：沉淀物数量、沉淀胶羽单体的大小、上清液清澈程度、烧杯壁悬挂胶羽的程度、最终的上清液浮渣情况等。

投药量判断标准说明见表 6-1。

表 6-1　　　　　　　　　　投药量判断标准

效　果	仅投加 PAC	投加 PAC+PAM
絮体细小但独立而均一	投加量合适	PAC 与 PAM 投加的配比不合适，需调整投加比例；常见于 PAC 投加不足
絮体粗大，但间隙水混浊	PAC 投加过量	PAM 投加不足
絮体粗大，但间隙水清澈	投加量合适	投加比例合适
絮体有挂烧杯壁的现象	不可见	投加 PAM 过量
液面浮渣	不可见	PAC 投加过量
沉淀物粗大，上清液清澈	投加量合适	投加比例合适
沉淀物粗大，上清液混浊	PAC 有可能投加不足	PAM 投加不足或 PAC 与 PAM 投加的配比不合适
沉淀物细小，上清液清澈	投加量合适	投加比例合适
沉淀物细小，上清液混浊	PAC 投加不足	PAM 投加不足

根据以上给出的 PAC、PAM 投加过量或不足以及投加比例不协调的问题，通过仔细确认和反复调整 PAC 或 PAM 的投加量就可以得到最佳投药效果。这是通过现场小试指导实践投药操作的主要手段，运用得好对物化段发挥高效投药效果、节约投药成本非常有意义。

这里需要再次指出的是举例中所涉及的混凝剂和助凝剂是 PAC 和 PAM，其实不仅如此，混凝剂中的硫酸铝、聚合氯化铁、三氯化铁等也适用于这种小试方法，而 PAM 中的阴离子型、非离子型都适用；阳离子型 PAM 用于废水中投加的话，其现场小试不建议在此之前投加 PAC 等混凝剂，而是单独投加阳离子型 PAM 即可，这同样能达到较好的絮凝沉淀效果。

（4）投药位置不正确导致物化区的絮凝沉淀效果欠佳。物化区的投药位置和投药后废水和药剂混合、反应的时间长短有关，在物化区的投药位置是否正确非常重要。

通常混凝剂的投药位置比较固定，都在快混池或前段的管道混合器部位，但是助凝剂 PAM 的投加位置却存在很大的变数，我们通常将 PAM 的投药位置放在慢混池前端，也就是放在第一个慢混池的进水口，但很少看到放在第二个慢混池的进水口，这主要是设计上的原因。实际运行中存在如下的问题：

1）当进入物化区的水量达到设计负荷时，我们可以发现将助凝剂的投药位置放于第一个慢混池的进水口符合最佳投药点原则。因为物化区进水量达到设计负荷时，物化区过流水量最大，投加入废水中的化学药剂停留时间最短，为了最大限度的延长投药后药剂在物化区的停留时间，选择慢混池的进水口作为最佳投药点。

2）当进入物化区的水量远未达到设计负荷时，仍然将 PAM 的投药点设置在第一慢混池的进水口首端是错误的。因为过分延长 PAM 在废水中的停留时间反而会导致形成的絮体折断或解絮，这对初沉池的沉降效果发挥不利。为了应对这个情况，应该在两个慢混池皆设置投药点。当物化区进水流量偏小时，可以开启设在第二慢混池的 PAM 投药点；当进水流量过大时开启第一慢混池的投药点。如此机动灵活地选择区分投药点，可以最大限度提高 PAM 助凝剂的投药效果。

4. 初沉池运行故障应对策略

初沉池的运行故障前已述及，主要是沉降不佳、污泥上浮、积泥过度等方面，接下来对这些故障的应对策略分别加以分析。

（1）沉降不佳。初沉池作为物化区絮凝沉淀作用后的泥水分离场所，其常见影响效果好坏的因素除了设计上的缺陷外，还有物化区的投药比例合适与否、进流废水的水质及负荷。应对此问题最重要的就是充分发挥物化区絮凝沉淀的效果，也就是尽量调整混凝剂及助凝剂的投加比例及最适合投加量。

（2）污泥上浮。物化区的污泥上浮多半是因为沉降的污泥没有及时排除，积聚在池内过多，导致厌氧污泥产生，继而浮出初沉池液面。应对策略重点是确认排泥是否正常通畅、近期进流废水悬浮颗粒浓度是否过高，以便提早采取加大排泥的措施。

（3）初沉池积泥过度。初沉池积泥过度往往会导致初沉池刮泥机故障，并最终导致初沉池无法排泥而停止运转。实践中往往因为操作人员巡检和点检不力，导致初沉池排泥不及时，等到发现故障时，初沉池刮泥机早已停运了，这时的维护应对策略就显得比较滞后了。因此，如何提早识别初沉池排泥不畅的问题是操作管理人员需要，从制度和方法上加以明确的。在方法方面主要就是要懂得如何根据进水中悬浮颗粒浓度的变化来调整初沉池的排泥流量，它们之间是呈正比例的。另外，排除初沉池的污泥浓度是否过大也是可以确认的。同时，当初沉池积聚多量污泥的时候，会发现刮泥机的运转不正常，出现最多的是传动装置发出异声、原地打滑、传动链断裂、跳闸等异常表现，这时就需要认真确认初沉池是否积泥过度了，提早采取加大排泥流量是最有效和必需的方法。

5. 生物塔常见运行故障应对策略

生物塔作为耐受高冲击负荷、降低活性污泥系统受冲击程度的构筑物，其运行的稳定性至关重要。常见故障对应策略如下。

（1）pH 值异常导致生物塔故障。pH 值波动过大对生物塔的生物膜影响确实很大，常可以看到生物塔遭受高 pH 值冲击后生物膜剥落严重、秃斑明显。为此，有效的应对策略是尽可能地在物化处理段就将 pH 值调整到合理范围。如果预计到现有的酸碱不能完全中和入流废水的 pH 值，应该采取的主要方法是尽可能地用少量酸碱中和，当然其结果肯定是酸碱中和不到位。但是，这里也要明确一个概念，即微生物作为一个整体来讲还是有能力抗受一定浓度和时间的 pH 值波动的，特别是 pH 值在 6~9 范围内的波动。因此，当进流废水 pH 值显酸性时，我们投加碱进行中和的时候，只要将 pH 值提升到 6.0 左右即可，而无需浪费多量的碱来将 pH 值强行提升到 7.0 左右；同样，也没有必要为了中和过高的碱性废水而投加过量的酸，只需将碱性废水 pH 值调整到 9.0 左右即可。

（2）生物膜生长不良。生长不良的生物膜导致的直接后果就是对废水中有机物的去除效率降低，为此，针对性的策略显得比较重要。

关于生物膜滋生大量青苔的问题，我们可以发现受光面的生物膜青苔滋生厉害，而背光面看不到青苔的滋生，因此如何减少生物膜的受光面在生物塔设计和改造时是关键的考虑点。另外，减少对生物塔营养剂的投加也比较重要，过量地投加营养剂也是引发生物塔爆发青苔繁殖的重要原因。为此，整个生化系统的营养剂可以进行分段投加，即生物塔一侧做一个投加点，在活性污泥法的曝气池一侧也做一个投加点，如此分段投加营养剂，即可避免因生物塔投加过量营养剂而引发的问题。

生物膜滋生丝状菌对生物膜本身来说不会影响过大，但是可能对后续的活性污泥法导致严重后果而对整个生化系统不利。应对策略重点在系统停止后对丝状菌的灭杀，可用高次氯酸钠水对生物塔进行彻底清洗，以重新生长生物膜。

生物膜生长过厚导致剥落堵塞等问题的应对重点是控制回流水量。通过高回流水量的冲刷作用可以抑制生物膜的厚度，也有利于提高生物膜对有机物的

165

去除率。

6. 曝气池常见运行故障应对策略

（1）液面浮渣问题。该大型造纸企业的生化系统也常出现液面浮渣，由于产生浮渣原因不同，所以应对策略也不同。主要应对策略分述如下。

1）进入生化系统的废水含有大量惰性物质，应对策略是强化物化段的混凝沉淀效果，以减少进入生化系统的惰性物质总量。同时，为避免生化系统积聚过量的惰性物质，通过排泥方式逐步代谢出在活性污泥中的惰性物质是必要的手段。

2）活性污泥老化导致的液面浮渣，重点应对策略是调整整个活性污泥系统的食微比，通过降低活性污泥浓度的方式来实现比较方便和可控。

3）丝状菌膨胀导致的液面浮渣，主要还是从诱发丝状菌膨胀的原因入手进行处理。由于丝状菌膨胀导致的活性污泥液面浮渣原因复杂、处理困难，所以找到针对性的原因进行处理至关重要。具体问题将在随后的章节中进行专门的应对策略说明。

（2）曝气池产生液面泡沫的应对策略。曝气池泡沫的产生和浮渣的产生一样，原因都是多方面的，同样需要区别应对。但是我们发现，浮渣很多时候是由于泡沫过度堆积而形成的。因此，就泡沫过度堆积后导致浮渣的部分，参照浮渣部分的对策即可。而另一部分的泡沫主要是白色黏稠类的，这些泡沫再积聚都不会产生浮渣，通常此类泡沫是由于负荷过高引起的，那么应对这样的问题自然是从降低进流废水对活性污泥的冲击入手。

7. 二沉池常见运行故障应对策略

二沉池通常作为整个废水处理系统的终极部位，其出水的好坏直接影响系统最终出水的质量。二沉池常见故障的针对性应对策略如下。

（1）液面浮渣产生的应对策略。二沉池液面浮渣产生的主要原因是曝气池运行故障，由此波及到二沉池的液面浮渣。应对策略重点就在于改善曝气池产生的浮渣。另一种情况就是沉降在二沉池底的活性污泥反硝化导致的浮泥，并最终形成浮渣。应对策略重点是纠正活性污泥系统的整个碳氮比结构，特别是不要过量投加营养剂中的氮元素，并提高曝气池出口流出水的溶解氧，适当加大二沉池回流比，如果二沉池刮泥板有故障，就及时修复它。

（2）二沉池漂泥的应对策略。二沉池发生漂泥是令操作人员非常头疼的事，但操作人员看到二沉池出水夹着颗粒流出时，更多的是要确认问题在哪里。我们认为纠正活性污泥的老化问题和降低进流废水对活性污泥的负荷冲击至关重要。

（3）二沉池活性污泥成团上浮。出现此类现象最多是与水力冲击的存在和活性污泥丝状菌高度膨胀有关。对应的策略就是降低活性污泥承受的冲击负荷，使二沉池的活性污泥有足够的时间沉降。另外对丝状菌的抑制和控制也需要进行，丝状菌的具体控制技术将在随后专门的章节介绍。

第五节　系统运行效果评价及注意事项

一、系统运行效果评价

活性污泥系统的常见故障表现、故障原因、故障对策在前面的内容中都进行了简单的阐述，这些内容都是分别讲解的，如何将其汇总起来、进行综合判断是我们需要掌握的。对于该大型造纸企业来说主要在以下几方面进行效果评价。

1. 物化区效果评价

物化区存在的目的是去除废水中的悬浮颗粒，也就是去除废水中的无机悬浮颗粒和部分有机悬浮颗粒。那么，对物化区的评价主要就是确认初沉池出水的情况了。初沉池出水评价项目如下。

（1）观察出水清澈程度。工艺管理人员到达初沉池时，首先需要观察的是初沉池出水是否清澈。常用方法是观察初沉池堰口在水面以下的水中视程，能看得越深，初沉池出水越清澈，自然在物化段的絮凝效果就比较好了。

（2）出水颜色确认。该大型造纸企业因为有涂布工厂，使用的矿物性染料通常使初沉池出水带颜色，但是其颜色的深浅同样与物化段的絮凝效果有关。

（3）实验室指标。实验室方面的监测数据较多，主要有 pH 值、SS、COD、色度、浊度等指标，通过这些指标的对比都可以清楚地了解到初沉池现有状态下的运行情况。

综合以上的几个评价指标，发现其评价方法有靠观察判断的，也有实验室的分析指标。同时，我们对物化区的效果评价重点集中在初沉池出水质量，也就是评价物化区絮凝效果的优劣。所以说，物化区的工艺控制重点是混凝剂和助凝剂的投加量和比例。

2. 生化区效果评价

除了物化区的效果评价外，生化区的效果综合评价也是非常重要的一个方面。该项目中主要评价位置是生化系统的二沉池。具体如下：

（1）二沉池出水清澈程度判断。二沉池作为活性污泥系统中活性污泥进行泥水分离的场所，其运行是否正常可以从侧面判断现有活性污泥的运转状态，而活性污泥的运转状态优劣是评判整个废水处理厂运行效果好坏的关键。

二沉池出水是否清澈的判断方法和初沉池的相近，即目视观察，实验室浊度、色度的检测等方法。在活性污泥运行状态达到较高水平时，可以看到沉淀到二沉池底的活性污泥、甚至是刮泥机局部结构。所以这样的出水清澈程度，对确认整个活性污泥系统的最优状态及控制参数相当有参考价值。也就是要在优良的出水清澈程度情况下去主动确认现有运行条件下各控制参数的具体数据，将其综合记录分析，以便以后系统异常时进行控制参数的对比。

（2）二沉池堰口出水泡沫的评价。二沉池堰口出水的各种变化对判断二沉池运行状态比较直观，也有参考意义。主要是观察堰口出水进入出水收集渠后所产生的泡沫量，如果不产生可堆积的泡沫、所产生的泡沫易碎的话，就认为对有机物的去除率较高，活性污泥也未出现老化，活性污泥系统处在较佳运行状态。

3. 综合评价

就该大型造纸企业废水处理厂而言，判断其整体运行状态的优劣，重点就在上面两点所讲的物化段控制及生化段控制。通过对初沉池、二沉池的感官评测和实验室分析，能够较好地确认两系统的运行优劣，这对操作人员综合判断能力方面的提升有很好的推进作用。通过不断地循序渐进、经验积累，单个废水处理厂的管理和运行故障原因的判断就显得非常容易了。

二、系统运行注意事项

整个废水处理厂废水处理状况不是静止的，而是在不断变化中的，既有负荷的变化，也有水质的变化，还有活性污泥的阶段性演变及季节对整个废水处理系统的影响。为此，如何保证该大型造纸企业的废水处理厂处在一个相对稳定的环境下，确保经处理后的废水达标排放是我们需要认真考虑的。

具体在如下方面进行重点应对：

1. 控制原水水质波动，尽可能保证原水水质的均衡稳定

要做到这一点必须要和生产部门建立良好的沟通，阐明排放的污染物对废水处理厂的冲击主要体现在哪里。当有污染物排放计划时，要通过有效的途径将这样的信息提前传达到废水处理厂，这是废水处理厂能够提前调整工艺、采购药品的前提。

2. 物化区混凝剂、助凝剂投药量的调整

物化区的重要性我们已经有所认识了，如果混凝剂、助凝剂投加量和投加比例能够跟随进水水量和水质进行同步调整的话，就能够发挥最大的投药效果。

3. 系统运行参数的调控

要做到活性污泥系统的稳定运行，需要对活性污泥系统的运行参数进行有效地调控和管理。在调控之前是通过不同渠道进行运行参数的数据调查，这是就数据进行判断的基础，所以调查得到的数据是否正确至关重要。

对于主要运行参数，年度各时间点的控制值与这些时间点所表现出来的运行状况是我们需要整理分析的，特别是运行异常状况下的控制参数和正常状况下的控制参数。通过对各工艺控制参数的有效控制及系统运行异常的工艺控制参数识别，就能够很好地通过改变运行控制参数来达到稳定活性污泥系统运行的目的了。

第七章

活性污泥法运行故障的应对方法

本书的重点内容是活性污泥法工艺控制的实践知识讲解。通过第六章的废水处理厂案例，向大家讲述了活性污泥工艺与其他构筑物及处理设施间的关系，就活性污泥处理工艺的控制方法和原理给出了一个概念性的框架，这有助于接下来对本章内容的理解，从而加深对活性污泥法工艺控制的理解和熟悉。

本章将对活性污泥运行中的各种运行故障进行系统地分析，通过这样的分析给出在实际操作中出现故障时的应对参考，在活性污泥工艺控制方面形成系统的概念性理论，强化我们通过系统判断来确认和分析系统故障的原因及最佳处理对策的能力。

第一节　生化系统培菌启动困难应对

一、生化系统培菌启动困难概述

活性污泥法作为处理污水、废水中有机物最为经济的方法之一，在处理大流量含有机物的污水、废水中得到了普遍的运用，也是我们在市政排水处理中能够经常看到活性污泥法变形工艺的原因。

所有的新投产废水处理工艺都需要经历一个培菌过程，使新投产的废水处理生化系统构筑物内从无到有，培育适合该污水、废水处理厂的菌种。由于微生物对生长环境要求较为严格，其生物相变化与环境变化的关系也非常密切，所以，需要有详细的培菌计划和严格的培菌控制才能在最短的时间内完成培菌。培菌初期各工艺控制指标不能有效控制，菌种接种或自培菌时的微生物含量过低，不能有效地适应进水的冲击是培菌困难的主要原因。

培菌成功的生化系统，各工艺控制指标都要求调整在参考值或经验值内，但是培菌初期却无法做到这一点。因为培菌初期进水没有规律，浓度和水量变化大，营养剂没法投加到准确量。这些冲击和异常环境的存在，是培菌阶段需要延长时间、强化培菌计划性的主要原因。

进水没有规律、出现间隔进水的话，每次间隔后的进水，都会对微生物的生长形成冲击，所以提倡保证连续进水。

进水浓度变化同样会对微生物造成冲击，使培菌效果降低，我们还是强调进水的有机物要与微生物数量相协调。否则，过高的有机物浓度对刚接种的活性污泥有极强的抑制作用，初期表现为接种污泥大量死亡。虽然这一过程有利于污泥优势种群的繁殖发展，但是接种初期因为微生物对新环境不适应，所以在培菌初期需要进行严格的进水控制。

营养剂的投加方面，由于微生物接种或自培菌初期微生物量不多，实际消耗营养剂的机会很少，为此常会出现营养剂投加过多的现象。这时容易在培菌初期出现藻类问题，继而在一定程度上导致对快速培菌的影响。

二、培菌过程及方法

活性污泥的培菌通常分为接种培菌和自培菌两种。接下来就分别对这两种培菌进行说明。

1. 接种培菌

（1）接种培菌的优缺点。对活性污泥的培菌过程来讲，接种培菌比较常用，主要是因为培菌耗时较短，有利于整个活性污泥处理系统尽快启动，因此，对能量的消耗就比较少。反之，过度延长培菌时间就会消耗过多的资源，特别是电能方面。

缺点主要表现在菌种的适应性方面。接种过来的菌种对新的污水、废水处理厂接收的污水、废水是不适应的，因此培菌过后的一段时间内仍然有菌种不断优化的过程。在这种优化的进展过程中，由于形成优势菌种需要时间，对去除率和系统稳定性方面存在一定的影响。与自培菌所培养出来的纯菌种相比，这是它的不足点。同时，接种菌种常会伴随一些非正常菌种，给接下来的培菌及以后的稳定运行带来诸多影响，特别是接种污泥内含有的丝状菌体，如果被接种过来，危害很大，也很难彻底清除。所以，条件允许的话尽量自培菌，如果要接种的话，需要经有经验的技术员对接种污泥进行显微镜观察，确认接种的污泥无异常的情况后，才能进行接种，此时显微镜观察的重点是丝状菌是否存在。就接种污泥来说，显微镜观察在菌胶团内是绝对不能看到有丝状菌的，即使是很少量的丝状菌。因为在原系统中的丝状菌没有爆发是受其所处环境的影响和限制的，但是到了新的环境中，尤其是培菌初期不适合正常微生物生长的时候，丝状菌会占优势生长，这是我们不愿意看到的。另一方面，我们还要观察菌胶团的松散程度，过于细小松散的菌胶团往往不能适应新的环境，被接种后极易死亡，最后在不正确的培菌操作下导致培菌失败。这是因为显微镜观察到的松散细小的菌胶团往往是活性污泥内存在较多惰性物质、活性污泥发生老化等不正常的低效活性污泥，所以在新的环境中极易死亡。

（2）接种培菌的过程及方法。概括性地来讲，接种培菌就是将相近的污水或废水处理厂的回流污泥或脱水后的污泥运到准备启动的污水、废水处理现场，通过水泵或直接倾倒入生化处理池，再经过一系列培菌步骤完成对整个生化系统的启动。

接种的时候对需要多少接种污泥、不同污泥的需求量，都有一定的要求，接下来就对接种污泥需求量进行分析阐述。

在投加接种污泥的时候，到底投加多少比例的活性污泥量能满足新运行污水、废水处理厂的生化系统启动需求量呢？是 1t，还是 2t？其实这样的模糊回答从理论上来讲不太合适，因为还需要考虑到待培养的活性污泥生化系统的规模。规模越大，理论上需要的接种活性污泥量就越大。同时，接种过来的活性污泥浓度和有效成分的量等也是很重要的影响因素。因此，在确认投加多少接种活性污泥时需要考虑很多影响因素。

1）对于直接拿相近污水处理厂回流活性污泥作为接种污泥的培菌，由于活性污泥脱离运行环境后，就中断了食物源和供氧源，所以需要在最短时间内将其运到培菌现场。由于回流的活性污泥浓度比生化池内的浓度要高 1~2 倍，所以在一定程度上节约了运输接种污泥的成本。通常投加量可以根据计算确认，以概要的食微比计算投加接种污泥量。通常概要食微比控制在 5~10，根据概要食微比的计算投加接种污泥量如下：

初期培菌进水量控制为 1000t/d；

有机物含量（BOD_5）= 150mg/L；

接种来的活性污泥浓度（MLSS）= 4000mg/L；

那么，根据概要食微比（5~10）=（进水量×有机物含量）/（接种污泥量×接种污泥浓度），则接种污泥量 = 3.75~7.5t。

以上是根据概要食微比计算投加接种污泥量，需要说明的是，概要食微比忽略了诸如接种活性污泥的活性、日常波动水量水质情况等因素，但是在培菌初期投入的接种活性污泥量可以有较大的偏差幅度，这和活性污泥的适应性有关。要活性污泥发挥对有机物的高效去除，需要相当严格的控制要求。但是在培菌初期，没有处理效率要求的情况下，微生物的增长对各控制参数的要求还是相对较宽的。所以对接种后的活性污泥运行参数的控制是关键，对接种活性污泥数量的准确性要求不高，毕竟微生物繁殖方式是成倍数增长的。

2）投加来自脱水机房的污泥饼作为接种污泥的，由于是干污泥（含水率 80%左右），相对投加比较方便。但是其有效成分不高，活性也差，所以接种后的培菌速度低于直接接种回流活性污泥的速度；同时，由于来自初沉池、沉砂池的无机颗粒在脱水污泥饼中也有很多，这对活性污泥的培菌是不利的。另外，泥饼中的活性污泥部分由于在干污泥中，容易失去活性或处于休眠状态，为此接种后需要第一时间激活休眠的微生物。

投入量的确定方面，由于无效成分较多，所以需求量与接种回流活性污泥量相近。对其有效成分的判断主要通过确认无机颗粒的流入量和活性污泥的流入量之比；另外，可以通过显微镜观察泥饼结构来判断活性污泥的有效成分含量。对后者的观察，主要是将泥饼溶解后再进行显微镜观察，重点观察活性污泥菌胶团的成分数量所占的比重，能观察到超过 5%即可作为合格的污泥饼进行接种。

接种污泥投入到生化系统池以后，就进入培菌初期阶段了，这个阶段控制

171

是否得当，对后续的培菌成败及耗时具有重要的影响作用。

3）接种培菌的具体过程。

a. 首先，按照设计原水 COD 浓度的 30% 进水注满曝气池，然后要进行的是闷曝过程（闷曝即将曝气池的入口、出口、排泥都关闭，对静止不流动的池液进行曝气），为了通过全程足量曝气达到激活活性污泥活性的目的，这个过程需要 24h，最长不超过 36h，控制要点是不进水而仅仅进行足量全程曝气。随后将曝气量降低到能够保证整个生化池混合液 DO 值在 2~4mg/L。

b. 在闷曝结束后，随后的培菌过程中，仍然按设计原水 COD 浓度 30% 继续进水，待二沉池接近满溢时，停止进水，二沉池开启回流（回流比 30%~50%），使生化系统在不进水的情况下连续降解生化系统中的有机物。其间需要定期监测曝气池末端的 DO（2 次/日）和二沉池内上清液的 COD（1 次/日）。当检测到二沉池上清液可以达标排放后，停止二沉池回流，用临时水泵抽出二沉池内的污水、废水进行排放，降低二沉池的液位到 2/5。

c. 进入下一个批次的循环处理，即再次进水，进水浓度为 COD 设计值 35%，待二沉池接近满溢时，停止进水，重复 b. 的步骤一直循环处理，直到二沉池上清液可以达标排放为止。重复 b. 的步骤时，不需要再闷曝。

d. 之后每次重新进水，进水 COD 都按提高 10% 进行，逐步提高进水浓度，直到进水浓度达到当下的实际原水浓度为止。

e. 第 2 天开始，要检测好氧池的 MLSS 和 SV_{30}，并加以记录。

f. 第 3 天开始少量排泥，可以每天排 3 次，每次 20min，以后每天增加排泥 10min，排泥次数不变。

g. 在到第 5 天左右，MLSS 达到 1200mg/L 以上时，进行连续进水。

h. 第 15 天后改为连续排泥，排泥浓度控制在可使 MLSS 维持在设计浓度。

纵观整个培菌过程，其实并不复杂，所以培菌操作人员应该放松心态应对整个培菌工作。其中确认好待处理污水、废水的水质、严格控制各项指标，重视培菌要求，那么完全可以在气温适宜的情况下提前完成培菌过程。

2. 自培菌

活性污泥的培菌通常选用接种培菌的方法，主要是想求得以最快的培菌速度完成培菌的工程任务，但是有很多时候不能使用接种培菌。这主要是因为接种活性污泥需要在最短的时间内进行，以免出现活性污泥死亡而影响接种效果，但是有时候受地理位置限制，无法及时方便地运输接种污泥就需要进行自培菌了；另外，对于一些特殊的污水、废水，往往很难找到合适的菌种，这样一来，接种过来的活性污泥往往会在新的环境中因为不适应而死亡，为了避免这样的情况发生，也需要进行自培菌。

（1）自培菌的优缺点。自培菌是在污水、废水的特定成分条件下来培养微生物，因此产生的活性污泥具有较好的针对性。所以自培菌的微生物对污水、废水中有机物的降解效率要高于接种污泥的去除效率，这样的现象在培菌结束后的若干月中表现得较为明显。另外，自培菌的微生物对该污水、废水中的抑制物质的适应能力要明显强于接种的活性污泥所形成的微生物群落的适应能力。

在运行上的缺点。如前所述，自培菌先期启动时需要投加大量的启动能源，特别是易降解的碳氢化合物，如甲醇、蔗糖、化粪池污水等；同时，因为微生物是从无到有培菌的，所以前期消耗的曝气能量较多；另外培菌初期，白色泡沫产量较多，对生化池周围环境有一定的影响。

（2）自培过程及方法。

1）首先，让待处理污水、废水进入生化池，同时需控制好进入生化池的废水浓度和进水量，进水浓度控制在 COD 设计值的 20% 左右，进水量在开始的 2 天内是一次性注满生化池，同样，开始进入闷曝阶段。自培菌的闷曝阶段要比接种培菌长，约 2 倍，即 2d 左右。原因在于自培菌的培菌初期基础很差，需要更高的活性激活。

2）2d 后结束闷曝即可同接种活性污泥的培菌方法一样进入正常培菌阶段，调整曝气量，使好氧池溶解氧维持在 2~4mg/L 的水平。

3）开启二沉池循环泵，通过打循环，使曝气池内逐渐形成活性污泥。待活性污泥形成后，二沉池上清液的 COD 会逐渐降低。

4）当二沉池内 COD 浓度低于原水设计浓度 10%（也就是由原来的 20% 降低到了 10%），且满足达标排放要求时，停止二沉池回流，用临时水泵抽出二沉池内的污水、废水进行排放，降低二沉池的液位到 2/5，而后再补充原水 COD 设计值 30% 浓度的废水进入生化系统，直到接近二沉池满溢的状态，继续开启二沉池循环泵，使活性污泥在生化系统内的 COD 值逐渐降低的同时逐渐成长起来。这个过程可能需要 3 周左右。

5）培菌期间需要定期监测曝气池末端的 DO（2 次/日）和二沉池内上清液的 COD（1 次/日），并做好记录。

6）投加合适的营养剂，根据 BOD_5、氮、磷为 100∶5∶1 的比例投加氮磷营养剂，根据日常监测值，缺就补充，但要注意扣除污水、废水中已含有的氮磷含量。

7）第 3 周开始需要每天排泥 2 次，每次排泥时间：第三周每次排泥 10~15min，第四周每次排泥 20~30min，第五周每次排泥 30~40min。

8）在 4~5 周左右，MLSS 达到 900mg/L 以上时，就可以进行连续进水了。

9）第 6 周开始且 MLSS 达到 1200mg/L 以上时，就可以改为二沉池连续排泥了，排泥浓度控制在可使 MLSS 维持在设计浓度值。

10）正常情况下，在 4~5 周左右，自培菌就可以顺利完成。

11）由于自培菌阶段微生物启动的基础很差，所以较接种培菌的耗时来说会晚 2~3 周左右。这是在培菌的时候需要注意的地方，从培菌开始到进入正常运行阶段的耗时需要有计划性，否则，一味加大进水浓度及进水量，反而会延长培菌周期。

3. 培菌各阶段控制指标要求

培菌各阶段的控制指标是培菌成败和培菌耗时长短的关键，在实际操作过程中要严格按照操作方法进行操作，特别是一些操作注意项，更是要严格遵守。下面对培菌的各要点分述如下：

（1）闷曝要求。前面已经就闷曝的原因进行了叙述，由于其能激活休眠状态的微生物功能，我们可以明确地知道，当微生物被激活后是不需要闷曝的。但是非常遗憾很多调试人员不知道这一点，在整个培菌过程中始终进行闷曝，结果是培菌进行了半个月，却得不到任何微生物，甚至接种过来的活性污泥也消失了。那么，是什么原因导致这种情况的发生呢？原因很简单，过度曝气会对活性污泥造成过度氧化，最终使活性污泥发生自分解而死亡。也许有的读者会问：为什么我们在正常操作过程中过度曝气也没有发现活性污泥减少啊？回答这个问题，就需要考虑活性污泥正常阶段和培菌阶段的区别了。正常阶段的活性污泥整体性好，世代繁殖的量相当庞大，对高曝气能够较好地通过整体效应加以应对。而培菌阶段，由于活性污泥数量少，基础差，繁殖基数少，所以耐受高曝气的冲击能力很差，特别是自培菌的时候，如果老是足量曝气的话，活性污泥被氧化分解的情况就会非常严重，以至于活性污泥分解繁殖的量抵不上被氧化分解的量，那么结果就是活性污泥在高曝气状况下数量迅速减少了。

所以，我们一再强调，闷曝过后一定要将曝气量降下来，不要足量连续地曝气。这不但是浪费电能的问题，重要的是会延长培菌时间，特别是在设计负荷远高于实际负荷的情况下，这样的操作有可能导致培菌失败。

（2）排泥要求。培菌过程中有时候会出现这样的问题，即整个培菌过程中不知道要排泥，他们觉得：我在培菌，要排掉了，岂不是白培养了？表面上看，这样的说法很有道理，事实上是违背了活性污泥整个系统的规律性要求，即活性污泥排泥是为了置换掉陈旧的活性污泥，保持活性污泥的活性而进行的。同时，进入生化池的无机颗粒很容易在生化系统中积累，如不排泥，势必导致生化系统中所培养的活性污泥有效成分越来越低，最终出现有机物去除率极低的现象。

正确的做法是在培菌过程中，当出现较具规模的活性污泥浓度时，就需要进行适度的排泥了，通常将在生化池监测到的活性污泥浓度达到500mg/L作为培菌过程需要排泥的判断标准。那么排泥量如何控制呢？还是如前所说，控制排泥量大小以排泥是否会导致生化系统活性污泥浓度降低为标准。只要排泥后活性污泥浓度不降低，我们就认为排泥量正常，同时力求多次连续均匀的排泥，即不要一次性地大量排泥，因为这样很难控制程度，往往会出现生化系统活性污泥浓度骤降的不可控情况。

（3）营养剂要求。活性污泥的培菌阶段，营养剂的投加要求和正常培菌的一样，需要严格掌控，但是相对正常运行时投加营养剂的量而言是需要略高一点的，基本上要高过正常值的15%左右，目的也是在于为活性污泥的快速培菌启动成功提供必要的条件，同时也为活性污泥的培菌过程中快速增殖的活性污泥浓度提供必要的保障。为了确认这个结果，需要每天检测生化池的活性污泥浓度以及排放水中的氮磷含量，用以判断营养剂是否短缺，具体以排放水中磷含量不超过0.5mg/L、氨氮含量不超过5mg/L为参考依据。

以上是对投加量方面的要求，营养剂的投加方式也需要正确对待。我们在培菌初期往往遇到设施没有投用、运转药品没有购买到等统筹不足的问题，以至于操作人员在投加营养剂时采用的是人工投加，这样一来，瞬间投加量会很多，而第二次投加前微生物会表现出营养剂短缺的现象。所以，我们要尽量避免人工投加营养剂，即使是必须要人工投加的时候，也尽量均衡地多次投加，也就是尽量模仿设备连续投加。在这里反对一次性人工投加营养剂的原因是：活性污泥系统，入流污水、废水进入生化池是有停留时间的，如果停留时间是4h的话，可以近似地认为投入到培菌初期生化系统中的营养剂在4h后没有被利用的部分也将流出生化系统。那么4h后的生化系统中的氮磷就所剩无几了，这对于培菌是不利的。同样，在补充外加碳源的时候，也要避免一次性投加过量碳源。因为一次性投加过量的话，会产生对活性污泥的负荷冲击，前已说过，培菌初期应该避免冲击负荷的产生，否则会延长培菌总时间，对资源也是一种浪费。

4. 培菌常见问题的处理

培菌过程中会遇到很多影响培菌效果的问题，特别是影响培菌时间、关系培菌成败等方面，需要我们发现问题的根源并施以对策，才能够很好地应对。下面就对常见的培菌问题进行说明。

（1）培菌数周不见活性污泥形成。不能有效形成活性污泥菌胶团的，在培菌过程中还是比较常见的，究其原因如下：

1）接种失败。接种失败的原因也比较多，常见的是接种过来的活性污泥或泥饼内活性污泥已死亡，无法从休眠状态恢复过来。这主要是对接种污泥的活性确认不足导致的，如接种污泥装车到投入待培菌生化池耗时过长，途中又没有进行必要的曝气；而接种的污泥饼内含有过量抑菌成分的话，泥饼中的活性污泥同样也会死亡。

应对策略是在接种时严格确认活性污泥的活性，并且在投入接种生化池前也确认一下活性污泥的活性，用以判断是否是有效的接种污泥。这主要是要缩短接种活性污泥的运输时间，以确保活性；同时运输途中还需要适当曝气。

2）曝气过度。曝气过度对活性污泥培菌来说是致命的，这也是培菌数周不见成效的常见原因。在刚刚形成的活性污泥菌胶团中，由于活性污泥基数小、初期絮凝能力差，所以在高曝气情况下容易过度氧化，对游离的细菌更是如此。培菌初期，由于没有形成规模菌胶团，所以游离细菌会很多，此时过度曝气将氧化消耗掉大量游离细菌，使得游离细菌无法在数量达到要求浓度时形成菌胶团，所以在过度曝气的环境下就无法看到大规模活性污泥被培养出来了。

应对策略是严格控制培菌阶段的曝气量，特别是防止过度曝气。通过检测生化池各部位的溶解氧来判断曝气是否过度，以控制溶解氧不超过 3.0mg/L 为宜。

3）入流废水水质。若进入培菌生化系统的入流废水中有机物含量过低，活性污泥的培菌效果也会大大受限，特别是 B/C 低于 0.3 的时候。加之初期进水有机物含量一般不多，所以有机物浓度不足导致的培菌没有成效也很常见，如进水 COD 在 100mg/L 以下的时候，特别难以培养活性污泥。为此，我们需要向进流污水、废水中投加碳氢化合物，以补充底物浓度。

除了底物浓度不足导致培菌不见成效外，进水含有抑制物质也是培菌不见成效的原因。接种污泥通常对原有的处理水水质具备较好的适应性，而如果新的环境中出现的新的待处理物质或者是部分本身具有抑制活性污泥生长特性的物质，如重金属含量过高、无机类物质含量过高等，培菌就显得相当困难。

当然，pH 值控制不当，出现过高或过低 pH 值的污水、废水进入培菌生化系统的话同样会导致活性污泥在培菌初期遭到重创而使初期培菌失败。因为 pH 值在 6~9 以外的话，对于初期培菌的生化系统来说，在还没有形成规模菌胶团的时候，如果接触 pH 值不在 6~9 范围内的污水、废水超过 4h 的话，培菌就得从头开始。

应对策略是严格控制进流污水、废水水质状况。对于进水有机物浓度低的，需要增加底物浓度，如甲醇、葡萄糖乙酸钠、化粪池水等；对于 pH 值的变化方面，一定要在物化段调整好，不要出现误操作而使过高或过低的 pH 值污水、废水进入培菌生化系统；对于特殊污水、废水的入流，应该考虑到它的抑制性，尽量在培菌成功后进入。

但是培菌后期出现泡沫的话需要注意，这里指的培菌后期是前面已产生过白色泡沫，持续一段时间（3~4d）后消失了，一周后用显微镜观察到了菌胶团的形成，通过控制进水量及进水浓度以减少冲击。因为活性污泥培菌成功后，进行驯化的过程就比较有把握，否则，驯化不成，反而导致培菌失败或延长了培菌时间。

（2）培菌初期出现大量泡沫。培菌出现大量泡沫通常有两种情况：第一种情况是进水中有机物含量过高，在频繁地过曝气情况下容易出现大量白色泡沫；另一种情况是活性污泥培菌顺利，当初步形成菌胶团的时候，生化池中存在的游离细菌是最多的，这时在曝气情况下就会产生大量黏稠的白色泡沫，预示游离的微生物较多，系统处于高负荷状态。如图 7-1 所示。

图 7-1　生化池大量白色黏稠泡沫

　　应对泡沫问题，如果对周围环境影响过大的话，可以洒水灭泡，但是通常影响不会太大。一般泡沫现象在 1 周内会自行消失，泡沫消失后离形成菌胶团就不远了。那么，此时的活性污泥即进入培菌后期了，在这个时期如果产生大量泡沫的话，通常是出现了如下问题：

　　1）冲击负荷的存在。如果进入培菌生化池的污水、废水中有机物浓度突然增高，综合有机物浓度（指考虑浓度和水量关系）超过前期 1 倍以上的话，就会形成冲击负荷，和正常的活性污泥系统一样，在培菌生化池上会有大量白色黏稠泡沫出现。由于是培菌阶段，我们对这样的问题更应注意，调整进水量以削减对培菌阶段活性污泥的冲击。调整依据是将进水有机物浓度与前期浓度进行比较，通过限制进水量来调整到恰当的综合有机物浓度。

　　2）有毒物质的流入。在培菌后期，如果进流污水、废水中含有对当前培菌活性污泥有抑制作用的化学物质，我们会发现培菌活性污泥非常容易死亡，直接表现是生化池出水变得异常混浊。这里的混浊与废水没有得到彻底处理表现的混浊不一样，是由于活性污泥发生解体后溶解或悬浮在放流出水中而形成的混浊。判断要点是用显微镜进行观察，确认菌胶团的形态及非活性污泥类原生动物的数量、活性。有毒物质流入导致生化池中的曝气池产生的白色泡沫通常量少而不易堆积。

　　调整需要严格掌握好进水水质状态，先期确认新增废水种类中化学物质的特性，特别是工业废水处理厂新增废水种类是否会对活性污泥造成影响，可以通过采集培菌生化池混合液，在实验室小试确认对活性污泥的影响程度。可以的话还能通过小试得出当下状态下，培菌活性污泥对该化学物质的耐受限值，继而指导实际进入培菌生化系统的浓度及流量。

　　洗涤剂和表面活性剂也能导致培菌生化池出现泡沫，但是，此时用显微镜

177

观察不会发现菌胶团和非活性污泥类原生动物出现变化。而在生化池前段有水跃产生的位置，也可以看到泡沫产生，这是综合判断进水中是否含有洗涤剂、表面活性剂的一个重要参考方法。

3）培菌阶段出水混浊。在培菌阶段，总体来讲出水混浊是一个较长的正常过程，因为培菌阶段为了培菌需要，进水负荷控制是需要始终略高于正常值的，这也是培菌快速启动和缩短培菌时间的需要。观察出水是否混浊，我们可以运用 SV_{30} 的检测过程来判断，通过相同时间沉淀后的上清液浊度来判断培菌过程的出水混浊度趋势，继而判断出水发展趋向。引起出水浊度异常的原因主要有过度曝气、毒（惰）性物质流入、负荷冲击、不排泥等。确定原因后可以有针对性地施以对策。

第二节　活性污泥驯化问题分析

对活性污泥进行驯化，目的是为了强化活性污泥对特殊污水、废水的处理，从而提高其对特殊污水、废水的抗冲击能力，提高活性污泥对特殊污水、废水中有机物的去除效率。

那么，什么是特殊污水、废水呢？特殊污水、废水是指水中的某一成分超过活性污泥在一定时间内的承受能力，能够导致活性污泥死亡或休眠的，如重金属、染料、苯类、难降解有机物等。

为了应对富含特殊成分的污水、废水，我们需要对活性污泥进行驯化培养。驯化培养按切入点不同分成两种方式。

1. 自培菌阶段即开始驯化

自培菌阶段进行活性污泥的驯化，对后期的活性污泥高效处理特殊污水、废水中的抑制成分有明显的效果。但是这种培菌方式也有它的缺点，就是培菌时间较长、消耗的能源较多。

具体的培菌步骤如下：

（1）开始的过程同正常培菌方式一样，也是进行 2d 的全程闷曝，随后系统进入正常的进水培菌阶段，在开始的 10d 内保持正常进水状态。

（2）当正常进水经过 10d 后，可以增加富含难降解或毒性物质的污水、废水进入培菌生化系统，但混合入流的比例需要严格控制，其比例控制在进流水中该类有毒或抑制物质的浓度接近国家排放标准为佳，这样的混合入流量需持续 1 周左右。

（3）含有有毒或抑制物质的废水流入培菌生化系统 1 周后，即可以逐步加大此类物质的浓度了，通常以每天 1.05 倍的浓度递增为基准。根据培菌的生物相变化确认混合入流的此类毒性或抑制物质浓度是否过大，通过显微镜观察可以进行有效地浓度修正。

（4）逐步增加浓度的过程需要一个较长的培菌时间，这是因为抑制物质的混合入流会对培菌活性污泥产生抑制，重要的是还会有积累过程，所以当积累的浓度达到一定程度后，会对培菌活性污泥发生较强的抑制作用，而这个过程我们很难提前检测到。为此，增加有毒或抑制物质的废水流入浓度切忌操之过急，投加后以为没事但到了积累浓度爆发时，往往很难挽回对培菌活性污泥的影响。

（5）通常适当地增加难降解或毒性物质的污水、废水进入培菌生化系统的浓度后，活性污泥会自身调节而去适应。此时，活性污泥菌种也会自己筛选保留下能耐受或处理难降解及有毒性物质污水、废水的菌种。但是，在易降解有机物的供给方面我们也要把握好，为获得最快的培菌时间，需要适当提高易降解有机物的补充投加，主要是投加甲醇、化粪池出水等易降解物质。

（6）通常顺利的培菌驯化，在1~2个月后即可培养出对该类入流废水有高处理能力的活性污泥了。

2. 接种污泥培菌驯化

这里讲的接种污泥培菌驯化是指接种与本污水、废水处理厂具备相同水质成分的污水、废水处理厂的污泥，因为只有这样的接种污泥才能够在最短时间内适应特殊废水对培养的活性污泥的抑制和毒性冲击。

整个培菌过程如下：

（1）首先是到最近的处理相同水质的污水、废水处理厂去拖运回流活性污泥，经过显微镜观察发现没有丝状菌等不良微生物时，即可拖运到待接种生化池。

（2）在投入到生化池之前需要用显微镜观察接种活性污泥的活性，避免死亡的活性污泥投入到培菌系统中，浪费培菌能源。

（3）开始培菌后同样是闷曝1d，以激活接种的活性污泥。接种数量同正常接种培菌的参考接种量。当然，运输和种源上比较顺利的话，多运载点接种污泥，对接种还是有利的。

（4）闷曝后即进入正常的培菌阶段，同样还是需要控制入流的特殊废水成分的浓度，按照起步浓度是该类惰性或抑制物质国家排放标准的2倍左右为宜。

可以看到这里的起步浓度比自培菌来驯化活性污泥的起步浓度要高，这主要是因为接种的是对应的具备降解特殊污水、废水成分的已驯化适应的活性污泥。

（5）进入培菌正常阶段后，为了迅速提高活性污泥浓度，需要补充易降解有机物进行支持，同时还是需要严格控制曝气量，不要过大，以免导致活性污泥被氧化而解体。

（6）通过1个月左右的时间，在规范的培菌流程下操作，即可保证培菌过程顺利完成，达到正常的活性污泥浓度。

179

3. 活性污泥途中驯化

活性污泥途中驯化是指活性污泥本来不具备处理或适应有毒或抑制物质的污水、废水能力，但是在活性污泥浓度足够大的情况下，特殊进流废水的有毒及抑制成分的浓度不是很高时，活性污泥整体能够适应这样的冲击，继而被动驯化到能够逐步耐受此类特殊污水、废水。

途中驯化是一个自然的过程，多见于本来企业并未使用有毒或抑制类物质，但是由于工艺改变等，导致生产线排放水含有特殊成分。由于所含有毒或抑制类物质的浓度较低，对活性污泥群体来讲影响不大，所以通过这样的方式对已有活性污泥进行驯化是比较可行的。因为它对系统的影响较小，也不影响出水。被驯化后的活性污泥同样具备处理此类特殊污水、废水的能力。

第三节　活性污泥浓度提升困难应对

很多时候我们需要或希望活性污泥具备较高的浓度，于是通过各种途径来提升活性污泥浓度，但往往效果不佳、提升困难。为了对这样的现象给读者在原理上和实践操作中加以指导，下面就主要分析方法汇总如下：

一、活性污泥浓度提升困难概述

活性污泥浓度（MLSS）提升困难通常有如下两种情况：

1. 活性污泥没有达到各项控制指标的情况下，浓度提升困难

这里指的活性污泥各项控制指标没有达到控制值的状态，主要是针对活性污泥控制指标中的 SV_{30}、MLSS、F/M。以传统活性污泥法为例，通常控制的 SV_{30} 在 15% 左右，MLSS 在 $1100\sim2500\text{mg/L}$，F/M 在 0.08 以上。如果没能达到这些指标的控制参考值，那么活性污泥是具有调整提升能力的，也是有必要提升活性污泥浓度的。

2. 活性污泥在符合各项控制值要求的情况下，浓度提升困难

在活性污泥各控制指标符合工艺控制参考要求的情况下，如果发现活性污泥浓度提升困难，需要重点分析是否有必要对活性污泥浓度进行提升。因为得到优良的污水、废水处理效果是我们处理污水、废水的主要目标，工艺控制各指标值是否正常决定了生化处理系统能否发挥高效运转的能力，如果这些控制值在正常范围内，则没有必要调整和提升活性污泥浓度，否则，强行提高活性污泥浓度，只会导致污泥老化加剧、放流出水 SS 升高。

二、活性污泥浓度提升困难原因及应对方法

活性污泥浓度提升困难原因很多，通过控制活性污泥运行的各工艺指标发现活性污泥提升浓度困难主要有如下原因：

1. 曝气过度，溶解氧控制过高

曝气过度对活性污泥浓度提升的影响主要表现在活性污泥提升过程中产生

的游离细菌容易被过量的曝气所氧化，这使得活性污泥浓度无法进一步提升。为此，保持合理的曝气量，就需要操作人员经常进行确认了，而且确认的对象是整个生化池范围内的溶解氧值。

2. 营养剂投加不足

营养剂的投加在活性污泥培菌和正常运行阶段都是非常重要的。营养剂作为细胞组成的必要元素，是绝对不能缺少的，否则连基本的菌胶团形成都会受到抑制。为了能够有效保证营养剂以合理量投加，通过检测出水水质的营养剂残余来判断营养剂投加是否充足比较有效，当然，通过理论计算的营养剂投加量也可以参考，只是需要意识到在提升活性污泥浓度的时候，也需要将营养剂投加量一起跟上，否则出现营养剂投加不足的现象时就会对活性污泥的正常功能代谢产生影响。

3. 进水底物浓度太低

活性污泥的生长繁殖所需要的能量来自污水、废水中的有机物，而污水、废水中的有机物含量决定了能够支持多大群落的活性污泥总量。这个基本原理说明活性污泥的浓度不能一味向上提升，而是受底物浓度总含量的限制。所以在需要提高活性污泥浓度的时候，第一个需要弄清楚的是为什么要提高活性污泥浓度，没有目的性地提升活性污泥浓度是没有必要的。因为，将活性污泥浓度维持在动态平衡的时候，此时的活性污泥浓度与进水底物的浓度是相适应的，如果毫无目的地提高活性污泥的浓度，就会出现底物浓度跟不上、活性污泥浓度无法提升的现象。同时，长时间为提升活性污泥浓度而不排泥的话，我们会发现活性污泥会进入老化阶段，以至进一步降低活性污泥的浓度。为此，在底物浓度不变的情况下，活性污泥浓度能够维持的一个高点就是它的最高限值，如果要超越这个最高限值就需要新增底物浓度来达到。

通常，越是发现底物浓度低就越想提高活性污泥浓度，比如进水中 COD 只有 100mg/L，这样的进水有机物浓度，很难培养出较好的活性污泥菌胶团。这时，操作人员多半觉得排泥太多，所以，培菌或正常运行时会刻意减少排泥量。殊不知，在这样的进水有机物浓度下活性污泥的大规模繁殖是相当困难的，特别是伴有进水流量不足时。所以，解决这样的问题只有增加底物浓度。否则，培菌或运行的结果就是活性污泥无法大规模培养，所形成的活性污泥细小松散、活性差、原生动物及后生动物稀少。

4. 进流水中含有过量的有毒或抑制类物质

难降解有机物或毒性物质的流入对活性污泥的正常繁殖有很大影响。应对这样的情况需要降低此类物质的流入，对蓄积在活性污泥内的有毒或惰性物质需要通过排泥及时排除，而不是降低排泥来提高活性污泥的浓度。另外，增加停留时间是应对惰性物质和难降解有机物的重要方法，很多难降解物质如苯类化合物、印染废水的染料等需要提高废水在生化系统的停留时间才能对其处理得比较彻底。

三、活性污泥浓度提升困难时各控制指标的表现

活性污泥提升困难的时候，往往在活性污泥工艺控制的各项指标上得到体现，现就具体控制指标的表现说明如下：

1. 溶解氧

活性污泥浓度提升困难时需要确认溶解氧的控制值，当溶解氧超过 6.0mg/L 时，可以认为这样的溶解氧长期存在会抑制活性污泥的进一步增长，即使是保持不变，在一定程度上也是困难的。这不仅是因为曝气过度能够导致活性污泥出现自氧化，更重要的是，曝气过度引起的活性污泥絮凝性降低会导致多量细小的活性污泥絮体流出生化系统，继而导致活性污泥浓度降低，也就更谈不上能够很快地提高活性污泥浓度了。

2. 食微比

在活性污泥提升浓度困难时，需要第一个确认的就是 F/M。如果这个值低于 0.03 的话，我们会发现即使不排泥也很难再提升活性污泥的浓度了，如果提升不上去而一直维持在高位，那么活性污泥会出现老化现象，进而导致液面浮渣产生，出水带有悬浮的解体颗粒。

3. 营养剂投加不足

营养剂投加量是否充足，可以通过检测生化池出水的氮磷含量确认。控制出水含磷为 0.2mg/L、氨氮为 0.5mg/L 即可，这样的含量就可以保证活性污泥增长所需的营养了。但是，当检测到的磷含量低于 0.1mg/L、氨氮低于 0.2mg/L 时，这样的浓度就有可能出现营养剂的氮磷不足，但是原水氮磷浓度过高，需要脱氮除磷时除外。

四、活性污泥浓度提升困难的处理对策

我们在充分了解造成提升困难的原因以后，就不难确定对策了。只是需要明确在正常培菌阶段，活性污泥浓度到什么程度才算是培菌完成。如果不明确这个问题，就会出现培菌操作人员仍然希望将活性污泥浓度继续提升的问题，结果是在多种条件的限制下，活性污泥浓度提升困难，特别是当底物浓度供给受到限制时。

而在正常的活性污泥运行阶段，如果需要提升活性污泥浓度，原因必须要明确，即为什么需要在原有的基础上提升活性污泥浓度，如为了应对高有机物浓度进流废水，就需要提高活性污泥浓度，但也需要把握好尺度，不能完全关闭排泥，而是降低排泥量。否则，提前太早通过不排泥来提升活性污泥浓度的话，往往会出现活性污泥活性降低、抗冲击负荷能力下降等问题，究其原因是活性污泥在没有底物浓度配合的情况下，一味预先提高活性污泥浓度会导致活性污泥的老化，通常在 1 周左右即可表现出来。

所以，应对活性污泥浓度提升困难的问题，在明确为什么要提升活性污泥

浓度后，再进行底物浓度的评判和采取诸如消除过度曝气、营养剂投加不足、有毒有害物质流入等措施。

我们通过图 7-2 的实例可以发现，不是污泥浓度控制越高，出水就会越好的，而是需要把握好一个度，这个度是需要通过工艺控制参数的合理调控来实现的。

(a)　　　　　　　　　　　　(b)

图 7-2　污泥浓度控制对比

（a）污泥浓度控制过高，污泥老化后上清液浑浊；（b）污泥浓度控制合理，上清液清澈

第四节　生化池浮渣、泡沫故障应对

活性污泥法运行过程出现浮渣和泡沫是比较常见的，对应的分析和研究在各种参考书中也有比较多的说明。我们从实践的角度，对浮渣和泡沫形成的原因、表现和对策进行综合分析，以使一线操作和管理人员在浮渣及泡沫产生的问题上有所认识及对策。

一、生化池浮渣、泡沫概述

1. 浮渣产生位置的说明

生化系统产生的浮渣就其位置而言，常可发生曝气池的池壁及四个角落；而在二沉池内发生的浮渣常堆积在二沉池的出水堰内圈挡板四周。

2. 生化池浮渣产生源头

曝气池产生的浮渣主要来自曝气池自身的活性污泥不正常的代谢，也有部分是流入生化系统的无机颗粒，经过曝气浮于池面。生化系统的二沉池所产生的浮渣通常也是来自曝气池，过量的浮渣会流到二沉池从而在二沉池液面发生积聚。当然，来自二沉池自身的浮渣也有，主要有两种：一是污泥反硝化后导致沉淀的活性污泥上浮；二是活性污泥在二沉池缺氧严重导致的厌氧污泥上浮。这些上浮的活性污泥就会成为二沉池的浮渣，另外，很重要的一点是，所有的浮渣形成都可以理解为是裹挟了气泡所致。因为只有裹挟了气泡，才会导致密度比水轻而出现上浮现象。

3. 泡沫和浮渣的关系

泡沫的形成可以归结为水体的黏度增高所致。导致水体黏度增高的原因主要有：水体有机物含量过高、曝气池混合液活性污泥老化、进流水富含洗涤剂或表面活性剂、丝状菌膨胀等。其中，因为丝状菌过度繁殖导致的泡沫和浮渣在实际生化系统运行中最难得到根治和去除，其他原因导致的泡沫和浮渣相对来讲其周期不会太长，通过调整运行控制工艺的参数和控制进流水，系统状况都能很好地恢复。

泡沫和浮渣的关系，在实践中通常看到的是泡沫可以不断积聚，最后形成浮渣。但不是所有的浮渣都是由泡沫转变而来的，直接由污泥上浮产生的浮渣也很多见。由于泡沫的形成过程中会黏附生化系统中的活性污泥和无机悬浮颗粒，所以泡沫持续时间的长短、泡沫本身的黏度、活性污泥的状态等决定了浮渣积聚的程度。

4. 泡沫和浮渣的种类

（1）泡沫的种类。生化系统泡沫比较好的分类方法是通过颜色和黏度进行分类，因为根据泡沫不同的颜色和黏度我们能判断当前活性污泥所处的状态。不同泡沫颜色及对应的常见活性污泥运行故障如下：

1）棕黄色泡沫。泡沫产生时数量不多，靠近曝气团四周液面少量产生，以辐射状逐渐消散，到四周角落时开始积聚。泡沫颜色呈棕黄色，与当时活性污泥颜色相同。泡沫形成到积聚的整个过程中，泡沫呈易碎状态，所以此类泡沫在短时间内不会发生严重的积聚而导致大量浮渣产生。

对应故障是：活性污泥处于老化状态，部分活性污泥因为老化而解体，悬浮在活性污泥混合液中，在曝气状态下均匀附着在泡沫中，导致泡沫破裂的时间延长，这为泡沫积聚创造了条件，如图7-3所示。

2）灰黑色泡沫。泡沫数量、产生过程、积聚性、易碎性与棕黄色泡沫特性相同，但其颜色中带有黑色的成分，所积聚的产物也呈灰黑色，观察整个生化系统的活性污泥颜色也略带灰黑色。

对应故障是：活性污泥处于缺氧状态，缺氧的状态可使活性污泥出现局部的厌氧反应，这样，原本处于好氧状态的活性污泥就会在这个转变的过程中出现死亡，同样也就会附着在曝气后的气泡上了。所以，如果我们看到产生的泡沫呈灰黑色的话，除了确认进水是否含有黑色染料废水和前段厌氧池、缺氧池是否流出黑色污泥外，主要就是要确认生化池是否有在局部曝气不足下产生的厌氧情况发生，泡沫如图7-4所示。

图 7-3　棕黄色泡沫

图 7-4　灰黑色泡沫

3）白色泡沫。白色泡沫产生的原因很多，但主要有负荷过高、曝气过度、洗涤剂入流等。而在区别是何种原因导致的白色泡沫时，泡沫的黏度能给我们很多的参考。通常情况下，黏稠不易破碎的泡沫，常见于活性污泥负荷过高，而且此时的泡沫色泽鲜白，堆积性较好（如图 7-5 所示）；而黏稠但易破碎的泡沫常见于活性污泥的过度曝气，而且此时的泡沫色泽为陈旧的白色，堆积性差，只会发生局部堆积；洗涤剂的流入也会产生白色的泡沫，因为洗涤剂的存在，增加了水体的表面张力，最终导致泡沫的形成。

4）彩色泡沫。彩色泡沫常发生于生化系统流入了带颜色的废水时，通常这些带颜色的废水具备较高的有机物浓度，在曝气的作用下，容易导致类似高负荷时产生的泡沫产生。由于水体本身就带有颜色，自然产生的泡沫也会带有颜色。另一种情况就是污水、废水中富含表面活性剂或洗涤剂，这些石化产品流入生化系统后，自然也会导致泡沫产生，在阳光照射下，这些泡沫表面会产生五彩缤纷的颜色，这对判断此类泡沫的产生原因有很大的帮助，如图7-6所示。

图7-5　白色泡沫

图7-6　彩色泡沫

（2）浮渣的种类。对生化系统浮渣种类比较好的分类方法是通过浮渣的堆积程度进行分类，因为不同原因导致的浮渣，其堆积程度在生化系统是不一样的。通过产生浮渣的堆积度能够较为简易地判断出导致浮渣产生的原因。浮渣堆积程度与常见活性污泥运行故障的关系如下：

1）黑色稀薄的液面浮渣（如图7-7所示）。此类浮渣唯一的问题在于颜色。通常显黑色的液面浮渣与活性污泥处于缺氧状态有关，在没有出现浮渣过度堆积的情况下尤能证明这一点。为此，确认生化系统是否处于缺氧状态或者说局部缺氧状态可以反面印证浮渣产生的原因。

2）黑色且堆积过度的液面浮渣。对于黑色且堆积过度的液面浮渣，我们需要确认的是浮渣形成的时间，因为浮渣被堆积起来通常需要一定的形成时间。

而堆积形成的浮渣往往会出现缺氧的状态，所以我们会发现堆积时间较长的液面浮渣颜色往往会变成黑色，特别是浮渣内部更因缺氧而呈现出明显的黑色，这在鉴别时要注意。另外的情形是活性污泥系统出现了严重的缺氧（特别是曝气池的死角）状态，大量的活性污泥因为厌氧分解，产生气体后夹杂厌氧泥团上浮，此时也会出现大量的黑色浮渣堆积于生化系统液面，如图 7-8 所示。

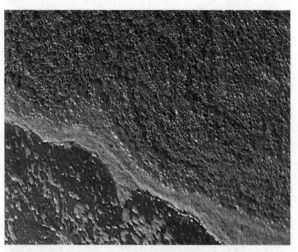

图 7-7　黑色稀薄液面浮渣

图 7-8　黑色堆积液面浮渣

3）棕褐色且稀薄的液面浮渣。就棕褐色稀薄的液面浮渣而言，其色泽与正常活性污泥接近，且不出现堆积状态，沉淀池出水清澈，如图 7-9 所示。通常我们在浮渣面积不大的情况下（即只有几个角落存在液面浮渣），认为这是活性污泥系统正常的表现。对系统运行的参考,最常见到的是活性污泥法发生老化的初期,这通过其他判断活性污泥老化的方法是可以得到确认的,特别是活性污泥的沉降比及显微镜观察方面的确认。

图 7-9　液面棕褐色稀薄浮渣

4) 棕褐色且堆积过度的液面浮渣(图 7-10)。出现这样的情况常与以下因素有关:第一种情况是活性污泥在生化池发生了污泥的反硝化,大量的反硝化活性污泥会上浮,在较短的时间内出现棕黄色浮渣的大量堆积,这种情况尤其在二沉池更容易发生;另一种情况是活性污泥发生了较为严重的丝状菌膨胀,过度膨胀的活性污泥在曝气的作用下,包裹大量的细小气泡而浮于液面,在不断曝气的作用下,浮渣也不断地积聚,最终就形成了厚厚的棕黄色浮渣层,而且因为浮渣内包裹了气泡,短时间内浮渣不会因为缺氧而变黑,所以对这类液面浮渣进行显微镜观察会发现其生物相与曝气池混合液区别不大,同样能够看到大量的具备活性的原生动物、后生动物。

图 7-10　棕褐色堆积液面浮渣

5. 浮渣、泡沫产生时各工艺控制指标的表现

泡沫和浮渣产生时，对应活性污泥各工艺控制指标的变化是接下来需要探讨的，这也是综合分析生化系统运行控制的重要方法。

（1）棕黄色泡沫产生时活性污泥各工艺控制参数的表现。前面已经明确了此类棕黄色泡沫的产生是活性污泥处于或即将进入活性污泥老化状态的一种表现，所以可以从对应的各项活性污泥的控制参数方面找出明显问题了。

1）活性污泥的沉降比方面。活性污泥的沉降比观察是判断活性污泥是否出现老化的重要方法之一。通过对沉降比是否偏小（低于8%）、沉降的活性污泥色泽是否暗黄、沉降速度是否过快等方面的确认，结合液面产生的棕黄色泡沫即可较为准确地判断活性污泥是否出现了老化现象。

2）SVI方面。SVI用来判断活性污泥的松散程度确实是很好的指标，然而它也具备判断活性污泥是否发生老化的功能，当SVI低于40的时候，活性污泥通常是发生了老化。结合液面产生的棕黄色泡沫即可较为准确地判断活性污泥是否出现了老化现象。

3）显微镜观察结果。对于老化的活性污泥，用显微镜观察也能很好地发现，重点是观察菌胶团的紧密程度和后生动物出现的比例。如果观察到的菌胶团比较紧密，且有大量后生动物，结合液面的棕黄色泡沫，判断活性污泥是否处于老化阶段是比较容易做到的。

（2）灰黑色泡沫产生时活性污泥各工艺控制参数的表现。灰黑色泡沫的指征意义多半是活性污泥系统出现了缺氧或厌氧状态，对应的工艺控制各指标的确认也就需要围绕这一方面展开了。灰黑色泡沫产生时重点需要对溶解氧值进行综合判断。

确认活性污泥系统是否处于缺氧和厌氧状态，最好的方法自然是直接通过溶解氧测定仪进行实地监测，这方面操作人员容易犯的错误就是只检测一个点来判断生化系统的整体溶解氧状况，这种做法是片面的。需要对整个生化系统均匀布点进行实地监测，只有这样才能发现局部的供氧不足。如果溶解氧在某些位置监测值低于0.5mg/L的话，我们就需要重点对这些位置进行确认了。同时需要注意的是整个生化系统的活性污泥区域混合液的搅拌是否充分，因为，不充分的搅拌往往导致活性污泥堆积沉淀，自然沉淀的活性污泥就非常容易出现因供氧不足的缺氧或厌氧状态了。因此当液面泡沫的颜色呈现灰黑色，特别是黏附有黑色活性污泥颗粒时，就非常有必要确认是否为溶解氧过低或局部搅拌不充分的沉淀死区问题了。

（3）白色泡沫产生时活性污泥各工艺控制参数的表现。白色泡沫的产生，我们基本归结为活性污泥负荷过高、曝气过量、洗涤剂流入等原因，结合这些故障的其他工艺参数表现，能够很好地认识的话，对我们判断白色泡沫的由来具有较好的参考价值。

189

接下来我们通过图7-11~图7-13来看看正常白色泡沫和异常白色泡沫的区别。图7-11、图7-12所示为正常白色泡沫；图7-13所示为异常白色泡沫，泡沫堆积且黏稠，预示进入生化池的有机负荷偏高。

图7-11　生化系统正常的液面白色泡沫

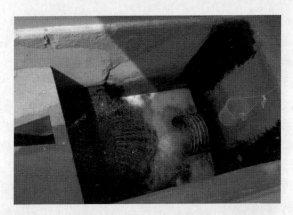

图7-12　放流出水口"水跃"导致的正常白色泡沫

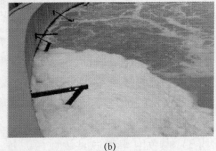

(a)　　　　　　　　　　　　(b)

图7-13　异常白色泡沫
(a) 示例一；(b) 示例二

190

1) F/M 与白色泡沫的关系。我们很清楚地知道，判断活性污泥负荷的指标是 F/M（即食微比），如果食微比过高（大于 0.2），同时对应产生大量白色黏稠的泡沫的话，我们就可以认为活性污泥确实是处于高负荷运转的状态了。这个问题，我们在培菌初期就可以分析出来。在培菌过程中，活性污泥因为数量过少不能形成很好的菌胶团，此时，如果进水浓度不断升高，自然会导致现有活性污泥浓度状态下污泥负荷过高，通常 F/M 高于 0.5，所以培菌初期看到活性污泥系统产生大量黏稠的泡沫也就不足为奇了。

2) DO 与白色泡沫的关系。前面已述及，曝气过度同样会产生大量白色泡沫，虽然在泡沫黏度不高的情况下，正常的曝气量不会导致生化系统产生泡沫的。但是在过高的曝气量作用下，部分活性污泥会解体溶解，随即导致活性污泥清液中的有机物含量升高，这是在高曝气量情况下导致泡沫产生的一个原因。为此，我们在保证活性污泥供氧的情况下，尽量降低曝气量，不但能减少泡沫产生，同时也能减少能源消耗、降低运行成本。通常控制曝气池出口 DO 不低于 2.0mg/L 即可，如果一味提高曝气量，使得 DO 上升到 5.0mg/L 的话对活性污泥系统产生的负面影响是比较大的。

3) 起泡物质流入的问题。除处理负荷过高、曝气过度外，起泡物质流入生化系统同样可以导致活性污泥系统产生泡沫。比较常见的是生化系统中流入了洗涤剂或表面活性剂，在曝气作用下，很快就会产生大量白色泡沫。我们通过监测 DO 及生化系统当时的污泥负荷情况就可以反过来推断是否是入流水质的影响导致了活性污泥系统泡沫的产生。

（4）彩色泡沫产生时的活性污泥各工艺控制参数的表现。彩色泡沫的产生与带色污水、废水的流入和洗涤剂及表面活性剂的流入有关。所以，通过观察物化区处理出水是否仍带有颜色可以判断此部分污水、废水是否会对生化系统也产生颜色干扰。对于洗涤剂及表面活性剂的问题，重点也是确认物化区水跃位置的泡沫堆积情况，由此来判断表面活性剂及洗涤剂对后续生化系统的影响。因为表面活性剂及洗涤剂本身对生化系统的影响短期内并不明显，所以，在这种情况下去观察活性污泥的生物相时，并不会观察到什么特别不正常的生物相情况。

（5）黑色稀薄的液面浮渣产生时活性污泥各工艺控制参数的表现。黑色稀薄浮渣的产生，对应活性污泥工艺控制方面的参数是 DO，也就是说，曝气池存在溶解氧相对不足或局部不足的现象。为此，需要对整个生化系统进行全面监测确认。当然，如果进流污水、废水在流入污水、废水处理厂前经历了长途跋涉或停留过久，导致这些待处理水本身就出现了厌氧反应，那么入流污水、废水也就呈现黑色了。同样的结果是，这部分使污水、废水变黑的颗粒物质黏附在气泡表面，最终出现黑色稀薄泡沫，堆积到一定时间后就会形成液面浮渣。对 DO 过低导致的液面黑色稀薄浮渣，我们通过强化曝气可以克服，但是，对于进流污水、废水自身缺氧过度导致的色泽变黑，在活性污泥系统中改善是相当困难的，通过加大回流废水量的方法在一定程度上能够缓解这样的黑色浮渣。

我们通过图7-14可以加深对黑色稀薄浮渣的概念理解。从图上看，发现泡沫夹带了黑色而非棕黄色浮渣，该黑色浮渣是流入生化池的废水中含有了黑色成分所致，如市政管道内厌氧导致的黑色污泥流入或前段厌氧或缺氧池的黑色污泥流入后段好氧池。

图7-14　夹带黑色稀薄浮渣的泡沫

（6）黑色且堆积过度的液面浮渣产生时活性污泥各工艺控制参数的表现。对于堆积过厚的黑色液面浮渣，可以发现来自生化系统池底整体上浮的比较多，对其进行显微镜观察时不会发现活性污泥类原生动物、后生动物，总体污泥颗粒分散而不具絮凝性，观察活性污泥沉降比实验可以发现，活性污泥沉降性能不佳，上清液混浊，沉淀污泥色泽偏暗黑色。产生这样的现象还是因为溶解氧不足，局部出现厌氧或缺氧的状况。这种状况和曝气过度导致的液面堆积浮渣相比，其色泽的区别最大，曝气过度产生的浮渣色泽鲜艳，呈棕黄色。

（7）棕褐色稀薄的液面浮渣产生时的活性污泥各工艺控制参数的表现。通过对活性污泥沉降比实验的观察，我们能够对这样的现象进行还原，即在活性污泥沉降比实验结束时可以发现，液面也会有一层稀薄的棕褐色浮渣层，同时，发现上清液略显混浊，主要是上清液有解体的细小颗粒物质；但对颗粒间的水体观察发现，其间隙水是清澈的；再对液面的浮渣进行搅动后，我们发现此部分浮渣也具备黏性，不易在搅动后下沉。

我们在对 F/M 进行观察时会发现，出现棕褐色稀薄的液面浮渣时，通常食微比（F/M）偏低，一般在 0.05 以下，且持续了较长的时间。

（8）棕褐色且堆积过度的液面浮渣产生时的活性污泥各工艺故障的关系。

1）与丝状菌的关系。前已述及，对于堆积过度的棕褐色液面浮渣，重点要确认是否存在丝状菌膨胀。常用确认方法是通过显微镜直接观察确认和对 SVI

的判断。当然如果对活性污泥沉降比实验的观察比较了解的话，也可以通过对沉降比实验的观察来确认。

通过抑制丝状菌的增生，就能够改善棕褐色液面浮渣在生化系统的堆积了。

2）与活性污泥发生反硝化的关系。活性污泥发生反硝化后，大量活性污泥夹气上浮，我们就会发现生化池，尤其是二沉池会出现大量的液面棕褐色浮渣，随着时间的延长，堆积的浮渣会逐渐变厚，我们通过对如下活性污泥工艺控制参数的确认来了解浮渣产生的原因。

反硝化上浮污泥特征是颜色鲜艳，成团上浮，打碎后易下沉，如图7-15所示。

图 7-15　反硝化上浮污泥

首先是通过活性污泥沉降比实验观察确认。发生活性污泥反硝化的时候，活性污泥沉降比实验过程中同样能够看到，细小的活性污泥絮团向上浮起，堆积于液面而成浮渣。此时，对液面浮渣进行轻微搅拌后会发现，液面浮渣在排出气体后能够以较快的速度下沉，这说明活性污泥细小颗粒的上浮不是因为活性污泥本身黏度增高导致的。

另外，通过检测碳氮比来确认流入生化系统的污水、废水是否含有多量的氮。因为多量的氮是加剧反硝化的重要条件之一，而为反硝化创造缺氧条件的部位在二沉池。因此解决这个问题就是要尽量避免活性污泥在二沉池停留过久，尤其是二沉池不能出现刮泥系统的异常，同时要保证曝气池出口的溶解氧不能太低，必要的情况下维持在 3.0mg/L 左右。

二、对浮渣、泡沫的预防及控制对策

对浮渣及泡沫控制和预防方面，实践操作中也是需要重点确认的，现就主要控制思路分述如下：

在实践中发现导致泡沫及浮渣产生的原因可以分为两类，一类是污水、废水处理厂自身工艺控制问题；另一类是污水、废水处理厂以外的原因。

（1）污水、废水处理自身控制问题导致的泡沫及浮渣对应的预防措施。

1）活性污泥排泥不及时，污泥龄控制过长。这种情况下，活性污泥老化导致的液面浮渣通常是棕黄色稀薄的液面浮渣。为此，在平时的操作中就要注意对活性污泥老化的控制。经常通过 F/M 和活性污泥沉降比，以及显微镜观察来进行确认，以便提前做出工艺调整。

2）活性污泥浓度控制过低，导致活性污泥负荷相对偏高。我们知道了负荷控制过高对泡沫的产生有比较大的影响，为此提高活性污泥浓度是规避这种情况的较好办法。确认活性污泥浓度是否过低的方法是显微镜观察（是否发现非活性污泥类生物）以及对 F/M 的经常复核，特别是当 F/M 高于 0.28 时，我们一定要尽最大力量调整活性污泥浓度，以适应过高的进流有机物浓度。

3）丝状菌未能被有效控制。丝状菌不能被有效控制，出现过量增殖，最终导致增殖的活性污泥裹入过量空气而形成液面浮渣。对丝状菌的预防及应对措施将在随后的章节专门讨论。

4）曝气方式不正确。典型的就是长期过量曝气，这对活性污泥的破碎作用比较明显，在经过多次破碎之后，活性污泥的菌胶团絮凝性能将会降低，游离的活性污泥絮体解体后使得水体黏度增加，同时溶解性有机物浓度也增加了。预防工作重点在对活性污泥系统的溶解氧监测方面，特别是要使整个系统溶解氧值很好地控制在参考值范围内（即 2~3mg/L）。

5）营养剂投加相对不足。营养剂投加不足能够抑制活性污泥的繁殖，此时，活性污泥会发生解体或絮凝不佳，所导致的液面浮渣及泡沫现象也比较常见。规避这样的问题，重点是确认营养剂投加量是否合适，可以通过生化系统出水营养剂的含量来判断活性污泥系统对营养剂需求是否得到满足或过量。通常，营养剂投加量是否过量的判断标准是生化系统出水营养剂检测含量是否超过国家规定的一级 A 排放标准。

（2）污水、废水处理厂以外的原因导致的泡沫及浮渣对应的预防措施。作为污水、废水处理厂的管理部门，我们在改善污水、废水处理厂内部的工艺和设施状况时的能力比较好。但是对于污水、废水处理厂以外的一些因素，往往多有控制和协调的困难，如污水、废水产生单位的异常排放联络等，往往很难充分地协调，这给消除泡沫和浮渣产生的外部原因造成了较大的障碍。为此需要操作管理人员能够总结流程、规范制度和通报联络机制，确保最大范围内对即将流入污水、废水处理厂的废水性状、流量等能够提前了解。

（3）消除泡沫及浮渣的对策。除了前面谈到的找出原因施以对策外，对已产生的泡沫浮渣，还是需要强制进行清除，否则泡沫堆积过多会污染环境，也会导致放流出水超标。常用的对策是用水喷洒泡沫和浮渣。实践中发现，通过喷洒水能够很好地消除泡沫的堆积，较之投加消泡剂等除泡药剂，洒水显得清

194

洁而不增加二次污染。通常是将二沉池的放流水作为喷洒用水，通过水泵加压回流和设计喷洒点的消防喷淋头型，提高喷洒效果，这样的回流及放流水喷洒，能够循环使用喷洒用水，也具备节水的效果，并且也不会对生化系统造成影响。对于 AO 工艺中 A 池的浮渣，我们也可以用二沉池出水去喷洒去除，如果系统不设二沉池的话，直接用 O 池的水去喷洒去除也是可以的。就浮渣的洒水效果，需要较长的时间才能看到对浮渣的冲散作用。但是我们知道，通过洒水除泡沫和浮渣是治标，治本还是要根据原因施以对策。

三、特殊例外情况

由于活性污泥产生液面浮渣和进水有非常大的关系，因为有的进水是有毒和难降解的废水，所以，往往会出现活性污泥相继死亡的现象。也就是系统在运转，但是活性污泥会持续解体死亡，导致液面浮渣增多。如在很多垃圾渗滤液处理的废水中，经常可以看到有液面浮渣的产生，这时不能认为是异常的，特别是长期存在液面浮渣时，我们要考虑是否为进水原因导致的。

图 7-16 是垃圾渗滤液废水处理中常见的液面浮渣。

图 7-16　垃圾渗滤液废水处理液面浮渣

第五节　活性污泥随放流水漂出应对

一、活性污泥随放流水漂出现象

活性污泥随放流水漂出，从系统运行来讲，通常认为是二沉池存在问题，因为漂出的活性污泥来自二沉池出水，在巡检二沉池的时候，我们能够发现二沉池出水中含有细小颗粒，特别是颗粒流出二沉池锯齿堰的瞬间能够清楚地观察到颗粒大小和数量。

195

在二沉池现场用量筒采集二沉池的出水，也同样可以直观地看到出水中的颗粒物质状况，具体可参考图7-17。当生化系统出水经常出现细小悬浮颗粒的时候，我们会在二沉池的出水堰上看到和活性污泥颜色相仿的生物膜。

图7-17中可以看到上清液有很多未沉降的颗粒，这些颗粒会流出二沉池，成为二沉池的漂泥。

二、活性污泥随放流水漂出原因分析

放流出水中有颗粒物质流出，就其问题产生的部位，有10%的可能是来自二沉池本身，而有90%的可能是来自二沉池前的生化池。主要故障原因分述如下。

图7-17　SV_{30}沉降比中的未沉降颗粒

1. 冲击负荷导致的活性污泥随放流水漂出

冲击负荷主要可以归结为两类：一类是污泥负荷，另一类是表面负荷。

（1）污泥负荷过高原因的分析。污泥负荷导致的放流出水所夹带的颗粒物质多半是活性污泥未沉降颗粒，因为活性污泥系统受到污泥负荷冲击时，活性污泥会处于对数生长期而活性增强，由于颗粒间的活性高而使得絮凝性变差，即而出现多量细小的未絮凝活性污泥颗粒，这一部分颗粒最容易因在二沉池内沉降不及时而流出池外，造成放流出水夹带颗粒物质。其判断要点是出水伴有混浊现象。

（2）表面负荷过高原因的分析。表面负荷过高理解要点还是进流水量过大，导致污水、废水和整个活性污泥在生化系统停留时间变短（活性污泥的停留时间变短可以理解为活性污泥在生化系统回流的速度加快），在活性污泥或未被活性污泥吸附的其他颗粒物质在二沉池停留时间变短的情况下，其流出二沉池成为放流出水中所含颗粒物质的主要来源。

通常我们可以看到二沉池的"翻泥"也经常是水力负荷过大所致，严重时会发生活性污泥大量流出二沉池的现象，具体"翻泥"时的二沉池状态，可扫右方二维码观看视频。

2. 活性污泥老化导致的活性污泥随放流水漂出

活性污泥老化导致放流出水夹杂细小颗粒物质（通常为解絮的活性污泥颗粒）在实践中是最为常见的，为此可以从侧面验证现有放流水所出现的颗粒物质是否为活性污泥老化引起的。导致活性污泥老化的常见原因如下：

196

（1）排泥不及时。

（2）进流污水、废水浓度过低。

（3）活性污泥浓度控制过高。

为了避免活性污泥老化导致放流出水含有过多悬浮颗粒，必须通过每日的活性污泥沉降比、活性污泥浓度、食微比等数据进行确认，以便及时调整活性污泥工艺控制参数，避免活性污泥发生过度老化。

3. 活性污泥中毒导致放流出水富含未沉降颗粒物质

理论上，活性污泥受到有毒物质的冲击及抑制后，正常代谢受到影响，导致部分外围活性污泥死亡随即解体，部分溶解到活性污泥混合液中即出现放流出水富含未沉降颗粒物质的现象。在确认的时候重点观察活性污泥的生物相状态，如果原生动物、后生动物消失明显，同时伴有放流出水夹带悬浮颗粒，出水 COD 上升明显的话，即可确认为活性污泥中毒。因为受冲击解体的活性污泥，如果有溶解到活性污泥混合液内的话，一定会导致放流出水 COD 升高明显（通常较正常时 COD 会升高 10%以上）。而单单出现活性污泥老化的话，虽然放流出水同样会有细小的颗粒物质随放流出水流出，但是检测放流出水的时候，发现此时的 COD 并不会升高太多，通常也就比正常时提高 5%左右而已。

4. 活性污泥反硝化时放流出水富含未沉降颗粒物质

活性污泥在二沉池的沉降效果好坏直接关系到活性污泥对污水、废水的处理效果。在实践中，我们往往会看到活性污泥因为自身沉降不佳导致放流出水富含活性污泥絮团，此时的 COD 检测值往往非常高，特别容易导致放流出水的超标，而活性污泥的反硝化现象恰恰会导致这种情况的发生。反硝化的出现，主要是由于活性污泥沉降到二沉池底的时候没有及时回流到曝气池，而活性污泥混合液离开曝气池时由于浓度过高且曝气严重不足，加之活性污泥混合液中富含硝酸盐等，在好氧阶段发生硝化反应后，即可在二沉池发生反硝化。反硝化过程产生的气体夹带已沉降的活性污泥上浮，导致二沉池出水夹带活性污泥颗粒，继而导致放流出水夹带颗粒物质。为此，控制曝气池末端的 DO 和加大二沉池活性污泥的回流速度是非常有必要的，也是应对二沉池发生活性污泥反硝化的有效控制手段。

图 7-18 是活性污泥反硝化时，二沉池出现的漂泥。大家也可通过扫描 196 页的二维码从视频 7-2 中看到漂泥的同

图 7-18　反硝化时的二沉池液面

197

时二沉池底部也不断有气泡冒出来。这个气泡就是反硝化过程释放的气体，也就是这些气泡被活性污泥裹挟后导致活性污泥密度变轻而上浮到二沉池的液面，继而不断堆积后成为二沉池的液面浮渣，其中一部分在水流作用下，形成漂泥而流出二沉池的池体。

5. 生化系统进流废水富含颗粒物质最终导致放流出水含有未沉降颗粒物质

由于物化处理系统没有对污水、废水中的悬浮无机颗粒进行有效地去除，这些悬浮颗粒最终会流入活性污泥系统，但过量流入的时候，也会超过活性污泥的有效吸附量。当存在超过的部分时，我们就会发现在二沉池出现部分不沉降的颗粒物质，此部分颗粒物质也就成为放流出水中夹带的颗粒物质了。

6. 曝气过度导致活性污泥解体对放流水富含颗粒物质

曝气过度不但浪费能源，也不利于活性污泥正常生长繁殖。曝气过量，活性污泥絮团极其容易在气泡切力和机械搅拌叶轮的切削作用下解体。我们发现活性污泥絮团被打破次数越多，随后的絮凝能力越弱，并最终导致这些被打碎的活性污泥絮团不具备絮凝能力。由此悬浮在活性污泥混合液内，在二沉池发生不沉降也就非常能够理解了。

三、活性污泥随放流水漂出时各控制指标的表现

1. 冲击负荷导致的活性污泥随放流水漂出时各控制指标的表现

冲击负荷是通过污泥负荷和表面负荷来衡量的，而运用最多的是污泥负荷，因为在处理水量没有超过设计值时，往往负荷影响多见于污泥负荷。

当 F/M 波动突然增加 30% 以上时，可以判断活性污泥出现了比较明显的冲击负荷，由此就会产生一系列证明发生冲击负荷的表现。

（1）活性污泥沉降表现。沉降缓慢，上清液弥漫性混浊，表现在二沉池的沉降性上也是如此，不但出水含有细小颗粒，对整个二沉池出水清澈程度也有明显影响。过高的活性污泥负荷是弥漫性混浊的主要特征，这与活性污泥老化表现的混浊是完全不同的，活性污泥老化的混浊，出水带有颗粒，但是颗粒间的间隙水是清澈的。

（2）溶解氧供需量表现。出现冲击负荷的时候，在曝气量较之前保持不变的情况下，在曝气池监测到的溶解氧却是明显偏低的，大多偏低 30% 以上。此时，受冲击负荷的影响，放流出水也就夹带颗粒物质。

（3）活性污泥增长量表现。在活性污泥增长量方面，受负荷冲击的影响，活性污泥会出现对数生长期，活性污泥量增长迅速，通常每天会有 20% 以上的增幅。在这种情况下，由于活性污泥的活性过高而导致未沉降颗粒的出现，放流出水夹带颗粒物质流出的现象就比较明显。

（4）显微镜观察生物相方面表现。通过显微镜观察生物相的组成，能够非常简便地确认负荷冲击是否存在，继而为因负荷冲击导致的放流出水夹带颗粒物质提供参考。典型的是通过对菌胶团形状、细密程度以及非活性污泥类原生动物的观察来进行确认。通常受冲击的活性污泥菌胶团形状细小、细密、松散，同时非活性污泥类原生动物大量出现，加剧了活性污泥细小颗粒的不絮凝和悬浮状态，由此导致放流出水中夹带颗粒物质。

2. 活性污泥老化导致的活性污泥随放流水漂出时各控制指标的表现

活性污泥老化导致放流出水夹带颗粒物质，在日常运行中是较为常见的。因为目前在运行的污水、废水处理厂大部分存在进水浓度不高、运行负荷没有达到设计负荷的情况，加之运行操作不当，出现活性污泥老化导致的放流出水夹带颗粒物质就比较常见了。F/M 低于 0.04，同时持续时间超过 1 个月，活性污泥出现老化的情况就比较普遍，对应的各工艺控制指标变化主要表现在：

（1）活性污泥沉降比实验表现。通过对活性污泥沉降比实验的观察，可以较为准确地还原二沉池的沉降状况。通常沉降比实验观察后期出现的未沉降颗粒，就会成为二沉池出流水的夹带颗粒物质。而与此同时，活性污泥沉降比实验会表现出沉速加快（3min 内完成 90% 的沉降过程）、活性污泥压缩性增加（SV_{30} 低于 8%）、沉降污泥颜色过深（呈深棕色）等现象。

（2）溶解氧供需量表现。溶解氧在导致放流出水夹带颗粒物质方面，常见的是曝气过度导致活性污泥解絮，放流出水夹带颗粒物质。当然也有曝气增加而检测到的 DO 不见增加的情况。对冲击负荷确认后，观察到的放流出水夹带颗粒物质问题便可通过曝气量和 DO 情况进行确认了。而我们在观察活性污泥老化导致的放流出水夹带颗粒物质问题上，最多观察 DO 的变化情况是在曝气量较小（同比前期）的情况下，往往出现曝气池溶解氧过高的现象（通常 DO 高于 3.5mg/L）。主要原因还是出现活性污泥老化后，活性污泥总量会较前期降低，待处理有机物总量不足，相应消耗的溶解氧也会降低，综合底物浓度（进水有机物）和活性污泥浓度对溶解氧的需求皆有所降低，我们就会发现小量曝气也能出现高溶解氧了，另外，曝气设备故障修复后，曝气量会突然增加时，原本曝气池故障时沉淀在曝气池角落的沉淀物被扬起，这样就会导致生化池出水中颗粒物质增多。

（3）活性污泥增长量表现。在活性污泥处于老化阶段的时候，部分活性污泥颗粒解体流出二沉池，加之底物浓度不足，总体活性污泥浓度会较前期有所降低。也就是说从活性污泥浓度方面来讲，在放流出水夹带颗粒物质的时候，我们不会发现活性污泥浓度提升的情况。相反在加大活性污泥排泥浓度的情况下，曝气池活性污泥浓度下降速度较前期（正常时期）明显变快。

（4）显微镜生物相方面表现。显微镜在确认活性污泥老化方面具有比较好的效果，特别是从菌胶团的形态上来进行判断，不但能够揭示活性污泥的老化程度，也能大概要了解悬浮在上清液中的颗粒物质是解体污泥还是无机颗粒。当显微镜能够观察到单体未絮凝颗粒的时候，通常二沉池放流出水夹带颗粒物质的情况是非常有可能的。对于大量轮虫的出现，我们可以理解为，单体未絮

199

凝颗粒物质为轮虫提供了便利的捕食对象，使得轮虫占优势存在。

3. 活性污泥中毒导致放流出水富含未沉降颗粒物质时各控制指标的表现

在受到有毒或惰性物质大量流入影响时，活性污泥死亡或絮凝性能降低导致的放流出水夹带颗粒物质，同样在活性污泥多个工艺控制指标中有所表现。

（1）活性污泥沉降表现。受到有毒物质的冲击后，活性污泥沉降通常表现出上清液混浊、沉降活性污泥颜色暗淡等中毒现象。而导致活性污泥上清液混浊的原因，同样会使得放流出水内夹带颗粒物质。我们在整个活性污泥沉降过程中可以看到上清液始终处于混浊状态，与活性污泥的沉降时间关系不大。

而受到惰性物质的冲击后，活性污泥的沉降异常快速，上清液也同样出现混浊状态，但其混浊程度要比中毒后的活性污泥沉降上清液略低，上清液内的颗粒物质要比中毒后的上清液内悬浮的颗粒物质大。

（2）溶解氧供需量表现。在中毒和惰性物质对活性污泥的影响中，除了能够较大程度地影响放流出水的颗粒物质含量外，溶解氧值方面会表现为溶解氧较正常时期升高，即同等曝气强度范围内的曝气池溶解氧含量比平时高。主要原因是活性污泥的死亡使得需要溶解氧支持的微生物数量减少，对应的溶解氧需求也就减少了，曝气池溶解氧值的增高也就是必然的了。

（3）活性污泥增长量表现。受有毒及惰性物质的抑制，活性污泥增长也会明显受限，表现在新增活性污泥的不可见，MLSS 检测值呈逐渐下降趋势。活性污泥浓度被动下降的期间，正是活性污泥解体持续期，对应的放流水夹带活性污泥颗粒的现象也最为明显。在活性污泥没有受到毁灭性冲击的情况下，消除有毒或惰性物质后，活性污泥将进入恢复期，通常在 1 周内能够恢复正常。但是活性污泥同样遵循恢复期的一些规律，因此活性污泥恢复过程中除了仍然有死亡的活性污泥解体，更多的是活性污泥增长过程中活性过强导致的放流水夹带颗粒物质。

（4）显微镜生物相方面表现。被冲击的活性污泥，由于毒性物质对原生动物、后生动物的毒杀作用相对明显，所以我们通常看到的是，在整个观察视野内没有一个原生动物、后生动物被发现。而对菌胶团而言，虽然其团体抗冲击能力较强，但是同样会发现菌胶团外围部分与菌胶团中心部分的区别，特别是在菌胶团的紧密性方面。

而惰性物质的冲击，通常是无机物对活性污泥的冲击，通过显微镜观察可以发现菌胶团内夹杂的无机颗粒。这些无机颗粒形状多半呈透明状或呈无活性的黑色。不具备活性污泥颗粒的深褐色状，所以鉴别较为容易。

4. 反硝化现象导致放流出水富含未沉降颗粒物质时各控制指标的表现

反硝化现象的发生，对放流出水夹带颗粒物质的影响较大，而且上浮的活性污泥颗粒较大、流失速度快，对活性污泥总量变化的影响较大。在二沉池上观察也能很好地发现活性污泥的上浮发生在整个二沉池液面，同时，出水堰侧也能明显地看到棕黄色颗粒物质的流出。此种现象发生时，活性污泥侧其他工艺指标的变化主要表现如下：

（1）活性污泥沉降比实验表现。由于活性污泥沉降比实验是模仿二沉池整个沉降过程的，因此可以通过活性污泥沉降比实验的整个过程来了解和发现活性污泥反硝化现象。通常在活性污泥沉降比实验中活性污泥都是由上往下沉降的，但是活性污泥的反硝化却是相反，活性污泥出现先沉降后上浮的现象，上浮的活性污泥经过搅拌后又会下沉。那么，我们观察到的这部分上浮过程中的活性污泥即为放流出水夹带的颗粒物质。

（2）溶解氧供需量表现。活性污泥反硝化发生的前提是沉降的活性污泥出现缺氧状态，为此就溶解氧方面的确认而言，主要是活性污泥流出曝气池时其溶解氧值的情况了。如果流出曝气池的活性污泥混合液溶解氧低于0.5mg/L，并且碳氮比严重失衡的话，停留在二沉池的沉降活性污泥就会出现反硝化上浮的现象。此时，对二沉池各点进行监测就会发现二沉池各点溶解氧值显示为零。

（3）显微镜观察生物相方面表现。显微镜观察方面能够得到的指征作用并不明显，特别是原生动物、后生动物变化不会明显，我们对上浮的活性污泥检测结果也是如此。只是在对活性污泥的菌胶团结构观察时能够观察到菌胶团内存在的细小气泡，这些气泡就是导致活性污泥上浮的根本原因。这些气泡是在活性污泥反硝化过程中产生的，较之因曝气过度产生的活性污泥上浮，反硝化导致的活性污泥上浮颗粒直径要大于曝气过度导致的活性污泥上浮颗粒。

5. 曝气过度导致的放流水富含颗粒物质时各控制指标的表现

曝气过度导致的放流水夹带颗粒污泥，就整个二沉池液面表现而言，通常看到的是整个曝气池水体内分布较多细小的颗粒物质，颗粒间水体朦胧。同样，需要验证是否为曝气过度导致的放流水夹带颗粒物质，也可以通过其他活性污泥工艺控制指标来进行确认。

（1）活性污泥沉降比表现。整个沉降过程中，上清液内的细小颗粒较多，既有下沉的，也有缓慢上浮的，且颗粒间水体呈现朦胧的感觉。主要原因是，活性污泥被过度曝气后，活性污泥絮体分解严重，絮体颗粒在细小到一定程度后，我们在观察整个上清液水体时就会有一种朦胧感。而稍大一点的颗粒就成为放流出水中所夹带的颗粒物质了。

（2）溶解氧供需量表现。溶解氧的检测能为放流水夹带颗粒物质是否来源于曝气过度提供比较直接的证据，特别是在闷曝式长期高曝气低负荷的情况下，能够比较容易地确认。

（3）显微镜观察生物相方面表现。显微镜观察方面，重点还是确认活性污泥菌胶团的大小以及菌胶团内是否有被曝气鼓入的细小空气气泡，这些方面的信息也可以让我们对是否为曝气过度导致的放流水夹带颗粒物质进行有效证明。

有关发生漂泥时可用于判断的各工艺控制参数请参考表7-1。

表 7-1　　　　　　　发生漂泥时可用于判断的工艺控制参数

漂泥的原因	可用于判断的工艺控制参数
存在冲击负荷（污泥负荷）	F/M；SV_{30}；生物相；泡沫；有机物去除率
活性污泥老化	F/M；SV_{30}；DO；生物相
活性污泥中毒	SV_{30}；DO；生物相；有机物去除率
二沉池发生反硝化	SV_{30}；DO；生物相（气泡）污泥颜色；二沉池表现
生化池曝气过度	SV_{30}；DO；生物相（气泡）
丝状菌极限膨胀（崩溃式漂泥）	SV_{30}；SVI；生物相（丝状菌膨胀程度判定）

四、放流水夹带颗粒物质现象的处理对策

就放流水出现夹带颗粒物质的现象，主要是围绕原因进行处理，主要分述如下。

1. 曝气过度导致放流出水夹带颗粒物质的对策

通过降低曝气量的方法自然是能够缓解放流出水夹带颗粒物质的问题，但是我们在实践中往往还是经常看到曝气过度的情况，这主要是因为一些操作人员对设备关心不足，人员培训后的系统意识不强。但是，我们也发现由于排泥过度、进水负荷过低、进流污水、废水流量波动过大等情况，同样会在曝气量保持不变的情况下出现曝气过度现象，这就要求操作管理人员具备较高的操作管理能力，才能保证生化系统在一个相对稳定的环境下运转。

2. 有毒物质和惰性污泥导致放流出水夹带颗粒物质的对策

就有毒物质的流入，我们首先要做的是避免其发生，即使发生了，也要在浓度上尽量进行控制。我们可以通过加大二沉池的回流活性污泥水量和物化段调节池的功能来实现稀释有毒物质的目的，同时提前提高活性污泥的浓度来应对有毒物质的流入也较为有效。

惰性物质的流入，本身对活性污泥的影响不会太快，但如果长期积聚会导致活性污泥的沉降性能下降，继而出现放流出水受影响的问题。主要应对策略是强化排泥的力度，特别是排泥的连续性。当然，强化物化段对悬浮颗粒的混凝沉淀效果是规避无机颗粒类惰性物质流入生化系统的主要对策，也是规避活性污泥活性降低导致放流出水夹带颗粒物质的有效举措。

以上毒性和惰性物质的问题，只要对活性污泥产生了影响，必须要采取的一项措施就是排泥，通过略高于正常排泥20%的速度来置换掉受到抑制的活性污泥，用新生的活性污泥的更新来达到快速恢复活性污泥能力的目的。

3. 活性污泥反硝化导致放流出水夹带颗粒物质的对策

反硝化导致的放流出水夹带颗粒物质，就预防原理上而言，重点是要提高

曝气池出口段活性污泥混合液溶解氧的含量，保证沉降到二沉池底的活性污泥在短时间内不会发生缺氧或厌氧状态。另一方面，要保证二沉池的刮排泥系统正常，避免因为刮泥机故障（如刮板和池底间距过大等）导致活性污泥在二沉池中停留时间过长继而导致缺氧环境下的反硝化现象发生。

由于反硝化现象发生后，活性污泥流失较快，如果不及时维持系统中活性污泥的量会构成较大危险。为此我们可以用的快速方法就是上面提到的迅速提高曝气量，保证流入二沉池的活性污泥混合液具备充足的溶解氧含量。

如果二沉池刮泥机有故障，活性污泥刮除不干净，那么也会导致二沉池活性污泥因缺氧而上浮。

4. 活性污泥老化导致放流出水夹带颗粒物质的对策

在已知活性污泥老化的情况下，如何有效阻止因为活性污泥老化导致放流出水夹带颗粒物质，重点要把握的是食微比的控制值，也就是避免活性污泥长期低负荷运行。为了做到这一点，可以通过增加入流污水、废水的底物浓度和降低活性污泥浓度来达到减轻活性污泥老化的目的。

5. 冲击负荷导致放流出水夹带颗粒物质的对策

冲击负荷应对策略重点是降低冲击程度，为此可通过物化区的调匀水质和调节水量来实现，使得处理水的均匀性得以保证。另外，提高活性污泥浓度来抗击冲击负荷也有较好的效果。当然在应对水力负荷冲击的时候，也可以将回流活性污泥的流量降低来减轻污水、废水对曝气池的水力负荷冲击。当多种原因并存时，需要我们进行综合分析，提出综合对策。

第六节　活性污泥上浮应对

在二沉池中，有时会发生活性污泥不沉淀并随出水流失或活性污泥成块从水下浮起的现象，这将直接导致放流出水恶化。这种问题除了设计上的一些不足能够导致外，管理上也有不少原因。

一、活性污泥上浮原因分析

导致活性污泥上浮并影响出水水质的情况主要有三种：污泥腐化、污泥发生反硝化脱氮和污泥膨胀。具体这三种情况导致的活性污泥上浮原因分述如下：

1. 污泥腐化导致污泥上浮的原因

通常发生污泥腐化的原因主要集中在操作不当、曝气量过小方面。二沉池的活性污泥可能由于缺氧而发生腐化，即造成厌氧分解，产生大量气体，并导致活性污泥上浮。

2. 污泥脱氮导致污泥上浮的原因

前已述及，当曝气池内混合液曝气时间过长或曝气量过大时，在曝气池内将发生高度硝化作用而使曝气池混合液内含有较多的硝酸盐（特别是当进入曝气池的污水、废水中含有较多的氮化合物时）。这时，曝气池混合液流到二沉池后就可能由于反硝化而使污泥上浮。这里再说明一下反硝化含义：所谓反硝化是指硝酸盐在缺氧环境下，被反硝化细菌还原硝酸盐、释放出分子态氮（N$_2$）或一氧化二氮（N$_2$O）的过程（而反硝化作用一般在溶解氧低于 0.5mg/L 时发生）。这时反硝化产生的气体在上升时被活性污泥吸附，由此夹带活性污泥一起上浮。我们在实验中发现，如果让硝酸盐含量高的混合液静止沉淀，在开始的 20~90min，活性污泥可以沉淀得很好，但不久就会发现由于反硝化菌的作用产生的气体，在活性污泥中形成小气泡，导致吸附了气泡的活性污泥密度降低，并最终出现整块上浮或像雪花般全面上浮。我们在确认活性污泥沉降性能时常用的方法是活性污泥沉降比实验，而由于污泥反硝化作用表现得比较隐蔽，实验中在 30min 内有时不一定看得到，因此需要特别注意。

3. 丝状菌膨胀导致活性污泥上浮的原因

丝状菌导致活性污泥上浮的原因归根结底还是活性污泥絮团内夹杂了过量的细小气泡，导致活性污泥密度降低，在二沉池中进行泥水分离的时候达不到有效的分离效果，最终出现活性污泥上浮的现象。只是出现上浮后在出水堰挡板部位发生堆积的话，就容易形成浮渣。

图 7-19 是污泥腐化及活性污泥膨胀导致的活性污泥上浮。

204

(a)　　　　　　　　(b)

图 7-19　活性污泥上浮照片

（a）污泥腐化导致的污泥上浮；（b）活性污泥膨胀导致的污泥上浮

二、活性污泥出现上浮时各工艺控制指标的表现

活性污泥出现上浮，其具备的一个共同特点是活性污泥内夹带了气泡，为此我们无一例外地发现，在上浮的活性污泥内都能发现细小气泡的存在。主要确认方法有：

1. 显微镜观察

通过显微镜对活性污泥菌胶团观察会发现菌胶团内有细小的光亮点，这是由于菌胶团内吸附的细小气泡在光线的照射下所表现出来的折光效果。

2. 肉眼观察

在已经浮起的活性污泥内，我们通过肉眼有时也能看到菌胶团内富含细小气泡，特别是活性污泥浮到液面后，在阳光的照射下，气泡受热而膨胀变大，更容易被肉眼看到。

3. 活性污泥沉降比实验观察

活性污泥沉降比实验是在还原活性污泥在二沉池中的沉降情况，同样可以发现已沉降的活性污泥出现气泡，并且随着气泡的增多和长大，活性污泥开始上浮。

4. 综合表现

上面分析了活性污泥上浮与丝状菌膨胀、活性污泥腐化、活性污泥反硝化等原因有关，通常，曝气不足会导致活性污泥发生缺氧和厌氧而使活性污泥腐化，另外，脱氮负荷过大且具备了缺氧条件就会导致发生剧烈的污泥反硝化，而水质成分单一被认为是导致丝状菌膨胀发生的基础原因，这些就需要一线管理和操作人员利用综合分析方法很好地掌握了。

三、活性污泥随放流水漂出现象的处理对策

在明确发生活性污泥上浮的原因后我们就可以针对性地采取对策了，具体分述如下：

1. 反硝化处理对策

（1）增加内回流量或加大生化池外回流比，以减少沉淀池中的污泥量。

（2）减少曝气量或曝气时间，使得硝化作用降低。当然也可以提高曝气池出口混合液中溶解氧含量，保证在二沉池的活性污泥不会因缺氧而发生反硝化作用。

（3）减少沉淀池的进水量，以减少二沉池的污泥量。

（4）确保二沉池刮泥机的有效性、避免污泥在池底停留过久而发生缺氧反硝化。

2. 活性污泥腐化处理对策

出现供氧跟不上无非是与曝气设备故障没有解决，培养的活性污泥浓度过高，进流污水、废水浓度过高等因素有关。对策主要根据这三方面来定，如保证曝气设备的低故障、降低活性污泥的浓度、避免活性污泥负荷的冲击等。

205

3. 丝状菌导致的污泥上浮问题处理对策

丝状菌的处理是系统的工程问题，将在下面的章节重点说明。

第七节 丝状菌膨胀应对

一、活性污泥丝状菌膨胀现象概述

正常的活性污泥沉降性能良好，含水率一般在 99% 左右，但活性污泥发生变质的时候，活性污泥就不容易发生沉淀，特别是发生丝状菌膨胀时，其含水率会上升，体积发生膨胀，上清液体积减少，活性污泥颜色发生异变，通过这些现象就可以确认活性污泥是否存在丝状菌膨胀。通过 SVI 的确认，我们能够比较直观地对活性污泥的膨胀程度进行量化。

活性污泥的膨胀主要是由于大量丝状菌在活性污泥内繁殖，使活性污泥过度松散，密度降低所致。另外，实践中发现，真菌的繁殖也会导致活性污泥膨胀的发生。

活性污泥中的丝状菌具有如下特征，需要我们予以重视：

（1）同属净化水体的微生物，净化效率不低于正常菌胶团细菌；

（2）产生后很难将其从活性污泥中彻底地清除；

（3）丝状菌的爆发往往呈周期性，即消失后会有再次爆发的可能。

二、丝状菌与正常菌胶团的比较

丝状菌与正常菌胶团在多个方面区别显著，是我们有机会对丝状菌实施对策的前提，分述如下。

1. 对氧和底物浓度的要求不同

丝状菌和真菌生长时都需要有较多的碳源，对氧和磷的要求较低。特别在对氧的要求方面，丝状菌与菌胶团区别明显。菌胶团要求有较多的氧（至少在 0.05mg/L 以上）才能很好地生长，而真菌和丝状菌在微氧环境中也能很好地繁殖。由此就发现在氧不足的情况下，丝状菌类能大量繁殖而菌胶团的有效繁殖就会受到抑制。但是，因为菌胶团是由无数细菌组成的，相比丝状菌单体来说，超期耐受恶劣环境方面较丝状菌更加顽强。

2. 在毒物抵抗能力方面

在毒物抵抗能力方面，丝状菌和菌胶团也有差别，如在对抗氮的冲击能力方面，丝状菌不如菌胶团。所以，在具备脱氮除磷功能的运行工艺中丝状菌膨胀现象很少发生。

3. 在 pH 值适应性方面

菌胶团生长适宜的 pH 值范围是 6~8，而真菌类丝状菌却在 4.5~6.5 之间能够较好地生长，所以当 pH 值处于偏低状态时，菌胶团生长将受到抑制，而真菌的数量就有可能大大增长，同样的情况在丝状菌的繁殖方面也起到了推动作用。

4. 在温度适应性方面

我们发现丝状菌较正常菌胶团具有明显的优势，因此其在营养物质的摄取方面能力要强于菌胶团。在高温季节，丝状菌的繁殖速度和能力将大大高于菌胶团，所以在夏季更容易发生丝状菌膨胀，在冬季往往能够将丝状菌控制在安全的范围内。

5. 对低负荷环境的适应能力

我们都已经了解到，正常活性污泥在低负荷状态下会发生活性污泥老化现象，并最终影响到活性污泥对有机物的去除效果。而我们在观察丝状菌对低负荷环境的适应能力方面时却发现丝状菌非常能够耐受低负荷环境。在低负荷状态下，活性污泥正常菌胶团繁殖开始受到限制，甚至出现老化解体，但是丝状菌却可以依靠其巨大的比表面积维持其生长繁殖。

6. 营养物质的影响

低负荷导致的丝状菌膨胀可以理解，但是这里也要说明的是，在高负荷情况下，并不是说就不会发生丝状菌膨胀了，特别是进水中碳氢物质含量过高，而配备的其他营养元素不足的情况下，也很容易发生丝状菌膨胀。究其原因也很简单，正常菌胶团生长繁殖需要必须的营养剂作为补充，特别是氮磷元素，而丝状菌对此部分营养剂要求不高，且其摄取能力较菌胶团有明显的优势。为此，从生长条件可以发现丝状菌较菌胶团有优势。

三、丝状菌膨胀判断要点

1. 丝状菌膨胀程度分类

为了便于掌握丝状菌的膨胀程度，我们需要给丝状菌的膨胀提供分类衡量标准，通常分类如下：轻度膨胀、中度膨胀、高度膨胀、极度膨胀。

（1）轻度膨胀。轻度膨胀的丝状菌主要是在丝状菌膨胀初期和丝状菌受到抑制的状态下产生的。在显微镜观察方面，可以发现菌胶团结构没有受到影响，丝状菌散落在菌胶团内部，彼此间不存在相互黏结。

（2）中度膨胀。中度膨胀的丝状菌主要表现为丝状菌向恶化方向发展，活性污泥沉降时间延长，在显微镜观察下，我们可以看到有较多的丝状菌体伸出菌胶团，部分丝状菌出现成团生长。这样的状况下，丝状菌的膨胀程度定义为中度膨胀。

（3）高度膨胀。高度膨胀的丝状菌主要表现为丝状菌占优势生长，活性污泥受丝状菌的影响变得松散，以散落状态存在，大量丝状菌伸展出菌胶团，丝状菌都以成团的形式存在。我们在高度膨胀的丝状菌生物相中看到的是丝状菌占优势存在，而活性污泥稀少而零散，已导致菌胶团不能有效凝聚如图7-20所示。

（4）极度膨胀。极度丝状菌膨胀表现为几乎看不到较大的絮凝活性污泥菌胶团，而丝状菌大量繁殖，交错存在的丝状菌占据了整个可观察视野。

207

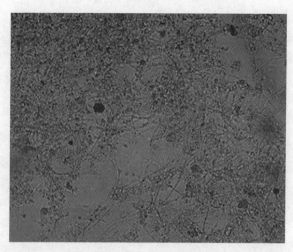

图 7-20 高度膨胀的丝状菌

2. 丝状菌膨胀的判断依据

确认丝状菌是否发生膨胀有很多的方法，判断的方法也各有特点。在尽早确认是否发生丝状菌膨胀方面，我们需要有效可靠的观察和分析方法。只有尽早地发现问题，才能分析原因并采取有效措施进行应对。就判断方法分述如下。

（1）根据活性污泥沉降比判断丝状菌膨胀状态。前已述及，活性污泥沉降比是确认活性污泥系统运行状态的重要检测和控制指标，能够通过活性污泥沉降比发现大量的运行问题，包括丝状菌膨胀方面。

丝状菌膨胀的直接后果是活性污泥的沉降压缩性变差，活性污泥的含水率提高。在活性污泥沉降比的整个实验过程中可以发现：活性污泥沉降时间延长，沉降速度变慢。不同膨胀程度活性污泥的主要沉降特征如下：

1）丝状菌轻度膨胀时的活性污泥沉降表现。轻度膨胀的丝状菌在活性污泥沉降比实验中表现不太明显，通常较正常时的沉降性略差，主要表现在沉降后的活性污泥占整个混合液的体积分数会增高。正常的活性污泥沉降比在 10%～30%，轻度丝状菌膨胀的活性污泥沉降比通常会在 25%～40%。从活性污泥的色泽上观察，较正常时区别不大，仍然表现为棕褐色。沉降初期的活性污泥絮凝性方面，其絮凝速度会低于正常性能的活性污泥絮凝速度，絮凝时间会延长 2～4 倍（正常的活性污泥，其初期絮凝性能极佳，1min 内可完成絮凝过程）。

2）丝状菌中度膨胀时的活性污泥沉降表现。丝状菌发生中度膨胀的时候，我们在活性污泥沉降比实验中是能够很明显地观察出来的。首先是活性污泥的色泽，因为活性污泥发生中度膨胀，活性污泥的体积膨胀就比较明显了，在含水率增加的情况下，活性污泥的颜色将变淡，所以，无论是观察絮凝的活性污泥还是已沉降的活性污泥，其色泽都偏淡。在沉降速度方面，由于丝状菌的膨胀，活性污泥絮凝性能降低，所以从絮凝开始到自由沉淀、集团沉淀、压缩沉淀，各阶段耗时都将延长。特别是压缩沉淀阶段，表现得更加明显，在压缩阶段的沉淀时间（正常压缩沉淀阶段耗时在6~8min）将是正常的压缩沉淀时间的2倍。在沉降比数值方面，中度丝状菌膨胀，活性污泥最终沉降比在40%~60%。在没有冲击负荷的情况下，对出水的影响还不大。

3）丝状菌高度膨胀时的活性污泥沉降表现。丝状菌发生高度膨胀的时候，活性污泥的泥水分离效果就变得非常差，在前15min看不到明显的沉降效果，活性污泥表现出高度的密集状态，颜色鲜艳而浅淡。对沉降的活性污泥最上层面观察，有明显的白色，这是由于丝状菌高度膨胀后，活性污泥的数量已经被严重抑制，取而代之的是大量的丝状菌体，而丝状菌体的基本色呈透明和白色。由于活性污泥处于高度膨胀状态，活性污泥的自由沉淀、集团沉淀、压缩沉淀区分不明显，特别是压缩沉淀阶段，由于丝状菌的大量繁殖，几乎没有活性污泥的相互吸附导致的活性污泥压缩现象，相反地，只能依靠丝状菌的自身少量压缩性来表现高度膨胀的活性污泥状态所具备的压缩性。因此，从沉降比值观察的结果可以看到，高度膨胀的活性污泥沉降比在90%左右。此时，活性污泥在二沉池的沉降就显得非常困难了。因此，在活性污泥高度膨胀阶段，已经可以观察到少量活性污泥流出二沉池了，同时在整个二沉池水平面上，扬起的活性污泥絮团成团大规模上扬将非常多而明显，沉降比大于70%，沉降的活性污泥絮体细密而成絮状，如图7-21所示。

图7-21　典型的高度污泥膨胀

4）丝状菌极度膨胀时的活性污泥沉降表现。丝状菌发生极度膨胀的情况对整个生化系统来讲是灾难性的，因为在丝状菌极度膨胀的情况下，活性污泥的沉降比通常是100%，也就是在30min内没有沉降，此时的活性污泥混合液细密，颜色浅淡，整体泛白色，通常在沉降后的1h内才能到99%的沉降比。这样的结果对二沉池而言压力是巨大的，常常在轻微的负荷冲击下，活性污泥即大量流出二沉池，使得出水极度超标。当然在大量活性污泥流出的情况下，活性污泥浓度会迅速降低。所以活性污泥内发生丝状菌极度膨胀的时候，不但出水超标，活性污泥浓度也同样会大受影响，继而有可能导致系统崩溃，如图7-22所示。

209

图 7-22　极度丝状菌膨胀
（看不到泥水分离现象）

（2）根据污泥容积指数判断丝状菌膨胀状态。污泥容积指数在判断活性污泥的膨胀状态方面具有较好的作用，特别是对轻度和中度丝状菌膨胀，在区别一些干扰因素方面具有独特的作用。尤其是在活性污泥沉降比实验发现沉降比大于 40% 的时候，如果没有排除活性污泥浓度过高的情况，容易误判断。而分析污泥容积指数却可以很好地避免这种情况的发生，因为活性污泥容积指数的计算公式中分母即为活性污泥浓度值，本身活性污泥的浓度值也就被考虑在了污泥容积指数的计算中了。

对不同膨胀阶段的丝状菌来讲，污泥容积指数值是不同的。我们通常认为污泥容积指数值在 50~150 是正常的。对于工业废水而言，可以将该值放宽到 50~200。但活性污泥发生轻度丝状菌膨胀的时候，污泥容积指数可以上升到 250 左右；在中度丝状菌膨胀阶段，污泥容积指数在 300~350；在高度丝状菌膨胀状态，污泥容积指数在 500~700；而极度的丝状菌膨胀，活性污泥的沉降比为 100%，因此也就失去了计算污泥容积指数的意义了。

以上是两种非显微镜判断丝状菌存在及膨胀状态的常用方法，当然确认丝状菌膨胀最有效的方法还是首选前面讲到的显微镜观察法。

3. 丝状菌膨胀原因分析

丝状菌膨胀原因方面的分析，我们在讲述丝状菌与菌胶团的区别时也进行了一定的阐述，接下来就其基本原因进行说明。

（1）活性污泥系统外在环境的影响。丝状菌的产生，首先需要考虑的是外在原因的影响。因为外在原因不去除，活性污泥工艺控制再努力，其效果也是有限的。常见的外在原因如下：

1）活性污泥接种感染丝状菌。由于活性污泥中的丝状菌和菌胶团对各种环境要求区别不大，导致滋生丝状菌后很难在活性污泥内被去除。为此在接种活性污泥进行培养的时候一定要注意，不要将已经发生丝状菌膨胀的活性污泥作为接种污泥，以免给后续的活性污泥系统带来不必要的麻烦。

2）进水水质成分影响。就进水水质成分影响方面，我们平时注意的不太多，但是经过对多个易爆发丝状菌膨胀的污水、废水处理工厂进行调查后发现，这些污水、废水往往具备一个同样的特征，就是进水成分单一，水质成分缺少必要的补充元素。通常是某种水质成分占据主导地位，而几乎不含其他元素。这种情况特别容易发生在工业废水中，而以居民生活污水为主的污水处理厂，丝状菌膨胀的情况很少见。

在工业废水成分单一的情况下，尤其当成分仅为高碳氢化合物的情况下，发生丝状菌膨胀更为常见。无一例外地此种工业废水缺少营养剂及其他微量元素，突出表现在易降解的高有机物浓度方面。

（2）活性污泥系统内部控制不佳。活性污泥内部控制不佳的重点是活性污泥工艺控制方面的不足。具体表现在如下方面：

1）长期低负荷运行。低负荷运行本身对正常的活性污泥菌胶团是不利的，特别是低负荷运行导致活性污泥发生老化的时候，因为活性污泥的解体会导致活性污泥系统处于一个生长繁殖相对受抑制的阶段。而在活性污泥中滋生的丝状菌却对低负荷运行具有较好的耐受能力，主要原因是丝状菌体可以直接利用体表来摄取有机物，作为其能量来源，且丝状菌的比表面积巨大，其吸收污水、废水中有机物的能力高于菌胶团。

2）长期低溶解氧或局部缺氧运行。虽然在实际运行中我们强调丝状菌在缺氧环境中的生长耐受能力是低于菌胶团的，但是，如果厌氧或缺氧程度和时间没有达到一定程度的时候，反而会出现丝状菌的生长优于活性污泥的情况。为此，在曝气池的管理上应该确认是否有曝气死区或长期低溶解氧运行的情况存在。

3）营养剂投加失衡。活性污泥正常繁殖所需要的元素中常见的是碳、氢、氮、磷、氧，但是，铁、锰、等微量元素也是必不可少的。在高浓度含氮废水的污水、废水处理厂，很少看到有丝状菌膨胀发生，说明含高氮污水、废水对丝状菌有抑制作用，同时也说明了营养剂对微生物的影响。

4）酸性废水环境对丝状菌的诱发作用。酸性废水能够导致丝状菌膨胀的说法，在业界常被提及，通常在 pH 值不高于 6.5 的环境中比较容易诱发丝状菌，但这也只是一个诱发因素，也就是说没有其他条件的共同作用，低 pH 值的影响是有限的。就其诱发性，主要认为低 pH 值污水、废水不利于活性污泥菌胶团的生长，而丝状菌在这样的环境却能够较好地适应，基于这个原因，我们对活性污泥中的丝状菌提高 pH 值后去观察，发现 pH 值在 10 左右的时候，丝状菌被抑制程度要高于菌胶团。也就是说丝状菌不耐受高 pH 值污水、废水，但却能够耐受较低 pH 值的污水、废水。有鉴于此，我们在杀灭丝状菌时经常会利用不耐受高 pH 值这一丝状菌的特性施以对策。

4. 丝状菌膨胀时各工艺控制指标的表现

前面已述及导致丝状菌膨胀的外部原因，更多的，也是比较可控的是活性污泥系统工艺控制不佳导致的丝状菌膨胀。在这种情况下，我们在各工艺控制指标上是能够明显地找出异常点的，主要在如下几方面有所表现：

（1）低负荷状态下的食微比表现。如果是因为食微比过低导致的丝状菌膨胀，通常是食微比在 0.05 左右运行了较长的时间（半年左右），活性污泥处于老化边缘，这样的环境就为丝状菌的膨胀提供了一个很好的生长代谢环境。因为此时的活性污泥受负荷的影响处在减速增长期，代谢繁殖大大减弱了，就生物相而言，此时的活性污泥是非常容易将生物相的优势地位让给丝状菌的。

（2）缺氧和局部厌氧状态的存在。我们通过对整个曝气池的溶解氧检测，发现在曝气池首端检测到的溶解氧非常低，有时甚至是 0，主要原因是刚进入曝气池的废水，被曝气时间不足，所曝时间内还不能将源源不断的进流污水、废水进行足量曝气。同时，刚进入曝气池的污水、废水浓度在整个曝气池是最高的。对活性污泥分解有机物来说，其食物源没有受到抑制，对溶解氧的需求量就大增，而低溶解氧或局部缺氧恰恰抑制了活性污泥在首端降解能力的发挥。因此，曝气池首端反而为丝状菌的增殖提供了条件。如果有这样的情况存在，就会对我们调整工艺控制参数造成相当的麻烦。

我们曾经发现在表面曝气的生化系统中，首端曝气机发生了故障，7 个月没有修复，在这阶段，该曝气池滋生了大量的丝状菌，调控人员进行了多种方法调控工艺控制参数，但是效果不佳。而当该曝气机修复投用后，很快地，丝状菌受到了明显的抑制，在 2 个月后丝状菌膨胀程度转为轻度膨胀状态。

（3）进水成分单一的影响。在工业废水处理中经常看到丝状菌膨胀现象，经过统计，在食品加工废水、造纸废水中，更加容易爆发丝状菌膨胀。分析发现，这些废水中的有机物可生化性很强，且无一例外地是其他微量元素短缺。为了避免营养剂及微量元素的短缺情况，工艺中有添加营养剂的系统来补充氮磷，但是补充的均匀性和其他微量元素是否得到补充确实会存在比较大的问题。为此，给自己的污水、废水处理厂进行待处理水的成分分析和规律确认是很有必要的。

5. 丝状菌膨胀难控制的分析

人们已经对丝状菌膨胀的原因及主要影响因素有了一定的认识。但是，就对策方面，各类文献和专题论文都没有给出一个很好的处理对策，主要原因还是有以下几方面：

（1）丝状菌和菌胶团对环境和食物要求的区别不大。丝状菌存在于活性污泥内以后，由于和菌胶团的区别不大，在改变活性污泥工艺参数的情况下，往往不能在较短的时间内取得良好的效果，而需要几个月甚至几年的长期反复调整才能有效地抑制活性污泥中丝状菌的膨胀程度。

（2）通过工艺调整应对丝状菌膨胀的稳定性不足。我们通常会看到，因为工艺控制参数长期偏离正常值，所以导致丝状菌膨胀的发生。那么通过调整活性污泥的工艺参数，不就可以抑制丝状菌膨胀的发生了吗？虽然理论是如此，实际在较长的工艺参数稳定调整的过程中，是否真的保证了工艺控制参数在正常的范围内呢？恐怕也是很难做到的。

（3）丝状菌自身特点方面的影响。通过对丝状菌的研究发现，丝状菌对环境的适应性大大超过了正常菌胶团的适应性。这不仅仅表现在丝状菌对恶劣环境的适应性，更主要的是丝状菌能够通过变异来强化对环境的适应性。当丝状菌长期处于中度膨胀以上时，经过自身演变和适应，丝状菌会就环境的适应性方面提高自己的生存能力，典型的就是在丝状菌体上长出稀疏的旁支，这些旁支虽然细而短，却可以使丝状菌在整个活性污泥内占据更主导的优势地位，同时各种针对性杀灭丝状菌的动作对其的抑制效果将大大降低。

（4）丝状菌彻底杀灭的高难度性。丝状菌大量繁殖后，我们会采用很多方法来杀灭或抑制丝状菌的繁殖，但是往往效果不佳。究其原因除了上面的因素外，丝状菌作为整个活性污泥系统的一部分，不但分布于活性污泥系统内，有的情况下也会在无废水处理的内循环系统中存在。比如说排泥后回流到调整池，继而经过物化系统又回流到生化系统内，而存活于物化系统的丝状菌在我们进行灭杀时往往被忽略。继而在一个灭杀丝状菌的循环后，又可以通过来自物化段的丝状菌接种而在生化系统内大量繁殖。为此，如果没有在整个污水、废水处理系统内对丝状菌进行灭杀的话，想要彻底杀灭丝状菌是相当困难的。

6. 丝状菌膨胀常用处理对策

（1）对工艺控制参数的严格管理。前面已经就工艺控制参数控制不合理导致的丝状菌膨胀的原因进行了分析，那么根据这个结果，通过规范控制参数的调整，可以做到对丝状菌的有效控制。

这种方法在实践中对轻度、中度早期膨胀的丝状菌控制较为有效，调整所需时间也能够控制在 2 个月内。而对高度膨胀或极度膨胀的丝状菌而言，此法几乎无效。

主要工艺控制值参考方法如下：

1）溶解氧控制值的有效性。在溶解氧方面，必须控制曝气池出口不低于 3.0mg/L，曝气池首端保证不低于 1.0mg/L 的溶解氧。如果首端曝气量不能有效满足，可以通过利用降低进流水量和减少活性污泥回流量的方法来满足。有条件的话，可以监测一下在二沉池内的各断面溶解氧值，以此判断停留在二沉池内的活性污泥溶解氧状态。如果检测值低于 0.5mg/L，我们就应该保证二沉池内的活性污泥能够在较短的停留时间内回流到曝气池，以免丝状菌在此部位发生优势增殖。要控制这一点的话，还是需要在回流污泥量上面进行有效的调整。

2）食微比（F/M）的有效控制。食微比在丝状菌问题上，所起到的负面作用是一个缓慢的作用，也就是说食微比的问题导致丝状菌的膨胀不是在短时间内完成，通常在 3 个月以上才有可能。有鉴于此，对于食微比导致的丝状菌膨胀，调控方法也就是让偏离正常值的食微比回归到正常控制范围内，我们认为最佳的食微比在 0.10~0.15，低于 0.05 的情况是尽量需要避免的（难降解废水、高氨氮废水等除外）。但是，实际中系统经常碰到进水负荷过低的情况，似乎觉得食微比过低很难避免。其实，通过评判系统运行概况后会发现，活性污泥系统低负荷运行除进水底物浓度过低的原因外，盲目地提高活性污泥浓度也是一个很重要的方面。因为我们都知道，对活性污泥食微比的控制，本质上是由进水有机物浓度和活性污泥浓度两方面来决定的。因此，通过主动降低活性污泥浓度的方法可以缓解食微比过低的情况。

在食微比控制值修正到正常值后，对轻中度的因负荷原因导致的丝状菌膨胀，可以起到有效抑制的作用。

3）营养剂不合理投加控制。在引发丝状菌膨胀的原因中，前面也阐述过有关营养剂及微量元素不足导致的丝状菌膨胀问题，这也主要是发生在成分单一的工业废水中。因为菌胶团的生长相对于丝状菌来说，其对营养平衡的要求更高，所以说，更需要协调各种营养的平衡来保证菌胶团的正常生长。

就营养平衡的要求方面，一方面是对氮磷营养剂的补充要足量，我们可以通过放流出水的氮磷含量检测来确认活性污泥对营养剂的需求是否短缺。通常，以放流出水中氮磷含量接近但不超过国家污水综合排放标准的一级排放量标准的控制值为参考。特别是对氮的排放量控制，因为大多数种类的丝状菌不耐受高含氮量的环境，所以这也是一种抑制丝状菌的有效方法。另一方面是投加营养剂时，务必做到均匀连续地投加，投加点设在生化池首端，最好是在污水、废水流入生化系统前已经有营养剂混合进去了。必须避免靠人工向生化池不连续地投加营养剂的情况。

以上是与丝状菌膨胀有关的常用控制参数的调控方法。实际运行中，丝状菌膨胀可能是多种控制参数不合理导致的，这就要求运行管理人员认真分析和把握现状，找出导致丝状菌膨胀的原因，针对性地进行多方面工艺参数调整和配合。

（2）引入惰性物质抑制丝状菌的高度膨胀。引入惰性物质抑制丝状菌的高度膨胀，这样的控制方法在文献和一般书籍中见到的不多，此法对丝状菌进行抑制，主要还是来源于对实践工作的总结。我们在实践中发现，高度和极度膨胀的丝状菌，通过简单的方法很难有效阻止其对放流水质的影响。特别是冲击负荷的存在，能够直接导致大量活性污泥随放流水流出，水质也会发生严重的超标排放。此时，运用最多的是亡羊补牢的方法，就是在曝气池出口投加絮凝剂。对于这样的方法，我们在追踪丝状菌膨胀趋势后，如果发生迅速恶化趋势，可以投加惰性物质来抑制丝状菌的膨胀。就如何引入惰性物质到生化池的问题，我们的突破口是利用降低物化段沉淀效果（可以降低混凝剂和助凝剂的用量，使初沉池沉淀转差，继而有大量无机颗粒流入生化系统），允许部分无机颗粒流入生化池，这样流入生化池的无机颗粒在整个曝气池混合液内就呈分散状态均匀分布了。这样的情况下，活性污泥的相对密度就增加了（无机颗粒的密度远大于活性污泥），而活性污泥所具有的絮凝性能够将无机颗粒吸附，最终可以导致活性污泥絮团的密度增加。通过增加活性污泥的密度，能够保证高度膨胀的活性污泥在流入二沉池后得到较理想的相对泥水分离效果，为高度活性污泥膨胀的状态下出水达标提供保障。

这样的原理解释，一线操作管理人员应该是可以很好地理解的，实践中也是同样的情况，但是我们往往还忽略了一个重要的作用，就是足量的惰性物质流入生化系统，被活性污泥吸附后，在其强化活性污泥的相对沉降性能的同时，还对丝状菌的结构起到了破坏作用。在理解这个作用的时候，我们需要对丝状菌的一个特性进行必要的说明，即丝状菌被折断后，其膨胀程度会降低，相互聚集成团的能力会降低，繁殖速度也会降低。因此通过引入惰性物质，对丝状菌的抑制作用是明显的，也是有支持依据的。

那么引入多少惰性物质呢？回答这个问题是相当困难的。实践中判断依据运用最多的是通过活性污泥沉降比实验来判断，主要原因是活性污泥沉降比实验能够较好地模拟二沉池沉降效果，而二沉池沉降效果的好坏直接关系到了放流出水情况的优劣。

我们清楚地知道，丝状菌发生高度膨胀后，活性污泥沉降比往往超过 90%。这种情况下，轻微的水力冲击负荷都会导致活性污泥流出二沉池。为此，引入惰性物质到生化系统后，需要不间断地（20min 一次）检测活性污泥沉降比。当引入惰性物质后，活性污泥沉降比降低到 70% 以下时，我们认为丝状菌的膨胀得到了较好的控制了，此时可考虑降低引入惰性物质的量，同时根据活性污泥浓度，严格控制排泥量。保证排泥后，活性污泥浓度较前日偏差不超过 15%（主要是指浓度降低面的控制），使得受压缩的活性污泥能够很好的排出生化系统，通过活性污泥的不断更新来保证活性污泥中菌胶团部分的有效含量，而丝状菌在不能有效伸展其丝状菌体的情况下，繁殖受到抑制，也就慢慢退出在活性污泥中的主导地位了。

通过引入惰性物质抑制高度膨胀的丝状菌繁殖，操作控制联动参数多，控制要求高，所以对操作管理人员来讲，一定要抓住活性污泥沉降比的检测数据不放，多次确认活性污泥浓度变化（避免因为沉降性相对转好，而导致在同等排泥浓度的情况下，排出过量的活性污泥，使活性污泥浓度急剧下降，最终导致系统处理崩溃），通过 1 个月左右的时间主动压缩活性污泥的沉降性能来抑制丝状菌的高度膨胀状态。此法虽然能够对高度膨胀的丝状菌进行有效的抑制，但是彻底去除丝状菌绝非易事。高度膨胀的丝状菌调整到中轻度膨胀状态后，需要及时纠正各项活性污泥工艺控制参数，以求能够在随后几个月的时间内彻底清除丝状菌在活性污泥内的踪迹。

（3）高 pH 值污水、废水有效抑制丝状菌的膨胀。丝状菌对高 pH 值污水、废水的适应能力远低于对低 pH 值污水、废水的适应能力，为此，运用高 pH 值废水来抑制丝状菌的高度膨胀是非常有效和常用的。基于丝状菌的比表面积大于菌胶团的比表面积，所以在理论上，丝状菌应对急性环境恶变的能力总体而言是低于菌胶团的，特别是耐受高 pH 值和对活性污泥有抑制作用的有毒物质方面。

为什么适应环境能力极强的丝状菌在以上两个方面的适应能力要低于菌胶团呢？回答这个问题，我们要分析丝状菌的特性和菌胶团的特性。丝状菌的高比表面积导致单体丝状菌对营养物质的吸附能力相当强，但是对毒性物质和抑制物质的吸附能力也很强。相对而言，菌胶团却对急性毒性物质和抑制物质的耐受能力要高于丝状菌，这主要是因为菌胶团是由大量细菌组成的团体，这样的团体具备了抗击急性冲击物质的能力，所以在耐受毒性物质和抑制物质方面，我们可以看到菌胶团能够以牺牲外围细菌的方法来保护整体菌胶团。这为毒性物质和抑制物质的冲击过后，迅速恢复菌胶团活力提供了保证。这种牺牲局部保证全体的特性是丝状菌所不能做到的，这就为杀灭丝状菌提供了理论支持。

下面就对高 pH 值抑制和杀灭的丝状菌的方法进行详细的介绍。

1）运用环境状态。运用高 pH 值杀灭丝状菌，通常丝状菌在高度膨胀以上级别的状态下运用效果最佳，当然，杀灭效果也最好。因为高度膨胀级别以上的丝状菌，其单体暴露在水体中更加明显，所以受到高 pH 值污水、废水的影响就会更大。

2）基本条件配备。既然我们讲到的是运用高 pH 值来杀灭丝状菌，那么创造高 pH 值污水、废水的环境就是基本条件。要达到这样的环境，可以通过两种途径：一是引进污水、废水处理厂的待处理污水、废水本身就是高 pH 值的，平时都是需要用酸类进行调节的，而在抑制丝状菌的时候就可以不调整此部分污水、废水的 pH 值，而是直接让其流入生化系统；另一种方法是直接向废水中投加碱类物质（如氢氧化钙或氢氧化钠），将污水、废水调节成为碱性。

3）pH 值调整度及量。通过高 pH 值来杀灭丝状菌，最重要的是 pH 值调整到什么程度，持续多少时间。如果能够很好地控制这一点，杀灭丝状菌就有了很好的保证。

根据实践经验，在曝气池整池，pH 值控制 10.0 左右，持续时间 4~8h 能够对丝状菌起到明显的抑制和杀灭作用。为什么要将曝气池整池混合液的 pH 值控制在 10.0 左右呢？主要还是因为 pH 值在小于 9.0 的情况下，在较短时间（1 个月左右）内不会对活性污泥整体生长繁殖构成影响。但是，pH 值在 10.0 以上时，已经属于高 pH 值废水了，对活性污泥的生长已经构成明显的抑制了。在 24h 内，为了应对这样高 pH 值的污水、废水，活性污泥会抛弃外围菌胶团来保护菌胶团内心部分。所以，我们在选定用 pH 值为 10.0 的污水、废水进行对丝状菌的抑制时，持续时间不要超过 24h，以免出现活性污泥无法恢复的不良后果。

4）高 pH 值污水、废水调整抑制丝状菌步骤。进流污水、废水的 pH 值和能够持续的时间，一定要事先考查清楚，才能对该系统的丝状菌进行抑制和杀灭。如果 pH 值调整最终不能够使整个生化系统 pH 值控制在 10.0 左右，或者整个生化系统的 pH 值控制在 10.0 左右，但控制时间不能够达到 4~6h，我们就不提倡利用进流高 pH 值污水、废水抑制和杀灭丝状菌的方法了。这里主要考虑到丝状菌的变异性和适应性相当强。如果第一次没有彻底杀灭它们，第二次再运用同样的方法进行杀灭就会显得相当困难。为此，我们不提倡在没有足够把握的时候，就强行实施抑制和杀灭丝状菌的活动。

足量抑制和杀灭丝状菌的进流高 pH 值污水、废水，往往在工业废水处理厂比较常见。因为工业废水处理厂的废水来自生产部门，而生产部门的废水排放就有明显的周期性，如清洗时排放的酸碱废水。这样的机会就可以充分地运用起来，对抑制和杀灭丝状菌就显得非常有效了。同时，丝状菌的爆发我们在前面也说过，即丝状菌常见于水质成分单一的工业废水，这为我们充分利用工业废水自身排放的特点抑制和杀灭丝状菌的活动提供了基础保证。

为了保证足量的高 pH 值废水能够作用于生化系统，首先需要对高 pH 值废水进行评估。首先确认来自生产部门单次排放高 pH 值的水量以及具体 pH 值，当确认进流废水 pH 值是大于 10.0 的，且水量足够置换全部生化系统构筑物内水体容积，则该次进流高 pH 值废水满足了可利用性，也就是具备了抑制和杀灭丝状菌的能力了。

在这里，我们一直提到"抑制和杀灭丝状菌"这句话，可能有读者会问，抑制和杀灭存在很大的区别，为什么同样进行高 pH 值废水的调整活动，结果会有抑制和杀灭的区别呢？回答这个问题，确实很有必要。因为进行高 pH 值调整的目的是要杀灭丝状菌，仅仅抑制不是我们的目的。但是，本书中却一直将抑制和杀灭连在一起表述，原因在于杀灭丝状菌相当困难，实践中能够真正一次彻底杀灭的情况不会超过 30%，而有 70%的情况是仅仅对丝状菌的膨胀起到了抑制作用。究其原因，前已述及，主要是丝状菌与菌胶团特性差异不明显，加之彻底杀灭丝状菌的难度很高等，当对丝状菌进行杀灭时，结果仅仅是对丝状菌进行了抑制。

了解以上各项特性后，我们就对如何具体运用高 pH 值污水、废水调整抑制和杀灭丝状菌进行步骤上的说明。

a. 将进流废水通过调整池充分调节，使进流废水的 pH 值基本保持稳定在 10.0 以上。但是在流入物化区之前，我们需要将废水 pH 值稳定在 10.0 左右。因为 pH 值低于 10.0，流入到生化系统中将不会对丝状菌构成抑制和杀灭作用；相反，pH 值高于 10.0 的话，由于后段不具备很好的调节 pH 值的作用，使得物化区和生化区会受到额外的压力，严重的时候，物化区絮凝沉降效果失效，曝气池活性污泥快速死亡的情况会有发生。

b. 均匀地将高 pH 值废水抽入后续处理系统。在物化区前期可以控制 pH 值在11.0左右流入到后续物化沉淀池，这主要是因为，在流入高pH值污水、废水之前，后续构筑物内的污水、废水pH值还是在正常范围内的，所以为了节约高pH值污水、废水的消耗量，尽快提高生化系统混合液的pH值，初期流入的污水、废水pH值可以适当提高，或者说高了也不需要特别控制。

c. 严密监测物化沉淀池各点和流入生化系统首端的污水、废水pH值，保证物化沉淀区各水平面监测到的pH值的平均值不高于10.5。

d. 为了使生化系统能够在最短时间内将混合液pH值提高，需要将活性污泥的回流值控制在最小值。通常回流比控制在5%，主要还是为了避免高回流比情况下，回流的二沉池中性废水过量中和掉流入生化系统的高pH值废水。

e. 流入生化系统的高pH值废水首先会使生化池前段的pH值逐渐升高，在曝气池曝气和搅拌的作用下，沿曝气池出口方向pH值会逐渐升高，根据水力停留时间可以粗略地估算出整个曝气池pH值升高到10.0所需要的时间。计算方法是根据生化系统的有效容积（曝气池有效容积）除以高pH值污水、废水进入物化处理段的流量，所得到的时间就是整个生化系统pH值提高到10.0所需要的大概时间。

f. 当整个曝气池和二沉池pH值上升到10.0左右的时候，需要停止向生化池进水，使生化系统处在不进水的静止状态，接下来要做的是估计维持曝气池混合液高pH值持续的时间。保持适当的高pH值时间是抑制和杀灭丝状菌的重要手段，既要起到抑制和杀灭的作用，又要尽可能地降低对菌胶团的伤害，这个尺度需要通过显微镜观察和活性污泥沉降比来确认。

显微镜观察主要是确认附着类原生动物的状态，因为当pH值升到10.0左右的时候，活动性纤毛虫将死亡消失，后生动物和附着类原生动物将失去活性。通过观察失去活性的附着类原生动物的形态能够判断高pH值状态对活性污泥的冲击程度。判断标准上，以累枝虫或钟虫作为附着类原生动物的代表来观察。当此类原生动物仅仅出现不活动状态、并未消失的话，我们认为高pH值状态恰到好处；相反的，当此类附着类原生动物迅速消失，或头顶气泡、内容物流出时，我们认为调整的pH值过高了，需要减少后续的作用时间。

通过观察活性污泥沉降比实验，可以明显地看到，在pH值上升到10.0左右的初期，活性污泥沉降比不会有太大变化，但是上清液会出现明显的混浊，这种混浊是由大量解体的絮体所组成的，有点像高负荷状况下的上清液混浊。其混浊程度也是判断高pH值对活性污泥影响程度的依据，越是混浊越是影响明显，这种判断可以知道后续高pH值废水对生化系统需要或可以作用的时间。

g. 作用时间是相当重要的一个指标，根据活性污泥沉降比上清液混浊状态，以及显微镜对附着类原生动物的观察，并辅以曝气池液面新增浮渣状态，能够很好地确认高pH值需要作用的时间。前面已经说过，我们通常是选用4~6h，这是一个参考时间，具体还要根据上面讲到的几个方法来最终确认。进入第4h

后，我们通过显微镜观察，会发现丝状菌开始折断，这是确认高 pH 值废水作用效果的最直接证据，根据丝状菌的折断程度可以判断作用效果。进入第 5 个 h 后，显微镜观察会发现丝状菌在折断的基础上，进一步折断，丝状菌长度会在不断地折断作用下，逐渐变短，由此活性污泥沉降比会发现每次测得的 SV_{30} 在不断减小，甚至可以恢复到正常值（30%以下）。

h. 通过显微镜观察丝状菌的折断状态、活性污泥沉降比的状态，能够很好地判断出丝状菌的抑制和杀灭状态，同时也能很好地了解到活性污泥中菌胶团受影响程度。我们追求的是丝状菌能得到最大程度的杀灭、活性污泥受到最小的影响。判断好这一点，就可以知道什么时候可以停止对活性污泥混合液的高 pH 值作用了。当高 pH 值废水作用时间超过 6h 后，我们就需要重点确认丝状菌的折断状态了。如果折断状态已经非常明显，折断后的丝状菌体长度小于未折断前的 1/10 时，我们认为对丝状菌的抑制和杀灭作用已经达到效果。此时，即可开始将物化段的 pH 值恢复到正常水平，使得接下来流入到生化池的污水、废水的 pH 值也恢复到正常水平。这里还可以通过调整二沉池的回流比来达到延长和缩短恢复生化池 pH 值正常值的时间。

i. 随着生化池 pH 值逐渐恢复到正常值，活性污泥菌胶团性状也开始逐渐恢复，通常 2d 后活性污泥能够恢复到正常水平。此时唯一不同的是，丝状菌膨胀现象没有了，显微镜观察看不到丝状菌的踪迹，活性污泥的沉降比恢复到正常值范围，各项出水指标也恢复正常了。利用高 pH 值污水、废水抑制和杀灭丝状菌的工作就此结束。

为了巩固对丝状菌的抑制和杀灭作用，需要最大限度地规范活性污泥操作的各项工艺控制指标，不给丝状菌的再次增殖提供环境条件。

（4）利用漂白粉抑制和杀灭丝状菌。利用漂白粉抑制和杀灭丝状菌，原理上不难理解，因为漂白粉属于杀菌剂，对微生物具有极好的杀菌作用，可以运用漂白粉的这个特性对丝状菌进行抑制和杀灭。根本理由是丝状菌比表面积巨大，吸收杀菌剂的能力也强于菌胶团，同时菌胶团在受到杀菌剂冲击的时候，仍然会通过舍去外围的部分微生物，来保全菌胶团内部的主体部分。

这里还要引出漂白粉和漂白水的区别。我们知道，漂白粉投入到生化系统后能够增加活性污泥的沉淀作用，这与引入惰性污泥增加活性污泥在丝状菌膨胀阶段的沉淀性能原理相仿。而漂白水杀菌释放作用较快，且不具助沉淀作用，所以杀菌剂通常选用漂白粉。

1）运用环境。利用漂白粉来抑制和杀灭丝状菌，重点是针对极度膨胀和高度膨胀的丝状菌，对中轻度的不适用。因为丝状菌繁殖越是不占优势，运用漂白粉杀灭丝状菌时对菌胶团的影响就越大。

2）投加量确定。用漂白粉来抑制和杀灭丝状菌，投加量至关重要。否则，投加过量很可能将正常菌胶团全部杀灭，而投加过少则很可能没有起到任何作用，反而使生化系统出水出现恶化。

投加量按 70~90g/m³ 计算即可，当然，如果通过实验室试验确定就更加保险。通过不同比例投加后对活性污泥的抑制情况来确认最佳投加量，主要确认手段是用显微镜观察。通过显微镜观察原生动物、后生动物的活性和存活数量，以及丝状菌的受损程度来确认。

3）投加步骤。

a. 确定好投加量后，我们就需要准备漂白粉了。将漂白粉运到曝气池首端，由于漂白粉容易被风吹得飘起来，并且具有一定的腐蚀性，所以在投加时，个人防护要注意，护目镜、防尘口罩、防腐手套要准备好。同时，漂白粉如果弄到身上，衣服会褪色的（包括鞋子），因此最好穿旧衣服。

b. 投加频率也是相当重要的。来自物化段的废水源源不断地流入生化系统，使得投加到生化池的漂白粉能够快速稀释到水体中。因此，投加漂白粉期间，一定要保持正常的进水，如果没有来自物化段的进水对投入到生化池的漂白粉进行稀释，会出现局部漂白粉浓度过高，这样对系统中局部的微生物杀伤力是致命的，所造成的结果也是不可逆的。为此，投加漂白粉的时候，需要一袋（50kg）接一袋地投加，其间可以间隔 5min 左右。全部计划投加的漂白粉，应该控制在 1/2 生化池水力停留时间范围内投加完毕，以保证投加漂白粉的有效性和对活性污泥的安全性。

c. 投加漂白粉后，频繁检测其对活性污泥的影响程度是非常有必要的。通常投加完漂白粉后，活性污泥内的原生动物、后生动物会死亡并消失，这样的现象并不能说明漂白粉的投加对活性污泥产生了毁灭性作用，而应该视为正常现象。同时，观察丝状菌应该可以发现，丝状菌出现明显的折断现象，其折断发生较利用高 pH 值废水对丝状菌的抑制和杀灭要迅速得多，这是显微镜方面观察可以发现的结果；另外对活性污泥沉降比实验观察，其现象与前面叙述的利用高 pH 值废水对丝状菌的抑制和杀灭基本一致，都以投加抑制物质之后出水发生混浊为代表现象，以局部产生泡沫和浮渣为补充证明。

d. 投加完漂白粉后，停止生化系统进水，开大二沉池回流比，使漂白粉均匀分布于生化系统中，另外，持续作用时间也与利用高 pH 值废水对丝状菌的抑制和杀灭过程相仿，判断依据主要也是用显微镜观察的结果。如果活性污泥解体明显，出水黏稠度过大，泡沫大量产生，基本认为投加漂白粉过量，对活性污泥抑制过度。需要调整回流比及进水流量进行及时稀释，以免对活性污泥造成不可逆的影响。

e. 经过漂白粉抑制和杀灭的活性污泥，其丝状菌折断明显，在恢复各项活性污泥控制指标后，活性污泥通常在 3d 内能够恢复到正常水平。

（5）运用高 pH 值废水与利用漂白粉对丝状菌的作用比较。两种常用的抑制和杀灭丝状菌的方法优缺点比较见表 7-2。

表 7-2　　　　　　　　　高 pH 值废水和漂白粉对丝状菌的作用比较

项目	高 pH 值废水抑制和杀灭丝状菌	漂白粉抑制和杀灭丝状菌
费用方面	利用进流高 pH 值污水、废水的话，不产生直接费用，经济性好；购买碱性物质投加就会产生费用	需要购买漂白粉，存在费用支出
操作难度	由于调整高 pH 值废水进入生化系统是个较长的过程，也就为纠正操作偏差提供了条件，所以属较易操作的项目	投加漂白粉前，实验室模拟确认和计算投加量至关重要，否则达不到期望效果。由于投加漂白粉后，往往体现出急性抑制和杀灭过程，所以，可控性不强，调整时间不充分
安全性	对活性污泥的抑制属慢性，可恢复性好，属安全对策	急性作用明显，属危险性较高的应对策略
作用效果	对作用时间把握要求较高，由于作用缓慢，在对丝状菌作用不到位或不充分的情况下，往往会出现无效的杀灭结果，为丝状菌的再度繁殖提供机会	作用力度大，对丝状菌具备毁灭性的打击能力，同期作用于丝状菌和活性污泥时，丝状菌受到的打击更为明显
复发情况	利用此法，如果没有一次性作用到位的情况下，非常容易导致丝状菌的复发，在多次作用情况下，丝状菌会迅速产生耐受能力，使此法失效	由于作用力度强，复发机会较小，同时很少发现多次使用漂白粉后丝状菌会产生耐药性和变异的问题
恢复效果	作用后的活性污泥系统恢复较快，通常在 2d 内恢复正常放流出水	作用后的活性污泥，恢复时间也较快，但相比之下较高 pH 值抑制和杀灭丝状菌的方法略慢，通常会推迟 1d

（6）丝状菌在受到抑制物质打击后的表现状态。丝状菌在受到抑制物质打击后的表现状态，主要是丝状菌的变异问题。我们在实践中发现，丝状菌在首次受到抑制物质的打击后，会出现变异的趋势，特别是经过多次不彻底的抑制物质打击后，丝状菌通常会在菌体上长出细小的侧枝，以应对抑制物质的攻击。一旦此类丝状菌长出侧枝后，通常的抑制物质很难再对其产生明显的抑制作用了。这就是我们常说的作用失效，这样的情况会对后续的操作造成很大的影响。所以我们通常要采取如下策略，避免这样的问题发生。

1）尽量保证抑制和杀灭丝状菌的计划制定周全，确保一次成功，不给丝状菌以可乘之机。

2）抑制和杀灭活动开始前，需提前 3d 停止二沉池的排泥，避免丝状菌通过排泥管道进入物化系统并最终再次接种到生化系统。

3）一次抑制和杀灭活动没有取得良好效果时，切莫连续多次重复使用该法，比如利用高 pH 值抑制和杀灭丝状菌失败后，可利用漂白粉抑制和杀灭。交替使用将减少丝状菌出现免疫和被误驯化的可能。

（7）丝状菌抑制或杀灭彻底失败的对策。实践中发现，由于使用抑制和杀灭丝状菌的方法不当，导致丝状菌产生极强的耐受能力和变异能力的时候，很多方法都会显得不起作用，这对系统而言是致命的。即使在正常的负荷下都会不时地出现活性污泥大量流出二沉池的现象，出水超标是必然的，严重导致活性污泥大量流失，系统 MLSS 急剧下降，并最终导致系统崩溃。对于这样的问题，唯一的应对策略就是在系统休假停产期间将活性污泥全部排空，对池体杀毒后再次进行活性污泥培养。具体方法可参考活性污泥培养章节进行。

第八节 活性污泥老化应对

一、活性污泥老化现象概述

活性污泥老化的现象，在大多数运行着的好氧生化系统中普遍存在，而活性污泥的老化不但会导致出水主要污染指标升高，而且更会出现能源浪费的问题。因为通常活性污泥的老化与过度曝气、负荷过低有关，而这些运行问题都会消耗过量的能源。

所以，应对活性污泥老化不仅仅是改善出水指标的问题，更涉及系统运行成本的问题。

实际运行中发现，导致活性污泥出现老化的现象，与操作管理人员专业知识掌握不充分大有关系。在纠正基本操作思路后，往往能够很轻易地通过调整部分活性污泥工艺参数来达到纠正活性污泥老化的目的。

活性污泥轻度老化时，污泥絮团粗大、上清液有悬浮颗粒，但间隙水清澈；活性污泥中度老化时，污泥发暗，上清液悬浮颗粒多。活性污泥的老化状态可参考图 7-23~图 7-26。

二、活性污泥老化判断要点

判断活性污泥是否出现老化，前面各个章节都有分散的表述，下面就集中对这些方法进行说明：

1. 活性污泥沉降比实验表现

前已多次提到过活性污泥沉降比实验在实际活性污泥操作管理中的重要性了，这里也不例外，其在观察活性污泥是否出现老化的问题上同样具有明显的优势。主要观察要点如下：

（1）活性污泥沉降速度。通常可以在活性污泥沉降比实验中发现，老化了的活性污泥能够在较短时间内完成沉淀阶段，当然其他各阶段的沉降速度也相当快，通常较非老化活性污泥沉降速度快 1.4 倍左右。

（2）活性污泥絮团大小。老化的活性污泥絮团都较大，但比较松散，其絮凝速度也较快。

（3）活性污泥颜色。老化的活性污泥颜色显得深暗、灰黑，不具鲜活的光泽。

（4）上清液清澈程度。老化后的活性污泥容易解体，所以游离在水体中的细小解体絮体较多，但是絮体间的间隙水却保持较高的清澈程度。这主要是因为，游离在上清液的颗粒仍然是以絮团的形式存在，只是絮团体积较小，而不像活性污泥受冲击时出现大量游离细菌所表现出来的弥漫性混浊。

（5）液面浮渣。浮渣的产生，确实也与活性污泥老化有关。因为老化的活性污泥会导致部分细菌死亡，解体后的菌胶团细菌会被曝气打散后黏附于气泡而产生浮渣或泡沫。

有关活性污泥老化的照片如图 7-23～图 7-26 所示。

图 7-23   污泥老化后形成的液面棕黄色浮渣

图 7-24   污泥老化后在二沉池形成的浮渣

图 7-25 活性污泥轻度老化状态

图 7-26 活性污泥中度老化状态

2. 通过显微镜观察

前面已经就生物相方面，对原生动物进行了三种分类，即非活性污泥类原生生物、中间性原生动物和活性污泥类原生动物。那么活性污泥老化时，通常是后生动物的数量占优势，表面看起来似乎和原生动物表现无关，事实上还是有很明显的联系的。因为出现后生动物占优势就肯定不会有非活性污泥类原生动物的优势表现，最多可以看到极少量的散兵游勇；相反也是一样，非活性污泥类原生动物占优势时，通常看不到后生动物的踪迹。为此，后生动物大量繁殖可以作为活性污泥老化的指标。

另一方面是观察活性污泥菌胶团的状况，大凡活性污泥老化的情况下，菌胶团都显得粗大色深（成分单一的工业废水，有时也表现为菌胶团细碎、色深、无光泽）。

3. 食微比的确认

食微比作为确认活性污泥浓度是否控制过高的参考指标，其实间接地告诉我们，当前的活性污泥浓度是否会导致活性污泥老化。为此，在防止活性污泥老化方面，食微比能够做出提前的判断和指导方向。通常发生或可能发生活性污泥老化的情况下，食微比都处于或长期处于低水平状态，特别是食微比低于0.05 时，出现活性污泥老化的概率很大。

具体活性污泥老化时好氧池的状态，可以通过扫前言中的过二维码观看视频7-3 加深了解。视频中可以明显看出好氧池的液面泡沫和浮渣都呈深棕色，且浮渣堆积得较多了，说明污泥老化比较严重了。经过了解，其活性污泥浓度控制到了12g/L。

三、活性污泥老化原因分析

活性污泥出现老化原因较多，也比较复杂，但不外乎以下几种情况。

1. 排泥不及时

我们在理解活性污泥老化方面，首先需要知道判断活性污泥老化的指标是污泥龄，而辅助验证活性污泥是否老化的指标是食微比以及对活性污泥沉降比观察。通过这些控制和辅助判断指标的提示，我们很容易知道，污泥龄的可控制点是在对 MLSS 的控制上，即排泥是控制活性污泥浓度变化趋向的有效可控手段。因此，排泥不及时对污泥龄的影响相当大，如果排泥流量为零的话，我们可以理解为污泥龄是无穷大，这样的控制结果只会使活性污泥以最快速度发生老化。

2. 进水长期处于低负荷状态

由于设备投入按照设计流量和浓度进行，在达到设计浓度和流量之前，污水、废水处理系统往往长期处于低负荷状态。在没有有效的理论指导的情况下，一些操作管理人员往往一味地提高或维持活性污泥的浓度，结果会导致长期低负荷运行，出现活性污泥的老化也是必然。

当然可能有人会有异议：如果进水底物浓度过低的话，不是可以通过降低活性污泥浓度来应对吗？这样的想法在理论上自然没有问题。但是却忽略了当进水有机物浓度太低时（如 COD 在 100mg/L 左右），我们无法为了满足食微比的要求来保证活性污泥降低到理论计算所得的控制浓度。假设为了满足食微比要求，由于进水浓度过低，计算得到的活性污泥理论控制浓度在 500mg/L 左右，那么是否将活性污泥浓度控制在 500mg/L 就好了呢？回答是否定的。因为活性污泥浓度低到一定程度时，活性污泥间相互碰撞机会将大大降低，最终会出现不絮凝或沉降功能恶化的现象。

3. 过度曝气

过度曝气直接的结果是导致活性污泥解体和自氧化。频繁的剪切作用导致活性污泥发生解体，对自氧化的理解是氧气本身就是氧化剂，过度曝气自然会氧化活性污泥。

4. 活性污泥浓度控制过高

活性污泥浓度控制过高，没有足够的进水底物浓度支持，最终就会导致活性污泥老化。

四、抑制活性污泥老化的有效方法

1. 活性污泥浓度控制要求

为了保证生化系统运行过程中活性污泥不会因为排泥不及时而发生老化，我们要经常确认当前排泥流量和活性污泥浓度之间的关系，通过确认食微比，间接指导对活性污泥排泥流量的控制。同时，必须做到排泥流量的均匀性，避免间歇的、流量波动过大的排泥方式。

2. 曝气的均匀性和预防过曝气

要求对曝气量进行有效控制，避免过曝气，将曝气池出口的 DO 控制在 2.5mg/L 左右即可。同时也可降低曝气过度消耗的电能，为降低处理成本打下基础。

225

3. 低负荷运行状态的避免

要避免低负荷运行状态的出现，从而避免活性污泥老化。除了尽可能地提高进水中底物的浓度和可生化性，更多的是要尽可能地降低活性污泥的浓度，以保证食微比能够保持在合理的控制值内（0.10~0.15 左右）。必要时可以通过补充外加碳源来保证活性污泥的正常运行繁殖功能，如投加化粪池水、引入生活污水等。

五、活性污泥老化时与各工艺控制指标的关系

各工艺指标和活性污泥老化的关系相当密切，这些关系也有助于我们确认活性污泥是否老化和纠正老化是否到位与准确。与主要控制参数存在的关联如下。

1. 与食微比的关系

众所周知，食微比控制低下是导致活性污泥发生老化的重要原因，也是比较容易调整的，其老化程度与食微比的低下程度成正比，通常低于 0.05 时，容易诱发污泥老化。

2. 与溶解氧的关系

与溶解氧的关联方面，除了因为曝气过度，溶解氧控制过高导致活性污泥老化外，在食微比低下的情况下，这样的问题会显得更加突出。超过 4.0mg/L 的曝气应该归类为过度浪费的曝气，这样的曝气助长活性污泥老化较为常见。

3. 与污泥龄的关系

保持 15d 左右的污泥龄是一个合理的范围，对于超过 1 个月的污泥龄现象要格外注意，这样的污泥龄控制，导致活性污泥老化是必然的。当然，有脱氮要求时，生化池的污泥龄可以维持在 15~30d。

4. 与生物相的关系

活性污泥老化时，往往后生动物会大量繁殖，活性污泥菌胶团的性状显得粗大色深。

5. 与沉降比实验的关系

（1）沉降速度。通常表现为较非老化时期的活性污泥沉降速度快 1.4 倍左右。3min 沉降基本能完成整个沉降过程的 80%。

（2）活性污泥絮团大小。表现为老化的活性污泥絮团都较大，但比较松散，其絮凝速度也较快。

（3）活性污泥的颜色。表现为老化的活性污泥颜色显得深暗、灰黑，而不具鲜活的光泽。

（4）上清液的清澈程度。表现为上清液夹杂大量未沉降细小颗粒，但是，颗粒间的间隙水是清澈的。

（5）液面浮渣。表现为老化的活性污泥导致部分细菌死亡解体之后会黏附着气泡而形成浮渣或泡沫。颜色多为棕黄色，偏灰暗。

第九节 活性污泥中毒应对

活性污泥中毒在实践中还是会遇到的，中毒的活性污泥可以表现出多种状态，常见的中毒分为急性中毒和慢性中毒。对于急性中毒，应对起来还是有不小的难度，但是，出现慢性中毒往往有很多表现，这给我们及早采取纠正措施提供了依据。实践中，往往先出现慢性中毒的迹象，而操作人员没有及时调整应对工艺参数，甚至没有设置好规范的工艺参数，最终导致系统慢性中毒。

活性污泥中毒事件，大多来自工业废水处理方面。因为工业废水大量使用化学药剂，可降解有机物浓度不足，活性污泥生长状态不佳，加之多有化学物质的流入，出现急性中毒也就非常普遍了。

图7-27是生化系统出现中毒后二沉池崩溃的照片，可以看到二沉池出水浑浊，活性污泥大量流失。液面有大量解絮的活性污泥形成的污渣，并且出水会带有大量解体的活性污泥流出。

图7-27 污泥中毒时的二沉池照片

一、活性污泥中毒判断要点

来自工业废水中的多种化学物质会使活性污泥产生中毒表现，至于何种化学物质会对活性污泥产生中毒影响，其实并不重要，重要的是此类化学物质在什么浓度情况下会对活性污泥产生中毒影响。然而，确认安全浓度其实是非常复杂的工作。为此，我们需要寻找到一个便捷的方法来对中毒与否进行确认。

通过了解活性污泥中毒与否的判断要点，来提前对中毒现象做出对策，是我们实践操作中应该掌握的。主要方法如下。

1. 观察活性污泥沉降比

观察活性污泥沉降比真可谓是万能的检测手段，我们在多个活性污泥功能障碍的判断上运用此法了。在对活性污泥中毒判断上也有其独到之处。中毒的活性污泥，首先表现出的是活性污泥活性降低，原生动物、后生动物死亡；活性污泥为了保全菌胶团的活性，会牺牲菌胶团外围的细菌，所以，会有外围死亡的细菌游离出来，分散在水体中；同时粗大的菌胶团也会发生解体而细小化。这样一来，我们在活性污泥沉降过程中就会发现，整个沉降过程中都有大量不沉降的细小颗粒，同时活性污泥的絮凝性变差，絮凝耗时延长，沉降各阶段耗时也相对延长。

2. 显微镜观察表现

欲知活性污泥的功能表现状态，离开活性污泥的生物相显微镜观察是很难做到的。活性污泥中毒也是如此。由于活性污泥中毒后表现出来的状态非常明显，特别是原生动物、后生动物死亡和消失方面的特征明显，通常以下方面是观察重点。

(1) 活性污泥中原生动物的死亡。以楯纤虫为代表的爬行类原生动物，对毒性物质最为敏感，特别是楯纤虫，大多数有毒物质，在较低浓度状态下即可导致楯纤虫的完全消失。为此，楯纤虫也就被作为判断是否有有毒物质流入的指标性生物了。

我们在实践中观察生物相的时候，需要重点对楯纤虫进行观察，并记录视野数量，通过其数量的增减以及消失与否确认早期有毒物质在低浓度情况下对活性污泥的影响。继而也可以推断出活性污泥内是否流入了有毒物质。

当流入生化系统的污水、废水中，有毒物质浓度过高，使得生化池混合液内有毒物质浓度超过了原生动物的耐受极限，那么，原生动物将相继死亡。以附着类原生动物通常是成批死亡，死亡表现如钟虫的旋口纤毛会停止运动，腔体伸缩泡膨大，口缘部有内容物流出或头顶气泡等症状。有这些附着类原生动物的表现，都需要考虑是否出现了活性污泥中毒现象。

原生动物通常在死亡后 6h 内被水解而消失。因此，根据原生动物消失与否，可以判断大概的活性污泥受毒物冲击时间，也就是说发现原生动物突然消失，至少说明有毒物质对活性污泥的作用时间超过了 6h。

(2) 后生动物的表现。相比之下，后生动物在耐受有毒物质的能力上优于原生动物，但也只是在耐受时间和浓度方面而已。在后生动物受到过量有毒物质冲击的时候，以轮虫为例，首先是活动性减弱，璇轮虫头部缩起。如果璇轮虫头部伸出的话，即可判断此时的璇轮虫已不具活性，说明有毒物质的浓度和作用时间已超过了原生动物、后生动物的耐受极限。此时，对活性污泥来说，尚未构成致命性的打击。

(3) 菌胶团表现状态。受有毒物质的冲击，菌胶团会出现不同程度的解体，通过显微镜观察，可以发现菌胶团周围会散落大量细小的菌胶团颗粒。其实，在受到有毒物质冲击后，越是粗大的菌胶团其耐受有毒物质冲击能力越强，相反就越弱。为此，细小的菌胶团在有毒物质的持续作用下会继续分解，最终导致生化池混合液内出现大量的细小活性污泥絮体颗粒，这就是为什么在活性污泥沉降比实验中，一直能够看到混浊的上清液。

受有毒物质冲击中期，我们即可发现原生动物、后生动物已全部消失，接下来判断活性污泥受冲击程度就靠观察菌胶团的变化了。为此，根据显微镜观察到活性污泥解体程度可以判定现有状态下活性污泥受毒性物质冲击的程度。

（4）液面浮渣。活性污泥受到有毒物质冲击后，部分死亡的菌胶团细菌会在曝气的作用下成为液面浮渣，通过观察液面浮渣的某些特征，可以有效判断活性污泥的中毒情况。通常中毒导致的液面浮渣具备如下特性：

1）浮渣色泽晦暗，稀薄松散。由于活性污泥中毒后，死亡的菌胶团往往不具备鲜艳的活性污泥色泽，同时活性污泥已经失去活性，其相互吸附能力已不具备，便表现出液面浮渣稀薄而松散。

2）显微镜观察液面浮渣同直接观察活性污泥结果接近。由于液面浮渣大多是死亡的菌胶团，所以在显微镜观察的时候得到的结果同样是无原生动物、后生动物可见，菌胶团松散，细小部分过多。

3. 其他各工艺控制指标的表现

活性污泥发生中毒后在多个活性污泥控制指标中会有所表现，我们通过了解这些工艺指标的波动情况，能够很好地掌握和应对活性污泥发生的中毒状态。具体表现指标如下。

（1）溶解氧变化状态。溶解氧的供给和消耗达到合理的平衡状态的时候，我们认为曝气池混合液的溶解氧是处于平衡状态的。此时，消耗溶解氧完全是为了分解有机物及微生物自身生命活动所需。但是，当活性污泥发生中毒死亡后，随着活体细菌的不断减少，消耗溶解氧的主体也就逐渐减少了。我们会发现曝气池混合液的溶解氧在曝气量不变的情况下逐渐上升，同时检测生化系统的有机物去除率，会发现去除率下降明显，这是活性污泥中毒后，溶解氧方面出现的主要变化趋势。

（2）放流出水变化状态。活性污泥中毒后，放流出水的变化主要表现在处理水的有机物浓度会不断升高，由于放流水混合了大量解体的活性污泥，出水混浊是非常明显的。在严重的时候，放流出水的有机物含量会异常的高。

二、活性污泥中毒处理对策

活性污泥发生中毒后的对策，对迅速恢复活性污泥的性能、避免对活性污泥出现毁灭性的影响是至关重要的。主要通过如下方面加以对应。

（1）阻断有毒物质的进一步流入是应对活性污泥中毒对策中最重要的一步。因为，微生物对有毒物质的耐受极限是有限的，高浓度的有毒物质长期流入，势必会导致活性污泥系统崩溃。为了避免这种情况发生，尽最大努力中断有毒物质的流入至关重要。通常工业废水处理厂遇到有毒物质流入，能够很容易地在工厂的生产线找到有毒物质的源头，而且出现有毒物质大量无规律地流出，多半是事故性流出，这为迅速中断有毒物质的流出提供了可能。

为了中断有毒物质流出，首先是找到源头，关闭或封堵事故源头；其次是利用调节池或事故储水池将含有毒物质的废水储存起来，以便在低浓度的情况下进行无害化处理，或者可以直接委托外部其他有能力和资格的公司处理。

（2）对已经流入生化池的有毒物质，唯一且有效的方法是对生化池混合液进行有效地稀释，这主要是建立在活性污泥对不同浓度的有毒物质抗冲击程度不同之上。其中最有效的方法是调动生化池后段构筑物的未受冲击水回流到生化池首端，以此来稀释生化池。具体可以通过加大二沉池回流污泥流量来达到此目的。

（3）利用排泥来抗击有毒物质的冲击，主要原理是废弃受损或死亡的活性污泥，补充新生的活性污泥来提高当前活性污泥的活性。通过高活性的活性污泥，达到抗有毒物的能力最大化。排泥的限度根据食微比决定，以最大控制在0.5左右为限。

第十节　活性污泥法运行各故障间的相互关联性

本章的前面几节中详细叙述了各种运行故障，对故障原因、表现状态、处理对策也分别做了描述，其实各故障间同样也存在着相互关联。活性污泥出现工艺故障时，往往是多个工艺故障并存的。

一、多个活性污泥工艺运行故障并存表现及分析

实践运行中，我们遇到单一的活性污泥运行工艺故障时，往往在对策上比较容易控制。因为单一的运行工艺故障，通过针对性的故障对策，不会诱发其他运行参数的恶化，但是如果同时存在多个工艺运行故障，我们在作应对措施的时候，往往会加重诱导其他工艺运行故障时的主要参数。

运行工艺参数如果明显超过参数控制范围时，我们会发现其影响的主要故障表现是多样的。举例如下：

1. 溶解氧不足导致的活性污泥运行工艺故障表现

（1）引起活性污泥上浮。溶解氧不足常常导致一些曝气死角提前发生厌氧反硝化而导致活性污泥上浮。

（2）放流出水夹带细小颗粒物质。活性污泥在出现缺氧状态的时候，正常处于优势地位的原生动物会发生变化，表壳虫、变形虫开始处于优势地位。同时，由于缺氧的影响，活性污泥降解能力降低，这些都会导致放流出水混浊并夹带细小絮体。

2. 食微比过低导致的活性污泥运行工艺故障表现

（1）活性污泥老化导致放流水夹带细小颗粒物质。食微比过低导致的常见后果就是活性污泥的老化。根据活性污泥老化后絮体解体的特性，放流出水就会出现夹带细小颗粒的情况。

（2）诱发丝状菌膨胀。食微比过低，正常菌胶团环境受到抑制，相应的就

230

给丝状菌的膨胀提供了有利条件。

3. 污泥龄控制过长导致的活性污泥运行工艺故障表现

（1）污泥龄控制过长、排泥不及时导致活性污泥发生老化。由于排泥不及时，活性污泥增长达到极限，最终出现相对于进流水中底物浓度而言过量的活性污泥量，如此造成活性污泥老化也就非常正常了。

（2）污泥龄控制过长、排泥不及时导致惰性物质过量积聚。因为污水、废水处理系统的物化段控制不理想，导致惰性颗粒物质流入生化系统，为了清除不断积聚的此类无机惰性物质，需要对活性污泥进行有效更新，通过排泥达到既更新活性污泥，又排出积聚在活性污泥中的惰性物质的目的。所以，污泥龄控制过长、排泥不及时，不但活性污泥更新受到影响，更重要的是其间积聚的不能被活性污泥所降解的无机惰性物质也不能被有效地代谢。

通过以上举例，我们会发现，当出现某一个运行故障时，诱导这一故障发生的不正常运行工艺参数，往往同时也会诱导其他运行故障的发生。

二、多个活性污泥运行工艺故障并存时对活性污泥的影响

这个原理，应该说是比较容易理解的，比如发生活性污泥老化时，本身会出现放流水夹带活性污泥流出的现象。如果遇到有毒物质流入、曝气过度时，活性污泥恶化时间明显缩短，放流出水受影响就更为明显。当然，多种运行故障并存导致的活性污泥受损，其恢复就更不理想。举例说明如下：

1. 丝状菌高度膨胀合并冲击负荷发生

丝状菌膨胀的直接后果就是沉降性能恶化。如果丝状菌的膨胀没有影响到活性污泥的沉降性能的话，我们反而会发现上清液异常清澈，且处理效率也能保持较好的水平。但事实上，经常遇到丝状菌高度膨胀后，出水过程就有活性污泥流出的现象，而此时若遇到水力冲击负荷的话，出现活性污泥大量流出生化系统的现象是很容易发生的。其流出程度与活性污泥膨胀程度和水力冲击负荷大小相关，并成正比。

2. 活性污泥低负荷运行合并曝气过度

活性污泥低负荷运行的直接结果是活性污泥因为食物来源不足，生长繁殖受限，在长期运行过程中，容易诱发活性污泥的老化。所以，此种情况下，如果再遇到活性污泥曝气过度的情况时，活性污泥一方面被打碎的机会开始增加；另一方面，活性污泥被溶解氧化，特别是在活性污泥有老化状态的时候，更容易导致活性污泥的自养化，从而会进一步加剧活性污泥的老化解体。

3. 活性污泥高负荷运行合并营养剂补充不足

活性污泥的高负荷运行，表现在进水底物浓度过高，活性污泥浓度相对不足方面。那么在实践中，只要对活性污泥浓度提升有影响的，都会加重高负荷情况下活性污泥对污染物的去除率。而营养剂投加不足就是能够导致这种情况发生的一种原因。因为营养剂投加不足，活性污泥微生物合成细胞时受阻，活

231

性污泥就会出现即使在高负荷情况下也不能有效提高活性污泥浓度的情况。相反，因为营养剂严重不足，活性污泥还会逐渐减少，即营养剂不足会使原有的活性污泥解体死亡。

如此，我们会发现在高负荷状态下，活性污泥中会出现新生的活性污泥的活跃，导致活性污泥沉降性变差，出水混浊。而营养剂不足也会导致活性污泥解体，同样结果也是导致出水混浊。两者合并作用，自然出水效果会更加恶化。

三、污泥运行工艺故障间有相互诱发作用

实践中发现，部分工艺故障间存在相互诱发的作用，也就是说，如果我们不通过某一项工艺故障找出导致该故障发生的工艺参数异常点，就有诱发其他工艺故障的可能。

常见工艺故障诱发结果分析如下。

（1）活性污泥上浮导致放流出水夹带颗粒物质并诱发放流出水污染物含量增高。

活性污泥出现上浮后，再度溶解到水中并成为正常的活性污泥，几乎是不可能的。常见的状况就是上浮后再次溶解到水体中而不能重复絮凝，不能再次絮凝的活性污泥就会成为流出生化系统的颗粒物质，由此导致放流出水有机物浓度升高。

（2）液面泡沫导致液面浮渣形成。

在多种原因导致的泡沫中，活性污泥老化、进流有毒物质、丝状菌膨胀导致的泡沫，如果持续时间超过1周，往往会诱发液面浮渣的产生，特别是在二沉池液面。所以出现上述原因导致的泡沫时，我们要尽快找出原因施以对策，避免出现浮渣而使系统出水恶化。

（3）惰性物质积聚导致抗冲击负荷能力的减弱。

活性污泥入流大量惰性物质后，其生物总量会降低，沉降性能会出现变好的假象。但是，我们会发现沉降性能看起来较好的活性污泥，其抗冲击负荷能力却明显变差了。所以活性污泥流入惰性物质后，不但会导致放流出水夹带惰性物质，导致放流出水水质恶化，同时由于活性污泥中细菌的有效成分降低，对抗冲击负荷，特别是污泥负荷方面的冲击能力降低明显。

（4）液面泡沫积聚导致放流出水夹带细小颗粒物质。

液面泡沫的产生对环境的影响主要表现在泡沫积聚后溢出池体的问题。但是，出现泡沫积聚同样会因为泡沫夹带活性污泥颗粒物质，从而导致放流出水恶化超标，所以并不是说泡沫的产生仅仅存在自身危害，同样也会累及到其他工艺故障的发生。

我们在认识了各工艺间故障的关联性后，对综合分析活性污泥法运行工艺故障把握的整体认识方面提供了有力指导。实践中遇到各种活性污泥运行工艺的故障，都需要进行全面的分析，不能主观臆断。合理地运用检测数据作为参考，了解此次工艺故障产生的本质原因，才能够很好地施以对策。同时，要充分认识一个工艺故障的发生，还会连带出其他怎样的工艺故障。只有全盘了解了工艺故障的前前后后，在整体把握上才能有的放矢。

第八章

生物脱氮除磷工艺控制

第一节 生物脱氮除磷概述

通过前几章对活性污泥法工艺的阐述，相信大家已经充分认识到活性污泥法的处理对象是有机污染物。而对于市政污水处理来说，往往其处理对象不仅限于有机污染物，常常还有污水、废水中的氮磷。

2007年江苏省的太湖发生蓝藻事件，导致无锡市自来水供水中断。这一事件的主要原因就是太湖周边的企业排放了过量的氮、磷废水进入太湖水体，超过了太湖的负荷容量，最终导致蓝藻大爆发。

常见的生物脱氮除磷涉及厌氧、缺氧、好氧相组合的处理工艺，其中的好氧部分就是前几章所讲的活性污泥法处理工艺。接下来，就常见的生物脱氮除磷工艺控制加以阐述，以期加深读者对生物脱氮除磷工艺的基本认识，拓宽污水、废水处理工艺控制的知识面。

在阐述生物脱氮除磷工艺之前，我们有必要对污水、废水中氮、磷和氮、磷处理过程加以说明。

1. 水体中氮及其化合物

水体中氮及其化合物见表8-1。

表8-1　　　　　　　　　　　　　水体中氮及其化合物

分类		举例
总氮（TN）	有机氮	蛋白质、氨基酸、尿素、有机胺、肽、重氮化合物、硝基化合物
	无机氮	氨氮
		硝酸盐氮、亚硝酸盐氮

注　有机氮+氨氮=凯氏氮。

2. 水体中含磷化合物

水体中含磷化合物见表8-2。

表8-2　　　　　　　　　　　　　水体中含磷化合物

分类		举例
污水中含磷化合物	有机磷	有机磷农药
	无机磷	正磷酸盐、偏磷酸盐、磷酸二氢盐、聚合磷酸盐

注　生活污水中有机磷含量约为2.8~3.2mg/L，无机磷含量约为3.0~8.0mg/L。

3. 生物脱氮处理的过程

脱氮是在微生物的作用下，将有机氮和氨氮转化为氮气和氧化氮气体的过程。首先，有机氮在微生物的作用下氧化分解转化为氨氮（NH_3-N），即氨化作用，而后经过好氧段硝化过程转化为亚硝酸盐、硝酸盐，最后通过缺氧段反硝化过程将硝酸盐转化为氮气而进入大气。至此，整个污水、废水的生物脱氮过程完成。

4. 生物除磷过程

聚磷菌在厌氧段为了维持细菌生命活动，充分释放积聚于体内的多聚磷酸盐来获得能量。而此部分细菌再次回到好氧段时，将会过量地吸收、储存水体中的磷。其间通过排泥，可以将富含磷的微生物排出污水、废水处理系统，由此，即可将废水中的磷去除，达到生物除磷的效果。

第二节　常见生物脱氮除磷工艺流程

生物脱氮除磷工艺需要满足厌氧、缺氧、好氧交替组合的工艺布局，其目的就是为了营造脱氮过程中的好氧硝化、除磷过程中的好氧过量吸磷，而在缺氧段实现脱氮反硝化及厌氧段的聚磷菌充分释磷。当然，也有同步硝化、反硝化工艺的出现，也就是不设缺氧段，直接达到同步硝化、反硝化的效果，其本质是利用菌胶团内外的溶解氧差，间接满足微生物缺氧、好氧交替而实现生物脱氮的目的，在此就不详述了。

厌氧—缺氧—好氧活性污泥法（anaerobic-anoxic-oxic，A^2O/AAO）是典型的生物脱氮除磷工艺，其处理的污染物对象为有机污染物和氮磷。有很多的市政污水处理厂正使用该处理工艺，一般可使出水总氮降低到 10mg/L 以下。而 SBR 工艺也具有较好的脱氮除磷效果。接下来，我们来看看这些工艺是如何做到脱氮除磷的。

一、A^2O 工艺处理流程

如图 8-1 所示，废水进入整个生化处理系统，分为两个入口，即一部分废水进入厌氧池，另一部分废水进入缺氧池。废水中所含的有机物及氮磷成分将被生化系统中的微生物（主要由硝化菌和反硝化菌、聚磷菌组成）降解而去除。

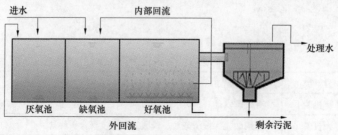

图 8-1　A^2O 工艺处理流程

（1）脱氮流程。首先，废水中的含氮化合物在进入生化系统后，将被微生物迅速氨化为氨氮（该转化过程可以在有氧环境下进行，也可以在无氧环境下进行），在进入好氧池后，氨氮将被亚硝化菌、硝化菌分解转化为亚硝酸盐和硝酸盐。而好氧池出水的一部分被内回流到缺氧池。在缺氧池，该部分废水中的硝酸盐和亚硝酸盐在反硝化细菌的作用下，被分解为氮气和氧化氮气体而逸出水体。至此，整个脱氮过程完成。

（2）除磷流程。整个生化系统中存在大量的聚磷菌，在好氧段的聚磷菌通过外回流进入厌氧段、缺氧段后，聚磷菌将释放磷并吸收低级脂肪酸等易降解的有机物以获得能量而维持生命活动；而富含此部分聚磷菌的废水再次进入好氧段时，聚磷菌将会超量吸收好氧池废水中的磷，此时，在二沉池内沉降污泥进行外回流时，通过活性污泥的排泥动作即可将超量吸磷后的富含聚磷菌的污泥排出生化处理系统，将磷除去。

（3）有机物的去除过程。废水中氮、磷去除过程中，反硝化菌及聚磷菌的生长繁殖都需要蛋白质，也就是说都需要废水中的有机物。在脱氮除磷过程中，本身这些微生物生长繁殖就需要消耗水体中的有机物，因此，A^2O工艺能够较好地处理城市生活污水。

（4）A^2O处理工艺的工艺特点。

1）厌氧、缺氧、好氧三种不同的环境条件和生化系统中多种微生物种群的有机结合，能够在去除有机物的同时，取得较好的脱氮除磷效果。

2）在同时脱氮除磷和去除有机物的工艺中，该工艺流程较为简单，总的水力停留时间也少于同类其他工艺。

3）在厌氧—缺氧—好氧交替运行下，其厌氧、缺氧段犹如生物选择器，能够较好地抑制丝状菌的大量繁殖，SVI一般小于100，不易发生污泥膨胀。

4）排放的污泥中磷的含量较高，一般为2.5%以上。

二、SBR 工艺的脱氮除磷处理流程

如图 8-2 所示，SBR 操控的 8 个阶段分别为闲置、静置充水、搅拌进水、进水曝气、反应混合、反应曝气、沉淀、排水。通过对这 8 个阶段的操控，即可实现对废水中有机物的去除和脱氮除磷。

具体步骤如下：

（1）静置后的 SBR 系统，可以在静置状态下进水，由此可以使进水阶段结束后反应器中形成较高的基质浓度梯度。

（2）而后在搅拌阶段继续进水，这样可以使 SBR 保持厌氧状态，保证磷的释放。

（3）进入曝气阶段后，硝化菌的硝化反应和聚磷菌的过量吸磷同时进行。

（4）待曝气阶段结束进入反应混合阶段，即可进行反硝化反应；此时，有机物去除和脱氮同时进行。

235

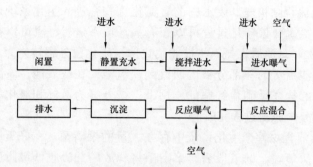

图 8-2 SBR 工艺处理流程

（5）随后进入再曝气阶段，可以吹脱污泥释放的氮气，保证沉淀效果，并且避免磷过早释放。

（6）为了防止沉淀阶段发生磷提前释放的问题，让排泥和沉淀同时进行。

第三节 常见生物脱氮除磷工艺控制

要达到较好的生物脱氮除磷效果，实际的运行控制中还需要涉及很多工艺控制要点，各阶段工艺控制参数及其在系统调控中的作用、相互间的关系等，这在实际操作过程中是非常重要的。接下来就 A^2O 处理工艺中的控制要点加以阐述。

一、脱氮各阶段控制参数

1. 硝化阶段

硝化阶段是指含氮有机物（有机氮）在有氧或无氧环境中被氨化为氨氮，该部分污水进入有氧的处理构筑物后，在亚硝酸细菌和硝酸菌的作用下，转化为硝酸盐氮，为后续反硝化提供准备。

整个硝化过程包括两个基本反应步骤：由亚硝酸菌参与将氨氮转化为亚硝酸盐的反应；硝酸菌参与的将亚硝酸盐转化为硝酸盐的反应。硝化反应过程需要在好氧条件下进行，并以氧作为电子受体，氮元素作为电子供体。

这里需要说明三个概念点：一是有机氮转换为氨氮，其反应过程是较为迅速的，市政污水在从市政管网内流向污水处理厂的过程中就在进行着氨化反应，所以，到了污水处理厂后，其最终转化就比较彻底了，这也为硝化提供了良好的基础。需要知道的是，氨化过程可以在有氧条件下进行，也可在无氧条件下进行。二是硝化过程是在有氧条件下进行的，也就是说，溶解氧供应不充分的话，硝化过程就会受到抑制。三是硝化菌是一群自养型好氧微生物，也就是说这类微生物是化能自养菌，其利用无机碳化合物，通过氨氮的氧化反应来获得能量，以此生长繁殖。硝化阶段控制参数如下：

236

（1）溶解氧。硝化菌是专性好氧菌，无氧时硝化菌活动停止，并且硝化菌的摄氧速率低于正常菌胶团中分解有机物的细菌，如果不能保持充足的溶解氧，硝化菌将无法争夺到所需的溶解氧，所以，为了保证好氧段的硝化过程彻底，需要将溶解氧控制在 2~3mg/L。溶解氧低于 0.6mg/L 时，硝化过程将受到较大抑制。那么将溶解氧控制在 0.6~2.0mg/L，是否既节能又能保证处理效果呢？回答这个问题就需要考虑污泥浓度、污泥龄等其他指标的情况了。活性污泥是以菌胶团形式为主存在的，而溶解氧要渗透菌胶团需要一定的时间和浓度比，为此，将溶解氧控制在 2~3mg/L 是合适的，这样可以充分保证溶解氧进入菌胶团内部，保证硝化所需的溶解氧供给。通常每克氨氮转化为硝酸盐氮需要消耗4.57克氧，在市政污水方面，生物硝化系统的实际供氧量一般比传统活性污泥工艺要高 40%~50%，具体取决于进水中总氮的浓度。

（2）水温。硝化菌比较适合的水温是 20~28℃，通常低于 5℃时，硝化菌的活动就基本停止了，所以在冬季其脱氮效果就会变差，所以，冬季可以把污泥龄适当延长，一般可以延长到 1.5~2.0 倍，水温在 10℃ 以下时，污泥龄控制在30d 左右为宜。和其他微生物一样，水温每降低 10℃，硝化菌的活性就降低一半左右。也就是说，水温在 20℃时的硝化菌活性较 10℃时的活性要高 1 倍左右。

（3）pH 值。硝化菌最佳的 pH 值范围是 7.5~8.5，如果好氧池的 pH 值低于 7.0，硝化反应将受到抑制。

硝化反应降解 1g 氨氮，需耗氧 4.57g（其中亚硝化反应需耗氧 3.43g，硝化反应耗氧量为 1.14g），需要消耗 7.14g 碱度，也就是说随着硝化反应的进行，好氧池的 pH 值将会下降，当 pH 值下降低于 7.0 时，硝化反应会受到抑制，因此，需要向好氧池补充碱度，以维持 pH 值不低于 7.0。原则上好氧池出水碱度不低于 70mg/L。

既然硝化反应会使好氧池 pH 值降低，那么在实践中发现好氧池 pH 值降低是否就可以都归结为硝化反应导致的呢？答案是否定的。因为随着硝化反应的进行，pH 值逐渐下降，但是，当 pH 值降低到一定程度时，硝化反应就会被抑制而停止，所以说，废水 pH 值由高到低且 pH 值小于 6.5 的话，就基本可以排除是硝化反应导致的 pH 值降低了。

（4）底物浓度。硝化菌是自养型好氧菌，底物浓度不是其生长的必要因素，相反，底物浓度过高会导致其他异养型细菌繁殖而使硝化菌产率低。也就是说自养型细菌繁殖能力低于异养型细菌。如此，硝化菌将无法占优势地位生长（主要表现在异养型细菌占优势地位后，对溶解氧争夺会不利于硝化菌生长），最终影响硝化反应的彻底进行。为此，有必要将食微比（F/M）控制在 0.10 以下。负荷越低，硝化进行得越充分，氨氮向硝酸盐转化的效率就越高，为了获得更低的出水氨氮，有时我们可以将 F/M 控制在 0.05 左右的极低负荷。另外，BOD_5 和总氮的比值对硝化的速率也有影响，通常该值控制在 2~3 比较合适。该值控制过高时，菌胶团内的硝化菌比例会降低，而该值控制过小时，虽然菌胶团内的硝化菌比例会增加，但是由于硝化菌的比例增大，部分会脱离活性污泥的絮体而处于游离状态，导致放流出水变浑浊，如果硝化细菌因此而流失过度，出水氨氮也会恶化。

（5）污泥龄。为了保证好氧系统的微生物中有足够的硝化菌，需要增加硝化菌的繁殖数量，为此，虽然硝化菌的繁殖周期在10h左右，但是为了提高硝化菌的浓度，通常将污泥龄控制在15~30d左右，同时好氧池的水力停留时间不低于8h。

（6）有毒抑制物质。有毒抑制类物质同样会对硝化反应产生抑制作用，继而影响硝化反应的效果。表8-3是常见的影响硝化反应的有毒抑制物质的参考浓度，需要注意的是，这些有毒抑制物质对硝化菌的影响受处理工艺、污泥浓度、作用时间等的影响，实际产生的抑制程度有所波动，不可生搬硬套，要结合系统工况实际情况综合判断。因此，表8-3仅供参考。

另外，需要说明的是进水中氨氮过高也会对硝化菌产生抑制，通常进水氨氮浓度不宜高于250mg/L，如果进水氨氮浓度过高，可以加大内外回流来进行必要的稀释。

表8-3　　　　　　　　　　　　硝化反应的有毒抑制物质浓度

有毒抑制物质	抑制浓度（mg/L）	有毒抑制物质	抑制浓度（mg/L）
苯胺	1.2	六价铬	0.3
乙二胺	1.2	铜	0.5
萘胺	1.2	铅	0.5
芥子油	1.2	镁	50
酚	7	镍	0.25
甲基吲哚	8	锌	0.5
硫脲	0.1	氰化物	0.35
氨基硫脲	0.2	硫酸盐	500

（7）BOD_5/TKN 对硝化的影响。总凯氏氮（total kjeldahl nitrogen，TKN）系指水中有机氮与氨氮之和。入流污水中 BOD_5 与 TKN 之比是影响硝化效果的一个重要因素。BOD_5/TKN 越大，活性污泥中硝化细菌所占的比例越小，硝化速率也就越小，在同样运行条件下硝化效率就越低；反之，BOD_5/TKN 越小，硝化效率越高。典型城市污水的 BOD_5/TKN 大约为5~6，此时活性污泥中硝化细菌的比例约为5%；如果污水的 BOD_5/TKN 增至9，则硝化菌比例将降至3%；如果 BOD_5/TKN 减至3，则硝化细菌的比例可高达9%。其次，BOD_5/TKN 变小时，由于硝化细菌比例增大，部分硝化菌会脱离污泥絮体而处于游离状态，在二沉

池内不易沉淀，导致出水混浊。综上所述，BOD_5/TKN 太小时，虽硝化效率提高，但出水清澈程度下降；而 BOD_5/TKN 太大时，虽清澈程度升高，但硝化效率下降。因此，对某一生物硝化系统来说，存在一个最佳 BOD_5/TKN 范围。在很多处理厂的运行实践中发现，BOD_5/TKN 最佳范围为 2～3。

2. 反硝化阶段

反硝化阶段是承接硝化段的产物硝酸盐氮，对其进行反硝化反应，使硝酸盐氮转化为氮气等排出水体，最终实现脱氮处理。反硝化菌是一类化能异养兼性缺氧型微生物。当有分子态氧存在时，反硝化菌氧化分解有机物，利用分子氧作为最终电子受体，当无分子态氧存在时，反硝化细菌利用硝酸盐和亚硝酸盐中的 N^{3+} 和 N^{5+} 作为电子受体，有机物则作为碳源提供电子供体提供能量并得到氧化稳定，由此可知反硝化反应须在缺氧条件下进行。反硝化过程中，反硝化菌需要有机碳源（如碳水化合物、醇类、有机酸类）作为电子供体，利用 NO_3^- 中的氮进行缺氧呼吸。反硝化也同样有很多控制参数，并且有些控制参数还与硝化以及除磷等有牵制和互补。反硝化阶段控制参数如下：

（1）pH 值。反硝化过程合适的 pH 值是 6.5～7.5。pH 值控制不当，将影响反硝化细菌的生长速率及反硝化酶的活性。反硝化反应进行时，会产生碱（1g 硝酸盐氮转化产生的碱约为 3.57g），这对缓冲废水 pH 值变化是有帮助的，同时，硝化段是会消耗碱的，为此，将反硝化后的废水流入好氧段将补充好氧池硝化过程所需的一部分的碱。

（2）水温。反硝化菌与硝化菌对水温的要求基本相同，在耐受偏高水温时较硝化菌强。一般水温在 20～40℃之间，反硝化菌代谢正常。正如冬季废水处理系统处理效率普遍不高一样，硝化和反硝化菌在冬季水温低于 10℃后，处理效率普遍减低。另外，反硝化菌在低水温下的处理效率还与硝酸盐的浓度有关，硝酸盐浓度越高，对温度要求就越高，反之，则水温影响将降低。

（3）底物浓度。底物浓度对反硝化的进行至关重要，一般情况下，$BOD_5/TN>4.0$，否则需要补充底物（也就是需要外加碳源，如乙酸钠、工业甲醇等）。应该说底物越充分，反硝化反应就越彻底。对于不同的碳源，反硝化速率也不同，一般来说，有机物越简单、越容易分解，反硝化速率越高，反之，则反硝化速率降低。所以在反硝化池（缺氧池）前段设置的厌氧池内发生的水解酸化等反应，可以提供易于被反硝化细菌利用的挥发性脂肪酸，由此促进其反硝化的速率，提高脱氮效果。

当反硝化脱氮出现底物浓度（碳源）不足时，需要投加碳（以 COD 计）来促进反硝化的进行。具体需要投加多少碳量呢？可以按照如下经验公式进行计算：

$$e_C = 5e_N$$

式中　e_C——必需投加的外部碳量（以 COD 计），mg/L；

5——反硝化1kgNO$_3$-N需投加外部碳量（以COD计）5kg；

N——二沉池出水总氮减去放流水总氮排放标准值，mg/L。

举例计算如下：

某污水处理厂规模 Q = 20000m^3/d，除总氮外其他指标运行稳定，二沉池出水排放标准总氮≤10mg/L，二沉池出水总氮为20mg/L，计算外加碳量。

计算如下：

$$e_C = 5e_N = 5 \times (20-10) = 50 \ (mg/L)$$

则需外加碳量 Q_C = 20000×0.05 = 1000（kg/d）。

若选用乙酸为外加碳源，1kg乙酸相当于1.07kg碳，乙酸量为：1000/1.07 = 935（kg/d）。

若选用甲醇为外加碳源，1kg甲醇相当于1.5kg碳，甲醇量为：1000/1.5 = 667（kg/d）。

若选用乙酸钠为外加碳源，1kg乙酸钠相当于0.68kg碳，乙酸钠量为：1000/0.68 = 1471（kg/d）。

若选用葡萄糖为外加碳源，1kg葡萄糖相当于1.06kg碳，葡萄糖量为：1000/1.06 = 943（kg/d）。

（4）溶解氧。反硝化的进行需要严格控制溶解氧，一般控制在DO小于0.5mg/L，因为反硝化菌是兼性菌，有氧和无氧条件下皆可生存。而我们要利用的是反硝化菌的无氧代谢，去除废水中的硝酸盐氮。如果存在了溶解氧，则反硝化菌会停止无氧代谢，转而进行有氧代谢以获取更高的能量。

（5）回流比。回流比包括内回流比和外回流比由好氧池回流到缺氧池的回流过程称为内回流，目的是把富含硝化液的废水回流入缺氧池，通过反硝化菌的降解作用，使水中的硝酸盐被分解为氮气等，继而实现脱氮的目的。那么，这个内回流比控制在多大呢？一般推荐是250%左右，也就是回流的流量是进入缺氧池原水流量的2.5倍。

但是，250%不是绝对的，需要根据处理工艺的运行效果进行调整。例如，内回流比150%如果可以实现很好的脱氮效果，那么就可以控制在150%的内回流比来运行，同样可以取得节能的效果。相反，如果内回流比控制在300%时出水总氮会更低，那么就可以将内回流比控制高一点。总之，内回流比的控制值，大家可以根据实践验证的方法进行确认。

外回流比，也就是二沉池回流入厌氧池的回流比，这个回流的目的虽然说是为了维持生化系统的污泥量而将二沉池污泥回流入生化系统首端的，但是，实践中如果把这个回流比控制得过低，有可能出现好氧池出来的硝化液在二沉池停留时间过长，继而诱发反硝化，导致二沉池反硝化后的污泥上浮。所以，如果出现二沉池污泥反硝化上浮，可以通过提高好氧池出口的溶解氧和加大外回流比的方法来应对。

240

二、除磷各阶段控制参数

废水中磷的有效去除，必须依赖于排泥，因为聚磷菌在好氧段所吸附的大量磷如果不能通过排泥的方式将其脱离出系统的话，则磷始终在系统内，要么继续循环回流，要么随放流水排除系统。所以，很多水体被磷污染后，处理起来不像脱氮那样容易，下面就除磷工艺中的各控制参数加以阐述。

（1）溶解氧的控制。厌氧池作为聚磷菌释磷的场所，需要严格控制溶解氧的存在，通常需要控制 DO 小于 0.2mg/L，否则过高的溶解氧会抑制在厌氧段内厌氧菌的发酵产酸作用，并且已产生的低级脂肪酸也会被迅速氧化分解，这样一来，这部分易分解有机质的缺失势必导致聚磷菌释磷的不充分，其结果是该部分聚磷菌进入好氧段后也就无法充分吸磷了，这对除磷是不利的。

与此相反，在好氧段，聚磷菌则需要足够的溶解氧，用以满足聚磷菌对存储于体内的聚 β-羟基丁酸酯（poly-β-hydroxy butyrate，PHB）加以降解，并且依靠此过程释放的能量进行有效地吸磷。故对好氧段的溶解氧要求是 DO 大于 2.0mg/L。

（2）pH 值。聚磷菌对 pH 值的要求，较硝化菌而言要宽松些，通常控制在 6.5~8.0。当 pH 值低于 6.5 时，聚磷菌的吸磷效率会大幅下降，而当 pH 值突然大幅降低时，好氧区和厌氧区的磷含量都会迅速上升，pH 值降低幅度越大，其释磷会越多，并且，如果是在 pH 值降低导致的厌氧区释磷越大，其在好氧区的吸磷效果也会越低，这种情况我们要引起重视。另一方面，如果是 pH 值升高，则影响会相对小些，会出现磷的轻微吸收。

（3）水温。聚磷菌对水温的要求不高，但是，聚磷菌除磷效果的好坏还与其他因素有关，所以，在水温偏低的冬季仍然会发现除磷效率不高的情况，如聚磷菌释磷所需的低级脂肪酸在冬季产率不足等，通常认为水温在 8~30℃时聚磷菌对除磷的效果波动不大。

（4）底物浓度。底物浓度的高低影响着聚磷菌对 PHB 的合成，也就关系到了聚磷菌的生长繁殖。越是低分子的低级脂肪酸越能被聚磷菌吸收，这样聚磷菌的释磷也就更加充分。通常认为 $BOD_5/TP>25$ 时，就可以基本满足聚磷菌对底物浓度的需求了。另外，外回流中的硝态氮浓度要控制低于 2.0mg/L 以确保聚磷菌在厌氧段的释磷效果。

（5）厌氧池的硝态氮。厌氧区硝态氮的存在会发生反硝化菌的代谢而消耗有机基质，因为，聚磷菌争夺有机基质（碳源）较反硝化菌处于劣势，所以会抑制聚磷菌对磷的释放，这将影响好氧条件下聚磷菌对磷的成倍吸收。另外，硝态氮的存在会被气单胞菌属利用作为电子受体进行反硝化，从而影响其以发酵中间产物作为电子受体进行发酵产酸，继而抑制聚磷菌的释磷和摄磷能力及 PHB 的合成能力。每毫克硝酸盐氮可消耗的 COD 为 2.86mg，致使厌氧释磷受到抑制，一般需控制在 1.6mg/L 以下。

241

（6）释磷时间。对市政污水生物脱氮除磷系统来说，一般释磷和吸磷分别需要2h和2.5h左右。其中释磷过程更为重要，进水中的有机物生物可降解性越好，厌氧段的停留时间可以越短，也就是释磷时间可以越短，反之则越长。所以，我们对于厌氧段的污水、废水停留时间要多加关注，不要低于释磷和吸磷所需的理论时间。另外，对回流比的控制要注意，避免回流比过大导致的停留时间缩短问题。总之，释磷和吸磷是相互关联的两个过程，聚磷菌只有经过充分地厌氧释磷才能在好氧段更好地吸磷，也只有吸磷良好的聚磷菌才会在厌氧段超量地释磷。

三、A^2O工艺中各控制参数的整体协调

接下来，就常见的A^2O工艺在脱氮除磷过程中的各参数相互关系进行阐述，以便进一步理解上面所提到的脱氮除磷工艺控制要点。因为，A^2O工艺中处理的对象是有机污染物、氮和磷。而对应各污染物处理时工艺参数控制是有所差别的，其中，不乏冲突和相互影响的地方，如果不能综合地加以分析，则很难有效地解决实际操作过程中遇到的问题。

1. 底物浓度的影响

就脱氮除磷系统而言，不管是脱氮的反硝化反应还是除磷的厌氧释磷吸收有机质，都是需要底物浓度支持的。也就是说，只有有了足够的碳源，脱氮除磷才有了最基本的保证。

由于聚磷菌在对碳源的争夺上较反硝化菌弱，所以，A^2O工艺中，专门为脱磷设置了厌氧段，并设置在生化系统A^2O工艺的最前段。同时，内回流也仅仅是将硝化液回流到缺氧段，这样一来，反硝化所需的碳源是厌氧段聚磷菌活动剩余后的碳源了，如此就保证了聚磷菌能优先使用进水中的碳源。

然而，外回流还是会将一部分硝化液带入厌氧段，当回流量过大时，就会影响聚磷菌的繁殖速率及充分释磷了，所以，在除磷效果不理想时，也要考虑是否为外回流太大了。一般认为，厌氧段硝态氮浓度低于1.5mg/L时，对聚磷菌的影响不大。

另外，很多市政污水厂都存在着底物浓度不足导致脱氮除磷效果不佳的情况，特别是磷的去除率，一般比脱氮要低。对于这样的情况，我们需要降低污泥龄来提高脱氮除磷效果，也就是要加大外回流时的排泥力度。因为，排泥的目的是间接提高F/M，如果F/M低于0.15的话，除磷的效果将受到较大影响。

2. 溶解氧的影响

溶解氧在进行硝化反应时需重点关注。因为溶解氧不足将导致硝化反应效率低下，同时，由于好氧池出口溶解氧的不足，可能导致后续沉淀池内发生缺氧而出现反硝化反应。二沉池内发生反硝化反应的话，将导致出水SS升高，对出水水质达标排放造成威胁。由于反硝化的污泥上浮，将出水中的污泥里大量

吸附的磷带出，导致出水磷含量升高，同时，低溶解氧环境也会导致二沉池内的污泥发生释磷现象，进一步加剧出水磷的升高。为此，有必要补足好氧池出水的溶解氧含量，一般要确保好氧池出水 DO 为 2.5~3.5mg/L。

另一方面二沉池回流液回流到厌氧池的时候，会带入部分溶解氧。也就是说，二沉池溶解氧越高，带入厌氧池的溶解氧就越多。而带入过量的溶解氧进入厌氧池的话，将影响聚磷菌的有效释磷，为此，控制回流液的溶解氧浓度也是很重要的。实践中，通过控制回流比、外回流分别进入厌氧和缺氧段、好氧池出口的溶解氧值来确保回流到厌氧池的溶解氧量。

3. pH 值的影响

脱氮除磷工艺对 pH 值的要求，各功能段要求基本接近。我们知道，硝化 1g 氨氮需要消耗约 7.1g 的碱，如此，硝化过程势必导致 pH 值下降。所以硝化反应需要补充碱（如果氨氮不高时，水体可以自己平衡）。

而在反硝化阶段，1g 硝态氮的转化可以产生 3.57g 碱。如此，该部分碱可以为后续的硝化段提供约一半碱度补充。

反硝化过程的 pH 值控制幅度要低于硝化阶段，反硝化菌的 pH 值合适范围是 6.5~7.5，而硝化段的 pH 值合适范围是 7.5~8.5。在实际操作中，有时会发现整个系统在进水 pH 值没有变化的情况下，系统各段的 pH 值会有较明显的变化，这时就有必要考虑硝化、反硝化反应对系统 pH 值的影响了。

总体而言，在满足脱氮除磷 pH 值要求的情况下，磷和有机物的去除也就基本能够得到满足了。

4. 污泥龄控制的影响

好氧段为了达到较好的除磷效果，污泥龄一般控制在 5~10d，而硝化菌世代时间较长，需要较高的污泥龄，以便占生长优势，一般需要控制硝化菌的污泥龄在 15d 左右。这里就存在矛盾了，也就是说，除磷需要较低的污泥龄，硝化又需要较长的污泥龄，如何加以平衡呢？一般认为污泥龄在 10~15d 比较能够兼顾脱氮除磷的两方面要求。

另外脱氮过程中的硝化段水力停留时间是反硝化段的 3 倍左右，所以，缺氧池的大小要远远小于好氧池，这在水力停留时间上就得到了满足。

5. 回流比的影响

A²O 工艺中的回流分为内回流和外回流。内回流主要针对的是反硝化，所以回流的目的地是缺氧池；外回流主要目的是补充活性污泥和除磷。内回流一般控制值较大，回流比在 200%~400%，其回流比的大小取决于脱氮的效果，由于内回流的维持需要消耗较多的动力，为此，回流比控制可以根据脱氮效果来逐步减低，以取得合适的回流比。

外回流一般控制在 30%~70%，由于外回流还关系到聚磷菌进入厌氧段后的释磷过程，因此，进入厌氧段的回流液需要尽量减低硝酸盐氮的含量，否则，

243

会出现反硝化菌和聚磷菌对碳源的争夺，导致聚磷菌处于不利地位而影响处理效果。为此，可用的做法是将外回流的污泥一部分回流到厌氧池，一部分回流到缺氧池，这样进入厌氧池的硝酸盐氮就减低了。回流到厌氧池和缺氧池的外回流污泥比例可根据进水中氮磷的比例来尝试调控，原则上，进入厌氧池的外回流混合液在30%左右就可以满足除磷要求了。

四、实践中脱氮除磷注意事项

（1）如果系统受到冲击，出水氨氮恶化时，第一个要纠正的是污泥负荷，需要尽快调低污泥负荷，一般需要调低到0.12以下，最好是调低到0.10左右。这样可以加速恢复氨氮的去除率。

（2）反硝化的去除率一直不能提升时，第一个要确认的是底物浓度是否不足。

（3）当硝化菌受到冲击后，氨氮去除率下降，纠正工艺控制参数后往往不会有立竿见影的效果，此时，不要失去信心，也不要怀疑自己。通常氨氮去除率恢复需要7~15d左右的时间。如果2周后还没有看到氨氮去除率的恢复，那么就要继续分析各工艺控制参数，看是否还有纠正不到位的工艺控制参数存在。如果实在比较急的话，可以就近去市政污水处理厂接种些污泥投入好氧池，这对系统恢复硝化效果比较有利。

（4）除磷时，务必确认排泥是否有效落实了，是否有效地在排泥了。因为排泥是除磷的必然途径，工艺控制参数再好，如果不排泥，磷还是不会被去除的。

（5）污泥浓缩池的上清液如果COD较高时，往往因为厌氧过程而导致很多磷被释放在其中，而这些上清液回流入生化系统后，就一直在内循环了，所以，要对污泥浓缩池的上清液含磷量进行检测和评估，以便为系统综合分析提供数据支撑。

（6）一般生化系统既要脱氮又要除磷时，基本上去除率在75%左右，去除率很难达到90%以上，所以，对自己的系统脱氮除磷效果也不要过于苛求。但是，只有脱氮而无除磷时，则可以取得较好的脱氮效果。主要原因还是在脱氮除磷时的碳源分配上，很难两者兼顾。

（7）反硝化需要内回流，内回流比一般是200%~400%。但是每个系统都有不同之处，不是说内回流比150%就不可以，大家还是可以尝试调整确认的，如果150%的内回流比也可以满足脱氮的效果，那么，内回流的动力消耗会降低，自然废水处理成本也会下降了。但是，切记不要过大幅度地调整内回流比，比如，原来内回流比是200%，突然一次性加大到300%，那么对系统来说，溶解氧可能会突然降低，此时如果没有对溶解氧进行修正，则会影响硝化效果（氨氮降解）。

（8）温度对脱氮的影响比较明显，特别是氨氮降解的硝化菌对温度敏感。

如果是市政污水的氨氮降解，水温在 10℃左右还可以，但是，如果是工业废水，可能在 15℃左右就可以明显看到氨氮降解滑坡了，因为，工业废水的硝化菌要比市政污水的硝化菌更加脆弱。

（9）原水氨氮浓度过高对系统也有冲击。特别是长期进水氨氮浓度低于 200mg/L 运行的。如果氨氮进水浓度突然加大到 250mg/L 以上且 pH 值较高时，硝酸盐菌受到抑制，会导致系统中亚硝酸盐积聚，导致总氮去除率明显降低。

第九章

活性污泥法运行工艺故障
处理方法交流实例

　　活性污泥法作为处理污水、废水的一种成熟工艺，其操作具备一定的规范性和规律性，但是在实践过程中，往往很难把握好这些规范性和规律性的东西，诸如：① 设计方案与实际运行出入过大；② 突发性事件的干扰（如：设备故障、原水水质改变等）；③ 细微操作不当长期积聚的反应。

　　由此可见，在活性污泥法操作过程中，虽然也是按照规范要求操作，但仍然会出现很多运行故障。本章就通过作者在去企业指导的运行故障恢复实例以及在专业网站上和微信群与同行进行的问答式交流，抽取出对活性污泥法运行问题要点的剖析和认识，使读者能够很好地把握分析运行故障问题的方法，提高管理活性污泥工艺系统的能力。

第一节　指导活性污泥法运行工艺故障实际案例

案例1：某造纸企业活性污泥中毒的工艺分析和对策讲解

一、背景信息

　　西南地区某竹纤维造纸企业，包括制浆、抄纸、成品纸等工段。2019 年春节前期，活性污泥系统崩溃，公司不愿意在春节前提前停产，遂电话联系作者去现场支援，以诊断原因、提出对策，恢复废水处理生化系统。

　　本着环保无小事，为国家"绿水青山"做贡献的信念，作者在周六接到求助电话后，当天下午从上海直飞四川，深夜两点到达，次日即赴该企业现场实地调查问题原因。通过实验室数据分析、运行人员访谈、现场观察等信息收集，最终得出了活性污泥中毒导致系统崩溃的结论，经随后的对策处理后，系统逐渐恢复，已稳定运行两年了。

　　该企业的废水处理工艺流程如图 9-1 所示。

　　接下来就让我们通过综合运用书中所讲解的各知识点，对这家造纸企业的运行故障进行分析。

二、工艺流程及现状说明

　　（1）工艺构成：属于典型的物化处理+水解酸化+完全混合式活性污泥处理工艺。

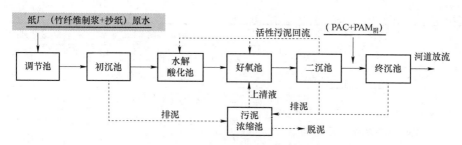

图9-1　该企业废水处理工艺流程图

（2）工艺特点：这样的工艺组合因为有水解酸化池的存在，有较强的抗冲击负荷能力。另外，通过二沉池回流到水解酸化池，也有一定的脱氮功能。

（3）设计进水流量为 1.5 万 m³/d，实际进水流量是 0.8 万 m³/d。进水量约为设计值的 55%，处于非满负荷状态，这说明该系统还有比较大的调整空间。

（4）正常运行时 COD_{cr} 的去除率情况。

1）水解酸化池去除率约 30%（进 450mg/L，出 315mg/L）；

2）好氧段去除率约 71%（进 315mg/L，出 90mg/L）；

3）终沉池前通过物化混凝沉淀后的放流出水去除率约 80%（出水 10～20mg/L）。

三、系统运行过程中存在的主要问题

1. 问题描述

周期性（约 3 个月）地发生二沉池出水颜色发白、出水 SS 浓度升高、COD_{cr} 和氨氮去除率大幅降低，其中 COD_{cr} 去除率低于 45%。

2. 通常对策

当发现问题后，该厂会去附近同类型造纸厂运来污泥投加到好氧池，在投加污泥后，生化系统可以逐渐恢复正常。

3. 本次存在问题

此次系统恶化后，通过投加附近同类型造纸厂运来的污泥到好氧池后，仍然无法使系统恢复到正常状态。

四、针对系统现状进行的分析研究

通过收集的数据和信息，根据活性污泥法各工艺参数及相互关系，进行数据相互验证和排除，找出造成系统运行故障的本质原因。具体分析见表 9-1。

表 9-1　　　　　　　　系统故障原因分析

序号	可能因素	判断依据	现场调查结果	最终判断
1	进水水温过高	日常进水水温的波动	经与现场确认，本季节处理系统中水温维持在 25～28℃	无异常可排除

247

续表

序号	可能因素	判断依据	现场调查结果	最终判断
2	进水 pH 值异常	日常进水 pH 值的波动	经与现场确认，进水 pH 值一向稳定在 8 左右，到好氧池基本在 7.6	无异常可排除
3	进水负荷突然增高	日常进水 COD_{cr}	进水 COD_{cr} 无异常波动	无异常可排除
		好氧池泡沫特征	好氧池无进水负荷升高常见白色黏稠泡沫	
		生物相	未见非活性污泥类原生动物	
4	丝状菌极度膨胀	生物相	偶见丝状菌	无异常可排除
		SV_{30} 沉降比	沉降比结果：30%	
5	好氧池排泥过度	日常 MLSS 的波动	经与现场确认，MLSS 无大幅波动，基本维持在 1800～2000mg/L	无异常可排除
6	污泥严重老化	污泥负荷	经过计算，污泥负荷在 0.05，略呈老化状态，但仍处可接受范围	无明显异常可排除
		好氧池泡沫特征	未见大量活性污泥泡沫及浮渣	
		生物相	未见轮虫等后生动物	
		SV_{30} 沉降比	沉降比 30%，污泥絮凝速度、沉降速度、性状看，无污泥老化特征	
7	污泥中毒（进水含抑制物质）	生物相	当日显微镜观察结果，基本看不到原生动物、后生动物（以往可见钟虫等）	现场调查皆指向活性污泥受到抑制的特征
		SV_{30} 沉降比	絮凝缓慢、沉降缓慢、上清液间隙水非常浑浊	
		COD_{cr} 去除率	COD_{cr} 去除率降低，最终排放水 COD_{cr} 升高 1 倍左右	
		好氧池池面	活性污泥特有气味降低，混合液颜色发白，提示活性污泥活性降低	

通过表 9-1 的综合分析，我们可以看到，生物相、SV_{30} 沉降比、COD_{cr} 去除率、好氧池现场状况都说明活性污泥发生了中毒现象。

当同一个问题有多个工艺控制参数和现象支持时，我们就更加有把握确诊问题原因所在，所以，在实践中判断系统运行故障时，务必在多参数相互印证后再做定性判断，切忌只根据某一个参数或数据，直接得出系统运行故障的原因，这样很容易判断错误。不但丧失了迅速恢复系统故障的宝贵时间，还会怀疑自己的技术能力，继而给自己的自信心造成打击。

五、活性污泥中毒的成因分析

把矛头指向活性污泥中毒，除了上表的分析支撑外，我们还注意到该造纸厂经常会出现周期性系统崩溃，补泥后可以逐渐恢复，这就提示我们系统崩溃是和活性污泥内积聚过多的有毒或抑制物质有关。具体分析请参考图 9-2。

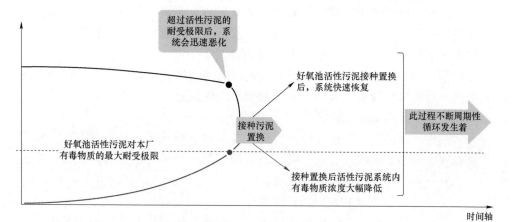

图 9-2　活性污泥有毒物质影响曲线图

在图 9-2 中我们可以发现，活性污泥内有毒物质逐渐积聚后将朝着活性污泥的最大耐受极限发展，当超过活性污泥对该有毒物质的最大耐受极限后，活性污泥系统性状迅速恶化，表现为絮凝性极度变差、继而影响泥水分离，二沉池沉淀效果恶化，活性污泥大量流失。

而当补泥进入异常的生化系统后，我们看到两个途径在缓解活性污泥的中毒程度：一是活性污泥恶化后，大量活性污泥会因为来不及在二沉池沉降而流出活性污泥系统，这个过程中会裹挟大量的有毒物质，使之排出生化系统，这就为降低有毒物质浓度创造了条件；另一方面，通过补泥，活性污泥浓度被动大幅增加，公司会被动加大排泥量，同样起到加速有毒物质流出生化系统的作用。当活性污泥内的有毒物质再次降低到最大耐受极限之下后，系统会慢慢地恢复。

但是，该企业没有搞清楚这里面的机理，在系统好转后，没有控制住有毒物质的再次积聚，导致系统在经过 2~3 个月的有毒物质积累后再次崩溃。如此周而复始，直到这次补泥后系统也没有得到缓解。

具体是什么物质导致的活性污泥中毒，我们倾向于两种可能：一种是造纸设备的清缸剂，因为清缸剂成分中含有杀菌成分，过度流入生化系统且造成积聚时，容易使系统崩溃；另一种可能是造纸工艺中使用的分散剂，此种药剂流入生化系统后会抑制活性污泥絮凝，导致活性污泥絮凝性变差，继而导致二沉池泥水分离发生崩溃。

六、活性污泥中毒的对策分析

大的方向是控制抑制物质在活性污泥中的积聚浓度，确保低于活性污泥最大耐受极限。

具体建议是通过加大日常活性污泥的排泥量来加速代谢活性污泥内的抑制物质，从而保持系统的稳定性（在进水有机物浓度不变的情况下，加大活性污泥排泥将使系统内活性污泥的增殖加快，使活性污泥保持更高的活性，不用担心加大排泥后会对 COD_{cr} 的去除率产生影响）。

但是，在实施排泥对策时，需要避免短时间内排泥过量的问题，以免污泥浓度过低导致出水超标。同时，也要避免长期保持过低的活性污泥浓度，以免因负荷升高而影响氨氮去除率。

实践中，真正能够掌握好排泥力度、排泥时机的技术人员还是不多。排泥力度必须通过多个参数验证后，并考虑提前量的前提下才能很好地把握。排泥力度的分析控制要点汇总如下：

1. 需要考虑二沉池回流污泥的浓度

往往系统异常时，二沉池的回流污泥浓度会发生变化，此时去调整排泥力度，务必提前知晓二沉池回流活性污泥的浓度，并和以往测到的浓度进行比对，以便判断排泥流量到底开多大，排泥时间开多久。

2. 生化池活性污泥浓度的监测

排泥力度是否合适，可以通过生化池活性污泥浓度的升降来判断。所以，为了及时获得活性污泥浓度变化的数据，需要加大对活性污泥浓度的监测，以便及时反馈到排泥力度上，为合理调整和控制排泥量提供重要参考。此处，我们建议生化池的活性污泥浓度监测以 4h/次为宜。

3. 排泥力度的把握原则

原则上，排泥力度总体宜由小到大进行控制，以便判断是否出现排泥过头的苗头。但是，在系统故障时需要精准判断排泥力度，直接一步到位，此处就要求我们一步到位加大排泥力度，及时置换出吸附了大量有毒物质的活性污泥。

但是，问题的重点在后面，也就是排泥到什么时候可以逐渐收小排泥力度呢？这个需要根据系统各工艺参数的好转情况来判断。

另外，需要注意排泥力度要提前调整，特别是发现活性污泥浓度超过预期过快下降或上升时，要提前干预，调整力度。但是，调整力度不可过大，以增减 5%~10% 为宜，否则，力度过大，往往会导致活性污泥浓度进一步剧烈波动，直接影响放流出水的水质，为尽快恢复系统造成不必要的障碍。

七、其他方面发现的异常问题及建议

其他方面发现的异常问题及建议见表9-2。

表 9-2	其他异常问题分析及建议
现象	分析和建议
间断曝气的问题	该企业废水处理系统是推流式连续处理工艺，不可以进行间断曝气，否则出水 COD 也会呈现波浪式的变化，对 COD$_{cr}$ 总体去除率不利，且现场测到的 COD 本来就很低（在 0.8~1.0mg/L 左右），更加不应该间断曝气了。只有在进水量大幅降低或者停产维持阶段可以考虑间断曝气
二沉池出水投加絮凝剂问题	二沉池出水投药是在异常时使用的处理手段。从现场投药效果看，形成的絮体太大，非常容易折断，其结果是折断后的絮体无法在终沉池沉淀而随放流水流出，导致 COD$_{cr}$ 进一步升高。建议： （1）在生化系统通过加强排泥，系统得以改善后，看是否可以停止投加絮凝剂（需中水回用，故保留中）； （2）通过实验分析，找出更加合理的 PAC 和 PAM 的投加比例及投加量，使絮体变小，可避免折断絮体； （3）投加 PAC 和 PAM 阴离子，可以通过实验分析，看看只投加 PAM 阳离子是否可以达到更好效果，继而实现降低投药成本的目的
补充活性污泥	补充活性污泥时，运来的是其他相似纸厂的脱水污泥，因为其污泥内含有大量的无机颗粒，投加入活性污泥系统后势必有大量的不沉降物质和原有的活性污泥一同流出二沉池，这对代谢活性污泥系统内的抑制物质有利，但更需要加大排泥，将这些沉积在活性污泥系统中的杂质尽快代谢出去，否则，活性污泥的有效成分不断降低，会给我们根据 MLSS 判断系统状态造成错觉和误判
曝气头故障问题	好氧池部分区域曝气头可能脱落，导致池面出现翻腾现象，对氧转移效率有影响，为降低运行成本，提高氧转移效率，建议尽快修复（已在推进中，截至 2019 年 3 月 6 日仍未完全修复）
总磷值未定期检测	总磷没有检测，无法判断投加营养剂的量。需测进入好氧池的总磷，继而判断是否短缺，如有短缺应该投加补充，否则 COD$_{cr}$ 去除率将受到影响。目前看来，最好状态时好氧 COD$_{cr}$ 去除率不到 80%，不排除缺磷可能

251

表 9-2 提到曝气头故障问题，实际上系统恢复后，COD$_{cr}$ 持续下降了，但是氨氮没有立即下降，究其原因，还是曝气头没有修复导致 DO 过低影响氨氮去除所致。

八、系统恶化时整个处理系统构筑物的所见和分析

1. 水解酸化池的状态

水解酸化池气泡冒出良好，说明水解酸化效果良好，出水正常，无过量颗粒物流出。水解酸化池 COD$_{cr}$ 整体在 30% 左右。原则上，水解酸化池重点作用是对竹浆纤维进行水解酸化，提高该类废水的可生化性，为后段生化处理减少压力。具体水解酸化池现场情况如图 9-3 所示。

2. 曝气池的状态

单看好氧池泡沫和浮渣，一切正常。但是活性污泥光泽暗淡，且缺乏正常活性污泥高活性时应该有的泥土味。这提示了活性污泥的活性受到抑制。具体曝气池现场的状态如图 9-4 所示。

(a)   (b)

图 9-3　水解酸化池照片
(a) 示例一；(b) 示例二

图 9-4　曝气池状态

3. 二沉池的具体表现

只看曝气池还没有直观感觉，但是，一看到二沉池就知道系统处于崩溃状态了，明显看到出水异常浑浊、夹杂了大量的未沉降活性污泥以及解体的活性污泥。这个浑浊程度和活性污泥老化、污泥负荷过高导致的浑浊有明显的区别。

活性污泥老化的浑浊是上清液夹杂了老化解体的未沉降絮体，但是絮体间的间隙水是清澈的，而进水负荷过高大导致的上清液浑浊，应该是泥水液面清澈，不带有活性污泥颜色的浑浊，所以，污泥中毒的二沉池出水浑浊和污泥老化、污泥负荷过高导致的二沉池出水浑浊，区别还是很明显的，这个需要我们细细体会。具体二沉池的现场如图 9-5 所示。

4. 二沉池出水浑浊的对策（出水投加阴性 PAM）

该公司为了保证出水达标，不得不在二沉池出水中大量投加 PAM，使二沉

图 9-5 二沉池状态照片

池浑浊的出水通过投加絮凝剂后在终沉池进行沉淀,实现泥水强制分离后,保障上清液达标排放。从图 9-6 中可以发现 PAM 投加量是非常大的。

图 9-6 二沉池出水投加 PAM 照片

253

如此大量投加阴性 PAM 后,后段的混凝廊道里的絮体变得异常粗大,那么根据混凝沉淀章节提到的粗大絮体折断后不再絮凝的理论,我们确实发现其终沉池的泥水分离效果并不理想,终沉池出水仍然比较浑浊。

另外,此处是否真的需要投加阴性 PAM 呢?如前所述,活性污泥本身带负电荷,如果投加阴性 PAM 则会相互排斥,导致絮凝效果不佳。但是企业为了强行得到混凝效果,不得不非常大量地投加阴性 PAM,实际上,我们可以通过杯瓶试验来确认是通过投加聚合氯化铁和阴性 PAM,还是直接投加阳性的 PAM 的方式来提高混凝沉淀的效果,降低投药量和投药成本。

图9-7是终沉池出水，我们可以看到很多粗大絮体折断后无法再絮凝沉降而直接流出了终沉池。

图9-7　终沉池出水照片

5. 系统恶化时SV_{30}沉降比实验的表现

我们通过沉降比实验可以看到，活性污泥沉降比的最终数据是正常的，即SV_{30}在30%左右。但是，整个沉降比实验中可以看到如下异常：

（1）完成整体絮凝时间缓慢，整个菌胶团絮凝居然超过了10min，说明受有毒物质流入和过量积聚后，活性污泥的活性已经被明显抑制了。

（2）完成集团沉淀缓慢，本来应该在第3min开始就可以看到集团沉淀，居然在20min左右才发生。

（3）间隙水浑浊，不但夹杂着未沉降的絮体，而且絮体间的间隙水异常浑浊。

（4）絮体和沉降的活性污泥整体呈现出无光泽，提示活性污泥的活性很差。

（5）上清液悬浮颗粒多，与二沉池看到的出水状态基本吻合。

（6）液面无过多浮渣和气泡，说明活性污泥系统受到了强制性抑制，并未由内而外出现了崩溃。

具体沉降比实验照片如图9-8所示，图（a）为系统崩溃时的沉降比结果，图（b）是恢复后时隔一个月拍摄的沉降比实验照片，大家可以比对下。

6. 系统恶化时生物相的表现

生物相观察基本看不到原生动物和后生动物，提示有抑制物质流入并积聚，且黑色颗粒显示杂质很多（与不断投加外厂接种污泥有关），丝状菌基本看不到，属正常状态。絮体总体不够紧密，具体如图9-9所示。

(a) （b）

图 9-8　一个月恢复前后的沉降比实验照片

（a）恢复前；（b）恢复后

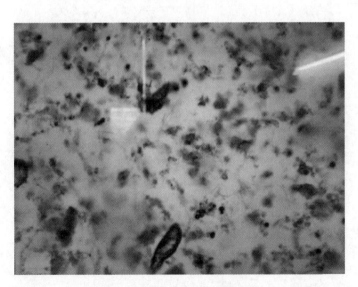

图 9-9　系统恶化时生物相照片

补充的活性污泥，是附近同类型造纸厂的脱水污泥，具体如图 9-10 所示。

7. 现场指导后的恢复及追踪

现场调查分析和交流沟通的时间仅为一天，后续作者通过微信和电话持续对该公司进行了指导，控制合理排泥代谢有毒物质，找出合理的活性污泥控制浓度。自 2019 年 1 月 27 日现场指导恢复后，该系统已稳定运行近两年了，放流出水 COD 低于 50mg/L、氨氮放流出水在 5mg/L 以下。

图 9-10　补泥照片

让我们通过图 9-11 的数据看看整个变化趋势。

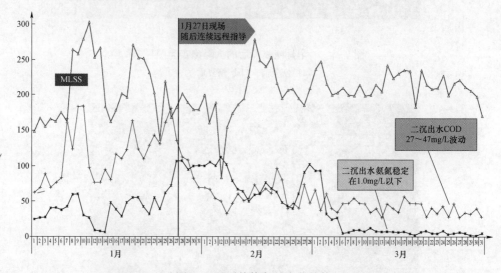

图 9-11　系统恢复的变化趋势

从图 9-11 可以发现如下信息：

（1）系统在一周内加速排泥代谢有毒物质后，放流水 COD_{cr} 浓度迅速降低。

（2）同时，氨氮也逐渐开始降低，但是，较 COD_{cr} 的快速降低还是慢了不少，主要是硝化菌恢复时间比正常菌胶团细菌来得慢，通常在 7~14d 左右才能完全恢复，从以上数据也得到了验证的。

（3）由于该公司曝气设备修复进展延后，导致在修复曝气设备前，溶氧过低，影响了氨氮去除率，对系统出水造成了不小的影响。通过降低回流比的方式，在一定程度上提高了溶解氧值，并在随后曝气头修复后，氨氮迅速降低，最低到了未检出状态。

8. 后续运行过程中问题

在后来的运行过程中，2019 年 2 月 21 日发生了一次二沉池大量浮泥的问题。通过微信确认和照片辨识，判断是活性污泥反硝化所致，指导其提高曝气池出口溶解氧后，问题消失。

图 9-12 是二沉池反硝化浮泥，图 9-13 是系统恢复后的二沉池状态。

图 9-12　二沉池反硝化浮泥

图 9-13　二沉池恢复状态

9. 总结

通过以上案例，相信大家对活性污泥法各工艺控制参数在系统出现异常时的综合分析和对策有了比较深入的了解了。

但是，看似简单的问题，我们如果真的遇到了，也能提出这样的分析和判断吗？我想还是需要多动脑筋，将知识融会贯通，多实践，才能游刃有余地处理各种系统异常问题。这个过程是急不来的，需要慢慢积累，通过论坛、微信群等交流方式可以促进我们快速成长。

案例2：某制革企业难降解废水运行控制优化实例讲解

一、背景信息

南方某制革企业自2019年4月8日开始与作者交流运行工艺控制的优化问题，以期改善整个废水处理系统的运行状态，提高系统污染物的去除率。

整个系统工艺参数的调整指导都是通过微信进行的。对方运行负责人每天通过微信发送工艺控制参数、现场运行照片、实验分析数据等信息，作者根据提供的信息提出工艺控制参数调整的建议，使该废水处理系统保持了较好的运行状态，放流水COD可以稳定在300mg/L以下，同时，停止投加了部分不必要的药剂，也一定程度上降低了企业废水处理的成本。

该企业的废水处理工艺流程如图9-14所示。

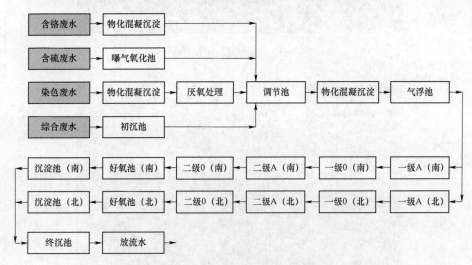

图9-14 该企业废水处理工艺流程图

二、该废水处理系统概况（指导前）

（1）设计处理水量2500m³/d，进水量2200m³/d，24h连续运行。

（2）物化处理段使用药剂为固体硫酸亚铁、固体PAC、片碱、阴性PAM。

（3）好氧池采用微孔曝气盘，好氧池O段经常有大量白色泡沫，严重时常溢出池体。

（4）两级AO生化系统参数控制见表9-3。

表9-3   两级AO生化系统控制参数

项目	单位	北侧AO系统	南侧AO系统
进水B/C		1:4（即B/C=0.25）	
MLSS	mg/L	12500	12500
SV_5（5分钟沉降比）		70%	50%
SV_{30}		45%	30%
沉降比实验		无悬浮颗粒，浮渣多	有悬浮颗粒，浮渣少
SVI		38	25
进生化pH值		7.5	
A池DO	mg/L	小于0.5	
O池DO-中段	mg/L	2.0~5.0	
O池DO-末端	mg/L	1.5~4.5	
活性污泥颜色		正常时为棕黄色，有时会发灰、发黑	
污泥负荷（F/M）		0.07左右	
污泥龄（t）	d	60d（在30d时出水氨氮会恶化）	
生物相		只看到过快速游动的小虫，无其他	
有毒物质-铬	mg/L	4.5	1.3
有毒物质-硫化物	mg/L	10~50	
总盐	mg/L	11000	
总硬度	mg/L	600~2000	
氯离子	mg/L	3500~4000	
营养剂投加		按计算值投加磷酸钠	
水温	℃	28℃（4月份）	
外回流比		130%	88%
内回流比		150%	100%

三、系统现场图片（指导前）

指导前的系统现场状态见表9-4。

表9-4   指导前的系统现场状态

项目	照片	描述
沉降比	沉降半小时	左边为北侧O池SV_{30}，上清液清澈；右边为南侧O池SV_{30}，上清液相对浑浊

259

续表

项目	照片	描　　述
AO 系统池面		液面堆积了大量的棕黄色泡沫（单套 A 池有效容积 1740m³，一级 A 有 2 个廊道，二级 A 有 1 个廊道）
北 O 池末端		液面堆积大量白色泡沫并夹杂少量棕色浮渣（单套 O 池共 5 个廊道，有效容积 3300m³，一级 O 池有 4 个廊道，二级 O 池有 1.5 个廊道）
二沉池		二沉池出水挡板内侧堆积多量反硝化污泥，但出水清澈
南二沉池出水		水中细小悬浮颗粒很多

续表

项目	照片	描 述
南好氧池		液面有少量白色泡沫及棕色浮渣
北生化池 末端生物相		基本看不到活性污泥类原生动物，菌胶团细碎，提示活性污泥活性低

261

四、自述存在问题

（1）BOD 有机负荷仅 0.07，生化进水量和浓度已稳定，但池面仍然每天出现大量高负荷的白色泡沫，甚至溢出池面。

（2）经过 2018 年持续四次送第三方检测得知，活性污泥的 MLVSS 仅 20%，有效成分太少。因此，企业一直希望以大量排泥方式将污泥中的无机物置换出去，但结果并无改善。

（3）排放口 COD 为 300mg/L。2018 年偶尔会下降到 250~280mg/L，但维持不到几天又升回到 300mg/L。即使 2018 年有一个月因停产进水量特别少，生化停留时间 20d，排放口仍然为 COD = 230mg/L、BOD = 80mg/L，分析认为是难降解物质的影响，因此 2018 年 6 月份在 AO 前加设了水解工艺。水解池运行后，一级 A 出水从七八百降至四五百，但排放口 COD 仍然卡在 300mg/L。

（4）2018 年的运行工艺并未将染色废水单独分流，染色废水直接排到调节池，综合废水经物化处理后进入水解池、AO 系统。运行后发现综合废水中硫酸根离子高达 4000mg/L，碳硫比为 2，水解出水硫化物高达 100~200mg/L，厌氧菌受到抑制，水解效果很差，COD 去除率仅为 10%。鉴于此原因，考虑到染色废水中不含硫酸盐，且主要难降解物质都来源于染色废水，因此 2019 年将染色废水单独分流、厌氧处理，但看来效果不理想。

（5）两套 AO 系统的进流负荷、运行参数基本一致，二沉池出水 COD 基本相同，但 SV_{30} 可以看出两套污泥性能不同，南面的污泥无机化更严重。北面 AO 氨氮出水近期从 300 直降至个位数，南面氨氮仍然没有任何降解。虽然持续将北面剩余污泥排至南面，且南面每日投加纯碱。加大南面剩余污泥的排放一周后，二沉池出水越来越浑浊。

（6）厌氧池 COD 去除率正常时约 30% ~ 40%，染色物化沉淀出水若 SS 太高，则厌氧池 COD 去除率下降至 10%，可能是受 SS 和总铬的冲击导致去除率下降。现在计划将厌氧池扩大一倍，不知延长停留时间是否可以提升处理效率。

（7）北面 AO 进水量 45t/h，AO 末端曝气池溶氧为 4.0mg/L，二沉池水下一米溶解氧 2.5mg/L，二沉池回流量由 40t/h 提升至 60t/h，二沉池仍然发生反硝化，池面厚厚一层浮泥。两套二沉池出水均有较多颗粒物流出。

（8）综合废水物化反应区取到烧杯静置沉淀后，上清液是透明的，但初沉池出水却是黑色的，即使过滤后滤液仍是黑色的。初沉池表面负荷仅 0.52，是受到染色废水中染料的影响吗？

该企业生化系统出水排放指标（2019 年 4 月 8 日数据）见表 9-5。

表 9-5　　　　　　　　　　　　指导前的生化池出水指标

放流出水	排放值	备　　注
pH 值	7.6	正常
BOD$_5$	70mg/L	经过滤后检测前后差异不大
COD	375mg/L	最高 600mg/L，一直无法下降到 300mg/L 以下
氨氮	64mg/L	处恶化状态，正常时不高于 5mg/L

五、系统存在的难点

（1）多批环保公司和环保专家驻厂调试都无法使二级处理 COD 降低到 300mg/L 以下。

（2）活性污泥中的有效成分 MLVSS 只有 20%。

（3）物化处理段不稳定，上午原水 COD 约 7000mg/L，加药后絮凝效果很好，下午原水 COD 约 1 万 ~ 2 万 mg/L，加药后絮凝效果差，出水浑浊，为此，需要在下午时段大幅加大絮凝剂投药量。

（4）厌氧池有机物去除率不稳定，波动较大。

（5）物化沉淀池出水呈黑色，滤纸过滤后，黑色依旧且 COD 无明显下降，说明溶解性色度和溶解性有机物含量大。

（6）放流水 COD = 375mg/L，BOD$_5$ = 70mg/L，理论上说，BOD$_5$ 即使降低到零，COD 还是超过 300mg/L。

六、异常状态分析

2019 年 4 月 17 日，对数据进行异常状态的分析，见表 9-6。

表 9-6 异 常 状 态 分 析

问题点（现象）	问题分析	对策建议
染色废水		
（1）进水水质波动过大（COD 翻倍，由 7000 升至 15000），导致需要上下午调整物化加药量	（1）对生化系统的冲击； （2）调节加药没有跟上（员工遗忘、延后、调节不到位等），导致冲击负荷被放大	有条件的话对收集池进行扩容
（2）厌氧池污泥有恶臭，但无气泡，污泥细小无絮体，泥水无界面，厌氧沉淀池出水带泥	无气泡表示厌氧池去除效率不高，提示停留时间不足	公司提出增加厌氧池容积是有必要的
物化反应及沉淀池		
（1）末端胶羽池取样沉淀后上清液会浑浊	有机物被絮凝后再溶解所致，侧面说明前段厌氧池该完成的水解酸化作用没达到	公司提出增加厌氧池容积是有必要的
（2）初沉及气浮：出水黑色，SS 高时色黑如墨，即使过滤后依然是黑色，且滤后 COD 下降幅度不明显	过滤后颜色依然黑色，说明是溶解在水中的真色。过滤后 COD 下降不明显，说明溶解态 COD 为主	需要降低这部分高 COD 黑色成分：一是依靠活性污泥吸附，二是依靠活性污泥分解降解，吸附来的快，降解来的慢。加大排泥助吸附部分去除 COD，提高生化池停留时间助分解降解
AO 系统		
（1）污泥浓度：MLSS 12000 ~ 13000mg/L，但 MLVSS 不到 20%	有效成分过低，惰性物质积聚	按照 MLVSS/MLSS = 0.5 计算，MLSS 控制在 5000 左右即可
（2）北面 SV_{30} 45%、SVI 37.5，1min 沉降 95%，5min 沉降 70%，30min 沉降 45%，上清液清澈且无悬浮颗粒，表层有浮渣	符合污泥老化特征，浮渣为解体污泥夹气泡上升所致	按照 MLVSS/MLSS = 0.5 计算，MLSS 控制在 5000 左右即可
（3）南面 SV_{30} 30%、SVI 25，1min 沉降 80%，5min 沉降 50%，30min 沉降 30%，上清液浑浊且有较多细小悬浮物和颗粒物，表层浮渣少	出水 COD 升高，氨氮去除率降低	从沉降比实验看，属于污泥负荷过高所致，可降低负荷运行（进水流量降低或提升污泥有效浓度）

263

问题点（现象）	问题分析	对策建议
（4）F/M：2200×800/10000×2400＝0.07（因为污泥中有效成分太低，污泥浓度以 MLVSS 计）	实际好氧池计算 $F/M＝$（2200×800）／（6600×4800）＝0.055	需逐步提高有效活性污泥浓度
（5）2019 年 3 月 25 日之前污泥龄为 60d，计算后发现太长，加大两套系统剩余污泥排放，以污泥龄 30d 控制。加大排泥一周后，发现南面出现二沉池出水浑浊、北面氨氮上升的现象，又改回 60d 的运行	一周内降低污泥龄 50%，力度过大，系统会不适应而恶化	（1）用 1 个月左右，逐步降低污泥龄；（2）硝化菌周期为 15d，过度排泥，硝化菌失衡，会加大出水氨氮波动
（6）菌相观察：只能看到少量的、快速游动的小虫，没有原生动物、后生动物（长期观察均如此）	说明污泥老化解体严重	需逐步提高有效活性污泥浓度
（7）毒性或抑制性物质：总铬为北面 4.5mg/L、南面 1.3mg/L；硫化物 10～50mg/L；总盐 11000mg/L；进水总硬度 600～2000mg/L；氯离子 3500～4000mg/L	从现有 COD 去除率看，影响不大	
（8）营养投加：补磷。以 BOD 与磷比例为 100：1 补加，进水总磷 1.68mg/L，二沉出水总磷 0.4mg/L	磷不足，污泥絮体松散	既然出水总磷指标有余地，建议提高投加量，出水维持总磷 1.0mg/L

七、指导目标及方向

在不增加处理设施、不增加新药剂投加的情况下，仅仅通过对运行工艺控制参数的调整，实现放流出水 COD 在 300mg/L 以下稳定运行。氨氮去除率恢复正常，放流出水氨氮控制在 5mg/L 以下。

要实现以上目标，难点是即使放流出水 BOD 降低到零，COD 很有可能还是无法降低到 300mg/L 以下，也就是说 COD 中可被微生物降解的部分已全部被微生物降解完，放流出水 COD 还是会超过 300mg/L。认识到这个问题点后，我们对活性污泥降解有机物的方式需要再次认识下，也就是活性污泥通过吸附、降解污水、废水中的有机物，继而去除污水、废水中的有机污染物。既然无法做到放流出水 COD 达到 300mg/L 以下，那么，我们就在降解的基础上，进一步发挥吸附的作用，通过活性污泥强大的吸附功能，在活性污泥排泥的过程中，进一步降低放流出水的 COD，实现放流出水 COD 稳定在 300mg/L 以下的目标。

八、指导过程综述

（1）根据指导目标和方向，还是着手降低好氧池的活性污泥浓度，由最初的12500mg/L，拟降低到5000mg/L一线并维持，自2019年4月9日开始，整个生化系统开始分阶段降低活性污泥浓度。

其中的重点是要缓慢、均匀地降低活性污泥浓度，边降低边观察生化池的变化，避免出现过急的排泥量，导致系统失去稳定或崩溃。这里说到的缓慢、均匀，讲起来简单，实际操作并不简单，很多水友往往因为把握不好，导致系统波动过大，继而怀疑自己的操作是否正确，甚至放弃自己的判断和操作。

（2）2019年4月10日，针对好氧池一级A池、一级O池液面大量白色泡沫满溢的问题，经过协商，采取了对北侧系统进水进行分流的对策，目的是将原水由原来全部进入一级A池调整为70%进入一级A池，30%原水进入二级A池，以此来降低原水全部进入一级A池时出现一级A池负荷过高导致的大量白色泡沫。

经过分流处理10d后，分流处理的COD去除率要比没有分流的一侧多10%左右，说明，分流处理对COD的进一步降解有正面促进作用。

（3）2019年4月14日，企业为了提高好氧池的pH值，促进好氧池氨氮的降解，又直接向好氧池投加片碱，投加方式是将一整袋直接投加到好氧池。作者得知此情况后，立即要求企业停止该行为。

为什么要求立即停止投加片碱呢？因为这样的投加方式是间断性、一次性大剂量的，投加的药剂会随着水流方向移动，而新进来的水实际上是接触不到片碱的，那么在整个生化系统就会出现沿池长方向，局部pH值高、局部pH值低的情况，这样的水体环境对活性污泥不利。书中也提到过，活性污泥需要的是一个稳定的、波动不大的运行环境。

当然，停止投加片碱后，生化池pH值会有所下降，但是，我们发现在物化段混凝沉淀结束还在投加酸调低pH值，那么，就要求把这个调低pH值的动作降低，由pH值7.5调整为pH值8.0，则进入好氧池就不需要再投加片碱来调整了。如此一来，停止在好氧池投加片碱也就节约了投加片碱的运行费用。

（4）2019年4月18日，好氧池的二沉池回流比（外回流比）是100%，这个回流比过大，对AO系统的泡沫降低不利，且不利于COD进一步降解。所以，要求用3d时间，均匀地将外回流比由100%调整到50%。

（5）2019年4月20日，活性污泥浓度降低到了8000～8500mg/L，但是，其间曾出现排泥过大的情况，导致系统出水COD有波动，说明，排泥力度还需要均匀平稳。要求维持和掌握好排泥力度，使MLSS在8000～8500mg/L并在该区间稳定一段时间（1周）后，再进一步降低活性污泥浓度。

（6）处理系统放流水总磷在4月5日测到数据是0.2mg/L、要求略微增加投加营养剂磷后，4月10日测到的数据是0.4mg/L，如此，营养剂磷的含量被修正到一个比较合理的区间了。

（7）2019年4月26日，南侧系统中的好氧池内有填料，容易留住活性污泥，而北侧好氧池没有填料，所以，出现南侧好氧池污泥浓度尚可，但是北侧好氧池看不到活性污泥的现象。考虑到好氧池维持一定量的活性污泥浓度对进一步降解 COD、提高抗冲击负荷有利，所以要求将南侧好氧池活性污泥排泥如北侧好氧池，如此，可以一定程度上维持北侧系统中好氧池的活性污泥浓度。

（8）临近"五一"放假，对方提出是否需要给系统补充葡萄糖，是否需要闷曝或间歇曝气。作者回复对方不需要添加葡萄糖，不需要闷曝，不进水时维持系统外回流即可，可以间歇曝气，同时排泥量要降低（要求比近期排泥量降低 80%），否则，放假三天可能会导致活性污泥浓度大幅降低。

（9）4 月 26 日，在 MLSS 降低了 40% 左右后，放流出水 COD 由 4 月 8 日的 375mg/L 降低到了 325mg/L。说明活性污泥浓度持续降低后，放流出水 COD 是逐步下降的。但是，同样的操作，对方上年度也尝试过，为什么没有看到同样的效果，而是发现系统会持续恶化呢？原因就在排泥力度的把握上。在没有经验的情况下去操作，往往会很短时间排泥过大，MLSS 降低过快，导致活性污泥不能适应，继而出现放流出水恶化。而此次是有计划地，均匀、缓慢地降低 MLSS，所以，我们看到在 MLSS 大幅降低后，放流出水 COD 不仅没有升高，反而降低了 15% 左右。

（10）5 月 6 日，要求 MLSS 维持在 7000~7500mg/L 区间运行。

（11）5 月 8 日，确认 MLSS 没有降低到目标区间，分析原因与进水 COD 总量增加有关，要求继续朝 7000~7500mg/L 推进排泥。

（12）5 月 13 日，进水 COD 较前日升高了 40%，要求密切关注，尽量不要让这样突变的进水负荷出现。

（13）5 月 14 日，确认其排泥节奏为每天 3 次。由于不是连续排泥，对活性污泥会有负荷波动影响，要求增加排泥频率，由每天 3 次改为每天 6 次。同时强调要注意手动排泥时不要出现开了忘记关的情况。

（14）5 月 20 日，更新了数据统计表，引入污泥负荷、COD 的各部位去除率、氨氮各部位去除率，并形成曲线，有助于对生化系统运行状态的趋势判断。

（15）5 月 25 日，要求 MLSS 降低到 6500~7000mg/L，以便进一步提高活性污泥的活性，进一步代谢掉活性污泥中的惰性物质。

（16）5 月 26 日，提出排泥太快了，MLSS 一天降低了 14%，对生化系统会产生影响。要求收排泥时力度也不要太大，否则，活性污泥浓度也会迅速上升，对系统不利。

（17）5 月 26 日，要求北侧 A 段停止曝气，观察脱氮效果，并要求内回流调整到 220%。

（18）进入一级 A 池的原水中氨氮浓度为 320mg/L 左右，而一级 A 池的出水，氨氮浓度降低到了 62mg/L。什么原因呢？实际被降解掉的氨氮是很少的，主要是内回流稀释所致，真正去除氨氮是在一级 O 池，去除率接近 99% 了。

（19）6月1日，要求 MLSS 维持在 6000~6500mg/L。另外，在 5 月 26 日要求关闭北侧 A 段的曝气后，A 段的总氮去除率明显提高，由 50%左右提升到了 75%。

（20）6月4日，要求一级 A 池采用间歇曝气（每 4h 曝气 30min），避免 A 池内角落堆积活性污泥。

（21）6月8日，好氧池活性污泥浓度出现低于 6000mg/L 的情况。从出水指标上看，一级 O 池的氨氮去除率趋于恶化，系统也呈现有机负荷偏高的情况。说明系统在快速降低活性污泥浓度后，硝化菌占优势生长的情况被破坏，导致氨氮去除率出现波动和恶化。

（22）6月12日，发现厌氧段的进水由 13m³ 提升到了 33m³，导致厌氧段 COD 去除率由 55%降低到了 15%。由此，没有被去除掉的 COD 流入后段 AO 系统，直接对后段产生负荷冲击。

（23）6月13日，对放流水投加 PAC 后取上清液，测 COD 为 275mg/L。没有投加 PAC 之前的放流水 COD 为 297mg/L，可以看出放流水虽然夹杂了很多悬浮颗粒，但是，即使没有这些悬浮颗粒，COD 也只会降低 8%左右，说明，放流水中可利用的 COD 成分实际已经很少了，也说明系统中的活性污泥并没有偷懒。

（24）6月15日，为了测试二沉池反硝化是否可以在二级 O 池内提前反硝化而降低对二沉池反硝化的负担，对北侧好氧池二级 O 池停止曝气，是其溶解氧低于 0.5mg/L，以此加以测试。为什么敢在二级 O 池内测试这个动作呢？主要是基于目前北二级 O 池氨氮和 COD 去除率都很低，所以即使测试有问题，对放流水的影响应该不大，其南侧 AO 系统保持不变，以便最大限度防止测试期间异常问题的发生。

（25）6月19日，系统突然出现 MLSS 持续下降的现象。在关小排泥后，系统中的 MLSS 还是在下降，最低下降到了 4000~4500mg/L。主要原因除了排泥因素外，二沉池反硝化的浮泥很多流出二沉池，到了后段的好氧池了，所以，好氧池这几天的活性污泥浓度上升明显。为此，在二沉池反硝化没有缓解前，只能被动降低排泥量，以维持 MLSS。

（26）6月28日，为了避免 AO 池内活性污泥过度流失，要求好氧池的排泥入一级 A 池，以内部系统补充活性污泥。

（27）6月30日，要求内回流和外回流都调低，以提高废水在系统内的停留时间，按外回流 50%，内回流 100%控制。

（28）7月3日尝试将内回流调整为 100%，确认是否可以降低生化池浮渣的产生。

（29）7月3日，新的显微镜购入，企业开始进行清晰的生物相观察。生物相显示变形虫很多，提示低负荷及局部溶解氧不足，其中，溶解氧不足问题与其 AO 系统特性有关。变形虫问题，主要是低负荷所致（当期实际污泥负荷为

267

0.02），且生物相中非活性污泥类的膜袋虫占绝对优势，提示活性污泥解体较为严重。其中菌胶团可见黑色及透明状，一方面提示系统内流入的厌氧池的黑色污泥较多，另一方面提示活性污泥的活性不高，而活性不高与制革废水特征吻合。具体生物相如图9-15所示。

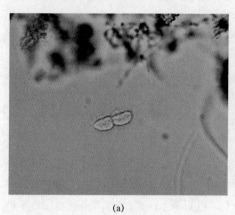
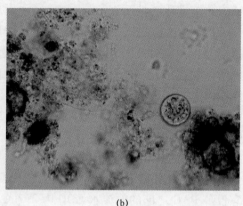

（a）　　　　　　　　　　　　　（b）

图9-15　生物相照片
（a）膜袋虫；（b）菌胶团形态

（30）7月10日，观察到了楯纤虫，预示着活性污泥内有毒物质已代谢到安全水平，且目前流入的原水中有毒物质含量可控，也处于安全范围。

（31）7月13日，生物相观察可见吸管虫。由于吸管虫属于活性污泥类生物，所以出水恶化风险不大，另外，改型吸管虫普遍比较瘦瘪，总体来说，还是制革废水 B/C 过低所致。

（32）7月15日，北侧系统状态良好，南侧系统二沉池反硝化导致污泥浓度上不去，出水浑浊，为此，要求将北侧排泥直接进入南侧一级 A 池，以稳定和补充南侧系统的活性污泥流失问题。其中，二沉池反硝化问题，主要原因判定为二沉池刮泥机故障，刮板和池底间隙过大，导致活性污泥刮除不干净，继而出现缺氧后的反硝化，导致大量活性污泥反硝化后成团浮起，最终流出二沉池。由于流失过大，使得新增污泥无法补充，继而影响系统最低 MLSS，导致南侧 AO 系统出水不稳定，COD 去除率比北侧系统略差。

（33）7月20日，南侧系统 MLSS 不足 5000mg/L，为了进一步恢复南侧 AO 系统，南侧 AO 系统的原水进水分流停止，原水全部进入一级 A 池，目的是借此提高污泥负荷，降低出水悬浮颗粒含量，改善放流出水的水质。

（34）进水有机物总量的降低导致处理系统中好氧池污泥浓度开始下降，由于是进水有机物浓度降低导致的，所以，被动地好氧池污泥浓度降低，属于正常现象。

（35）7月25日，经过 AO 系统 MLSS 的高低演变，基本判断出符合该处理系统的 MLSS 浓度为 6000~6500mg/L。由此可见，历时三个多月才基本搞清楚该企业的 MLSS 控制合理区间是 6000~6500mg/L，而不是最初的 12500mg/L。

（36）8 月 5 日，随着进水负荷的降低，整个系统的处理压力下降，放流出水持续得到改善，放流出水 COD 开始可以持续稳定在 300mg/L 以下了。具体通过图 9-16 污泥浓度和放流水 COD 的关系可了解概要（COD = 300mg/L 为目标线）。

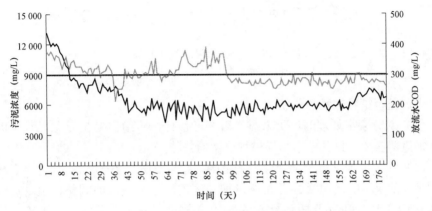

图 9-16　污泥浓度和放流水 COD 关系

—— MLSS；——— 放流COD

（37）8 月 9 日，发现 SV_{30} 异常，要求排除原因，结果发现操作人员在生化池前段的气浮池出现故障，废水直接绕开气浮池进入了生化池。

（38）8 月 23 日，要求企业安排维修二沉池刮泥板的预算，以便及时维修二沉池刮泥板，这样一来，二沉池的污泥反硝化可以解决，污泥流失不会过多，好氧池活性污泥更替将更加规律，则活性污泥浓度可以进一步修正到 4500~5500mg/L，更加有活性的活性污泥将进一步提高 COD 的去除率，并有可能向放流水 COD 小于 250mg/L 的目标前进。

（39）8 月 30 日，整个废水处理系统放流水实现了 1 个月保持 COD 低于 300mg/L 的目标，这为整个系统长期保持在放流水 COD 低于 300mg/L 运行打好了基础，提供了可能性。

（40）9 月 5 日，污泥负荷适当恢复后，再次为了稳定系统，作者要求南侧继续实施二级 A 原水分流处理。

（41）9 月 22 日，北侧活性污泥浓度接近临界值 5000mg/L，要求降低排泥量。

（42）进入 10 月，系统基本稳定，放流出水 COD 一直能够维持在 300mg/L 以下，氨氮维持在低于 5mg/L 的状态，至此，整个系统趋于稳定，后面就是需要操作管理人员不断摸索和提高，为系统稳定运行提供技术支持和操作。

通过 6 个月的微信指导，放流出水氨氮的变化趋势如图 9-17 所示。

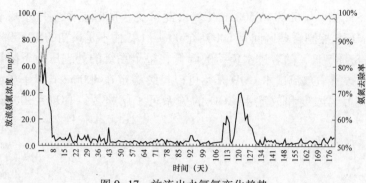

图9-17　放流出水氨氮变化趋势

—— 放流氨氮；　—— 氨氮去除率

九、整个指导过程的总结

（1）对方废水处理的负责人对作者高度信任，对给出的指导意见都及时高效地加以落实了。这是整个指导过程成功的关键。

（2）该废水处理属于难处理废水范畴，特点是进水 B/C 低，且进水有机物浓度高，如果不能运用活性污泥法多种方法进行工艺参数的调整，很难达到放流水 COD 低于 300mg/L 的目标。在 2020 年夏季，通过好氧污泥引入厌氧反应器的工艺调整，放流水 COD 实现了稳定在 250mg/L 以下的目标。

（3）整个指导过程中，不涉及新增处理设施和装置，也没有投加特殊菌种的措施，只是通过活性污泥法工艺控制参数的调整和优化来实现降低并稳定放流出水 COD 的目标。

（4）在调整工艺控制参数时，已经突破了书中的条条框框，完全融入整个废水处理系统中，发挥了一切可以调整和改变的地方，做到了系统效能的最优化。而这种融入系统、融会贯通的思考方式，是污水、废水处理人员成为专家级技术人才必须要养成的。

（5）指导过程中，作者也做了很多尝试来验证自己的观点。如在二沉池因为刮泥板问题导致反硝化严重时，采取了停止 A 池曝气，停止二级 O 曝气，调低内回流到 100%，调低或调高外回流等措施，有的措施完全无效，有的措施大概有 5%～10% 的效果，总体来说不够理想，最终还是需要维修二沉池的刮泥板。

虽然这样的尝试没有成功，但不是说失败了就不会有经验积累，所以，不用担心失败，不断尝试和验证是我们成长的催化剂。

第二节　问答交流实例

一、概述

本节共有问答式交流实例 200 例，涉及活性污泥运行工艺故障的多个知识点，对一些对策方法的解释说明比较简要，但要点明确。对具体处理对策或方法的了解，读者可以参考前面各章中涉及的相关知识点。

二、交流实例

1. 工艺选择问答

问题1：我这里有个这样的项目：日产氧化锌300t，今后可能还要扩产，请问用什么样的工艺最好？我们这里先用了纯碱预处理，但处理效果还是不达标。有什么先进的经验可供借鉴？

答复：

（1）纯碱虽然有产泥量少的优点，但是其去除重金属的效果不如氢氧化钙，你可以通过对比试验确认下效果。

（2）在进行混凝沉淀后，后续如果可以设置砂滤池提高出水悬浮颗粒的去除率，或者说设置活性炭吸附设施的话，则出水的稳定性会得到保证。

问题2：现在接触一个葡萄糖酸钠废水的处理，化学需氧量为9000mg/L，悬浮物为4000mg/L，因为生产工艺保密，无法得知，只是厂家说里面没有什么添加剂。请问采用什么工艺比较合适？

答复：

（1）因为属易降解废水，单从提供的数据，一般认为如果为了达到三级标准，用物化混凝沉淀+UASB等厌氧反应器+传统活性污泥法即可。如果是一级标准的话，增加生物膜法于传统活性污泥法之前也可。

（2）处理进水有机物浓度较高的废水，可增加厌氧反应器和生物膜法来降低有机物浓度，为后续活性污泥的达标处理创造条件。这样可以大大降低生化污泥产量，降低污泥处置成本。

问题3：造纸原料，大部分为稻草，小部分为纸壳儿。用造纸产生的中段水（厂家回用了3次后排放的）直接做混凝沉淀实验，加药量大且污泥量大，不易沉淀，所以想在混凝沉淀前加一步酸析气浮，可部长说气浮效果不好，但我查的很多资料里都有用到气浮，所以，想请教做过此类废水的人士，气浮实际效果到底如何？

答复：

（1）气浮对小颗粒物质（已混凝后的）比较适合，如在混凝前段加气浮工艺的话，由于混凝处理前的原水中颗粒物质含量过多，所以效果不会太好。

（2）造纸废水污泥量大，混凝沉淀后的沉降压缩性不是太好。但在脱水阶段应该没有影响。

（3）不管气浮加不加，加在哪里，污泥总量不改变。如果为了巩固物化段的效果，建议可以将气浮加在混凝沉淀的后段。

问题4：造纸污水处理工艺：造纸污水（COD：3000mg/L，SS：3000mg/L），初沉池（COD：1500mg/L，SS：1000mg/L），水解池（COD：1000mg/L，

SS：500mg/L)，厌氧池（COD：650mg/L，SS：300mg/L，BOD：100mg/L），缺氧池（COD：550mg/L，SS：300mg/L，BOD：50mg/L），氧化沟（COD：350mg/L，SS：150mg/L，BOD：15mg/L），深度处理（COD：300mg/L，SS：100mg/L），出水（COD：150mg/L，SS：50mg/L，BOD：13mg/L），整个工艺比较复杂，进氧化沟 BOD 为 50mg/L 左右，氧化沟去除率很低。请问如何能提高氧化沟的去除率？您觉得出水能做到 COD 在 100mg/L 以下吗？工艺流程能不能帮我们优化一下？您认为氧化沟改造能有效果吗？

答复：

（1）从你的工艺来看，COD 降解到 100mg/L 以下问题不大。

（2）去除率高低和浓度有很大关系。比如 COD 从 1000mg/L 处理到 100mg/L，去除率 90%，这个还比较容易。但是 100mg/L 去除到 10mg/L 的话，微生物生存是非常困难的，即使处理到了 10mg/L，也很难维持运行。

（3）好氧池的进水 BOD 在 50mg/L 已经不高了，依靠氧化沟运行也勉为其难，可能出水悬浮颗粒会比较多，但是达标排放问题不大。

问题 5：喷漆废水（主要是面漆）由于加凝聚剂，循环使用，COD：20000mg/L，BOD：3000mg/L，水量 30t/d，求处理工艺。甲方还不想用生化处理，要做设备。我想用调节池+碱+絮凝沉淀+氧化剂氧化+气浮+加药过滤+活性炭吸附，不知工艺行不行？

答复：

（1）喷漆循环废水是比较难处理的废水，主要是含苯等难降解物质。

（2）按照物化处理法，水量也不是很大，所以应该可以达标处理的。其中重点要保证活性炭的有效性。

（3）氧化剂氧化如果是芬顿法的话，pH 值的控制比较关键，药剂间的比例和反应时间可以通过在实验室多做对比试验，找出合适的药剂配比、pH 值、反应时间。另外，芬顿法投药后的反应结束停留时间也很重要，对去除率有较大影响。

问题 6：制豆黄浆水，COD：6000～26000mg/L，SS 也很高，其他不详。水量：70t/d。工艺：调节池—二级水解酸化—生物接触氧化—混凝沉淀—出水，出水要综合一级标准，即 COD 小于 100mg/L，现在出水已经能达到 200mg/L 左右。为此：

（1）现在如果对调节池进行改造，进行投泥，变成水解酸化池，可否提高出水水质？

（2）生物接触氧化池，污泥解絮，泛白，沉降性能很差。原因：进水水量没控制好，导致负荷过高；填料上污泥相对减少一部分。处理措施：暂时不进水，闷曝，排上清液，加营养。这样能挽救回来不？

答复：

（1）调节池的作用是调节水量和水质，如果废水水量和水质稳定的话，改造调节池也是可以的。否则将调节池改造了过后，进水量及水质出现大幅变化的话将导致后续的生化系统操控困难。

（2）目前已有了水解酸化池，如果再设置的话可能意义不大。如果目前的水解酸化池停留时间不够或者因为负荷高而处理效率低的话，可以考虑将调节池改造为水解酸化池。

（3）不知道废水 SS 含量如何，如果 SS 较高的话，可以将调节池改造为物化混凝沉淀池，由此可以大幅降低后续生化系统的处理负荷。

（4）你的生物接触氧化池后没有二沉池，应该无法保持生物接触氧化池内的泥膜共生，后续活性污泥会流失，会只剩下填料上的生物膜。

问题 7：请教：① 在北方活性污泥法与接触氧化法哪种工艺对印染废水更有效？② 脱色在生化前好还是在生化后好？

答复：

（1）印染废水是比较难处理的废水。其污染物的分解需要较长的生物氧化和接触时间。

（2）显色分子用活性污泥处理是有难度的，一般对显色物质的去除大多是微生物吸附后随排泥而排出的。

（3）脱色我觉得应在生化处理段前。剩下的不易去除的部分再通过生物吸附去除，应该比较好一点，这样也可以降低生化系统的负荷。毕竟活性污泥吸附了过量的难降解物质对处理效率是不利的。

（4）接触氧化法应该较传统活性污泥要好一点。因为接触氧化法中生物停留时间较长，易于分解难降解有机物，同时，生物膜局部厌氧也有利于去除难降解有机物。当然，接触氧化池前段有个水解酸化池预处理一下，效果会更好。

问题 8：机械格栅—微滤集水池—水解酸化—好氧曝气—气浮分离—出水，此工艺流程中我觉得气浮放前面比较好，也请大家讨论一下，哪种方法更合适？

答复：

（1）放在什么位置，要看各工艺段的水质情况了，也要考虑到生化系统的底物要求。

（2）如果微滤集水池出水中无机颗粒较多，气浮可放在它的后面。

（3）一般放在后段，出水较好时也可以不使用，可以节能。水质不佳时就开起来。

问题 9：有人说水解酸化处理污水效率不高，为什么？据说效率可以达到40%～50%。如果处理效果好的话，会有什么明显的现象表现出来（比如说冒出很多气泡）？

答复：

（1）水解酸化一般用在工艺的前段，用以提高废水的可生化性。

（2）原水水质不同，形成的菌种也不一样，处理效果也就不同了。对于有

273

些难降解有机物而言，有 30% 左右的处理效果也是很好的。需要注意的是水解酸化池运行好坏不是用 COD 去除率评价的。而是用 B/C 的提升情况来判断更好。

（3）处理工艺中很少看到单独用厌氧缺氧来处理废水的，一般都会后接好氧处理工艺，说明出排水稳定性没有好氧工艺高。

（4）气泡自然是很好的一个直观判断效果好坏的标准，另外，水解酸化会导致 pH 值降低，根据 pH 值降低幅度可以判断水解酸化的程度。

问题 10：我看到有介绍说，周进周出的二沉池，在污泥絮凝性稍差时，尤其容易发生短流现象（较中进周出的），是这样的吗？请问是什么原因？

答复：

（1）如你所说，在污泥絮凝性稍差时，尤其容易发生短流现象。这是因为絮凝性好的污泥，从配水口出来后，密度大，集中向池底及池中心移动，并于池中心部汇聚，清水向上，再向池周方向运动，出水。这个过程是在泥水分离良好时，而当活性污泥絮体不好时，密度差不能体现，短流就容易发生。

（2）反过来，中进周出的话，必须经历一定长度的沉淀区，絮凝不好时，其沉淀效果优于周进周出。

问题 11：我现在在做 3000m³/d 的印染废水的处理，使用的工艺是格栅—调节池—pH 值调节池—ABR—接触氧化—混凝池—斜板二沉池—砂滤池。问题如下：

（1）需要污泥回流吗？加药混凝后的污泥可以回流使用吗？

（2）需要加盖收集臭气，然后集中处理吗？

（3）在生物处理前，不设初沉池可以吗？我看到过一个案例，这样的处理流程已经能达到广东省第二时段一级标准。

答复：

（1）生化系统由于是接触氧化法，可以不回流。如果进水有机负荷高，也可以不加药将混凝后的污泥回流入接触氧化池，以提高生化池的微生物总量，平衡进水高有机负荷。

（2）臭气问题是否要集中处理主要看周围有无居住区以及环保局的要求，当然也要看环评报告的要求；一般情况下是不要加盖的。有要求时就需要加盖收集后，通过物化或生物除臭。

（3）是否设置初沉池主要看原水 SS 情况，过大的话（比如超过 150mg/L）需要设置，否则会进入生化系统导致 MLSS 虚高而不利于微生物对有机物的降解。

问题 12：由于废水处理达不到要求，我们公司准备对其进行改造，许多关键问题我不知道该怎么办。现状如下：

（1）我们公司以生产汽车车桥为主，产量 4 万台套/年，平均产生工业废水

274

量 50t/d，其中电泳涂装废水 30t，机架焊接的清洗机废水和冷却水 20t。当有电泳涂装倒槽、机床做保养的情况时，日产生废水量可达 80t/d。我想请教，公司发展目标是 10 万~15 万台套/年，废水处理站处理能力需要设计达到每小时多少量呢？

（2）进水设计为 COD 800mg/L、SS 400mg/L、石油类 50mg/L、总磷 40mg/L。出水要求达到国家一级标准。初步方案是：两级混凝气浮+水解+生物接触氧化+斜板沉淀。您认为可行否？是经过砂滤再到生化单元合理，还是在生化单元后经砂滤、活性炭处理合理，还是都不需要过滤？还有水解时间、接触氧化时间取多少适合呢？

（3）现有处理站流程是：混凝沉淀+混凝气浮+砂滤+活性炭吸附，处理能力 5m³/h。

答复：

（1）从该废水的特点来看，处理重点在总磷；COD 的降解生化去除率在 60%左右。

（2）混凝沉淀请使用氢氧化钙，确保 TP 在混凝阶段能很好地去除。

（3）气浮也是需要的，确保后段压力的降低。

（4）设计进水 COD 为 800mg/L，我估计实际运行初期也就 300~400mg/L。

（5）可以把生化系统设计进去；如果生化系统运行正常，后段最多加个砂滤；活性炭可以预留位置，是否需要，看看运行后的结果再定好了，我觉得不需要。

（6）生化池不要用接触氧化池，传统活性污泥法即可，管控也灵活。

（7）后段有砂滤，也不用斜板沉淀池了。一般沉淀池即可。

问题 13：目前我正准备一个鸡场的粪便污水调试，处理工艺是：混凝沉淀+水解酸化+三级接触氧化+混凝沉淀，这种工艺能处理达标吗？如果可以的话，在调试的时候应注意些什么？如果不能，应做哪些改动（听设计说，此工艺达不到排放标准，氮磷肯定超标）？

答复：

（1）设计说的也对，上述工艺不具备良好的脱氮除磷性能。

（2）接触氧化法，除磷效果不明显。不知道原水成分如何？如果氮磷浓度不高的话，问题不大。如果原水总磷较高，工艺中的混凝沉淀可以实现物化除磷。

（3）如果原水氮磷含量确实高，可以考虑 A²O 工艺，其脱氮除磷效果较好，如果水量不大，基于运行成本考虑也可以试试 SBR 法。

问题 14：我最近接触了一个洋葱加工废水处理项目，只知道 COD 为 1500mg/L，水量 100t/d，不知如何下手。有资料说洋葱废水中含硫化合物比较多，能帮我分析分析吗？这种废水适合直接生化吗？

答复：

（1）COD 相对来说还可以，不是太高，问题是大蒜、洋葱本身具有杀菌作

275

用，这样的话，对微生物会有抑制。常常表现出污泥絮凝性差、沉降比过高。

（2）生化是可以的，培菌的时候会需要驯化，也就是时间会比较长，如果有其他同类污水厂的污泥的话，能缩短培菌时间。

问题15： 周进周出二沉池进水口因进水挡板，细小悬浮物积累，易导致部分进水口堵塞，引起进水配水不均。能否将进水挡板拆除？

答复：

（1）应该是不能拆除的，挡板是为了布水均匀，你要是拆除的话，配水均匀的效果就起不到了。

（2）如果有局部堵塞的话，清理即可。

问题16： 医药废水呈现黄色，废水成分中含有苯、氯化钠还有乙醇，怎样才能把颜色脱掉？试着加次氯酸钠，结果颜色更深了，用活性炭脱色的效果也不是太好。

答复：

（1）确认颜色来自溶解态还是非溶解态（混凝沉淀后过滤测定色度是否降低来判断）。

（2）如果是有非溶解态的成分的，则可以通过强化进水的物化处理来控制（即通过混凝沉淀加以去除）。

（3）如果是溶解态的色度，通过除色度氧化剂（例如次氯酸钠）不能去除的，则需要考虑后段用活性炭吸附来解决。

问题17： 你好三丰老师，我的所有生化理论几乎都来源于旧版的污水设计手册，当中很多参数的设定，如一般活性污泥法好氧池污泥浓度一般在2000~3000mg/L，污泥负荷一般在0.10~0.15，当然不同污水的设计不同。但是，我接触过的污水工程很多负荷与书本上的不太相同，甚至差别很大。正如刚才三丰老师建议的就是0.05~0.10，这个值就直接差一倍了；另外，污泥浓度也是，8000~9000的污泥浓度有点超过我的认知。事实是怎样，肯定要结合工程实际案例、理论知识指导实践，但是我的工程经验，特别是相对较大的工业废水工程经验非常欠缺，一般环保设计公司会将这两个参数如何设定呢？另外，书上有说污泥负荷一般小于0.15就可以硝化了，0.1更没有问题，是这样吗，望指导，谢谢！

答复：

（1）首先不能太教条，设计值是理论值，设计人员很多没有在现场工作过，所以照搬规范的情况很多。

（2）设计规范没有变化，但是国家对排放标准的调整却越来越严，如果还是用老的规范来设计，很难达到新排放标准的要求。如污泥负荷在0.15时，实际是很难达到新排放标准的要求，而老的规范上推荐的污泥负荷有的是0.20了。

（3）污泥负荷设置高了，投资会节约。因为负荷设置高了，生化池会变小，而这样的结果就是污水、废水在生化池的停留时间会变短，所以控制在 0.05～0.10 是合理的。

（4）如果有脱氮的要求，实际这个污泥负荷还要更低些，也就是控制在 0.05 左右都可以。

（5）如果有 MBR 膜工艺配合处理时，那么污泥浓度可以控制得更高，也就是污泥负荷可以被控制得更低，这对进一步净化污水、废水中的污染物是有利的，对稳定达标排放有利。

（6）对于污泥浓度控制在 8000～9000 的问题，确实，以往的规范上是不会这样高的，但是如上所说，新的排放标准使我们不得不提高污泥浓度来提高去除率。由于污泥浓度过高导致的浮渣、出水带颗粒问题也是常见运行故障，所以 MBR 技术在废水中运用得很多。

问题 18：请问斜管沉淀池的穿孔排泥在废水处理上运用情况是怎样的？

答复：

（1）斜管沉淀以及穿孔排泥，一般用在给水上，也就是自来水公司的沉淀池用的比较多。

（2）在污水、废水处理上用的不多，而且很容易出问题，如斜管上沉淀物过多导致的沉淀效率降低。另外，池底的穿孔排泥管很容易出现堵塞、排泥不充分等问题，因为给水的污泥是以无机污泥为主，投加了混凝剂的絮体相对比较松散，不太会堵塞穿孔管。但是，用在污水、废水处理上，工业废水的污泥在物化段投加的化学药剂很容易导致沉淀物紧密而难以通过重力经穿孔管排出。

问题 19：三丰老师您好！我一直做运营，今天去看现场，硬着头皮定工艺，您帮忙看一下。白酒厂废水，主要是锅底水和冷凝水，锅底水 2m³/h，冷凝水量 9m³/h。现在我想的工艺是：格栅-调节池-A^2O-MBR。主要纠结的是要不要用 UASB 工艺？进出水数据如下图。

项目污水处理设施废水进出水质指标表

序号	项目		最大污水量 m³/d	水质（mg/L，除 pH 外）				
				pH	COD	BOD₂	SS	NH₃·N
1	进水水质	旺季	11.68	4～5	3208.2	1479.47	410.45	308.97
		淡季	7.14	4～5	1439.02	689.72	298.01	130.32
		非酿造期	6.34	6～9	450	250	250	30
2	去除率	旺季	—	—	98.50%	99%	90%	97%
		淡季	—	—	96.50%	97%	89%	95%
		非酿造期	—	—	91.40%	95%	86.20%	73.40%

续表

序号	项目		最大污水量 m³/d	水质（mg/L，除 pH 外）				
				pH	COD	BOD₂	SS	NH₃·N
3	出水水质	旺季	11.68	6.9	48.12	14.79	41.04	9.27
		淡季	7.14	6.9	59.37	20.69	32.78	6.52
		非酿造期	6.34	—	38.7	12.5	34.5	7.98
《发酵酒精和白酒工业水污染排放标准》（GB 27631—2011）表 2 现有企业间接排放标准限值				6~9	400	80	140	30
《污水掺入城镇下水道水质标准》（GB/T 31962—2015）表 1 中 A 级标准限值				6.5~9.5	500	350	400	45
达标分析				达标	达标	达标	达标	达标

答复：

（1）白酒废水的可生化性良好，不涉及除磷。所以不用考虑 A²O 工艺，使用 AO 工艺即可。

（2）废水水温可以维持在 35℃ 左右的话，可以使用 UASB 工艺来降低曝气、回流、产泥等的成本。

（3）因为排放水是纳管标准，所以不用 UASB，出水达标压力也不大。如果后期会提标改造，可以考虑 UASB+两级 AO 工艺。

问题 20： 请教下老师有没有接触过曝气生物滤池加人工湿地处理污水的项目？你觉得人工湿地处理污水的效果好吗？生活污水还是渗进了大量地下水，现在出水其他指标都合格，就是悬浮物超标，悬浮物超标是人工湿地生长的藻类造成的超标。

答复：

（1）人工湿地处理污水国家是鼓励的，也是将来的一个方向。

（2）人工湿地有很好的进一步净化效果，但是，也有季节等周期性因素影响处理效果。

（3）悬浮物超标是因为出水口没有设置过滤，如果设置些过滤拦截的话，这些藻类还是可以被拦截下来的，那么出水悬浮物就可以达标了。

2. 系统调试类问答

问题 1： 假如让您调试一个工业废水，调试工艺是调节池+水解酸化+好氧活性污泥+二沉池+活性炭吸附。调试的时候经常出现缺水情况，如暂停生产因而没有正常的污水产生，而后是连续一个星期生产车间处于正常状态，然后一个或两个星期不能生产的状态。在这样不正常供水的情况下，不知道有什么办法可以保证稳定处理后出水的指标？或者说如何保证活性污泥里的微生物正常生长？

答复:

(1) 如果要保证出水,应该没有问题,因为负荷不高,且后段有活性炭吸附。

(2) 培菌的话,初期底物浓度不够,可外加碳源,并在生化系统停水时继续打回流,慢慢培养即可。水量和浓度没有效提升前,不必期望过高的污泥浓度。

问题 2: 我想问有关营养物质的问题。公司的高级顾问说对于工业污水最好不要采用污泥接种,也不需再投加什么营养物质,就让它自己慢慢地形成菌种所需的环境。但是这样不是与我们以往所看的资料和书本上介绍的东西相违背了吗?在实际操作中,我们也是自己培菌,也不知道效果会是什么样的。请问自己培菌这种做法好吗?

答复:

(1) 通过自己培菌,培养出的菌种更符合当前废水,并且抗冲击能力强。但是不能一概而论,比如在原水缺乏某些成分(如微生物生长所必需的部分)的情况下,还是需要补充的,否则长出来的活性污泥细碎、活性差、去除效率不高。

(2) 另外,如果要赶工期的话,接种污泥相对启动和完成培养时间较短。

问题 3: 请问采用自培菌方式,刚开始引进曝气池进行闷曝的污水是经物化处理后的污水还是原水(即未经物化处理)?采取接种培菌方式也是一样处理吗?

答复:

可以是原水(即未经物化处理)。但是,前提是没有太多的无机杂质。也可以是物化处理后的处理水,只是处理后的废水其底物浓度较低,有效成分被降解过,可能不利于培菌的进行。

问题 4: 前两周分别用厌氧后的水及原水做过小试验,两种都是加水,调节pH 值和营养物后,闷曝一天,之后每天倒掉约 70%的上清液后再引入污水。大概进行了 10d,但并没有看到任何原生动物,而且用原水试验的水样有点发臭。不知是试验有问题还是未控制好?

答复:

(1) 成分单一的工业废水或难降解废水,培菌 10d 没有看到原生动物也很正常。原生动物的出现依赖于菌胶团的形成。

(2) 曝气不足容易导致水体发臭。当然,同等条件下曝气,如果原水有机物浓度高,也会导致耗氧需求大,继而供氧跟不上。所以,原水要比厌氧后水体更容易发臭,请确认测试溶解氧。

问题 5: 刚建成的污水处理 SBR 系统,马上要调试运行了,本人在这方面经验不足,请指导一下调试程序和注意事项。

答复：

如何启动的相关报道很多，你可以网络搜索看看，补充注意事项如下：

（1）有时间就自己培养，没时间就接种。接种前看看生物相，如果丝状菌严重就不要接种了，否则很难根治。

（2）曝气量控制：一开始闷曝2d，以后可将溶解氧控制在2.5mg/L左右作为曝气量标准（过度曝气不利于培菌）。

（3）营养剂要补充跟上，可通过检测投加后出水中的营养剂是否合理来判断和控制投加量。

（4）进水量和浓度要由少到多，由低到高渐进控制。

问题6： 造纸废水，经过斜筛—浅层气浮预处理后，COD浓度约150mg/L，BOD为60mg/L。要求出水指标为COD 100mg/L。工厂采用进口木浆造高档纸，气浮收集的纤维回用。气浮出水1500t/d，直接回用80%多，多余200t水外排。现拟采用生化后续处理后达标排放，可是由于COD过低，采用生化处理是否可行？用何种工艺可以处理达标？我们常用工艺如接触氧化、SBR、CASS、活性污泥法好像都不怎么适合。

答复：

（1）可以用SBR，这样操作比较灵活些。

（2）虽然浓度低，达标还是没有问题的，如果要提高浓度，多让纤维流入后续生化系统即可。

问题7： 初期投泥闷曝时间以多久为宜？另外现在已经能观察到少量污泥，SV_{30}约1%，追加污泥时还需要停下进水闷曝吗？

答复：

培菌闷曝1~2d就可以了。以后投加也不用闷曝了，正常曝气即可。

问题8： 生活污水处理厂，进水水量每天只有6000t左右，设计为50000t/d，进水的COD只有130mg/L，BOD约为40mg/L，采用的是A^2O工艺，现在打算进行活性污泥培养，请问不添加任何营养物质可以培养出来的污泥的浓度能达到多少呢（好氧池为7000m³×2）？

答复：

（1）底物浓度比较低，培养估计要花点时间了，我想培菌后的运行达标是没有问题的。

（2）不追加底物浓度的话，污泥浓度可能就在1000mg/L左右。注意平时的曝气量不要太高了。

（3）不添加任何营养物质（氮磷）的话，如果原水中缺少氮磷，则活性污泥会细碎、絮凝性差，有机物去除率也会不高。

问题9： 在培养活性污泥初期，加入活性炭有什么作用呢？

答复:

活性炭作为一种载体,这种工艺为活性污泥与膜法的结合。其优点是能提高负荷、增加耐冲击能力、提高污泥浓度、增大吸附作用、降低膨胀概率。

缺点是运行成本增加,活性炭在生化池相互碰撞摩擦后会变小而流失,所以,需要定时补充加入活性炭。

问题 10: 过年放长假(半个月)的时候,生化池怎么处置比较好?而且现在公司的废水也少了好多。

答复:

(1)可以的话储存一部分水,平均分配到每一天,开个几小时即可。

(2)较大的处理设施,尽量将 MLSS 降低。

(3)记得每天间隔 12h 开一次曝气设备,每次 30min 即可。

(4)开启生化系统外回流。

(5)活性污泥的恢复性能良好,几天不进水也不用担心。

问题 11: 现在运行的接触氧化池,一般情况下,逢周六下午到周一中午都没有进水,如果不改变曝气,也不投加葡萄糖等营养物质,可行吗?若不可行,是投加点葡萄糖合适,还是把曝气调节得小一点好呢?

答复:

降低曝气量最经济有效,可以间歇曝气(如 4h 关 0.5h 开)。

问题 12: 硝基苯废水,每天水处理量为 2~3t/d,进水 COD 较高,有 1 万 mg/L 以上,而且进水中含有硫酸,pH 值在 1~2 左右,这种废水用什么样的工艺比较好?目前已经调 pH 值后加药试过,效果不太好,pH 值比较难调,还有就是加入 PAC 后效果不怎么明显,矾花也不大。

答复:

水量看起来比较小,处理起来的设备自身投资不小,是否可以委托专门的危险废弃物处理单位处理呢?这样就比较省心了,运行费用、投资费用、人工费都可以节约了。

问题 13: CARROUSEL 氧化沟设计规模 2 万 t/d。初期培养时,由于进水管路损坏,水量不足,培养速度缓慢。操作人员私自向池内投加粉状聚丙烯酰胺,但投加量非常少,也就两茶杯左右,后投加含水率 78% 的泥饼大概 50t,后污泥增长速度仍然较慢。酒厂由于剩余污泥没有地方处置,就投入了该氧化沟(脱水前污泥),酒厂工艺为 UASB-SBR,连投 10d,纯泥投加量同泥饼投加量。10d 后突然发现氧化沟池壁附有 30~40cm 厚泥块,偶有脱落,打捞后发现泥饼颜色发黑且较黏。请帮忙分析造成此结果的原因,是因为少量的絮凝剂还是酒厂的厌氧污泥?

答复:

(1)进水量低和负荷低是现状,所以没必要一味提高活性污泥浓度。

281

（2）投加酒厂的泥饼也含有有机物，故原来系统内的微生物将该部分泥饼内的有机物作为食物进行了分解，未分解部分黏附于池壁，作为骨架形成了生物膜。

（3）由于不是专用填料生长的生物膜容易发生内部缺氧，故发黑。

（4）投加的聚丙烯酰胺助凝剂，如果量少是可以忽略其影响的。

问题14：我单位目前有暂时停产的迹象，我是单位污水站的，采用 UASB+氧化沟处理方式，如果单位停产1个月，我的氧化沟应该怎么办？现在北方正处于寒冷的冬季（河北），如果氧化沟停产，是该排空以后开车再买污泥培养呢，还是该不停氧化沟养住污泥呢？如果排空，以后再培养污泥，培养起来快吗？容易吗？我做污水处理时间很短，没有经验，现在真的是很头疼，恳请老师给些建议吧！如果养着污泥的话，至少要开一台风机（30kW），再开一台转刷循环（2500m³ 的沟），综合考虑耗电也不小。如果污泥再培养比较容易的话，那就真不如放空全停以后再养。另外，氧化沟内曝气头已有数个坏了，想间歇开风机养污泥，又怕污泥沉淀入曝气头再开会把其他的也给堵了。

答复：

我觉得还是不要重新培养，理由如下：

（1）政府环保部门是否同意你这样做呢？因为在重新培养期间，出水可能会超标。

（2）启动培养，费用也不低，还要考虑冬天启动困难。

（3）建议降低污泥浓度，这样可以尽可能地避免活性污泥自身分解。

（4）溶解氧控制在 0.5~1.0 即可，也就是每隔 4~6h 开 10min 曝气及搅拌即可。

（5）如果车间能够囤积一部分废水，可以留着，在 20d 后，再将该部分废水送入系统处理。

（6）一般情况下，按照以上方法，1个月后，系统再运行时，恢复起来还是比较快的，对生产影响不大。

问题15：本人第一次操作污泥驯化，无经验可言，请教以下方案是否可行？废水类型：煤气化废水及生活污水、甲醇污水；工艺：SBR 法（目的：脱氮除磷）。SBR 池有效容积为 2775m³，有效水深 5m。配水：向池中注入生活污水及 COD 约 30mg/L 的微污染水至高液位，再向池中投加经捣碎的 A^2O 工艺的含水率 80% 的脱水新鲜污泥，控制池中 MLSS 在 1000~1500mg/L，投加浓质大粪（应投加多少合适？），根据碳、氮、磷的比例为 100：5：1 投加营养物，搅拌均匀。培养：每天曝气 22h，沉淀 1h，排水 1h，排除 50% 的有效池容的上清液。如此循环直至 MLSS 达到 2000mg/L，SV_{30} 达到 10% 以上。此后改为每天 2 个循环，即曝气 10h，沉淀 1h，排水 1h。直至 MLSS 达到 4000mg/L 以上，SV_{30} 达到 20% 以上。驯化：每次按 20% 递增污水量，每天 3 个循环，当污水量达到 60%

时按每天 4 个循环进行，即曝气 15min—搅拌 30min—曝气 30min—搅拌 30min—曝气 30min—搅拌 15min—曝气 30min—沉淀 60min—排水 120min。

答复：

（1）污泥接种没有问题。

（2）曝气方面，开始两三天如你说的方法曝气，随后曝气量根据 DO 来增减。

（3）污泥浓度提升到多少，根据你预测的后续生产废水浓度决定。

（4）需要在后期逐渐排泥。

（5）SBR 法如用于脱氮除磷，操作方法需要变化，重点是缺氧和搅拌状态的保证等方面。

问题 16： 我马上要接手第一个调试任务了，因为没有经验，特来请教您如何做。水的类型：化工水，COD 在 400mg/L 左右，BOD 约为 100mg/L，氮、磷都不高，工艺类型：氧化沟，我觉得使用原水的话里面 BOD 太小，是不是要加面粉？加的话加多少比较好？还有氮、磷加什么类型的好？具体步骤老师能否指点一下？

答复：

（1）调试的时候可以投加辅助底物，如果有生活污水更好。不投加的话也没关系的，只是培菌时间会延长。

（2）氮磷补充的话，投加尿素和磷酸比较方便。开始 2d 闷曝，后面根据 DO 浓度控制即可，回流开始时加大，后面慢慢减少。底物如果辅助添加的话，也是要慢慢减少的。

（3）调试时，进水 COD 浓度建议分 2 周逐渐增大到最大值（当前可实现的最大 COD）。

问题 17： COD 在 1000mg/L 左右、BOD 在 300mg/L 左右的化工水，用氧化沟处理能达到一级 B 类标准吗？另外在培养的时候用原水这样直接培养能行吗？还是需要加泥或者加面粉之类呢？

答复：

（1）用原水培养应该问题不大。培菌要看你的时间了，时间允许，你就原水培菌，不过，有接种可能的话，还是主张接种培菌的。

（2）投加面粉的话，启动初期是可以的，中后期就不需要了。否则，活性污泥养上去了，维持需要的面粉就浪费了。

问题 18： 现在调试一工业园区的污水处理工程，生化段采用的是水解+接触。无奈原水波动较大（COD：500～1200mg/L，氯离子：1000～5000mg/L），调节池相对较小，接触氧化池一直未能挂膜。请问：当前重要的是否为保持进水水质的稳定？另外已多次询问过氯离子的影响，不知其是否为影响调试成败的关键因素？近期，我们计划给系统投加营养剂，在水解酸化池布水器投加玉米粉。

答复：

（1）挂膜困难与氯离子浓度还是有关系的。氯离子浓度在 $1000\sim5000$mg/L，这样的波动非常不利，如果一直能够维持在较小波动区间的话，问题就不大了。

（2）可以采用两种方法应对：① 稀释进水，保证氯离子进入生化系统不大于 2000mg/L；② 控制住波动区间，使微生物被驯化，前提是波动区间的控制，如在 $2500\sim3000$mg/L 波动，如果波动区间很大的话，微生物会解体而难于驯化。其他的控制参数问题不大。

（3）营养剂是否需要投加、投加量多少，要根据原水中氮磷含量结合计算公式来定。

（4）玉米粉投加意义不大，因为你的原水 COD 也不低，并不是缺少进水有机物浓度。

问题 19：本人在调试一污水处理厂，工艺物化（絮凝沉淀）$+A^2O+$SBR，处理水产品加工废水，设计日处理 2500t，实际日处理 400t，进水 COD 为 $2000\sim3000$mg/L，氨氮 40mg/L，总磷 30mg/L，经过水解酸化后 COD 为 500mg/L 左右。现在曝气池出现很多泡沫，做沉降比实验时，污泥沉降较快，5min 沉降比为 30% 左右，SV_{30} 为 20%，MLSS 为 2400mg/L 左右，SVI 为 66mg/L，上清液浑浊，带有黄色，镜检原生动物没有，连快速游动的虫子也没，只有菌胶团，溶解氧控制在 $2\sim3$mg/L，出水 COD 为 $200\sim300$mg/L，氨氮 18mg/L，TP10mg/L。我在资料上看到 SVI 要控制在 $70\sim100$mg/L 为宜，过低，说明泥粒小，无机质含量高，缺乏活性。不知道对否？请帮我看看是什么原因导致故障发生？

答复：

（1）去除率有 90% 了，说明培菌已稳定了。

（2）出现的泡沫应该带有棕褐色，说明污泥有老化了。如你说的可以排泥来缓解下，毕竟进水量少，水力停留时间就长了，如此污泥容易老化。建议 MLSS 可以控制在 1500mg/L 左右。

问题 20：污泥培养，曝气时间每天控制几个小时为宜？间隔多长时间曝气？今天二沉池和好氧池进行了回流，开了一天曝气，好氧池池面上有一半都是泡沫，不知道这是什么现象？

答复：

（1）曝气时间根据 DO（$2\sim4$mg/L）确定，而不要根据开多久停多久来定死了。

（2）开一天曝气，培菌时期自然会全是泡沫。曝气一天，等于延长培菌成功天数 3 天。所以，请不要曝气过度了。

问题 21：我有一个问题请教您，很急！我现在在调试一家养猪废水，可是现在曝气池出水泡沫好多啊，总是溢出池体，而且还夹杂着污泥小颗粒，每天都很多，泡沫也不容易消除。现在活性污泥沉降比大概为15%，出水还有点发红。请问该怎么办？

答复：

（1）培菌初期出现很多白色黏稠的泡沫是正常的，说明污泥正在增殖。

（2）待到污泥浓度与进水有机物浓度平衡后泡沫自然会消失，可适当降低曝气量。

（3）生化系统前的物化系统要控制好，避免过多的悬浮物进入生化系统。

问题 22： 我最近调试的一个项目数据传上，请专家帮诊断下。因是一改造项目，原有污泥较多，甲方也不大肯花钱运泥，每次只出很少量的泥。水量：3000t/d；进水好氧 COD 均值：1100mg/L；出水好氧 COD 均值：210mg/L；MLSS 均值：7200mg/L；SV_{30}：38%；DO：3.34mg/L；好氧池容积：31m×36m×5m，有效深度可按4m计；该厂每周生产六天休一天，休息日不进水就闷曝。个人感觉有污泥老化可能，但排放标准是 COD 小于300mg/L，总算没超标。

答复：

（1）既然能够保证出水达标，也没什么要多改的。只是，虽然污泥产量控制好了，但是高 MLSS 需要较高的曝气支持，电费也是不小的开支。

（2）周日不进水就间隔曝气。

（3）污泥减量方法也是比较多的，比如填埋、干化、焚烧等。可以根据周围条件选择，不见得就是要花大费用处理。

问题 23： 请教培菌过程的问题。温度为20℃左右，大量加粪，pH 值5~6，浓度1600mg/L 左右，好氧池 DO 为4~9mg/L，怎样才能更好更快成功培菌呢？每天30000t。目前停泵。

答复：

（1）要保证投加底物后，曝气池 pH 值不低于6.8。

（2）投入底物后需要进行闷曝2d，而后维持正常曝气量（根据 DO 维持在2.5即可）。

（3）随后适当进入生产废水（按设计量的5%、8%、10%逐日提高），后续陆续提高进水量和浓度。根据出水污染物浓度决定进水浓度提高的频度和量。

（4）待活性污泥形成，泡沫消失后，适当排泥，维持活性污泥的活性。

问题 24： 酱油废渣的成分是什么？就碳源这一块，能不能跟面粉、粪便水的营养相当呢？

答复：

粪便水，时间一长很容易腐化（厌氧反应）；面粉，如果烧熟的话，几天就会变质腐烂；酱油废渣，恐怕时间长了也不太会腐化。

285

问题 25：我单位氧化沟重新启动，想从临单位拉回活性污泥来启动（临单位是制药废水）。单位生产淀粉糖，企业重投产，现无废水，我打算用库里的废淀粉来投加培养，但感觉淀粉可溶性不是很好。请问是否可用？

答复：

（1）简单来说，淀粉不太容易直接被微生物吸收。培菌还是需要补充其他营养物质的。

（2）接种自然没有问题（也要看看有无丝状菌膨胀）。但不是同一类废水的话，其污泥种类会有些不同，所以接种后，活性污泥会被选择性淘汰。

（3）比较重要的是原水什么时候可以提供，水量和污泥量的比例等，以及你们公司对废水处理的要求是什么（比如何时要系统正常等）。

3. 生物相问答（共 20 问）

问题 1：为了观测污水处理状况，必须要镜检。那么，在检测时，1mL 液体里观测到多少个微生物（鞭毛虫、线虫、钟虫、轮虫）才能说明运行效果好？

答复：

（1）微生物个数不是关键，因为它会随 MLSS、气温、进水成分而波动；重点是种群比例是否协调。

（2）另水质处理好坏不是由单个指标决定的，需要综合其他指标考虑，从而增强判断的准确性。

（3）定时进行显微镜观察，记录好变化趋势，总结出自己处理系统的生物相特征，以便给实际运行加以参考。

问题 2：生物相观察：轮虫占绝对优势。能说明什么问题吗？

答复：

（1）轮虫为后生动物，一般出现在水质良好的情况下。

（2）如果轮虫过量出现则说明活性污泥呈现轻度污泥老化，可配合沉降比上清液情况确定老化程度。

（3）如果用显微镜看到的轮虫是猪吻轮虫占优势，那么，出水会比较浑浊。

问题 3：A^2O 工艺中，生物填料中产生大量颤蚓，填料为黑色的聚乙烯生物填料。这种生物产生的原因是什么？怎样消除？

答复：

（1）正常的后生动物，其在整个生物膜的生物相内也是需要的。

（2）不必刻意去对应它。其存在有利于生物膜的更新。否则生物膜过厚的话，对污染物的去除率也是不高的。

问题 4：前几天请了个教授给我看了看厌氧和好氧的污泥，用的是 16×10 倍数看的，其中在厌氧区他看到了原生动物。因为当时我没有在场，我想请教大家个问题：这个倍数能看到原生动物吗？三丰在书中说得用 400～800 倍的看。

还有就是厌氧区有原生动物吗？有的话容易看到吗？

答复：

（1）三丰所著为《活性污泥法工艺控制》（第二版），所以，生物相观察镜检部分没有涉及厌氧部分，仅仅针对的是好氧微生物部分。

（2）厌氧工艺中没有生物相观察部分检测，但不能说就没有原生动物了，还要看工艺的具体情况了。在部分兼养区，有可能还可以发现原生动物，多为细小的缺氧环境原生动物。

（3）厌氧污泥中没有后生动物，但是，生物膜厌氧区可以看到线虫类等后生动物。

（4）关于放大倍数，160倍也可以看，主要用400倍以下的看活性污泥的整体概要情况；400~600倍比较合适，各类群原生动物及后生动物都能比较合适地看到；用到1000倍的话，主要是观察部分非活性污泥类的原生动物具体种属，如楯纤虫的识别、丝状菌是否变异、滴虫种属等。这些观察在实际操作中还是有意义的。

（5）放大倍数过大，可能会使盖玻片碰到镜头，我想应该把样品的水分吸掉点，会好些。

（6）生物相观察也是很重要的指标，对判断中毒、惰性物质流入、丝状菌膨胀等有快速直观的判断作用。运用好绝非一朝一夕可学会的，需要多多自己体会，总结。

287

问题5：请问生化池里面楯纤虫、累枝虫多，钟虫少，是不是污泥膨胀的前兆？如果是的话，会不会与曝气不足有关？

答复：

（1）钟虫多还是累枝虫多，与污水成分有关。

（2）只要上述两类原生动物占生长优势，发生污泥膨胀的可能性不大。

（3）楯纤虫属于敏感生物，占生长优势与否也和污泥膨胀没有太大联系。

（4）曝气量只要不是过低或过高并持续过长时间的话，也与污泥膨胀无直接决定性的关联。这几个原生动物和DO关系不是太大。

问题6：污泥相中出现夹脚轮虫说明什么？是不是水质会变坏？

答复：

（1）夹脚轮虫就是本书中的鞍甲轮虫，常见的废水处理工艺中的轮虫有旋轮虫、鞍甲轮虫和猪吻轮虫。

（2）鞍甲轮虫大量出现，一般出水会有些浑浊。

（3）就轮虫来说，少量出现代表污泥状态良好，过多的话说明污泥趋于松散老化。

问题7：系统正在调试初期，我想请教下活性污泥过度氧化有什么表征吗？镜检会出现什么样的污泥相？

答复：

（1）过度氧化主要是出现在曝气过度或食微比过低时。

（2）主要表现为活性污泥细小松散，色发白发淡。

（3）显微镜观察可以看到非活性污泥类原生动物占生长优势，如侧跳虫、滴虫等。

问题 8：想请问一下钟虫长出包囊是什么样子的？是不是因为受到毒性攻击的时候才长出包囊的？

答复：

不太明白包囊的说法，是否为钟虫头上顶出的气泡？通常是因为如下原因：

（1）显微镜观察时，盖玻片压得太厉害了，钟虫体受压所致。

（2）样品停留时间太长了。钟虫死亡后，内容物流出。

（3）活性污泥中毒导致。

（4）曝气过度，溶解氧过高了。

问题 9：有人说 SBR 工艺有效地抑制了丝状菌膨胀，为什么？为什么 SBR 工艺不易发生污泥膨胀？

答复：

比如说，由于 A²O 工艺有厌氧、缺氧阶段，通常不发生丝状菌膨胀问题。

（1）SBR 能够有效抑制丝状菌膨胀，这种说法不准确，主要是厌氧、缺氧阶段有抑制丝状菌的作用所致。

（2）在厌氧、缺氧沉淀阶段，丝状菌更加容易受到抑制，所以 A²O 工艺不容易发生丝状菌膨胀。

问题 10：晚上停止曝气，第二天早上曝气后生化池表面有一层不厚的泡沫，带泥（浮渣），镜检一下发现全是线虫，但镜检水里面活性污泥却很好，钟虫、累枝虫数量上占绝对优势。我想问的是浮渣里线虫多是怎么回事？

答复：

（1）停止进水及曝气后，污泥处于休整状态，代谢降低，此时部分污泥会死亡淘汰（即你所看到的浮渣）。

（2）作为后生动物的线虫，比较喜食该类活性污泥，故能看到你所说的现象。

问题 11：CASS 工艺，日处理 2 万 t，污水成分有生活污水和工业废水，其中生活污水比例较大，进水 COD 约为 150mg/L。于 11 月 21 日往池子投加脱水污泥 100t 左右，至今出水 COD 约为 30mg/L，SV_{30} 为 11%，MLSS 为 3500mg/L 左右，DO 约 4~6mg/L，上清液清澈透明，但其中含有较多的悬浮物，镜检发现悬浮物上附着大量的累枝虫。请问是这些累枝虫导致悬浮物不能沉降吗？如何解决？

答复：

累枝虫不会导致污泥松散解体。

（1）从参数来看，污泥内可能还有比较多的惰性物质没有代谢出去，导致污泥无法充分絮凝。可以适当排泥，后续会慢慢改善的。

（2）随后的污泥浓度需要降低点，否则，150mg/L 的 COD，3500mg/L 的污泥浓度就高了。

问题 12：进水无异常，只是按平时正常曝气，DO 一直上不去，曝气结束时在 0.6mg/L 左右，还有氧化还原电位（oxidation-reduction potential，ORP）最低在 -130V 左右。结合水性或黏性污泥膨胀与丝状菌污泥膨胀表观上有什么区别呢？

答复：

（1）非丝状菌污泥膨胀的话，其程度远达不到丝状菌膨胀时的 SVI。

（2）就 SV_{30} 来说，在正常食微比情况下，SV_{30} 不会超过 95%，否则，基本可以断定为丝状菌污泥膨胀了（纯氧曝气等高 MLSS 运行时除外）。

（3）当然，用显微镜的话，非常直观易断定是否为丝状菌膨胀了。

问题 13：我厂采用 CARROUSEL2000 氧化沟工艺，现在是培菌阶段，污泥浓度在 700mg/L 左右。因水源不稳定，采用间歇进水方式；进水 COD 很低，小于 80mg/L；其他营养物足够；镜检菌胶团中有丝状菌出现。请问如何调试？

答复：

（1）可以按照食微比定 MLSS，需要降低曝气量，避免无谓的底物消耗，集中处理是对的，有利于活性污泥的维持。

（2）是否导致丝状菌与曝气时间无关，原则上不要控制太高的 DO，在进水的负荷上来后，丝状菌会降低。

（3）间歇进水方式中停止曝气后，溶氧降低，不会使得丝状菌大增。鼓励采用间歇进水（停止进水处理后，曝气也可暂停）。

问题 14：三丰老师，我厂采用的是 CASS 工艺，前段时间（大概有两个月了）CASS 池的 MLSS 为 3200mg/L 左右，SV_{30} 为 80% 左右，上清液非常清澈，显微镜观察丝状菌丰度不高，滗水器出水带泥。请问是污泥膨胀吗？该采取什么措施？

答复：

（1）应该与污泥膨胀有关，因为，SV_{30} 实验上清液清澈与出水带颗粒是矛盾的。你的出水带悬浮颗粒，可能是液面浮渣混入出水所致。

（2）出现这种情况，多半是丝状菌膨胀后，活性污泥来不及沉降，导致部分活性污泥流出系统，也就能够看到出水带颗粒了，可以延长些沉淀时间来提高沉降效果。

问题 15：我们在调试的过程中发现污泥沉降性不好，但生物镜检发现有大量的轮虫，未见钟虫，出水发白，是曝气过量导致污泥老化，还是供氧不充分导致的污泥沉降性不好呢？

答复：

（1）出现大量的轮虫、未见钟虫且出水发白的话，应该是污泥老化到一定程度了。供氧不充分，轮虫数量不会占优势的。

（2）供氧是否不足可以通过检测 DO 侧面确认的。

问题 16：水质成分到底是什么概念？能不能就具体运行说明一下？譬如我们厂前段时间污泥极度膨胀，但进水也含有一定的工业水，为什么也会发生这种故障？进水是不是成分单一？

答复：

成分单一通常发生在工业废水上，一般生活污水不会出现这种情况，所以，生活污水处理厂很少看到污泥膨胀问题。工业废水由于成分单一，微生物种群也比较单一，因此在与丝状菌竞争的时候，容易处于劣势，最终导致丝状菌占了优势。

问题 17：良好的生物膜停留在水中，不进水、不曝气，能存活多长时间？如果是生物转盘呢？生物膜在没有水的情况下是不是就死了？

答复：

（1）生物转盘没有在水下，死亡速度就快了；如果暴露在阳光下，1d 左右就不行了；无阳光的话，如果能保持相对干燥，2d 内还可以，再启动后能较快恢复。

（2）生物膜停留在水中，不进水、不曝气的话，4~5d 问题不大，再启动的话，可以较快恢复。如果间隔每天曝气 3~4 次的话，两周问题不大。

问题 18：① 我们前段时间一直存在丝状菌膨胀的问题，经过工艺调整，已经基本抑制，但是通过镜检观察，丝状菌仍然无法根除，请问有没有什么好办法？在最近一个月运行中，以前在生化池面由于丝状菌产生大量浮泥，现在已经消失，但是偶尔也会在个别区域出现小面积淤泥，不容易去除，请教一下是什么原因？② 近一周，水量减少约 25%，进水略有下降，出水显浑浊，各项指标除 TP 外，都没什么问题。我想请教一下，TP 去除率不高的主要原因有哪些？现在出水氨氮还可以，基本都在 1.0 左右。③ 针对出水混浊，我们加大排泥，力争将 F/M 恢复到水量没有减少前的数值。不知道这种做法对不对？这两天出水槽内水透明度有所恢复，但是二沉池内部水没有变化。

答复：

（1）根除丝状菌比较困难，主要是控制好各指标及水质成分的均衡保证。

（2）丝状菌是个经常反复、难以根治的问题，所以偶尔还有浮渣浮泥。另外，进水减少 25%，对活性污泥系统来说幅度较大，相对来说活性污泥总量就有了富余，那么就容易导致活性污泥老化，这也是产生浮渣的可能原因。

（3）总磷的去除有待于好氧吸磷后的随污泥排出，所以，在保证进水不要含有太多磷的情况下，要保证排泥的及时性，避免待排污泥的积聚。

（4）加大排泥是对的，纠正 F/M 后，可以缓解出水浑浊问题，也可以降低出水总磷。

问题 19：聚合氯化铝对微生物影响大吗？沉淀池内加有聚合氯化铝，污泥回流之后对前面的污泥有影响吗？

答复：

（1）聚合氯化铝对微生物影响还是比较大的，过度的絮凝会导致溶解氧不易到达菌胶团内部，继而减低活性污泥对有机物的去除率。

（2）临时性的投加对系统影响不大，长期投加，必将造成处理效率下降。

（3）铝离子等滞留在菌胶团内，使污泥沉降过于明显，同时吸附杂质也会增加，其结果也会导致 MLSS 虚高，活性污泥有效成分减低。

问题 20：在污水处理中，出现大量的楯纤虫，其他的虫很少。这说明污泥是处于什么状态呢？楯纤虫在污水处理当中有什么指示作用呢？

答复：

（1）楯纤虫属于原生动物一种，通常在水质稳定时出现，也就是说水质波动不大。

（2）如果水质波动，比如负荷突然增高、进水含有毒物质时，楯纤虫就不占生长优势。

（3）通常看到楯纤虫并以大量优势数量存在的话，是非常好的表现。对出水水质还是可以放心的。

4. pH 值异常应对问答

问题 1：刚到一家公司调试合成革废水，采用生化接触氧化法，测了生化池 pH 值为 5~6，找不到碱，他们说一直没加碱，且出水正常运行了半年，水质前几天刚变坏，出水变浑浊，他们说是负荷过载的原因。您能解释下这样的 pH 值下能正常运行的原因吗？今天早上还发现二沉池漂了点小块黄色泥。

答复：

（1）既然能半年稳定运行，pH＝5~6 也是可以的。

（2）这样的 pH 值对一般微生物来讲是无法适应的，特别是本来运行在正常 pH 值范围内的微生物，突然将 pH 值降到 5~6 的话，在持续时间超过 48h 的情况下，出水会明显恶化。

（3）该处理设施 pH＝5~6 仍然能够运行应该与如下原因有关：

1）培菌阶段原水 pH 值也是在 5~6 的水平。

2）微生物已经被原水水质所驯化。

3）微生物种群与一般活性污泥类微生物有区别。

（4）此种状态下被驯化的微生物，特异性强，也就是水质变化对其冲击会扩大。出水浑浊，与进水水质波动有关。

（5）为此，个人认为，进水水质波动导致出水变差为主要原因。

291

问题2：公司生产烷基苯磺酸和洗衣粉，污水中主要成分是 LAS（阴离子表面活性剂），采用混凝沉淀加接触氧化的处理方法，接触氧化池一直很正常，pH 值在 7.5 左右。可前几天突降至 5 点多（我们的进水 pH 值都在 8 左右，不会低于 7.5），出水 LAS 浓度升高，于是这两天进了高 pH 值的污水将池中的 pH 值调至原来的范围，可是目前生化效果还没有恢复。难道细菌都死了吗？请问有可能是什么原因造成的？

答复：

（1）生物膜对进水 pH 值的敏感程度比活性污泥高。进水 pH 值如此的异常，在 4 小时后就会造成生物膜剥落。持续时间超过 1d 的话，影响就比较大了。

（2）生物膜受到 pH 值波动较大的废水冲击后的恢复也比较快（较活性污泥法），修正进水 pH 值后，我想三四天就可恢复了。

（3）在遇到 pH 值异常的进水时，除了尽量纠正异常的 pH 值，更重要的是减少异常 pH 值废水对生化系统的持续时间。

问题3：昨天夜里来水的 pH 值突增至 12（纺织厂偷排），早上发现水已进入水解池，还没进曝气池。采取水解池回流到调节池的方法，减小对曝气池生物膜的影响，现在调节池的加酸罐无法使用，调节池搅拌器也无法使用，在这种突发 pH 值变高、又不能机器加酸的时候，应怎样处理？有什么应急措施？

答复：

（1）要预估高 pH 值废水的进水量，如果不是太多的话，依靠自身的系统水量调节也可，你进行的回流就是一个方法，如能保证调节后 pH 值不大于 9 的话问题不大。

（2）如果水量大，加酸系统不能用，那就在依靠系统缓冲的情况下，人工投加酸了。但是，要穿戴好合适的个人防护用品（personal protect equipment，PPE），注意加药安全，并注意 pH 值调整时的突跃现象。

问题4：在好氧池，出水比进水的 pH 值小了 2 左右，进水 7.5，出水 5.3，请问是什么原因？请老师帮忙分析。有说是硝化，但我觉得硝化不能降得这么多吧？首先肯定的是进水无变化。

答复：

（1）是否有水解酸化工艺呢？如果有的话，其出水会降低。

（2）另外进水 pH 值波动或者调整 pH 值的药剂投加异常也会发生这样的情况。

（3）是否是硝化导致的，要看进水氨氮浓度。如果进水氨氮浓度较高的话，硝化反应顺利，则好氧出水 pH 值会降低，但也不会减低到出水 5.3 的，因为好氧池过低的 pH 值会导致硝化反应的停止。所以，pH 值异常可能是多种原因综合作用的结果。

问题5：好氧池污泥有没有回流到水解池的必要（水解池为 $1800m^3$，太大了，有人讲没必要回流，主要是硝化反应没有的话，就没必要去反硝化）？好氧池 pH 值为 7.0~7.2，是不是太低了？调 pH 值用碳酸钠好还是用氢氧化钙好？后者是不是对菌有抑制作用？

答复：

（1）没有必要回流的，如果你对出水脱氮有要求的话，可以出水部分回流。

（2）调整 pH 值，可以用氢氧化钠，使用氢氧化钙的话污泥量会增加。但是如果前段有物化处理，且需要去除重金属污染物的时候，建议使用氢氧化钙。当然，氢氧化钙的物化絮凝沉淀后的产泥量会比较大，对应的污泥处置费会比较高。

（3）好氧池 pH 值能保证在 7.2 的话，问题也不大。

5. 活性污泥法运行异常问答

问题1：平常在课本中讲到活性污泥法 MLSS 时，说应该控制在 2000~3000mg/L。但是工程上好像有时要远小于课本上说的，这是为什么呢？

答复：

（1）MLSS 具体定多少，完全取决于 F/M。

（2）MLSS 不应该是固定的，与入流污水、废水底物浓度及系统调整需求（指进水含有难降解物质、季节因素中出水指标要求等情况的事前应对）有关。

（3）同时，需要考虑 MLSS 中的有效成分，从而能够综合评估。

问题2：书上讲"活性污泥不能处理浓度过高的废水，如 COD 为 20000mg/L，则产生的 MLSS 为 8000mg/L，这样由于二沉池的沉淀能力而无法使用"，对吧？而我们运行的高浓度正好是这样的数值，使用得很好，只不过去除率比较低，高浓度水不是用好氧也行吗？采用每级排泥是不是更好一些呢？而书上说每级排和最后排都行，是这样吗？

答复：

（1）高浓度废水处理，二沉池的沉淀能力无法使用，这种说法我不太赞成。可以增大二沉池容积和加大回流量来实现。问题是在曝气能力上，因为，溶解氧饱和度有限，可能出现溶解氧供氧跟不上，影响对有机物降解的效果。加之曝气越猛烈，对水和污泥的剪切力越大，对污泥的絮凝破坏较强。

（2）我建议采用多级排泥。因为排泥有助于污泥活性提高，正好应对去除率低的问题。

（3）高浓度废水势必导致生化系统压力增加。为了满足食微比要求，就需要提高活性污泥浓度加以对应。但是，COD 有 20000mg/L 的话，好氧处理污泥产量会很大，建议考虑厌氧处理工艺。

问题3：生化池 SV_{30} 为 20%，上部泥质松散很浑浊，下部紧密，早上还发现二沉池有小颗粒污泥块漂浮。能分析一下是什么原因产生的吗？我认为是低负

293

荷运行的结果，不知正确否？但是进水量浓度和平时都差不多。

答复：

（1）上部泥质松散很浑浊，下部紧密的话，请确认是否有惰性物质过量流入，如物化段沉淀效果不佳导致过量悬浮颗粒流入生化池。

（2）您说的低负荷运行，虽然进水浓度不变，但是活性污泥浓度过高的话，同样会出现低负荷，并因为污泥老化而并发漂泥。但是，如果是污泥块的话，要判断是否为二沉池发生了反硝化，还是局部活性污泥未被刮除等导致的活性污泥块的上浮（当然，少量污泥块上浮问题不大）。

问题4： 氧化池污泥浓度很高，且沉降速度慢，是否因为污泥老化？如果长时间静置（如2~3h），污泥沉降只有50%。带丝状菌稳定运行需要控制好哪些因素？关键是什么？丝状菌也可达到去除COD的效果。

答复：

（1）氧化沟污泥浓度高不高的直接依据是MLSS。MLSS过高也会出现活性污泥沉降速度慢的情况。

（2）污泥老化只会导致沉降加速，不存在沉降慢的问题。

（3）控制好丝状菌稳定运行，难度很大，所以最好清除丝状菌。如果要运行稳定的话，食微比合适、废水成分均衡、无冲击负荷是关键。有条件的话，可以通过厌氧和好氧交替运行来抑制丝状菌。

（4）丝状菌可以去除COD，由于其沉积作用，上清液清澈，故出水SS优良，COD指标也可较好降解，只是膨胀控制复杂。

问题5： 初沉＋水解＋生物选择＋CASS，进水COD约600mg/L，SS约1000mg/L，BOD约100mg/L，经初沉后SS为600mg/L左右，现污泥浓度控制在MLSS约5000mg/L，MLVSS约2500mg/L，日进水量为20000t，池容15000m^3，现在的出水COD在70mg/L左右，请问污泥浓度MLSS是否太高？多少较为合适？是否应该缩短泥龄？

答复：

（1）活性污泥浓度控制高的优点是抗冲击负荷强。缺点：需要高曝气维持；活性污泥容易老化，出水SS上升。

（2）既然出水合格，可以适当降低活性污泥浓度，根据处理效率，判断能够降到的最小活性污泥浓度。但是，你的B/C很低，MLSS维持高位运行，有利于COD的进一步降解。

问题6： 刚接手酒店污水厂的整改工作，有几个问题请教一下。

（1）这个污水处理流程合理吗？

曝气沉砂池＋初级曝气池（污泥回流，污泥从初级沉淀池提供）＋初级沉淀池＋反硝化池（污泥回流，污泥从次级沉淀池提供）＋次级曝气池＋次级沉淀池＋出水（这个流程是根据设计图描述的）。

（2）前几任的管理者把原流程改成在反硝化池上没有污泥回流，而且初级曝气池的污泥回流都不是直接在沉淀池提供，这样能行吗？

（3）用 1L 的量杯测试曝气池混合液的 SV_{30} 为 25%，而且沉降速度很快，只需 20min。该如何评价呢？

（4）沉淀池表面有大量的黑色漂浮物，而且是在沉淀池底部浮起的，是否是沉淀池污泥老化膨胀造成的？

（5）沉淀池有跑泥现象，是否是污泥过多和老化造成的？

（6）出水带有微绿色和一股难闻的腥臭味，是否含氮量过高？

（7）我现在什么样的测试手段都没有，需要配置什么样的仪器呢？

（8）如何测试污泥的浓度、MLSS 的浓度、BOD_5 浓度和 DO 浓度？

答复：

（1）从处理流程来看，曝气沉砂池用在酒店废水处理上有些奇怪，曝气沉砂池一般用在生活污水处理工艺上比较常见。

（2）反硝化池上没有污泥回流的话，看看氮磷去除效果，如果整个系统氮磷去除率没问题那也可以，但是有回流的话，系统污泥产量会减少。

（3）"初级曝气池的污泥回流都不是直接在沉淀池提供"，这句话不太理解，如果不是沉淀池提供，那是哪里提供的呢？

（4）"用 1L 的量杯测试曝气池混合液的 SV_{30} 为 25%，而且沉降速很快，只需 20min"，20min 的时间很长了，一般好的活性污泥 1min 内就可完成自由沉淀部分了。如果是 20min 并且上清液混浊的话，应该判断为活性污泥活性不高，混入惰性杂质多（即 MLVSS/MLSS 过低）。

（5）"沉淀池表面有大量的黑色漂浮物，而且是在沉淀池底部浮起的，是否是沉淀池污泥老化膨胀造成的"，这个问题应该与曝气池出水 DO 不足或者流入曝气池的前段反硝化池池水在曝气池停留时间过短有关。

（6）沉淀池跑泥可以与混入惰性杂质多（即 MLVSS/MLSS 过低）合并考虑。

（7）出水带有微绿色和一股难闻的腥臭味，应该与处理效果不佳、曝气不足等有关。

（8）溶解氧检测、进出水 COD 检测、MLSS 检测还是必需的，监测方法可参考国标。

问题 7： 污泥老化除了外排还有什么办法？我想加尿素，应该怎么加？从哪里加起？尿素的量该怎么控制？投加量的具体算法是什么？还有经过次氯酸钠处理的水，回用后还流回生化系统会有什么坏的影响？该怎么去除？

答复：

（1）增加进水底物浓度也可减轻污泥老化，但是没有排泥来得简便经济。

（2）尿素投加，按经典公式 100：5：1 的底物浓度与氮磷关系进行计算的。

（3）次氯酸钠对微生物影响很大，可以不回流就不要回流了，否则也要严格控制浓度，稀释后处理。

问题8：传统活性污泥法：F/M 在 0.1 左右，MLSS 在 3000mg/L 左右，SV_{30} 为 10%，SVI 为 50mg/L，出水中悬浮颗粒较多。请判断系统状态。该如何调整风机风量、回流量、剩余量？

请教 DO 与 F/M、污泥浓度在生产运行中该如何调整？

答复：

（1）出水悬浮颗粒多，与进水原水成分、活性污泥是否出现老化有关。从数据可以看出活性污泥浓度控制还是合理的，所以，出水悬浮颗粒多，可能与你的工业废水特性有关。

（2）调整 DO 可以控制风量或曝气时间。

（3）活性污泥浓度的调整是通过排泥进行的。

（4）食微比也是通过排泥作为最有效方法进行的。

问题9：改进型氧化沟工艺（实验室研究）流程：自配水（投加白糖）—化粪池—实验室工艺设备。污泥培养初期，进水 COD 为 1000mg/L 左右，BOD 为 400~500mg/L，pH 值为 7.5~8.5，MLSS 为 1000mg/L，SV_{30} 为 10%，DO 为 2.43mg/L。加大曝气量 DO 难以上升，推流较大。这些天，水体出现红色，但没有水虱、鱼虫等，钟虫群和轮虫群消失，只有小个轮虫，有漂游生物。同时伴有漂泥，COD、BOD 去除率均有 50% 左右。总体微生物生长不好，沉降性能不佳。问题紧急，请问有什么好的解决办法？

答复：

（1）测一下进出水氮磷指标，不足的话补足。

（2）不知道培菌是否结束，如果没有也属正常现象。

（3）曝气控制在 1.5 就可以了，不必要一定向上的；万一你测得的 DO 有误，实际很高的话，就不难解释出水发现红色、去除率低及 SV_{30} 低等现象了。

（4）设计方面的考虑：进水浓度可以了，但是应考虑系统停留时间是否满足，这对去除率也有影响。

问题10：生化池 10h 不曝气，回流正常开着，活性污泥全部水解，应该从哪几方面查找原因？印染废水可能带来这样大的冲击吗？

答复：

（1）如果进水 pH 值正常，10h 不曝气，并且不搅拌的话，应该不会有太大问题，只是一开始突然开启曝气设备，进水和活性污泥混合后，部分活性污泥受进水浓度异常增高而导致解体。恢复运转，2d 内可以复原。

（2）活性污泥水解一说（实际无此说法的），可以理解为污泥受负荷冲击后的解体。

（3）印染废水也属于难降解工业废水，首次流入的话，活性污泥会不适应，会对生化系统造成较大的冲击，因微生物种群会因为不适应印染废水的流入而发生解体。

问题 11：采用 A^2O 工艺，前几天好氧 SV_{30} 一天内突然由 30% 上升到 70%，但 COD 却有所降低（目前缺氧池 COD 为 1500mg/L，好氧 COD 为 250mg/L 左右，DO 在 2mg/L 左右），观察发现微生物数量有所减少，部分活性有所降低，污泥颗粒明显变小，沉降性能较差，刚开始沉淀池跑泥现象较明显。目前采取的措施是加强排泥，增加营养物质，打回流。请问产生这种变化可能的原因是什么？采取的措施是否恰当？

答复：

（1）沉降比升高了，那么确认一下活性污泥浓度是否升高了，同时升高可能是进水负荷过高导致的污泥对数式快速增长所致。

（2）如果活性污泥浓度没有增加多少的话，显微镜看看是否有丝状菌，有的话就可以导致你说的现象。

（3）采取排泥的措施是对的，但不要排太多，特别是跑泥严重时。再看看进水变化情况，尽量保持进水各指标稳定。

问题 12：关于 CASS 工艺，如果污泥回流为 20%，MLSS 取 3800mg/L 可能吗？污泥浓度和污泥龄要多少才行（设计进水 BOD 为 180mg/L，COD 为 400mg/L）？

答复：

（1）根据进水有机物浓度来看，活性污泥浓度控制在 3800mg/L 过高了。

（2）回流比 20% 也没什么不正常的。活性污泥浓度控制是否合适，可以通过食微比来验证，如果低于 0.05 的话，通常说明活性污泥浓度控制太高了。

问题 13：CASS 池污泥不知什么原因越来越少，SV_{30} 只剩 4%~5%，又赶上曝气机出故障修理，就排干了 CASS 里水，只剩下大概有半米的污泥层。曝气机修好后，我们直接一边曝气一边进水，持续曝气大概有 12h 后，SV_{30} 就忽然达到 30% 多，之后就按原来的周期运行，但运行过程中一天比一天少，20d 后只剩下 5% 了。经历这种情况两次了，每次都是 SV_{30} 忽然从 4% 左右迅速达到 30% 左右，之后就一天比一天少。

我想问的问题是：

（1）什么原因使 SV_{30} 在这么短的时间变化这么大？

（2）为什么泥会越来越少？怎么解决这个问题？

CASS 主反应区 105m³；pH = 7.1~7.5；温度：25~27℃；曝气时 DO：2~4mg/L；进水 COD<1000mg/L。

进水量：80~150m³/d。

答复：

（1）可能是搅拌的问题。如果出现搅拌死角，污泥会堆积在这些死角，出现浓度越来越低的现象。你把水放空后进水搅拌，自然这些死角的污泥会被重新扬起，由此浓度会迅速升高。

（2）请据此确认一下整池的搅拌效果。

问题14：F/M 里面的污泥浓度，到底是 MLSS 还是 MLVSS？感觉这两个浓度还是有些差别的，各种资料上都不是很一样，三丰老师的书上用的是 MLSS。

答复：

（1）MLVSS 检测过于繁琐，所以用 MLSS。

（2）如果你们实验室检测力量较强的话也可以检测 MLVSS，由此可进行平行对比，摸索出一些规律来也会对你的系统操作有帮助。比如进水无机颗粒较多时，两值数据差距拉大，反过来也可证明。

（3）用 MLSS 也好，MLVSS 也好，都需要通过较长时间的比对关联，找出出水指标和 F/M 的合理关联性。

问题15：单位采用活性污泥处理法，总体而言，夏天比冬天好，同样的废水，夏天能保持出水 COD 在 60mg/L，水质清澈，冬天出水 COD 在 150mg/L，出水混。请问什么原因？夏天曝气池温度在 39℃，冬天只有 21℃。营养剂是如何添加的？进水浓度变高，操作如何调整？污泥回流量如何控制？排泥如何控制？

答复：

（1）水温影响活性污泥的活性，水温高，处理效率自然高了。冬季需要延长处理时间，如何延长可以考虑减小回流、提高 MLSS 等措施。

（2）进水浓度变高了，就需要适当提高活性污泥浓度来稳定 F/M。

（3）污泥回流总体冬季要比夏季控制低一点。

（4）排泥还是要根据 F/M 来决定，但也要比夏季少排点，也就是污泥浓度要控制高些。

问题16：污水处理厂的污泥状况一直不好。现在进水 40000t/d，COD 为 250mg/L 左右，氨氮 50mg/L 左右，BOD 为 50mg/L 左右，工艺采用 A^2O 法，回流为 85%，SV_{30} 为 16%，MLSS 为 3000mg/L。污泥浓度增长很慢，曝气池有很多浮泥，另外污泥絮凝性不好，上清液比较浑浊，透光性差，污泥形不成大的絮体，很细小，镜检有大量钟虫和少量轮虫，一开始为恒 DO 曝气，现在改为间歇曝气，不知道妥不妥当？现在污泥状态差的原因是什么？

答复：

（1）低负荷运行，通常都是这样的。

（2）调整曝气频率也很好，既可以节电也可以降低污泥老化程度。不要期望过高的污泥浓度，其实污泥浓度越高，出水浑浊越厉害。

（3）当然，因为工艺还兼具脱氮除磷，所以好氧段溶解氧也不可以降低过多，否则影响了硝化反应的有效进行，对脱氮不利。

问题17：处理水量 20000m³/d，其中有 85% 的水量从二沉池造纸回用，会不会存在 COD 的累积问题？有些资料上说高污泥浓度下利用污泥的吸附作用可以去除部分难降解的 COD，有理论依据吗？现在控制污泥浓度在 5000mg/L，营养比如何控制？按照 100：5：1 的比例增加营养剂吗？

答复：

（1）应该不会积累的。吸附饱和，游离部分会增加，然后跟随放流水流出。

（2）营养剂可以按照比值投加，但这是不考虑进水含有营养剂及回流水含有营养剂的情形，事实上还是会含有的，所以可以根据出水营养剂量来调整投加营养剂量，并结合公式即可。

问题 18：有个问题一直困扰着我，始终没找出原因。曾经一夜间沉降比由 80% 左右变为 15% 左右，出水也变浑浊，溶解氧和 pH 值都没问题。后来采用将另一条线（两条线独立运行）二沉池污泥回流至该线，补充了污泥才解决。但一直没能弄明白上述现象是什么原因导致的。

答复：

（1）沉降比 80% 的话，污泥膨胀可能性比较大。

（2）在有大量无机颗粒流入或抑制丝状菌的成分（如异常 pH 值等）流入的情况下都会导致沉降比显著降低并伴有出水浑浊。

（3）生化池是推流式活性污泥法工艺时，有可能发生活性污泥在某些部位发生堆积，而采样正好在堆积部位时，SV_{30} 就会比较高，出现这种情况多半是系统中搅拌或曝气设备故障所致。

问题 19：活性污泥法中由于排泥过量，使得好氧池污泥浓度很低，且出水浑浊，该如何培养以增加污泥浓度？

答复：

（1）暂时停止排泥，保证足够的启动活性污泥量。

（2）减少曝气量，避免新增活性污泥被不必要的氧化。

（3）有污泥回流的话，可以降低污泥回流比。

（4）看到污泥有增长迹象后，有条件的话，可以适当提高底物浓度。

问题 20：AB 工艺，日处理 6.5 万 t 工业污水，最近一段时间进水水质很差，pH 值长时间超过 10，最高达到 13，而我厂没有条件去调整 pH 值，这段时间污水处理效果奇差，COD 去除率非常低，甚至有一天，出水 COD、SS 都超过了进水。请问这是什么原因所导致的？应该采取何种措施来解决问题？

答复：

（1）pH 值过高的废水对活性污泥肯定是有影响的。

（2）pH 值超过 10 的话，进流时间在 4h 内，影响不会太大。超过 4h 的，处理效果直线下降。持续超过 2d 的，活性污泥将基本解体。

（3）初期短时间内的 pH 值异常，可通过加大回流比来进行缓冲，以赢取抗冲击时间。

（4）如要长期稳定，务必增设物化段，中和异常 pH 值，以抗击 pH 值的异常波动。

（5）pH值过高造成的废水冲击是严重的，需要及时采取对策，比如加大回流（稀释）、加大曝气（促进活性污泥的活性），并且配合排泥的加大（促进微生物的增殖）。

问题21：AB工艺，最近一段时间A段的MLSS一直很低，仅为150mg/L左右。已经停止排泥三四天了，为什么还是只低不高呢？

答复：

（1）MLSS是否过低的判断标准是F/M，需要复核一下。

（2）AB法的A段通常其MLSS也不会只有150mg/L的，需要确认曝气是否过量、回流是否到位、活性污泥是否在生化池死角堆积等。

（3）最终判断目前的A段MLSS是否合适，也可从排放水的污染物去除效果来评价。

（4）微生物数量不是停止排泥就会增加的，如果进水浓度过低的话，即使排泥停止，污泥浓度也未必会增长的。

问题22：AB工艺，过去我厂一直都是两台离心式鼓风机不间断运行进行曝气，风量通常都是在4000m³/h左右，这样A、B段曝的DO都可以保持在其正常范围内，A段曝在0.5~1mg/L，B段曝在2mg/L左右。可是近两天，两座曝气池的DO都大幅上升，为了控制其不再上升，关闭一台鼓风机，将风量保持在500~1000m³/h，可是DO仍然没有降低的趋势，几个空气调节阀的开启度都很小（没有全关，为防止污泥全部沉降下去）。昨天关闭了鼓风机，停止曝气，结果15min后2个曝气池的DO全都降低到了0，这就排除了仪表的问题。请问，为什么会有这种情况？应该如何解决？

答复：

（1）需求降低，主要表现在活性污泥浓度降低，是否为正常降低，可从系统去除率是否变化过大来确认。

（2）设备问题，比如原来可能曝气头有堵塞，最近调整曝气量或搅拌后，出现堵塞部分通畅了，曝气效率提高了。

（3）进流水已经带有一定的溶解氧了。

（4）水体冬季溶解氧饱和度可以提高到夏季的35%左右，也就是曝气量可以降低35%左右。

（5）由于监测值来自检测设备，所以，仪器检测值是否正确是必须要认真确认的。

问题23：关于污泥脱水，活性较高的污泥和老化的污泥哪一个脱水效果比较好？原来我们的含水率都在80%以下，前阵子含水率都在82%左右，污泥活性比较高，试了各种方法也降不下来，现在，突然之间自己又下降了，不知道是由于季节还是泥性的原因？

答复：

（1）活性污泥的脱水比较困难，如果用带式压滤机的话，几乎达不到好的效果，原因在于骨架欠缺。

（2）如果少量的混入无机污泥内，还勉强能够达到要求。

（3）就污泥活性与脱水效果的问题，我觉得区别不大，要说有点区别的话，应该活性高的比老化污泥困难些。

（4）你的情况重点要看被脱水污泥中活性污泥的比例，比例越大，脱水越困难，现在，突然之间脱水污泥含水率自己降下来了，可能是待脱水污泥中活性污泥的比例降低了。

问题 24：请教以下问题：

（1）沉降比在进水量增加前后，始终维持在 70%~80%；污泥发散，观察沉降比，发现沉降很慢。前期沉降高 MLSS 还随之增加，水量大后，沉降比维持前期数值，但是 MLSS 降低。请问是什么原因呢？

（2）水量增加已经有一周时间，最近 COD 去除还可以，能达到 70mg/L 左右，但是二沉出水浑浊，有细小絮状颗类随水流出。请问是什么原因？

（3）我们有两座生化池，两座生化池进水略有不均，为什么两池溶解氧也会有差异？

（4）我们每天除泥量很小，因为设备和构筑物原因，每天排泥量在 15m³ 左右，而且还不能保证连续。两座生化池池容在 16700m³，按照目前 MLSS 1800mg/L 左右，是不是泥龄有点长？

答复：

（1）原来沉降比 70%~80% 也是不正常的，多半是污泥膨胀，请显微镜看看是否如此，如果是丝状菌膨胀，那么沉降比就和活性污泥浓度关系不大了。

（2）出水浑浊与进水负荷升高有关，过一段时间污泥浓度修正到位就会好转了。

（3）溶解氧差异与曝气效果、活性污泥浓度、污泥性状有关，可以看看问题具体在哪里。

（4）排泥是必需的，否则处理效果不会达到很高的水平。你现在排得太少了。

问题 25：我遇到一印染废水处理厂，日处理水量 11000t 左右，用混凝沉淀+水解酸化+好氧+混凝沉淀工艺，一直运行稳定，前一段时间污泥中毒后，水解酸化池几乎没什么去除效率，好氧池污泥浓度在 2000mg/L 左右（以前有 4000mg/L 左右），一直培养不起来，污泥明显老化，污水浑浊，COD 超标，好氧池上有大量泡沫，污泥沉降性好，镜检有大量轮虫。我判断是污泥老化，适当地排泥，但为什么一直提不高污泥浓度？

答复：

污泥浓度不能提高请确认如下指标：

301

（1）食微比是否已经很低了，如果是那样，现在的活性污泥浓度也没有关系的。

（2）进水缺乏营养物质，导致微生物生长受限。确认进水成分变化情况，检测进出水氮磷含量。

（3）系统恢复需要时间，可以等等再看。

（4）排泥根据食微比决定，也不需要过度排泥。

问题26： 我的氧化沟前段时间有点轻度膨胀，我增加了 DO，最近 SV_{30} 急降，由前段时间的 45% 降到了 11%，今天观察了一下，SV_5 就到了 18%（前段时间 SV_5 才 80%），MLSS 只有 1100mg/L，SV_{30} 从 45% 到现在，排泥根本就不多，感觉污泥显老化，似乎应该排泥，可如此低的 SV_{30} 和 MLSS，能否排泥呢？

答复：

（1）氧化沟工艺可以延长排泥时间的，具体排泥根据 F/M 进行。

（2）活性污泥沉降比变化可能和你的丝状菌膨胀好转有关。

（3）这种情况每天排 1h 就可以了，待活性污泥恢复后，再行正常排泥也可，我们不提倡一直排泥。

问题27： 请教一个问题：我污水厂主要处理生活污水，进水浓度很低，采用 A^2O 工艺，SV_{30} 在 9% 左右，但是污泥在二沉池沉淀效果较差，加了 PAM 后沉淀效果很好。请问是什么原因？

答复：

（1）污泥负荷低，污泥容易老化，所以悬浮颗粒多。

（2）添加阳性 PAM，可以使游离和松散的菌胶团絮凝，故发生你说的现象。

问题28： 在对照运行报告时，有几次进水 COD 在 15000mg/L 的时候出水 COD 在 300mg/L 左右，而很多时候进水 COD 在 1200mg/L 时出水 COD 也是在 200mg/L 多，接近 300mg/L，这又是怎么回事？

答复：

（1）高浓度废水进入生化系统后，微生物有较好的吸附能力，吸附后在后期加以降解。

（2）同时，进水通过生化系统也耗时间的。所以，短暂的冲击，生化系统还是可以承受的。较长时间的冲击的话，后续一二天就会反映出出水指标波动的。

（3）你的系统承受高 COD 冲击后，出水指标波动不大，说明你的 MLSS 控制合理，系统状态不错。

问题29： 因为上周日晚上设备故障导致跑泥半小时左右，现在生化池和二沉池池面浮渣略有减少，但是二沉池布水渠浮渣还是很多。污泥浓度为 2500mg/L。工艺方面做了如下调整：一是增加曝气量；二是将内回流全部回流到厌氧段（此种方式是否可行？当时出水 TP 一直在 1mg/L 以下，没有对总磷去除产生较大影响），外回流为 120% 左右，80% 的外回流打到厌氧段。前两天做了小试，氨氮去除效果很好，在 1mg/L 以下，准备从今天开始投加污泥 30t 左右，不知会不会对丝状菌有所抑制。还有一点，昨天和今天镜检发现，5 月 15 日镜检时大量出现的比较直且长的丝状菌出现了 3、5 根，不知这种丝状菌属于哪种？

答复：

（1）加大回流到厌氧段，对丝状菌有比较好的杀灭作用。鼓励你跳出常规思维去尝试。

（2）丝状菌是不容易根治的，所以，有所反复也是常见的，关键是系统控制参数的合理化。

（3）笔直且细长的丝状菌容易引起恶性丝状菌膨胀。

（4）浮渣在丝状菌受到控制后一周左右就会消失的，故不用太担心。

（5）投加污泥 30t，不会对丝状菌抑制有太大帮助。但是，投泥后加大排泥，对抑制丝状菌有利。

问题 30：污水厂一：采用前置厌氧奥贝尔氧化沟，内沟开同样的两组转碟，溶解氧上午大于 2.5mg/L（有时候会达到 3.9mg/L 左右），下午小于 1.5mg/L，二沉池漂黄色、黑色、绿色的泥块。日均进水量在 2 万 m³，MLSS 在 6000mg/L 左右。一开转碟溶解氧就高。

污水厂二：采用卡鲁赛尔氧化沟，不论怎么开表曝机，溶解氧都在 1.2mg/L，即使把表曝机开到最大，溶解氧数值也不会超过 2mg/L。二沉池漂了很多泥块，有黄色、绿色、黑色，还有的泥块上带有油花儿。日均进水量在 1 万 m³，MLSS 大概在 2000mg/L。

答复：

（1）确认一下哪些因素会影响转碟的曝气效率，比如液位、转速、水量等。

（2）请确认 DO 监测数据的可靠性，比如数据是否为同一台仪器相同位置测到的，是否为同一个人测的。

（3）DO 大小与曝气时间、有机物浓度、微生物浓度、回流比、水温有关。上述两套系统存在 DO 差异，看看这些方面有什么不同。

（4）二沉池漂着的三种颜色的污泥，很可能只有棕黄色污泥上浮，时间长了的上浮的污泥因为缺氧而发黑，再时间长了就长出青苔变绿了。

问题 31：前段时间出水水质变坏，在 200~300mg/L，悬浮物在 180mg/L 左右，镜检活性很差，进水控制在 1 万 t，几天也没有好转。投加白糖，第一天 300kg，以后递减，结果 3d 出水就有了明显的好转。

请教：（1）白糖是不是改善了污水的环境？白糖具体起到什么作用？

（2）白糖的投加量怎么确定？问了一下专家，是 COD 乘以进水量吗？

答复：

（1）白糖的用途是改善进水中微生物的食物源比例。有些废水有机物含量低，难降解，微生物不容易吸收，导致系统活性污泥絮体松散，出水恶化。

（2）投加目的就好比给人改善了伙食，而不是老给不消化的杂食吃。

（3）投加量根据要调整进水的 COD 来确定。比如原来的 COD 为 200～300mg/L，调整到 500mg/L 左右比较合适的话，你就要投加如白糖、甲醇等来调整。

（4）具体投加量可以根据实验确定。比如 100g 白糖溶解在 1000mL 水中，测一下 COD 就知道了。

问题 32：出水 COD 在 200～300mg/L，进水 COD 在 1200～1400mg/L，有造纸废水，印染厂、卫生纸厂的水等工业废水，生活污水只占很小一部分，BOD 在 440mg/L 左右，这样的污水营养也不高吧？这样的话，白糖的加量怎么算？

答复：

（1）白糖投加成本还是比较高的（长期）。废水 BOD 还好，进水含有的造纸废水还算是比较好处理的（涂布水除外），我认为还是要从调整系统参数入手，依靠白糖只是用来纠正系统运行状态的，不能长期的投加。

（2）投加多少，还是由实验结果决定。如果说进水 BOD 平均值能够稳定在 440mg/L 的话，我觉得不用投加白糖。

问题 33：这段时间 DO 在 2mg/L 以上，还有两天没有进水，其他时间进水还正常，负荷应该没有什么问题，有没有污泥自己氧化的可能？

答复：

（1）没有进水，又连续曝气，加之天气炎热，容易导致自氧化。

（2）还是要看出水 SS 是否上升。自氧化也会导致 SS 上升，只是严重程度没有污泥老化那样。

问题 34：我们经常说水质，到底水质要注意哪些方面呢？对污水处理效果及处理难度有什么影响？请指点。

答复：

（1）在处理系统中，我的理解是，系统对废水的处理有一个处理率的问题，处理难度高的废水和容易处理的废水，通常去除率是不一样的。

（2）就某一个废水处理厂来说，既然已经定型了，影响的要点就在水质上了。也就是稳定的水质对处理系统来说比较容易处理，而水质波动（成分或水量变化）对系统来说比较头疼。

（3）水质方面主要是要注意废水成分的变化情况，看是否会超过目前废水处理系统的自我调整能力。如果超过就要采取对策了。比如负荷过高，进水浓度变化大，那么，出水就会不稳定，需要调整污泥浓度加以对应。

问题 35：污水厂是百乐克工艺，污泥浓度 1.9g/L 左右，沉降比只有 15% 左右，明显太低了吧？进水 BOD 基本上稳定在 420mg/L 左右，但是出水 BOD 近 20 多天在 20mg/L 左右，而 COD 有时高达 150mg/L，出水悬浮物比较多，是什么原因造成的？现在除了增加污泥浓度，还能采取什么措施？

答复：

（1）沉降比低，除了污泥浓度低外，还有可能是污泥老化了。

（2）MLSS 高达 1900mg/L 了，太高了，说明污泥老化可能性大。

（3）出水 SS 升高，可能就是污泥老化解体导致的。

（4）综合以上，你应该排泥，而不是提高污泥浓度。

（5）当然，由于出水 BOD 和 COD 来看，COD 未被降解掉的还有不少，所以，不排除进水可生化性变差所致，需要对原水分析数据进行统计对比。

问题 36：污泥龄在水处理设计中选择考虑因素有哪些呢？污泥龄起到的作用又是什么呢？

答复：

活性污泥控制指标中的很多参数是相互关联的，比如说污泥龄和负荷也是有关的。

F/M 中，M 升高通常如下原因：

（1）进水有机物浓度升高导致 M 升高。

（2）排泥不足导致 M 升高。

当因为排泥不足，导致 M 升高时，系统就会不稳定，常见的就是污泥老化，所以，控制污泥龄起到了控制污泥活性的作用，同时，积累在系统内的惰性物质也要依靠排泥去除。不同的工艺，污泥龄有所区别。日常运行中，需要严格根据污泥龄的要求，确定排泥量，保证系统污泥的活性。过长的污泥龄，自然污泥年老体弱，处理效率不足了。过短的污泥龄，污泥活性过高也不利于沉降和二沉池池水分离。

问题 37：污水进入调节池 1，加石灰使得 pH 值达到 9~10，然后进入 1 沉池，沉淀以后进入 2 次调节池，把 pH 值调到 7~8 进入水解塔，然后进入好氧池，曝气以后进入 2 次沉淀池出水。现在的状况是基本没有处理率，水解塔跟好氧池污泥都是解体状态，并且沉降不是太好。请问一下，这样的情况该怎么处理？进水 COD 在 2500mg/L 左右，磷在 40mg/L 左右，基本没有其他污染物。

答复：

（1）是否有 pH 调整失败，从而对生化系统造成过冲击？

（2）污泥松散解体不知道发生多长时间了。如果一直如此的话，就要看看废水成分是否缺失某些微生物必需的营养物质，P 已经有了，那么 N 呢？

（3）污泥浓度控制情况如何呢？看看 F/M 是否过低或过高了。如果是处在培菌阶段，要持续保持相关参数控制的稳定性。

问题 38：还有个关于产泥量的问题。一般来说产泥量与进水的 BOD 有关，我们一般是按照 COD、SS 来参考产泥量。但是产泥量到底与原池内污泥浓度有没有关系？如果说进水的 BOD、COD、SS 等各项参数一致，污泥浓度高与低的

305

池子产泥量是否一致？或者孰高孰低？

答复：

按照平衡的观点来看，污泥浓度高，产泥量就大。因为污泥浓度高，相对来说被降解的有机物就多，当然出水有机物就少些，因为污泥浓度高而被多去除的部分有机物转化为污泥后自然产泥就会增加。

问题39： 书中说污泥中毒以后要闷曝，增加曝气量与排泥，请问中毒后采取闷曝是什么原理？还有污泥中毒以后溶解氧已经比平时高了，再增加曝气量溶解氧会不会太高了？

答复：

（1）污泥中毒了以后，该部分中毒污泥需要清除，通过新增污泥来恢复系统。排泥就是通过清除中毒污泥，为新增污泥创造底物浓度环境。

（2）闷曝有利于在短时间内激活新增污泥的活性，促进增殖。但是，用在污泥中毒上适可而止，不要过度曝气，否则，会影响生化系统的恢复。

问题40： 请教两个问题：① 是否污泥浓度越高，抗冲击负荷能力就越强（当然 F/M 控制在实际范围内）？② 冬季的污泥浓度和夏季的污泥浓度，如果其他条件不变的话，哪季的污泥浓度宜高点？有无理论依据？

答复：

（1）污泥浓度高的话，利于对抗有机负荷冲击。

（2）冬季应该提高污泥浓度，主要是为了处理效率。冬季气温低，污泥活性低，所以需要提高污泥浓度来加大处理效率；夏季污泥活性高，污泥浓度高的话，容易发生污泥老化。

问题41： 关于污泥老化及过曝气（即曝气强度过大）现象及两者之间的关系问题。

（1）污泥老化的沉降特征是絮体较大，镜检为后生动物较多；而过曝气的沉降特征是絮体被打碎变小，那么应当较为细碎，镜检为非活性污泥原生动物占优。但过曝气可能加速污泥老化，二者联系紧密，常相伴发生。我想请教的是在污泥老化和过曝气同时存在时，沉降时絮体是较大还是细碎？镜检是哪种指示生物占优呢？长时间强烈过曝气可能导致指示生物消失吗？另污泥老化时沉降上清液间隙水透明，那么既老化又强烈过曝气时絮体间隙水会变浑吗（有人说强烈过曝气会导致污泥自溶，从而上清液变浑、发白，出水 COD 升高）？

（2）假如由低负荷引起的污泥老化系统受到较高负荷冲击后出水变差，那么系统恢复后污泥老化会否好转？也就是引进较高有机物浓度的进水对污泥老化系统进行冲击后再恢复系统从而较快解决污泥老化的方法是否可行？

答复：

（1）长时间曝气过度，再加上污泥老化的话，絮体颗粒会比较细小，镜检可以看到多以后生动物占优势。如果出水浑浊，会有部分非活性污泥生物，但是量不会太多，不会占优势生长。

（2）长时间强烈过曝气，指示生物会减少，部分原生动物会消失。

（3）污泥老化时沉降上清液间隙水透明，既老化又强烈过曝气时絮体间隙水会变混浊（程度随曝气和老化程度成正比）。

（4）假如由低负荷引起的污泥老化系统受到较高负荷冲击后出水变差，那么系统恢复后污泥老化会好转，但还是要维持好负荷。

（5）用引进较高有机物浓度的进水应对污泥老化问题时，要慢慢提高负荷，突然产生冲击负荷的话，有可能导致出水超标的。

问题 42：米浆水 COD 在 1 万~2 万 mg/L，先沉淀后，COD 降低不大，但 SS 下降很多，上清液生化曝气，这样能否处理好？理论上 COD 高，只要菌活力大，能达到曝气量，就能够处理好，是吗？但难度很大，负荷高难控制是吗？

答复：

（1）你理解为污泥足够多、曝气跟得上就可以处理高负荷废水了。实际不是这样简单的，比如停留时间是否足够呢？曝气是否真的跟得上呢？

（2）如此高的 COD，如果进入好氧区超过 5000mg/L 的话，是很难处理达标的，所以前面要增加其他处理工艺，如水解酸化、厌氧反应器、生物塔、生物接触氧化，然后再用活性污泥法，这样后段的活性污泥就不会处于高负荷状态了，日常运行中负荷波动也可以承受。

问题 43：出水有细小颗粒流出、二沉池中悬浮大量污泥颗粒的问题是由于污泥老化了，我们判断是负荷较低造成的（食微比在 0.05 左右近一个月时间），按照理论现在应该加大排泥，因为负荷低，是应该适当降低回流比，但是如果降低的话，活性污泥在二沉池停留时间长，是否会造成污泥颗粒流出现象更严重（节日这几天较前段时间流出严重得多）？针对污泥老化，进水负荷又不是很高的情况，我们应该怎么做？还有个现象，虽然跑泥现象比较严重，但只是每天早上 6~10 时比较严重，过了上午 10 时，颗粒流出现象几乎没有，但是池中依然有悬浮颗粒，请问是什么原因造成的？

答复：

（1）污泥老化的话，还是要排泥的；回流比的降低，只要不是降低得太小（小于 30%），对出水颗粒影响不大（即使有影响，污泥浓缩也会提高，所以过几天就会缓解的，除非丝状菌膨胀）。

（2）进水负荷低不是适当降低回流比就能解决的，降低了也意义不大。降低回流比，二沉池内污泥停留时间会略微延长，但是，回流的活性污泥浓度会有所升高，所以，总体影响也不大。

（3）就只在上午出现颗粒流出的问题，主要是和水力负荷波动有关，但是，总体来说夜间出水悬浮颗粒物会比白天多一些。

问题 44：把用 PAC 和 PAM 凝聚过的污泥回流到生物池，长期采用此措施对生化系统有没有影响？短时间会不会有影响啊？

答复：

（1）PAC 和 PAM 凝聚过的污泥大部分是无机或尚未水解的固体颗粒，流入生化池后会提高污泥浓度，但有效成分不高，故处理效率及出水清澈程度会降低。

（2）当然有时也有好的一面，比如丝状菌膨胀，可以适当流入该类污泥，提高污泥的沉降性。

（3）短时间流入也要看流入量，少量的话没问题，持续 1 周以上的话，需要积极排泥置换出去，否则污泥活性降低，出水也会恶化。

问题 45：我这里处理的是油墨废水，工艺为：气浮+水解+接触氧化+沉淀；现在进水 COD 指标在 6000mg/L，气浮 COD 出水 1000mg/L，水解出水 COD 450mg/L，接触氧化出水 COD 250mg/L，一直这样有 15d 了。月底就要验收了，现在不知如何提高生化处理效率？

还有以下几个问题：

（1）物化阶段加 $FeSO_4$ 对生化阶段有无影响？我培养了一个月，氧化池的膜长得很差，是不是这个原因？还是因为 24h 在 3h 集中进水的原因（因为业主原因无法分配进水）？

（2）沉淀池出水 SS 高且浑浊，是不是因为营养物的投加不均衡导致污泥瘦小？

（3）外加碳源的计算以葡萄糖为例，该如何计算？

答复：

（1）接触氧化池的膜长得很差还是因为集中进水的缘故，与加 $FeSO_4$ 关系不大。

（2）沉淀池出水 SS 高且浑浊主要是废水水质不易降解导致的。当然水温也较为影响除去率。

（3）外加碳源的计算以葡萄糖为例的话，1g 葡萄糖相当于 1.06gCOD。进水 COD 不低，投加葡萄糖意义不大，当然，适当投加可以提升和改善活性污泥的性状。

问题 46：想请您判断我们厂污泥老化的原因是什么？① 从发生丝状菌膨胀后，我们一直坚持排泥，污泥龄控制在 18d 左右，为什么还会发生老化现象？② 最近 SV_{30} 略有升高，23%~28%，是否为水温的原因？我们这水温从 15℃ 降到 12℃。

答复：

（1）进水浓度如果 COD 只有 350mg/L 的话，BOD 也就在 150mg/L 左右，这样的浓度进入系统后，最后到达好氧段，底物浓度所剩无几，且不容易降解的部分较多。所以老化是必然的。

（2）进水有机物浓度低，势必影响聚磷菌的有效释磷并导致吸磷不佳，结果是除磷效果差，这个是 A^2O 工艺在低负荷情况下，经常出现除磷效果不佳的一个原因。但是脱氮效果还可以。

（3）污泥老化纠正需要一定的时间，18d 的污泥龄也不短，还可以降低些。

（4）SV_{30} 略有升高可能与丝状菌有关，可以用显微镜观察一下，与水温下降应该是相反的关系，不会因为水温下降导致 SV_{30} 升高的。

（5）图中池中心悬浮大团颗粒污泥通常在如下情况出现：

1）丝状菌膨胀，污泥沉降缓慢。

2）污泥老化，活性降低，部分污泥絮凝性不佳。

3）进水水力负荷高，污泥沉降时间不足。

所以，老化的原因可能是以上一种，也可能是多种情况综合导致的。

问题 47：ORBAL 氧化沟工艺中，外沟的溶解氧为 0.5mg/L，中沟的为 0.8mg/L，内沟的溶解氧在内沟的曝气设备全开时也只有 0.9mg/L，为什么上不来了呢？如果把外沟和中沟的溶解氧降低的话内沟会不会更低呢？

答复：

（1）DO 除了和曝气强度有关外，还和污泥浓度、进水有机物含量和曝气地点有关。

（2）氧化沟工艺属于低负荷工艺，溶解氧低一点问题不大。

问题 48：先前二沉池出水有颗粒，现在基本确定原因是由于我厂进水负荷偏低，现在我厂污泥浓度在 3500mg/L 左右，回流量 17000m³/h 左右，回流比 72% 左右，F/M 低，是否可以降低一下回流量？如果降低的话，会不会因为污泥已经老化，造成漂流颗粒更加严重呢？

答复：

（1）回流比降低与否，和污泥老化调控关系不大，污泥老化，可以通过降低污泥浓度来实现。

（2）你可以逐渐降低污泥浓度到 3000mg/L 左右，看看效果如何。我的建议还是如果出水合格就维持现状，毕竟降低污泥浓度在冬季来说也是不太好的。

问题 49：在水解酸化+耗氧工艺中，水解酸化出水到耗氧池是上清液好还是泥水混合液好？剩余污泥是在水解部分排出还是在耗氧末尾排出？

答复：

（1）水解池出水是上清液流到后续好氧池，混合液夹杂了很多杂质（包括无机物），这样容易导致好氧池活性污泥性能降低，出水容易浑浊。

（2）排泥需要在好氧池进行，水解酸化池一般不需要排泥，如果水解池无机杂质过多，则需要排泥。

问题 50：前段时间由于污泥龄比较长（在 70d 左右），加之进水 COD、氨氮比较高，pH 值也出现高值（大于 10），生化池出现黑色的泡沫，且沉淀池出水悬浮物突然增高，然后加大排剩余污泥，污泥龄在15d左右，但是过了10d左右，出水悬浮物并未降低，基本没有变化，出水的COD稍微高了点，有时在60mg/L左右。请教一下，出现这种情况是由于污泥老化所致吗？如果是老化，大量的排泥需要多长时间恢复啊？溶解氧的控制还比较到位，未出现低于2mg/L的情况。

答复：

（1）首先要判断污泥是否老化了，这个可以通过最近阶段的食微比来确认。

（2）实在没有此数据，就看看出水悬浮颗粒的间隙水是否清澈，如果清澈则可能是污泥老化了；如果浑浊，那有可能是进水浓度高导致的负荷冲击。

（3）如果是负荷冲击就不要排泥过度了，也就是说只要保持比正常排泥略低的排泥量即可。

（4）你提高COD，氨氮进水升高，则生化系统会受到进水冲击，就容易导致出水悬浮颗粒增多。

问题51：我厂是广东的一个市政污水处理厂，出水按GB 18918—2002 一级B标排放。设计进水水质：COD<280mg/L，BOD<140mg/L，TN<40mg/L，TP<6mg/L，氨氮<30mg/L，设计水量35000t/d。目前我厂的实际进水水质为：COD<180mg/L，一般为70～150mg/L，BOD<60mg/L，一般为20～30mg/L，TN约为25mg/L，TP为2.5～5mg/L，氨氮<20mg/L。卡鲁赛尔2000氧化沟工艺，采用安徽国祯环保的倒伞形表曝机四台（75kW，其中2台变频），MLSS在3000mg/L左右。现在当进水COD在120mg/L以上的时候，四台表曝机全开起来，氧化沟中的DO却很难提升上去，基本上都在1.5mg/L以下，再也提升不了了。二沉池局部会出现雪花状的污泥往上浮，出水TP不达标，经常在2mg/L左右，TN有时候也超过20mg/L。我们还在氧化沟的出水端加8%的PAC溶液进行化学除磷，但是出水TP还是很难降到1mg/L。请问按照国祯的倒伞形表曝机充氧效率和我厂的进水水质，为什么DO会上不去呢？有什么比较好的建议和措施呢？

答复：

（1）DO除了和微生物浓度有关外，还与进水流速或者说流量有关。在进水流量或者回流也很大的情况下，可能导致DO上不去；当然也有可能是检测不准确。

（2）进水有机物浓度过低，而活性污泥的浓度相对过高，会导致排泥显著减低，其结果是TP无法有效依靠排泥加以去除。

（3）氨氮在氧化沟工艺中也是可以通过硝化和反硝化去除的，但是进水有机物浓度低，导致反硝化去除不彻底。虽然不彻底，但是还是有去除效果的，所以去除效果比TP的效果要好。

（4）可以通过排泥（循序渐进地排泥，不要短时间内排泥过多）逐渐改善系统运行环境，看看是否可以提高氮磷的去除效果。

问题52：有个问题请教，好氧池水发红会有哪些情况？说明一下不是染料的原因。

答复：

（1）不知道你的工艺是怎样的？如果说处理水量不大，前段物化处理又有三氯化铁作为絮凝剂的话，有可能是过量或者沉降不好导致的。

（2）不知道你说的红色是怎样的红色？因为每个人对红色的程度感觉不一样，如果是暗红色，也有可能是水质决定了微生物种类导致的，这种情况通常是长期存在的颜色发红。

问题53：我厂近期进水浓度很低，有大量的雨水，出水较稳定，泥水分离很好，很清，但是这两天突然有这样的情况，污泥浓度从 2000mg/L 慢慢降低，昨天降低到 1700mg/L 左右，今天降低到 1500mg/L 左右，现在（晚上）才 1300mg/L 左右，而出水越来越清（现在看起来就很透亮），一直还没有排过泥，现在还一直投加营养源（面粉）。令我很费解的是，污泥浓度怎么会不断降低呢？

答复：

（1）是否为局部搅拌设备或曝气设备故障导致污泥于某处沉淀。

（2）检测数据是否有偏差。

（3）本身进水浓度过低，导致活性污泥被动减少。

（4）虽然没有主动排泥，也要看看有无阀门关闭不严或者漏损出去的。

（5）是否进水量较大时沉降不佳导致瞬时大量污泥流出系统呢？

（6）投加了面粉后会改善活性污泥的性状，有利于出水清澈。

问题54：奥贝尔氧化沟工艺，设前置厌氧池，进水浓度因雨季而奇低，加工业葡萄糖应该在哪个位置？是格栅前还是直接加至氧化沟合适？宜什么时候添加？

答复：

（1）我认为没必要加葡萄糖。如果系统承受低浓度进水，进水量会升高，故进入系统的有机物总量变化不大。

（2）即使进水有机物总量下降了，也可以先通过排泥降低污泥浓度来应对。投加葡萄糖费用不小，慎之。

（3）非要投加的话，就在氧化沟首端连续投加。

问题55：有个问题想请教您：制浆造纸废水，进水 pH 值为 6.23，进了水解酸化池后 pH 值为 7.22~7.70，水解流入曝气池后，出水 pH 值在 8.33~8.75，请教一下是什么原因造成的？理论上如何解释？

答复：

（1）如果这种现象偶尔出现的话，多半是水质 pH 值波动大所致，比如前段来水 pH 值高，后段来水 pH 值低，则会出现你说的情况。

（2）如果不是进水 pH 值波动过大的话，多半是微生物对原水中糖分分解完成，再分解蛋白质时导致 pH 值上升；同时，原水污染物在降解时产生了氨，导致水解酸化池出水 pH 值升高。当然，这期间没有考虑反硝化和硝化的影响，你也可检测看看的。同时，水解酸化池出水含有较多有机酸，进入曝气池后，有机酸被降酸，曝气池出水的 pH 值会进一步升高。

（3）另外，要排除 pH 值检测的精度问题。

问题 56：书中提到好氧段 DO 控制在 1.0mg/L 左右就可以满足微生物需求了。水中监测到的溶解氧是满足微生物需求量后剩余的氧气，也就是说污泥状态优异且曝气均匀情况下 DO 在 0~0.1mg/L 为最佳充氧效果。为何不能将 DO 控制在 1.0mg/L 以下的水平？

答复：

（1）我们说的曝气控制在 1.0mg/L 左右是指曝气池末端，具体在曝气池前段基本上就是 0 了，中部在 0.5mg/L 左右。

（2）所以说出口控制在 1.0 左右是合理的，你说的"污泥状态优异且曝气均匀"是理想状态，实际上做不到。

（3）DO 在 1.0mg/L 是指仅针对有机物浓度降低而言的，如果有脱氮除磷要求，则好氧池 DO 需要维持较高值，一般建议维持在 3.0 左右。

问题 57：张老师，进水总磷是 20mg/L，按照 100∶5∶1 的计算，总氮应该是 100、BOD 应该是 500 吗？是否这样计算的？

答复：

（1）这个 100∶5∶1 很多水友看了会觉得不难理解，新手看这个比值，很容易倒过来看，但是实际是不能倒过来看的。

（2）实际这个比值是用来判断处理有机物是否缺氮磷的，用这个公式来计算后判断的，如果计算下来需要的氮磷在进水的原水里不含或含量不够，就要对生化系统补充氮磷，以便为微生物正常代谢繁殖提供必要的氮磷元素，否则，微生物正常繁殖和功能发挥会受到影响，进而影响污染物的去除率。

（3）如果倒过来看，说污水、废水里有这么多氮磷，然后要降解这么多氮磷需要多少有机物，最后发现废水里有机物不足，然后要补充碳源，这个是不对的，需要补充多少碳源来配合降解氮磷是有其他公式来计算的，不是用 100∶5∶1 来计算的。一般是用 COD、总氮的比例为 5∶1 来补充碳源的。

问题 58：三丰老师，我这边存在的主要问题是调试 20d 后，水量逐步提升，在处理量 40t/d 的情况下，水质比较稳定，镜检有钟虫等微生物。当水量提升至 60t 后，出水水质开始变差，颜色变深。大概过了一个礼拜，活性污泥类微生物消失了，出现大型后生动物。目前出水 COD 和氨氮都不达标，尤其是 COD，进水从 1000 才降到 600，氨氮效果还不错，氨氮进水从 1100 降到 80 左右。通过 PH 监测发现，好氧池水都发酸，大概 6.2 左右。我猜测是氨氮降解导致的过度酸化。抑制了自养细菌的生长，导致 COD 去除率很低。但是硝化细菌确很好，不太理解，按道理酸性也会抑制硝化细菌的生长。进水量很小，每小时 4.5t 水，每天进 12h，只白天进水，晚上不进水，鼓风机间歇曝气，开 2h，停 1h。因为对总氮不检测，故回流泵基本很少开，污泥回流也开得少。污泥泵每天回流 5min，硝化液每天回流 0.5h。

答复：

（1）主要问题是你在 1 周内把有机负荷提升了 1.5 倍，这个负荷提升太快了。

（2）负荷太快提升的话，微生物节奏无法跟上去，这样的培菌速度推进太快了。

（3）从好氧池液面看，液面白色泡沫很多，是典型的有机负荷过高所致。

（4）所以，培菌调试时，有机负荷不能提升太快，要慢慢提升。

（5）你的工艺是接触氧化法，更加需要慢慢提升负荷，因为生物膜生长比活性污泥法更慢，更加需要缓慢提升有机负荷。

问题 59： 食品厂废水培菌进行中，泡沫多，后续要如何控制？

答复：

（1）从你发来的照片看，大量白色黏稠泡沫状态很正常。

（2）后续大概还有 5~7d 会转入正常状态。

（3）注意曝气不要过头，增加的负荷要缓慢，不要一下子使进水负荷太大。

问题 60： 我们接种的是污泥浓缩池的污泥，这个和二沉池的回流污泥接种比较，有什么区别吗？

答复：

（1）污泥浓缩池的污泥多半是厌氧污泥，而你把厌氧污泥投加到好氧池去接种，相对来说，有效成分不高，启动时间就比二沉池的污泥接种要慢一些。

（2）污泥浓缩池还常常含有初沉池等排来的无机污泥，所以接种了污泥浓缩池的污泥，好氧池内的污泥杂质会比较多，就会对检测好氧池的污泥浓度造成偏差干扰。并且培菌初期上清液会更加浑浊，悬浮颗粒会更多。

（3）总体来说的话，有二沉池污泥就接种二沉池的回流污泥，没有的话，可以接种污泥浓缩池的污泥，当然，为了运输方便，也可以接种脱水后的污泥。

6. 生物接触氧化法问答

问题 1： 工业废水在利用生物接触氧化时，是否应该控制进流的有机物浓度？大概在什么范围？

答复：

（1）这完全取决于你对出水的要求。如果接触氧化后直接排放，应该要控制进水有机物浓度。此浓度控制多少取决于接触氧化池去除效率，可以从运行中积累数据得出，以此判断其可能的最大抗有机负荷能力。

313

（2）对生化处理系统而言，不但要控制进水有机物浓度，还需要维持进水有机物浓度的稳定，避免进水有机物浓度波动过大。

问题2：你所见过或者调试过的接触氧化处理，效率最大和最小的各为多少？应该有个数据范围吧？假设出水为一级标准，那么这个进水有机物浓度的范围就出来了，当然这个好像没有什么普遍性。

答复：

（1）稳定运行时，接触氧化处理效率约60%～95%，这个与其在工艺中的位置和原水水质有关。

（2）通常在处理工业废水，尤其是制革、染料废水时，处理效果较低。

（3）接触氧化处理对进水 COD 浓度为 1000～1500mg/L 的废水比较合适。

（4）通常为了保证出水水质，不会单独设置接触氧化池，而是会配合二沉池或活性污泥法。

问题3：接触氧化适合低浓度的有机废水吗？

答复：

（1）生物膜法的特点中有一点就是抗冲击负荷能力强，也就是高负荷对生物膜的损毁程度较对活性污泥法的活性污泥要小。为此，工艺搭配上多半是接触氧化法放在活性污泥法前面进行串联运行的。

（2）低负荷方面，如果仅仅是为了进一步降低出水有机物浓度的话，接触氧化法确实比活性污泥法稳定，因为活性污泥在低负荷状态下更加不易维护，而生物膜法可较好地适应。

问题4：牛仔废水，工艺是物化+水解酸化+接触氧化，现在接触氧化池 SV_{30} 有85%，DO 为 2～3mg/L，进水 COD 为 600mg/L 左右，出水 COD 为 150～200mg/L，二沉池上面漂浮很多泥，很细。因为在调试培养期间，已经有一个半月没有排泥，每天进水量 350～400t，池容积 350m^3。镜检发现丝状菌较多，菌群数量很少。

请问这种情况是否是污泥老化严重，并且出现污泥膨胀？想采取多排泥、加大回流并多投加营养（尿素、磷肥、生粉）的措施解决，这样是否有效？排泥的量大概多少？每天排多少？排几次合适？

答复：

（1）浮渣产生与丝状菌膨胀有关，其机理是丝状菌膨胀后导致夹带气泡的能力上升，由曝气导入的气泡即可夹带污泥上浮。对策还是在丝状菌的控制上，有条件的话重新培养活性污泥。但也要鉴别是否为丝状菌导致的膨胀，如果不是丝状菌导致的膨胀，需要在生化处理前的物化处理单元去除原水中容易导致活性污泥膨胀的物质。

（2）当然各工艺指标控制合理，也可以带丝状菌的状态稳定运行，只是抗冲击负荷能力偏弱。你的生化系统中接触氧化池应该是泥膜共生的，所以要鉴别下丝状菌的种类，看是否为恶性程度高的，直而光滑、细长的丝状菌类型，如果不是，则系统总体风险不大。

（3）工艺方面保持 F/M 在合理范围内，曝气区不留死角。营养物质检查后须合理投加；另外，不论何种情况，长期不排泥是不行的。

问题 5： 在相关图书上看到接触氧化池在进水 COD 超过 800mg/L 时处理能力明显下降，是这样吗？

答复：

（1）不能一概而论。进水浓度高了，出水浓度自然也会相对升高，当进水浓度高到一定程度后，自然就会导致出水超标了。

（2）高过 800mg/L 的 COD，处理效率是否变差，应该和进水可生化性、生物接触氧化池的停留时间、运行管理、负荷稳定性等因素有关。

问题 6： 接触氧化法，挂填料的，与活性污泥法在 SV_{30} 上可以一样吗？有人指点说接触氧化池 SV_{30} 应该达到 30%，但是我们的两三个工程中除了一个食品厂的废水可以达到 15%，印染水和啤酒水都清得很，根本没有泥沉积。我觉得接触氧化法，生物应该挂在填料上了，不应该看 SV_{30} 了吧？

答复：

（1）生物接触氧化法通常不设回流，所以池内活性污泥浓度是无法提升的。

（2）如果设置了回流，活性污泥和填料上的生物膜将共生，这样会增加生化系统的抗冲击能力；如果进水有机物浓度不高的话，就没必要促成泥膜共生了。

（3）两者也存在着竞争，故在操作上会相对复杂。

问题 7： 生物接触氧化池被我养得没泥了，只有少部分生物膜还在纤维填料上，在水中发现有脱落的生物膜。现在应该怎么办？加泥还是重新培养？

答复：

（1）如果接触氧化池没有泥了，出水指标还达标的话，依靠挂膜就可以了，没必要担心。

（2）如果接触氧化池后的沉淀池没有设置回流到接触氧化池的回流系统，那接触氧化池培养出稳定的活性污泥就变得不可能了。

问题 8： 生物接触氧化池，因为活性污泥培养没了，只有填料上的膜了，现在脱落也比较严重，曝气情况下曝气池水中都是脱落下来的膜絮体，二沉池也有这样的絮体。正在尝试着找到适合的水量，现在出现的泡沫是乳白色细小泡沫，有点黏性，不容易破碎，成团时表面都有脱落下来的膜（细小污泥）附着在上面。这种泡沫可能是什么原因产生的呢？我判断应该是曝气量过大，与化学泡沫的特征相似。

答复：

（1）按照泡沫性状，看看是否是负荷太高了，比如曝气池液面是否有很多白色黏稠泡沫。

（2）因为膜有脱落，相对负荷就高了，如此就容易产生这类泡沫。

（3）稳定操作后，生物膜恢复，泡沫就会减少了。

（4）曝气池有生物接触氧化池剥落下来的生物膜流入是很正常的，这是接触氧化池正常生物膜更新的必然结果。

问题 9： 在填料上面的生物膜，这两天多起来，不过好像又不是，丝状的，半透明，滑滑的，都不知道是什么。泡沫的问题解决了，减少进水，还用人工把散过消泡剂留下来的表面搞掉，排排上表面水，黏性的碎泥太多了，二沉池水很浑浊，都是丝状的东西，也像是弹性材料上脱落下来的生物膜；SS 肯定和进水的时候类似，估计还比进水高，会不会是丝状菌膨胀？接近池底的纤维材料发黑，是不是供氧不足？还是因为短流问题导致的（上进上出的设计，而且长方形的池使宽进宽出）？

答复：

（1）填料底不发黑不见得就是供氧不足，可能是供氧不均匀，具体检测 DO 可以确认。

（2）填料上滑滑的、透明的生物膜多半可能和废水性质（工业废水）有关，我想也是过渡时期出现的，等操作参数稳定和正常后会减少，同时，DO 降低也可以加速其消失。

（3）出水混浊也和生物膜脱落后被打碎有关，毕竟生物膜不像活性污泥是可以直接絮凝的，生物膜被打碎后就不能絮凝了。

（4）及时捞出浮渣还是需要的。

（5）消泡剂不到万不得已尽量不要使用。

（6）生物膜上容易生长丝状菌，但是，一般这类丝状菌与曝气池内活性污泥中的丝状菌有所不同，一般不会引起曝气池活性污泥爆发丝状菌膨胀的。

问题 10： 如果通过出水去除率判断的话，时间是否需要长一些（实验结果曲线反映）？原来纤维填料颜色比较白，现在颜色深了，变成深绿的，附着的虫也较以前多，这样能否判断挂膜成功？另外，接触氧化池挂膜一般采用什么方法？投加什么养料？

答复：

（1）进水底物浓度满足要求，供氧跟得上的话，营养剂充分，无须特别投加什么即可保证挂膜成功。如果想加速挂膜，可以接种些活性污泥来培养生物膜。

（2）生物膜出现绿色，说明部分藻类已在膜上生成，我们认为挂膜基本成功了。

7. 泡沫、浮渣类问答

问题 1： 能不能阐述一下污泥老化形成黏性泡沫的机理呢？

答复:

（1）进水有机物过高，使经过曝气后的水体表面张力加大，形成泡沫，因夹杂高有机物，泡沫带黏性，这个从水跃发生时，周围聚结的泡沫程度可见一斑。如自然水体发生水跃时，泡沫堆积有限，通常不超过半米，而废水处理设施排口存在水跃的话，泡沫堆积超过半米是常有的事情。而我们知道自然水体有机物含量很低（25mg/L左右）。

（2）活性污泥老化后会产生解体，解体的细小活性污泥颗粒会黏附在产生的泡沫上，助长了泡沫的不易破裂性，自然黏性会加强。

（3）泡沫产生的原因较多，需要综合其他控制参数来进行分析确认的。

问题2: 关于白色泡沫:我的标准排放口有时带着大量的白色泡沫，有黏性，测COD在50mg/L以下，这是什么原因？生化池里都没这种现象的。

答复:

（1）主要是因为排放口的水跃明显，所以泡沫容易堆积；另外COD为50mg/L较一般河流高了1倍，所以，也较河流内有水流处更容易堆积白色泡沫。

（2）不是所有泡沫的出现都代表系统有问题的。

问题3: 三沟式氧化沟处理能力2万t/d，预处理是平流式曝气沉砂池，氧化沟运行周期为8h，1.5h转刷低速运转，1.5h转刷高速运转，1h沉淀，另4h相同。中沟DO约3.5mg/L，SV_{30}为7%，MLSS为1319mg/L，灰分为42.6%，污泥指数83，进水COD为200mg/L，BOD为100mg/L，出水SS为28mg/L，COD为63mg/L，BOD为10mg/L，NH_3-N为5mg/L，出水DO约0.7mg/L。氧化沟转刷运转时全是一个个灰白色的大泡泡，转刷停止泡泡挤在一起成了一大片灰白色漂浮物，有10cm的厚度，出水混浊。请问应如何控制工艺？

答复:

（1）从COD及BOD的去除率可以看到，BOD的去除率很高，说明微生物已经尽力了，再要依靠微生物降低BOD已经不太可能了。而COD的去除率不高，说明出水的这部分COD属于难降解部分。因此，已无必要刻意提高微生物的有机物去除率了。

（2）目前看到的泡沫及出水混浊，基本认定为活性污泥老化，停留时间过长所致。

（3）从实用角度讲，出水达标即可，至于液面泡沫等，在此种低负荷条件下也是不可避免的。最多降低点MLSS，适当改善一下。

（4）有条件就延长废水在生化池内的停留时间，以达到最大净化效果。

问题4: 在调试一家织造水洗废水时，发现接触氧化池的泡沫多得惊人，进水量增加，泡沫就一直增多，泡沫小而密实，以白色为主，用水消泡很难。做实验微生物没有异常，SV_{30}为40%，出水还可以，COD不高，为200mg/L，可生化性一般，但含有硅油。近期就要检测验收了，请问是什么原因造成的？有无解决的方法？

答复：

（1）这样的泡沫多见于活性污泥浓度快速增长期（活性污泥的对数生长期）或培菌初期，我想系统进入正常阶段的话就会好些。

（2）水体里含有油类的话，容易形成泡沫。

问题5： "污泥龄过短会使泡沫增多，泡沫的色泽呈茶色或灰色等其他颜色则有可能是污泥龄太长"这句话怎么理解？另外，微生物活性高也会导致如此厉害的泡沫吗？从原理上应该怎么理解？

答复：

（1）泥龄过短也就是相对地提高了污泥负荷，导致微生物被动处于对数生长期。泡沫茶色代表污泥龄过长，通常为污泥老化解体所致。

（2）微生物活性高指的是因为底物浓度充足，而导致微生物处于对数生长期，此时的活性污泥因为微生物的活性高而不容易絮凝，结果就是曝气后加剧了微生物的解体。解体的微生物同样具备高有机成分，它与进水高有机成分一起作为产泡原因，产生大量白色黏稠泡沫。上述现象通常在培菌阶段出现，但是在进水负荷突然剧增时，同样可以在培菌结束后的运行过程中出现。

问题6： 我厂主要处理含苯胺、氯苯、硝基苯的工业废水。现阶段存在的问题是在物化阶段投加了PAM、PAC后，池子上有大量的浮泥。工艺控制为：pH值为6~9，温度为25~40℃。还有一个问题，就是PAM和PAC能否同时投加？

答复：

（1）浮泥通常与调整的pH值不适合，与进水固有成分容易起泡有关。我的建议是通过现场小实验（杯瓶试验），确认出最佳投药组合。

（2）PAM和PAC组合投加是很常见的。应该先投加PAC再投加PAM。另外如果调整后浮渣还是很多，可以将PAC换成三氯化铁进行尝试。

问题7： 沉淀池这两天老有泥块上浮，目前进水COD为150mg/L左右，污泥浓度不高，工艺类似UNITANK，晚上停止进水和曝气，第二天早上就有泥块浮起。请帮忙分析下原因。

答复：

既然晚上不进水，也不曝气，那有污泥上浮应该是很正常的。半夜开一开曝气，可追加自动控制装置，我想会好转的。

问题8： CAST工艺在滗水阶段有小气泡冒出，请问是什么原因造成的？首先排除反硝化气泡，由于硝态氮浓度较低，也排除是曝气管里余气，因为已经放空了。

答复：

（1）不知道产生气泡的数量有多少。滗水阶段也是沉淀阶段的后期，部分活性污泥缺氧和正常代谢活动的也会产生气泡，最终浮出水面。

（2）并不是说反硝化才会有气泡的。缺氧状态下，部分微生物继续分解有机物时也同样会产生气泡上浮，只是在曝气阶段时我们看不到而已，一般对系统影响不会太大。

问题9： 我们厂采用的是奥贝尔氧化沟。近一周时间，出现了下列现象：内沟开组转碟，上午溶解氧为 $2\sim3mg/L$，下午同样开两台转碟，溶解氧小于 $1mg/L$；同时，二沉池表面漂着厌氧的泥块，水中悬浮着很多细小的泥颗粒。这是怎么回事啊？

答复：

（1）如果不是连续运行的话，刚开始，进水量是逐步提升的，也就是进入氧化沟内的底物浓度是逐渐升高的。这样的话，溶解氧需求也是逐渐升高的，那么到后期就会出现溶解氧降低了。

（2）如果是连续运行的系统，也要看看进水在不同时间的有机物浓度是多少，以及进水量的变化，比如上午进水量小、下午进水量大。

（3）浮泥和细小悬浮颗粒的问题，应该和局部低溶解氧、污泥老化相关（如果不严重，可以忽略）。

问题10： 最近一段时间，二沉池漂浮着细细的白色污泥。本厂采用的是传统活性污泥法与 A^2O 法相结合的工艺，我仔细观察二沉池，发现用嘴吹的话，白色细细的污泥分开后马上又聚合在一起，成片地漂浮在池子上面。请问是什么原因？

答复：

（1）这样的情况在曝气过度、污泥有点老化时比较常见。

（2）也有可能是这种情况：气温升高后，水温也升高，使污泥代谢加快，部分活性污泥被淘汰后受曝气而在二沉池出现。总地来说对系统影响不大。

问题11： 昨天池子黑黑的，就不进料了，只有闷曝了。今天早上水还是有点黑，就进水稀释了，也刮了点泥，下午看曝气池泡沫大了，而且颜色有点黄。看三丰老师的书对照，说污泥老化有这个颜色，但做了 SV_{30} 实验，还是沉淀慢，上清液不清，但测 DO 变大了，仪器直接在曝气时测得为 $4.0mg/L$，准备减小曝气了。现在有个问题，污泥老化 SV_{30} 实验沉降快得对不上号，不知如何理解？

答复：

（1）你进行了闷曝，所以出现你看到的状况（泡沫、沉降慢），恢复进水会好转的。

（2）从泡沫来看，不是污泥老化，也不是负荷高（带了解絮污泥），所以看上去还是闷曝导致的，这个从污泥颜色也可以判断。

（3）多记忆不同状态的活性污泥性状，对以后的系统判断有帮助。

问题12： 早上曝气停止几个小时后取了个水样观察，与往常没什么区别，

319

曝气10h后再次取水观察，颜色完全变了，不知道是什么原因？还有不知为何这几天进水后就会出现很多泡沫浮渣？

答复：

（1）"早上曝气停止几个小时后取了个水样观察"说明曝气后有充分的沉淀时间，这有利于活性污泥（包括细小菌胶团）的沉淀，所以水体颜色不深。

（2）"曝气10h后再次取水观察颜色完全变了"首先可能是沉淀时间还不够；其次，水体长时间曝气，细小菌胶团和游离的细菌会增多，导致水体颜色变深。

（3）油墨废水本身不容易降解，部分污染物被活性污泥吸附，在得不到及时降解后，该部分活性污泥活性降低，导致泡沫上有棕色浮渣产生。

问题13：沉淀池上面死泥多，一个星期左右后就变少了。请问是什么原因？

答复：

如果是沉淀池的话，通常有如下原因：

（1）反硝化导致的污泥上浮（曝气池无浮渣）。

（2）丝状菌膨胀导致污泥黏度增加，继而进入沉淀池后，夹气上浮（此时曝气池也会有同样的液面浮渣）。

（3）污泥中毒导致污泥上浮（通常伴随出水浑浊）。

（4）pH值变化过大导致污泥上浮。

（5）当以上导致沉淀池死泥的原因解除后，死泥就会减少。

问题14：今天在初沉池进水时，分配井出现大量白色泡沫，而且进水颜色发黄。在我厂上游有一大型印染企业，平常氨氮排入下水道超标，但进入本厂却在50mg/L左右，我想进水颜色发黄应与印染企业排放有关。生化池出现大量泡沫，特别是A^2O组，好氧段出现大量白色泡沫。二沉池回流比为116%，污泥龄在9d左右，溶解氧偏高些，二沉池外圈出现多量上浮泥块，当回流比降至75%左右时，生化池溶解氧偏低时，仍然有漂泥，但是二沉池未形成反硝化上浮的条件。我想问的是如果进水中含有大量的表面活性剂（LAS）的话，是否能造成上述现象？表面活性成分会造成活性污泥在二沉池上浮吗？

答复：

（1）表面活性剂可以造成泡沫偏多，但是生化池前段有水跃的地方也会有比平时多的泡沫。

（2）表面活性剂不会造成污泥上浮。

（3）表面活性剂的泡沫多半在阳光下会出现五颜六色的感觉，而负荷高的泡沫白而黏，不会有五颜六色的感觉。

问题15：请问图9-18和图9-19的生化系统液面浮渣是什么原因造成的？为何沉降比照片中会有污泥分层现象？

答复：

（1）根据和你的交流，判断出浮渣主要是污泥浓度过高加上过度曝气导致的。

图 9-18　生化池浮渣照片

图 9-19　生化池沉降比实验照片

（2）在高污泥浓度情况下，污泥容易老化解体，如果此时你再过度曝气，污泥解絮加剧，更加会裹挟气泡上浮而成为棕黄色的浮渣。

（3）你的沉降比实验出现污泥上浮状的污泥分层现象也是因为如上所说的原因，只是，在量筒里面因为量筒直径小高度大，而二沉池直径大高度小，量筒壁会对已经絮凝成团的菌胶团形成支撑作用，所以，更加容易出现污泥分层。

（4）建议你降低曝气量，逐渐降低污泥浓度，可以对目前液面浮渣的生成起到缓解作用。

8. 脱氮除磷工艺异常问答

问题 1：我目前调试的主体工艺为：缺氧+好氧+缺氧+好氧，当 COD 高时，氨氮去除效果很差。进水氨氮为 200mg/L、COD 为 1000mg/L，前段时间氨氮进水为200mg/L、COD进水为200mg/L的时候，氨氮出水效果很好（40~50mg/L），设计值为60mg/L，COD主要用废甲醇液。目前调试了一个半月，不长泥，测污泥浓度为2000~3000mg/L，SV_{30}为10%~15%，公司要求尽快调好，但是目前怎么做比较合适？

答复：

（1）MLSS已经有2000~3000mg/L，要确认F/M，再看看是否要提高其浓度。氨氮硝化需要长污泥龄，如果进水有机物提高了，降解有机物的菌种就会占优势，反过来，硝化菌就会不具优势，故出现COD上升后氨氮去除率降低的现象。

（2）氨氮去除需要硝化和反硝化过程，其中硝化阶段还与多个控制参数有关，比如pH值、溶解氧等。这些指标是否满足或有所变动也要确认的。如高COD时，溶解氧上不去，DO低于2.0时，那么氨氮的去除率就会受到影响。

（3）仅仅考虑氨氮指标的降低，关键在硝化段。但是要彻底去除硝态氮，需要在硝化段结束后，通过反硝化进行进一步降解。硝化段对进水低有机物浓度无要求，反硝化段则需要足够的进水有机物浓度。

问题2：进水COD为120mg/L左右，NH_3-N为40mg/L，要求出水COD为80mg/L，NH_3-N为20mg/L，采用A^2O工艺。因为进水COD太低，污泥一直培养不起来，不过COD达标没有问题，经过几个生化池后出水为70mg/L左右。可NH_3-N却不达标，一直是在30mg/L左右，而且进水设计是60000t/d，实际只有20000t/d。现在有两种想法：一种是加污泥驯化，可因为进水COD太低，需每天大量投加营养维持，似乎不太现实；另一种是在缺氧区投加化学物质（有搅拌机），或者在曝气池内投加，用化学法去除NH_3-N，二沉池当作絮凝沉淀池用。请问哪种方法更好一点？或者说有什么其他更好的方法来处理？在实际操作中，我们也是这样做的，也不知道效果会是什么样的。这样做好不？

答复：

（1）水量不小，外加碳源，成本过高，也是没有必要的。

（2）既然COD出水已满足要求，那么氨氮，可以通过调整好氧池运行来达到出水要求。

（3）由于硝化菌是自养菌，在碳源不充分的条件下反而有利于硝化菌繁殖，所以，需要你控制好氧池的DO不低于3.0mg/L，pH值不低于7.0，如此，按照80%的氨氮去除率，你的出水氨氮达标问题不大。

（4）当然，由于硝化反应后，氨氮转化为了硝态氮，所以总氮不会有多大减低，要去除总氮还需要等到进水有机物浓度有所提高后方能充分发挥反硝化的脱氮作用。

问题3：最近单位TP一直超标。前些日子SV_{30}一直往下降，从原来的20%降到10%左右。DO控制在3mg/L，而且出水浑浊。能见度极差，镜检污泥中表壳虫非常多。初步断定下来为污泥解体。调整工艺后，从原来的浓缩池中回流剩余污泥到 CASS。经过一个星期左右，SV_{30} 升至 25%，出水情况明显好转，能见度（水中视程）为 1m 左右，但是 TP 一直超标，而且出水比进水高很多。不知道是什么原因？目前回流污泥泵频率为 20，是否回流污泥偏小，造成在前段选择磷的释放不够充分？

答复：

（1）厌氧释磷，把浓缩池污泥回流到 CASS 池，自然池内磷含量升高。

（2）磷的去除依靠排泥最终完成。出水浑浊，说明有活性污泥流出；活性污泥吸收磷后（好氧阶段），由于性状不佳解体，出水 SS 升高，检测的值就包含了吸磷累积在活性污泥中的部分，所以检测值比进水高也就可以解释了。

（3）降低出水 SS，对降低出水磷含量有利。

问题 4：我厂采用的是改良的 A^2O 工艺（厌氧段前面加预缺氧段）。目前进水 COD 在 600mg/L 左右，pH 值在 7 左右，电导率为 2300μS/cm，池容 28000m³。现在在曝气量为 12000m³/h 的情况下，好氧段的 6 号廊道（进水顺序为 6、5、4）DO 一直上不来，一般都在 0.1mg/L 左右，在生物池上看曝气情况良好（采用微孔曝气盘，在探头附近有一个曝气盘损坏，但是经过排查，这个不是影响探头附近 DO 的主要原因），比较均匀。进水水质没有问题，但是好氧段 6、5 两个廊道内 DO 快速下降的现象目前也经常出现。氨氮在整个过程中一直呈上升的趋势，没有去除效果。请问：① 好氧段 DO 快速下降应该从哪些方面来考虑（我厂附近有皮革厂、拉管厂，还有一些电镀厂）？② 工艺该如何控制才能保证氨氮的去除效果？

答复：

（1）溶解氧首端低与进水有机物被迅速吸附于活性污泥表面，微生物快速分解消耗大量溶解氧有关，可不必太在意这部分溶解氧的下降。

（2）后段需要保证溶解氧充足，否则，以目前的溶解氧，氨氮是无法有效硝化的。

（3）污泥浓度需要适当提高，以相对降低污泥负荷，确保硝化菌的优势生长，pH 值方面要保证不低于 7，溶解氧不低于 3.0mg/L。

问题 5：我厂处理的是生活污水，前段时间出水总磷在 1mg/L 以下，近期由于连续的暴雨天气，出水总磷在 1.5mg/L（不投加化学药剂除磷）。池内污泥浓度在 2000mg/L 左右，污泥沉降比在 10%~15%，F/M 为 0.42，厌氧池 DO 在 0.3mg/L 以下，NO_3-N 为 1~2mg/L，但厌氧池的释磷不充分，好氧池溶解氧浓度在 4~5mg/L。目前已减少剩余污泥的排放量，进水浓度依旧很低，请问在这种情况下应该采取何种措施来提高污泥浓度呢？如何降低出水总磷呢？

答复：

（1）既然负荷不高，我觉得没必要提高污泥浓度，相信出水 COD 也是达标的。

（2）除磷还是要靠排泥，现在降低排泥，自然出水磷会升高了。

（3）曝水后进流水量增加时，可以降低回流比，增加废水在生化池的停留时间，以提高有机物利用率，为厌氧区域释磷提供优良条件。

问题6：（1）污水量减少约25%，第二天出水水质马上就转为浑浊，请问是不是活性污泥抗冲击性较差？

（2）水量减少后，TP升高，SV_{30}由50%左右降为25%，而且沉降速率明显加快。我们最初判断是污泥老化，于是降低DO，加大了排泥，略微加大了回流。不知道是否正确？

（3）二沉池有非常细小的颗粒随水流出，二沉池中心还有悬浮污泥，请问是什么原因？是老化的原因吗？

答复：

（1）可以理解为活性污泥对水质变化的适应性不高。因为是降低进水导致的水质波动，所以不能理解为活性污泥抗冲击性较差。

（2）降低DO，加大了排泥，略微加大回流的做法是正确的。通过你的对策，我想水质会改善的。但是，你的进水量一下子变化过大，所以，系统出现波动是正常的，可以观察1周左右，再最终判断处理系统是否仍需要调整运行工艺控制参数。

（3）二沉池有非常细小的颗粒随水流出，二沉池中心还有悬浮污泥，则污泥老化的可能性大。

问题7：如果进水水量大了，或者COD、氨氮高了，一般应该不变或调低回流比，以增长其停留时间。如果进水pH值异常波动或者有毒物质来了，应该增大回流比，尽量稀释。这个理解有问题吗？

答复：

（1）可以这么理解。不过氨氮与回流比高低关系不大，氨氮去除一般采用相对应的工艺。

（2）这里说的回流比是传统的曝气池+二沉池，此工艺非氨氮去除的工艺，故关联性不强。

（3）如果是脱氮除磷工艺，比如A^2O工艺，内回流加大将有利于反硝化的进行（硝化液充分回流到缺氧区）。

（4）pH值异常波动或者有毒物质来了，除了加大回流比尽量稀释原水外，适当加大排泥代谢去除有毒物质，促进新生活性污泥的增殖，有助于系统及时恢复。

问题8：我厂是A^2O工艺，夏天的时候遇到严重丝状菌膨胀，通过排泥、投石灰及各种调整等解决了此问题。现在工艺参数：进水量28000m³/d左右（每天总有几次瞬时流量在1700m³左右），进水COD为350mg/L，DO为

3.0mg/L 左右，回流比 65%，F/M 在 0.1 左右（9、10 两个月进水 20000m³/d 左右，COD 为 250mg/L 左右，F/M 为 0.05 左右）。现在运行存在的问题是：① 总磷出水不好；② 二沉池中始终有悬浮污泥，有时出水带有颗粒，有时又不是很严重，SS 出水检测多数都达标。请问该如何解决？

答复：

（1）磷的去除依靠排泥，至于磷的去除效率，取决于给聚磷菌创造的条件，比如厌氧段的溶解氧，pH 值等。

（2）跑泥主要是污泥老化所致。由于瞬时流量冲击，会出现有时漂泥、有时又正常的现象。

（3）磷的去除效率不高，也与污泥老化有关。

（4）综上所述，还是需要逐渐提高排泥量，直至系统稳定。另外，冬季气温降低，污泥也容易产生沉降效果不佳的现象。

问题 9：对于 A^2O 工艺或者其他脱氮除磷工艺来说，如果进水碳源较少，B/C 低，含有难降解的有机物，在水解酸化后，进入厌氧段、缺氧段，可能要进行反硝化和聚磷菌释磷、反硝化聚磷等反应，要消耗碳源而且是易降解的有机物。这种条件下，进入好氧段的碳源可能已经寥寥无几，好氧段易存在的共代谢作用就消失了，出水的 COD 会升高。从这个角度讲是不是应该减小厌氧段、缺氧段可能消耗碳源的反应，使后端好氧更高效率地去除呢？

答复：

（1）脱氮除磷都需要消耗碳源，反硝化菌较聚磷菌占优势获得碳源，所以 A^2O 工艺低负荷时，往往脱氮还可以，除磷不佳。

（2）对于后段好氧来说，易降解碳源不足自然是问题，不过，进入好氧段浓度已不高，所以，出水超标可能性不大。

问题 10：我们现在对污水处理系统进行升级改造，由以前的二级排放标准改成一级 B 类排放标准。原来的工艺是：初沉池污水进入生反池好氧区—缺氧区—好氧区—缺氧区—好氧区共五个廊道，现在每个廊道隔断成一个大点的好氧区，三个小点的缺氧区，每个缺氧区分别进入少量的污水补充碳源等。进水 COD 为 250~350mg/L，BOD 为 70~120mg/L，SS 为 200mg/L，NH_4-N 为 30~40mg/L；TP 为 3~5mg/L，MLSS 四个廊道分别 6000mg/L、5500mg/L、4800mg/L、4500mg/L（由于分别进污水的缘故逐步降低的），好氧区 DO＝2mg/L，缺氧区 DO＝0.2mg/L，污泥体积指数（SVI）为 130mg/L 左右。出水氨氮在 7mg/L 左右，总氮 25mg/L 左右（一级 B 类要求 20mg/L），TP 在 1.5~2.5mg/L（一级 B 类要求 1mg/L），其余全部达标。四个好氧区的氨氮均为 7mg/L 左右，没有多大变化；三个缺氧区末端的总氮也没有多大变化，25mg/L 左右。按理应该逐步降低的，理论上应该达标。调试了半个月了，总氮和总磷一直降不下来。请问是什么原因？该如何调整？

答复：

（1）总氮去除效果差，要看看硝化和反硝化情况如何，硝化段（好氧 pH 值、溶解氧情况、回流污泥量）和反硝化段（pH 值、气泡情况、DO）各指标情况也要分析下。其中，好氧区 DO 可以由 2.0mg/L 向 3.0mg/L 调整下。

（2）总的来说，底物浓度不足的话，总氮去除率会比较低。虽然对缺氧区单独有补充污水，也要看看是否能够满足反硝化的需要。

（3）在低底物浓度情况下总磷也不能得到较高去除率，加之污泥浓度过高，排泥就少，自然无法通过排泥去除磷。

（4）可以通过逐步降低污泥浓度来看看氮磷去除率是否有提高。

问题 11： 我们厂的处理工艺中好氧是接触氧化加完全混合曝气，前一阶段水解酸后氨氮为 100mg/L，完曝出水为 10mg/L 以下，现在基本上出水接近 100mg/L，怎么没有一点处理效果？

答复：

好氧段的指标变化如何呢？一般情况出现这样的问题，需要看看如下问题：

（1）污泥浓度变化：确认下是否有污泥流失。

（2）显微镜观察：通过原生动物变化，确认是否有有毒物质流入。

（3）pH 值变化：看看是否受到异常 pH 值的废水的冲击，过高过低，或长期低于 6.8 以下。

（4）溶解氧是否过低呢？如果低于 1.0 的话，硝化效果就会受到影响了。建议 DO 控制在 3.0mg/L。

问题 12： 在 CASS 工艺中，除磷所使用的药剂是什么？加药加在什么位置？

答复：

（1）CASS 也是生化处理的一种形式，和加药似乎不相关，相当于生物除磷和化学除磷的关系。

（2）通常化学除磷用氢氧化钙配合絮凝剂进行混凝沉淀去除磷。但是，不可以直接投加到生化池。

（3）也可以把铁盐絮凝剂直接投加到 CASS 池，再通过排泥来除磷，但是这个方法不适用于处理水量接近设计值的系统。

问题 13： 磷化废水除磷后与含锌废水进斜管沉淀，出水发白，而且有点黄还混浊，找不到原因。请问是怎么一回事？

答复：

可能存在如下问题：

（1）整个过程是否有油类呢？如果有的话，破乳后水体混凝效果不佳，则出水发白。解决方法还是应混凝沉淀，建议通过改变药剂类型和投加浓度、比例上加以调整。

（2）出水颜色除了和原水有关外，也有可能与混凝剂投加不合理有关，比如说用了铁盐混凝剂。解决方法同第一点。

问题 14：请问内外回流的差别有哪些？内外回流比各自的取值范围及原理是什么？最粗浅的理解是：内回流是指曝气池混合液的回流，外回流是二沉池浓缩液的回流。但是回流比呢？这次设计院居然给 T 形氧化沟设计了 200% 的内回流，现在怎么也调不到最佳状态。

答复：

（1）内回流主要为了脱氮；外回流一方面为了补充活性污泥，另一方面是为了释磷需要（也包含回流时排泥除磷）。

（2）内回流比一般在 250%~350%，外回流比一般在 30%~70%。具体应根据脱氮除磷要求在实际工程操作中灵活掌握。

（3）调试阶段要根据反硝化情况决定，如果硝酸盐含量高，则回流加大。

问题 15：A^2O 工艺，10 万 t 生活污水，PAC 加到曝气池出口处，会提高 TP 的去除效果吗？我们以前是加到滤池，但是 TP 去除效果一直不理想，现在改到曝气池出口处，药量变成以前的两倍，0.5t/d。高压锅坏了，没办法测出 TP，但是，污泥脱水效果变差，带机的进泥量只能开到以前的 2/3，40m³/h。是不是因为 PAC 在二沉池，提高了污泥的沉降性能？

答复：

（1）不建议这么做，对活性污泥的絮凝会造成影响，提高了沉降性，之后同样的排泥量，浓度变高，待脱泥中的活性污泥成分增加，自然会脱泥困难。

（2）长期过量投加的话，活性污泥活性会降低，处理出水中有机物的去除率自然也会降低。

问题 16：屠宰场废水的总氮问题，开足马力曝气后溶解氧也上不去，目前进水氨氮 18mg/L，氨氮下不来。分析原因是污泥浓度高了，曝气盘堵了。请老师分析下。

答复：

活性污泥浓度是否过高？可以根据测到的 MLSS 来判断，如果现在的 MLSS 比以前正常时高出 30%，则可以考虑是污泥浓度过高导致溶解氧上不去，但是，这种情况一般不至于在满负荷曝气时溶解氧还上不去。

曝气盘是否堵塞的问题，可以到生化池观察，有无曝气异常。比如生化池局部没有气泡或污泥翻腾等情况。如果经常在生化池巡视，观察是否曝气盘堵塞了，还是可以看出来的。

经过追问当时的回流比，发现系统的回流开到最大了，由于进水量小，所以，回流比计算下来是非常非常大的，设计时的回流比是内回流 200%，外回流 100%，实际当时是设计值的 10 倍左右了。

根据追问结果可以知道，当时溶解氧跟不上主要是因为回流比过大，流过好氧池的废水流速过快，导致水体被曝气时间大大缩短，最终导致溶解氧上不

327

去，所以，对策是降低回流比，溶解氧则可以慢慢恢复到正常值，那么，溶解氧充足，硝化菌恢复正常，则氨氮去除率也会逐步提高。

需要注意的是，回流比需要慢慢调下来，不可一次调到设计值，否则系统容易波动，对出水不利。

问题17： 二沉池出水总磷高，出水带有很多悬浮物，出水浑浊，请问老师如何分析判断？

答复：

首先需要排除是否因为进水总磷升高了导致放流出水的总磷升高。因为，总磷去除率一定的情况下，进水总磷绝对值越高，放流水的含磷量就会越高。

另外，需要观察总磷的升高是否为突然发生的，如果是突然发生的，主要需要考虑的是冲击的发生，比如COD污泥负荷的冲击、水量的冲击、pH值的冲击等。生化系统受到冲击后，磷的去除率会波动，最终导致放流水含磷量会突然升高。

如果放流水的含磷量是缓慢升高的，那么就要考虑是否为排泥不足导致的，因为磷的去除只有2个途径：要么通过放流水流出，要么通过排泥排出去。

最后，我们需要关注运行控制参数是否合理，比如厌氧段的溶解氧控制是否过高了？进水底物浓度分配给厌氧池的是否太低了？

针对以上分析，找出总磷升高的原因后对症治疗，就会慢慢看到总磷去除率升高，放流水总磷降低了。

问题18： 三丰老师，我们的生活污水氨氮、总氮的进水有时候怎么不成比例呢？

答复：

没有规律性地成比例。我们知道，总氮中有很多成分会转换为氨氮的。这个转换不管在有氧还是无氧环境中，都能迅速转化的。

进水分季节、时段都有变化和波动。所以，总氮和氨氮都会有所波动。

由于总氮中很多成分会很快转化为氨氮，所以总氮不变，来水经过在地下管道中流动，氨氮会不断地增加。而根据上面提到的受季节、居民排水时段的不同，水流流动耗时不同，导致转化为氨氮的比例不同，所以，你会遇到监测到的总氮和氨氮无法找出规律性的比值的情况。

问题19： 以前出水总磷1~2mg/L，现在突然升高到了10mg/L，我们做沉降比实验，上清液是很清澈的，我们工艺时生化系统中有MBR膜，没有污泥的丝状菌膨胀，另外，最近污泥负荷下降比较明显，为此，我们在好氧池投加碳源，总磷异常请问是什么原因？

答复：

沉降比实验上清液很清澈，说明你的活性污泥性状是不错的。

这种情况下你用显微镜观察，应该可以看到很多附着类的原生动物。因为沉降比上清液清澈，如果没有附着类原生动物，一般不会出现的。

出水总磷的持续飙升，应该和污泥负荷下降有关，因为污泥负荷的下降，直接造成的是底物浓度不足，这将导致聚磷菌释磷不充分，影响聚磷菌的除磷。

碳源加在好氧池是不对的，需要加在厌氧池前段，否则不能为聚磷菌所用，对除磷就没有帮助了。

内回流不用开太大，如果回流太大了，带入厌氧池的溶解氧会增加，所以可以适当降低回流比。

问题20：你好三丰老师，最近遇到一个小型生活污水系统，除去调节池外，总体大概有$300m^3$，而现实水量一直在$80\sim100m^3/d$，现在各项指标都稳定达标了，入水COD大概是$40\sim60mg/L$，氨氮大概是$30\sim40mg/L$，而总磷测了两次为$2.1mg/L$左右。现在情况是出水总磷超标，如果下次检查再有总磷超标就会被环保局处罚了。请问如何调整系统？他们有一年半时间没有排泥了。是否需要加化学除磷工艺？如果化学除磷，生活污水一般投加什么药剂？谢谢！

答复：

由于处理的水量不大，如果除磷不理想，可以考虑追加物化除磷工艺，通过投加铝盐、铁盐、氢氧化钠钙来进行除磷。效果应该不错。

生化系统的除磷，进水氨氮虽然高，但是出水可以达标的，因为氨氮降解不太需要碳源，所以，进水有机物不足，没有影响到氨氮的去除率。但是我们也知道，去除总磷是需要碳源的，并且系统要有厌氧和好氧的工艺，比如AO工艺、SBR工艺、氧化沟工艺等。

显然进水COD太低了，对除磷有难度，但是，进水总磷也不高，所以，生化除磷也是有可能的。很遗憾，你说一年半没有排泥了，那么磷就只能从放流水出去了。所以，建议加大排泥。

当然，进水有机物低，污泥浓度可能也不高，排泥可能无法排出很多，那么，还是可以考虑增加物化除磷系统的。

9. 监测分析类问答

问题1：不知道为什么，很多的污水站都没有显微镜，不能做镜检。

答复：

（1）如果没有显微镜的话，强化对SV_{30}观察时的各种状态把握，也可以做到对活性污泥性状的了解。

（2）就某一项指标来说，都不是唯一判断系统是否正常的指标，需要综合各指标分析的。

（3）总体建议要配置显微镜来观察原生动物、后生动物，这样有助于综合判断生化系统故障。

问题2：请问一下污泥负荷计算公式F/M采用BOD/MLVSS是否比用BOD/MLSS更为准确呢？因为MLSS受无机污泥影响较大。

答复：

（1）BOD/MLSS 还是比较实用的。

（2）工艺控制绝非靠一个参数的，必须多参数控制。

（3）顺便说一句，MLVSS 检测有设备要求不说，试验过程要求也很高，准确性不是太好把握。

（4）污泥负荷高低，每个污水、废水处理厂都不一样，是否控制合理要用放流水是否达标来反向验证。

问题3： 前两天到一个污水厂实习，做了他们废水的 SV_{30} 实验。沉淀后，SV_{30} 为 15%~21%。大概过了一个晚上，发现沉淀的污泥分为了两个颜色，下层是灰黑色的，上层是黄白色的。这是怎么回事呢？

答复：

下部污泥周围缺氧严重，上部与水体充分接触，单位体积内污泥量相对小，当污泥周围溶氧消耗后，上部水体内的溶氧会扩散到沉淀的污泥内，但大部分被截留在污泥上部了，所以上部污泥色泽还好。

问题4： 这是有关活性污泥 MLVSS 的问题。污水处理厂采用的是 CASS 工艺，出水水质一直很好。最近做了一个 MLSS 和 MLVSS 的实验，结果 MLVSS/MLSS 才在 0.2 左右，查了不少资料都说应该在 0.6~0.8 之间，越大越好。这里也太低了吧？但是处理效果又很好，怎么解释一下？

答复：

（1）通常检测 MLVSS 精度要求高，温度、时间、干燥情况等对结果影响很大。你可以看看灼烧后称重前的冷却阶段是否存在吸收空气中水分的问题。

（2）一般来说 MLVSS/MLSS 以不低于 0.3 为好，这个主要是针对去除率来说的，并不是说 0.2 了就不能处理了。

（3）一切为了出水服务，你的出水很好，就没必要担心了。

问题5： 为什么在污水中加入 PAC 进行絮凝沉淀，反而使 COD 升高？

答复：

理论上是不会的。实际操作中这种结果常见的原因是被测水样取到了沉淀的颗粒物，该类颗粒物富含的有机物导致了检测结果偏高，可以过滤后再检测看看。

问题6： 雷磁溶氧仪的工作原理是什么？是否能显示化学氧（例如：硝基氮）？如果向水中加入 H_2O_2 是否溶解氧就升高了？

答复：

工作原理应该是电化学反应，金属电极与游离氧接触反应，并转化为电信号了；不会显示化学氧的。投加双氧水原则上来说是会提升溶解氧的。

问题7： 简单的污水分析要配置哪些设备？

答复：

（1）环评批复要求的（按环保局或排污许可证要求检测分析的）检测项目

是企业需要做的分析项目，根据这些分析项目也可以委托外部专业机构检测，当然，也可以自己配置分析设备。

（2）为了工艺控制的要求，需要配置必要的设备，如溶解氧测定仪等。

（3）大部分检测项目都可以通过分光光度法检测，所以购买一台综合分析仪就可以了。

问题 8：用滤纸（普通滤纸吗？）过滤 COD，结果没多大变化。这说明什么问题？对于这种情况为什么物化就没多大效果呢？对于这种情况还可以使用什么样的工艺呢？

答复：

（1）物化处理主要去除非溶解性的有机污染物，如果过滤后，COD 下降明显，那么，通过混凝沉淀或者过滤等方法就可以去除一部分有机污染物了，自然也可以减轻对后续生化系统的压力。

（2）滤纸的话，用做 SS 的滤纸即可。

（3）如果过滤后，COD 下降效果不明显，可以混凝沉淀后过滤，如果过滤后 COD 还是下降不明显的话，说明剩下的 COD 多为溶解性的 COD 成分，这部分 COD 就交由生化系统来降解。

问题 9：污泥用带式压滤机，最近形不成泥饼了，是不是和最近气温下降有关呢？用聚丙烯酰胺来做絮凝剂，其絮凝效果是不是也和温度有关呢？

答复：

（1）形不成泥饼，与气温关系不大，气温不等于水温。关键在于药剂与污泥是否搅拌均匀。

（2）这里有个矛盾，就是为了搅拌均匀需要充分搅拌，但搅拌过头容易把絮凝的污泥打碎，不利于后续的污泥絮凝。所以要把握好度。

（3）聚丙烯酰胺有阳性、阴性、非离子型。一般污泥脱水可以用阳性的聚丙烯酰胺。

问题 10：书上说正常污泥沉降在 5min 内应完成 80%，我们现在的污泥只能完成 5%～10%，水力停留时间 3d，污泥负荷 0.1，沉降比 SV_{30} 为 40%，MLSS 为 3.2g/L，污泥镜检感觉正常，沉降比实验时发现污泥絮状不太好，不成团。请问是什么原因？

答复：

判断你的问题主要看上清液。上清液清澈，则可能是污泥膨胀；上清液浑浊，则进水水力负荷及污泥负荷过高，或者是污泥浓度过高。看来后者可能性大，即污泥浓度过高。污泥浓度达到 3.2g/L 时，活性污泥混合液内的活性污泥过多，很容易过早进入压缩沉淀阶段，导致沉降缓慢，SV_{30} 偏高。

10. 放流出水异常问答交流实例

问题 1：工艺：水解+接触氧化法，出水 COD 在 70mg/L，但看起来很混浊，不知道什么原因？测 MLSS 和测 SS 的方法是一样的吗？

答复：

（1）进入接触氧化池的悬浮颗粒过多的话，会被动导致接触氧化池出水的 SS 升高，这样的话，出水就浑浊了。如果是无机颗粒为主的话，则 SS 高，而出水 COD 并不高。

（2）另外，接触氧化池受到冲击或曝气过度，导致生物膜剥落，出水 SS 升高，但是剥落的生物膜不会导致过多的细小絮体进入水体，所以即使出水看上去浑浊，但是间隙水清澈，出水 COD 并不高。

（3）MLSS 与 SS 检测方法相同，只是 MLSS 过滤时活性污泥易堵塞滤纸的缘故，最好是用抽滤瓶进行抽滤，但是，抽吸力度不可过大，需要缓慢抽吸。

问题 2：我们公司的污水三期部分沉淀池和生化池、二期部分沉淀池和生化池出现水质恶化，颜色变黑。但是 pH 值在 7.3 左右，曝气也正常。请问出现上述情况是什么原因？

答复：

（1）曝气正常，只能保证曝气池正常，沉淀池如果停留时间过长，COD 处理效果不佳时，会发生水质发黑。

（2）如果市政污水进流途经管道较长，在进污水处理系统前因为缺氧，也会发生水体变黑，如此，处理水放流也会发黑。

问题 3：我现在调试的是机械工业废水，先物化，加石灰和硫酸亚铁，然后进初沉池，再到接触氧化池，总停留时间 30h，二沉出水，COD 进水 2000mg/L，出水 20mg/L 左右。总磷进水 60mg/L 左右，出水 0.9mg/L。现在的问题是，我调试了一个月左右，氨氮和 COD 都达标，就是总 P 偏高，加药到初沉池时总 P 含量还只有 0.05mg/L，可是到了二沉池总 P 含量增高到 0.9mg/L。实验结果没问题，我想会不会是在生化池或者二沉发生了厌氧释 P，可是我排了二沉池和生化池污泥后，发现污泥不是很多。请问造成此现象的原因是什么？

答复：

（1）通常出水磷浓度会小于进水磷浓度，如果反过来了，也只是暂时性的、阶段性的（考虑微生物有对磷有富集作用）。

（2）就能量守恒来说，不会出现你所说的问题。由于进水总磷过高，只要中间在物化段处理有所漏失，则会有多量的磷进入接触氧化池，导致出水总磷上升。

（3）如果你的放流水夹带的悬浮颗粒比较多时，也会导致这些富含磷的放流水中悬浮颗粒贡献总磷值。

（4）你的工艺不具备有效的除磷能力也是出现这个问题的关键。

问题 4：终沉池出水呈黄绿色是怎么引起的？

答复：

（1）处理城市生活污水，途中污水管内厌/缺氧所致进水颜色发黑，处理后的出水出现黄绿色也正常。

（2）部分工业废水也一样，出水颜色异常，多半是进水原因造成的。

（3）另外，投加了铁盐混凝剂以及活性污泥解体也会导致出水颜色发生异常。

问题 5：出水有很多小的碎泥漂出，工艺是卡鲁塞尔氧化沟，进水 COD 为 450mg/L，水温 14℃，出水 COD 为 200mg/L，$SV_{30} = 50$mg/L，有不少钟虫，出水溶解氧为 2.5mg/L，总是有碎泥，持续了 10d。请问什么原因？

答复：

（1）首先考虑的是污泥解体，常见的是老化解体，看看 F/M 是否过低，也就是 MLSS 是否过高，如果是那样的话，应适当排泥（通常冬季会比夏季 MLSS 控制要高 10%～15%）。

（2）钟虫数量有保证的话，进水有机负荷波动应该不大，虽然你的 COD 去除率不高，但要怀疑是进水 COD 升高导致出水漂泥，可通过出水滤纸过滤后测 COD 的变化来加以辅助判断。

问题 6：本厂 80% 是工业污水，大部分是造纸水，泥里有丝状菌，但数量不多，厂在山东，水温 14℃，就有点漂泥，不严重。请问华北这边污水处理厂冬天都是这样的吗？

答复：

（1）造纸废水出现漂泥的话，看看是否为污泥老化（依据 F/M 是否低于 0.03 来判断）。

（2）分析进水成分，看看细小的碳酸钙有没有被沉降，是否有涂布废水的难沉降矿物颗粒。如果有这样的情况，物化段就要强化一下混凝沉淀的效果。

问题 7：我们公司的产品中有 70% 用的是活性染料，工艺为水解（HRT12h）—接触氧化（HRT10h）—混凝—沉淀（HRT4h）—出水。氧化池出水（静上沉降后）COD 为 150mg/L，色度 200 左右。用过多种药品［硫酸铝与脱色剂，石灰与硫酸亚铁（因改造工程，混凝加药停留 4h 后出水，极易反色）等］，但是成本太高或者不能使 COD 色度同时达标。不知道有没有更好的药剂？

答复：

（1）染料废水是属于比较难处理的工业废水。

（2）排放的废水有色度控制要求吗？COD 和色度的降低除了生化段和脱色剂外，物化段也比较重要。如果通过物化段能够有效地去除色度的话，后段的压力会大大降低。

（3）脱色剂的选择要合适处理的废水，可以做实验确定合适的药剂类型。

（4）也可以尝试通过次氯酸钠臭氧来进行脱色。

问题 8：我厂采用的是 CASS 工艺，前几天曝气时泡沫上黏有死泥呈黑色，溶解氧升高迅速，出水浑浊。请问是什么原因？

答复：

（1）不知道有机物去除率如何，如果影响不大，可能是进水含有不易降解物质，经过曝气黏附在泡沫上了，所以看看进水是否 SS 有异常，包括悬浮物的颜色与泡沫上的颜色是否一致。

（2）如果有机物去除率下降，要考虑进水是否有抑制微生物的成分。可以的话，看看源头排放的废水是否有改变。

（3）污水厂内是否投加了什么药剂呢？还有一种情况就是有些地方的曝气设备、搅拌设备出现故障了，突然修复或开启，将池底的沉淀物搅拌了起来，同样会导致你说的现象。

问题 9： 氧化沟工艺，进水 COD 很低，小于 100mg/L，污泥浓度只有 400mg/L（长时间碳源不足，污泥出现解体，沟内污泥基本流失完了），其中无机成分约占 60%，SV_{30} 只有 2%~4%。目前出水只有 SS 不达标（COD 进水已经达标），能有什么办法控制出水 SS 吗？由于回流污泥浓度过低，我已经关闭回流系统，以此增加二沉池停留时间，出水稍好，但是仍不达标（水源水质问题，短时间内不能改善）。

答复：

（1）如果进水 SS 并不高的话，还是活性污泥解体所致，或者是 MLSS 过低，导致活性污泥絮凝困难所致。

（2）对策的话，还是调整活性污泥的状态，也就是尽量提高活性污泥负荷。首先降低曝气量，保证在 1.0mg/L 即可。另外，通过集中处理废水，既可以降低运行费用，又可以缩短停留时间，由此相对提高活性污泥的负荷，用以改善活性污泥的老化和不絮凝状态。并且也可以适当增加活性污泥的回流量。

（3）不建议你停止二沉池的回流，否则会加重活性污泥老化，不利于进水有机物的合理利用。

问题 10： 动植物油属于有机物的一种，正常工艺如 IC 厌氧反应器处理工艺、A^2O 工艺的除油效果怎么样？

答复：

（1）油类首先需要通过物化段如（隔油池、破乳池、气浮池等）去除。

（2）油类对生化系统来说，由于不易被活性污泥所吸附，所以在 A^2O 工艺中，油类对生化系统影响不大，但是可能会影响充氧效果。

（3）动植物油在系统内因为停留时间不够，生化系统也无法有效去除，最终大多通过放流水流出。

（4）对于 IC 厌氧处理工艺来说，油类进入厌氧反应器后会黏附在颗粒污泥表面，阻断营养物质进入颗粒污泥以及使颗粒污泥内的产气无法外排，导致颗粒污泥膨大后密度降低，出现颗粒污泥流出厌氧反应器的现象，继而导致系统处理效率降低。

问题 11：企业在生化系统进行改造时，把好氧池的污泥转移到了另外的池子中，改造后再把活性污泥移回到了原系统，之后总氮、氨氮、COD 出现明显上升。投加碳源后，也没发现系统有多大的恢复。请问该如何处理？

答复：

（1）活性污泥经过这样的转移后会受到损伤，导致系统出水波动是很正常的。

（2）最重要的是不要再过度地倒腾活性污泥，要创造好的条件，让系统稳定地恢复。

（3）加碳源来恢复是可以的。碳源是用来拉一把的，不能持续加碳源，否则传递到后段，会导致出水 COD 也升高，所以，碳源投加后，COD 去除率上升，上升到一定程度不再上升时，就要把碳源投加量降下来。

（4）另外，曝气不要过度。

问题 12：连续一个月二沉池出水颜色发红，氧化沟上清液发红，进水没有发现红色污水。出水 COD 在 40mg/L 左右，处理工艺是水解酸化＋氧化沟＋二沉池＋高效沉淀池＋V 形滤池，高效沉淀池前投加聚铁和聚丙烯酰胺，氧化沟污泥浓度为 3000mg/L 左右，进水 COD 为 200mg/L，目前进水量为 30000t/d，进水中工业废水占 70%。请帮助分析下原因。

答复：

（1）导致放流出水颜色发红的原因有进水原因、活性污泥恶化、投加絮凝剂等。

（2）进水中工业废水占比大，如果是夜间流入了带颜色的废水，可能技术人员是无法观察到的。这种情况实际遇到过不少，因此进水颜色没有问题，这个判断要慎重。

（3）如果是活性污泥恶化导致，通常是活性污泥过度老化所致，从问题中看出污泥浓度不高，所以可以排除是污泥恶化。

（4）生化段前没有投加混凝剂（比如铁盐），所以可以排除是投加混凝剂导致出水颜色发红。

（5）根据提供的放流水信息来看，进水原因所致可能性大。

问题 13：好氧池出水发红，请问什么原因？沉降比实验上清液浑浊，有小絮体，5min 沉降比就到 37% 了，进水 COD 为 8000mg/L 左右，氨氮为 1300mg/L 左右，每天进水大概 3t。现在污泥还没有驯化好，因为脱泥后的集水箱内有泡沫，所以我们在投加消泡剂后抽回调节池。调节池后就是走 AO 系统，目前系统不是在进水，就是在打回流循环驯化。

答复：

（1）从你提供的信息来看，好氧池上清液出水发红是污泥解体导致的。

（2）导致污泥解体的是消泡剂。通常投加后，如果系统是连续进出水，那么消泡剂不会积聚在系统内，不会对系统有大的影响，但是，在培菌阶段，系统没有进水的话，消泡剂一直投加会在系统里积聚，最终影响活性污泥的活性和絮凝性，导致活性污泥解体，上清液呈活性污泥状的发红。

问题 14：企业对系统进行了改造，所以把好氧池污泥储存到了其他池子，改造结束后，污泥回到原生化池，之后的 COD 和氨氮去除率没有恢复起来。投加碳源也没有好转，请问怎么办？好氧池及沉降比实验状态如图9-20所示。

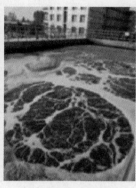

图 9-20　好氧池及沉降比实验状态

答复：

（1）你把生化池活性污泥转移到其他池子，然后再转回来，这个过程中，活性污泥会大伤元气，所以数据波动是正常的。

（2）你后加碳源来促进恢复是可以的，但是，更重要的是要创造恢复的环境。

图 9-21　出水采样照片

（3）碳源投加目的是用来借一把力的，不能一直投加的，一直投加后，降解不完的 COD 也会导致你出水 COD 升高。

（4）碳源以借一把力为目的，就要求碳源需要慢慢撤出的，不能一直投加，否则，活性污泥的生长环境和以前比就有了大的变化，自然也恢复不到以前的状态了。

问题 15：系统 COD 出水比进水还要高，检测沉降比和 pH 值都是正常的，请问这种情况是什么原因造成的？（出水采样照片见图9-21）

答复：

（1）图9-21的量筒中出水看起来比较清澈，但是经过滤纸确认，出水中悬浮物浓度较高，所以导致出水COD大于进水COD的原因是出水中夹带了多量的活性污泥，而这些未沉降随着放流水一起流出的悬浮就贡献了升高部分的COD了。

（2）从时间轴看，进水COD的波动也会导致出水COD波动，而取样在时间轴对应的波峰波谷不一致，也会出现出水比进水高的现象。当然，总体而言，长时间轴看应该是出水COD小于进水的。

第三节　看图问答交流实例

随着社交媒体的高度发展，各种社交群已成为广大水友们的交流平台，笔者在这些社交媒体的交流群中经常以"三丰老师"的别名和水友们进行相互交流和学习，这个过程中，彼此都得到了技术进步，所以，持续不断地交流是我们污水、废水处理技术人员水平提升的重要途径之一。在这里，将社交群中部分实例以看图问答的方式与大家进行交流与共享。

问题1： 如图9-22所示，上清液浑浊，可能是什么原因？

答复：

（1）沉降比实验看到上清液非常混浊，且间隙水不透明，说明溶解在水中的肉眼不可见细小颗粒很多。

（2）活性污泥颜色过深，压缩沉淀后的活性污泥量很大。

（3）通过以上信息，可以初步判断是活性污泥有效成分过低所致的上清液浑浊。

（4）可以结合显微镜观察，确认是否视野内黑色无效颗粒过多，以及确认近阶段是否排泥过小及MLSS维持过高了。

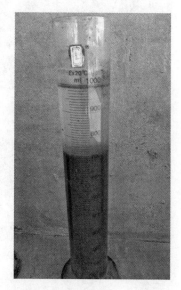

图9-22　沉降比上清液浑浊

问题2： 如图9-23所示，酿酒废水、低负荷，进水COD在200~350mg/L，氨氮在140~150mg/L之间，pH值为7.0，氨氮降不下来，上清液浑浊。

答复：

（1）经过了解，该处理工艺实际操作时采用的是间隔曝气的方式，晚上停止运行。如此，我们看到活性污泥总体的性状是缺氧的，表现为污泥颜色暗淡，发黑。

（2）酿酒废水属于生化性良好、比较好降解的废水，但是从照片上看，上清液浑浊、细小絮体很多，说明活性污泥处于极度低负荷运行状态。

（3）经确认，该废水处理工艺进水量仅为设计值的20%，这很容易导致好氧区的进水有机物浓度过低，继而出现极低负荷运行状态。建议进水越过水解酸化池，直接进入好氧池，以便有效利用进水有机物，维持住合适的活性污泥浓度。

（4）氨氮降解不理想的主要原因是间歇运行导致的溶解氧不足，继而出现硝化菌无法持续良好生长，导致活性污泥内硝化菌比例过低，直接影响了生化系统的氨氮去除率。

（5）建议将间歇运行改为连续运行，废除间隔曝气导致溶解氧波动对硝化菌造成的影响。

问题3： 如图9-24所示的高曝气后发生活性污泥解絮，形成了液面浮渣，请问是何原因？

图9-23 沉降比上清液浑浊

图9-24 加絮凝剂后的丝状菌沉降照片

答复：

（1）首先，菌胶团颜色淡且松散，与水友自述的有丝状菌存在相吻合。

（2）其次，在有丝状菌的情况下，沉降比却并不高，实际原因是该样品内投加了混凝剂。

（3）最后，根据第（2）点，活性污泥本身菌胶团内有丝状菌而无法形成良好的絮团，高曝气情况下就容易导致活性污泥解体，且丝状菌更容易吸附气泡而导致活性污泥上浮，继而形成液面浮渣。

问题4：如图9-25所示，餐饮废水，废水处理系统前的管道进行了清洗，导致管道内壁大量污垢流入废水处理系统，最终出现照片所示的状态，系统处理效率急剧下降有何对策？

答复：

（1）可以看到，由于大量管道内部的惰性物质流入生化系统，而其密度和活性污泥不一致，最终在沉降比实验中看到了活性污泥分层的现象。

（2）由于惰性物质的流入，活性污泥达到了吸附的极限后，出现不沉降颗粒悬浮，继而看到沉降比实验中上清液异常浑浊，此种情况自然出水会恶化。

（3）首要对策是阻止该类管道内壁的惰性物质继续流入生化系统，然

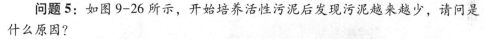

图9-25　管壁污垢流入系统后的沉降照片

后加大排泥，尽快将此类惰性物质代谢出生化系统，加快系统恢复。但是，排泥需要掌握节奏，不可排泥过量。

（4）平时要做好与前端的联络沟通，避免管道清洗后直接影响废水处理系统的异常发生。

问题5：如图9-26所示，开始培养活性污泥后发现污泥越来越少，请问是什么原因？

答复：

（1）经过确认，该废水处理工艺开始接种培菌后，持续闷曝了6d。

（2）由于本书中提到接种培菌的闷曝不可超过24h，所以，可以明显看到是曝气过度导致的活性污泥逐渐减少。从图9-26（a）看到，活性污泥颜色淡、细碎、无光泽，正说明活性污泥在连续闷曝过程中被不断氧化，所剩的多是些被吸干了精气神的虚弱个体。

（3）立即要求对方停止闷曝，恢复正常曝气。通过停止闷曝后2d后，我们马上看到了如图9-26（b）的正常活性污泥的颜色和状态，并且，对方告知作者，系统出水也已达到了设计出水的一级A标准了。

这就是典型闷曝过度的实例。

问题6：如图9-27上清液浑浊，液面浮渣多，请问是什么原因？

答复：

（1）从图9-27（a）看到液面浮渣呈现棕黄色，说明这部分浮渣是污泥老化所致。

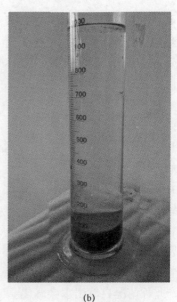

(a)　　　　　　　　　　(b)

图 9-26　解除闷曝前后的沉降对比照片

(a) 过度闷曝后；(b) 解除闷曝后

340

（2）污泥为什么会老化呢？我们看看图9-27（b）的沉降比实验，会发现污泥浓度绝对值太高了，也就是 MLSS 太高了，整体污泥颜色过深，污泥色泽暗淡，上清液浑浊，间隙水也极不透明，都说明了活性污泥整体老化，且污泥浓度过高后，有供氧跟不上的症状出现了。

(a)　　　　　　　　　(b)

图 9-27　活性污泥状态

(a) 液面浮渣；(b) 上清液浑浊

问题 7：如图 9-28 所示，海产品加工废水，污泥一开始沉降很快，过了一个小时又浮起来了，为什么？目前二沉池出水 COD=50mg/L，氨氮为 2mg/L。

答复：

（1）从图 9-28 上看，可以明显看到沉淀池的上清液清澈，浮泥颜色鲜艳、成团。

（2）以上特征明显提示活性污泥发生了反硝化，导致了污泥夹气泡上浮。

（3）其中，二沉池出水氨氮为 2mg/L，说明氨氮去除率很好，反过来说明生化池出水中的硝酸盐氮浓度会比较高。这个时候如果二沉池溶解氧不足，或者回流到缺氧池的流量不足等，导致二沉池内污泥堆积过度或缺氧，就容易发生反硝化现象。

问题 8：如图 9-29 所示，二沉池出水悬浮颗粒过多，是否为曝气过度导致的？

图 9-28　反硝化浮泥照片

图 9-29　出水带悬浮颗粒

答复：

（1）单看图片上的信息，不能说就是曝气过度导致的。

（2）核心焦点是活性污泥出现了不沉降的悬浮颗粒，且颗粒之间间隙水清澈，所以，我们第一个应该想到的是活性污泥是否出现了老化；其次，需要考虑这个工业废水是否是难降解的废水，如果是难降解的工业废水，有这样的悬浮颗粒流出二沉池也是正常的，因为，难降解废水的活性污泥很难获得全面的营养，继而出现部分活性污泥活性降低、絮凝困难，出现二沉池出水悬浮颗粒增多的现象。

（3）当然，如果活性污泥老化同时过度曝气，二沉池出水悬浮颗粒增多的现象会加重。

问题 9：如图 9-30 所示，沉降比实验最终结果看，没有看到泥水液面分层，是否污泥老化和曝气过度所致？

答复：

（1）首先从图片上看，不是没有泥水界面分层，而是分层比较慢，仔细看上部还是有分层的。

（2）沉降比实验泥水界面不清或比较靠上，通常和曝气过度及污泥老化无关，主要考虑是否发生了丝状菌膨胀或者活性污泥浓度绝对值过高了。

（3）从图片来看，上清液不是太清澈，和丝状菌膨胀的上清液异常清澈特点不符，再看活性污泥部分的颜色很深、很暗，说明活性污泥浓度绝对值高了，而非丝状菌膨胀。

问题 10： 现场取样好氧池和 MBR 池的 SV_{30} 结果如图 9-31 所示，近几天出水总磷波动非常大，系统脱除率 50% 左右，SV_{30} 上清液非常清，可能的原因是什么？以往出水总磷在 $1\sim2mg/L$，近期出现出水总磷达到了 $10mg/L$。处理工艺是 A^2O+MBR 工艺。

图 9-30　沉降比实验照片

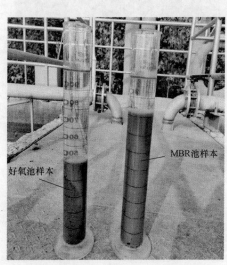

图 9-31　沉降比实验结果

答复：

经过和对方确认，发现对方参数变化点在进水负荷的下降，大概下降了 30%。而这个幅度的进水负荷变化，将影响总磷的去除，因为总磷的去除需要碳源的配合，而碳源减少 30%，总磷去除率会发生波动。

另外，对方采取的措施是提高回流比，缺氧池回流比由 300% 提高到 400%，向曝气池内投加葡萄糖增加碳源。

根据对方的措施和系统现状，给出了如下操作建议：

（1）既然碳源不足，补充碳源是可以的，但是不能加在好氧池，而是要加载 A^2O 的厌氧池入口。因为去除总磷需要在厌氧池补充足够的碳源，而不是好氧池。

（2）内回流比由 300% 提升到 400%，这个动作对总磷去除没有影响，属于浪费电能的动作。

（3）进水有机物降低会导致活性污泥相对多余，为了达到平衡，需要多排些泥，这样既有利于总磷的排除，也有利于活性污泥负荷的提升，对释磷和吸磷过程有利。

（4）从 SV_{30} 实验结果来看，如图9-31所示，上清液清澈都比较清澈，说明没有冲击负荷，污泥色泽看也略显老化，这也支持第（3）点的适当加大排泥的观点。

问题11：SV_{30} 实验（15min结果）如图9-32所示，目前出水氨氮偏高。主要变化是进水量突然增大，在管网堵塞施工单位疏通后，水量突然增大，导致溶解氧持续提升困难，目前溶解氧为 0.8mg/L，请问该怎么办？

答复：

进水量升高后导致经过生化池的停留时间缩短，溶解氧容易跟不上，另外，被处理时间缩短后，放流水COD也会出现波动，从 SV_{30} 实验看，上清液异常浑浊，明显是冲击负荷所致。在这种情况下给予如下建议：

（1）进水量大幅增大时，首先要降低回流比，以便最大限度延长废水在系统中的停留时间。

当然，这个动作也有利于生化系统溶解氧的提升。

（2）管道疏通后来水突然增加，要考虑很多惰性物质流入，所以需要加大排泥，加速置换。

（3）曝气方面要最大限度提升，否则 0.8mg/L 的溶解氧必然导致硝化菌受到抑制而使出水氨氮升高。

问题12：系统的显微镜生物相观察如图9-33所示，一直以来都有很多细碎的丝丝，溶解氧没有问题。系统负荷相对较低。随着时间延长，沉降比越来越差，这种情况如何改善？

图9-32　进水有冲击负荷的沉降比实验

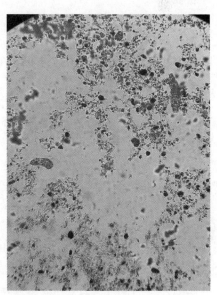

图9-33　生物相图片

答复：

这种情况主要是因为原水属于难降解性废水，加上负荷偏低，所以活性污泥性状更差所致。生物相看到的活性污泥菌胶团细碎，黑色无效的颗粒较多，两个后生动物是轮虫，都显示出活性污泥的活性偏低了。丝状菌问题不大，属于正常现象。建议降低污泥龄，降低溶解氧（但不要低于 2.5mg/L）。

问题 13： 如图 9-34、图 9-35 所示，污泥沉降比偏高，是否为丝状菌膨胀所致？MLSS＝2500mg/L，进水 COD＝200mg/L。

图 9-34　沉降比实验照片

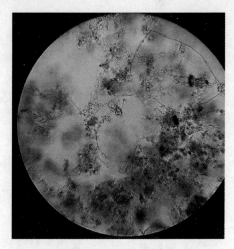

图 9-35　生物相图片

答复：

从生物相来看，有少量丝状菌，这些丝状菌应该不支持 70% 的沉降比，但是，根据进水 COD 和 MLSS 来看，污泥负荷偏低，如此低的 COD 养着浓度为 2500mg/L 的活性污泥，说明整个活性污泥中有效成分偏低，加之有少量丝状菌，导致活性污泥压缩性变差所致。

问题 14： 如图 9-36 所示，二沉池液面有很多浮渣，但是出水还可以。请问是什么原因？

答复：

如此多的黑色浮渣，说明二沉池有大量的浮泥产生，堆积过度后就会因为缺氧而变黑。那么，这些浮渣怎么产生的呢？主要还是污泥夹杂了多量的气泡所致。为此，首先要排查二沉池是否有缺氧情况发生，如沉淀污泥无法及时刮除、污泥浓度过高、间隙处理废水导致的二沉池缺氧严重等情况。当然，也需要排除工业废水中大量 SS 进入生化池，在生化池中活性污泥吸附饱和后，这些 SS 会裹挟在活性污泥中，导致活性污泥发生上浮堆积而发黑。

问题 15： 如图 9-37 所示，沉降比实验后，放置久了会发现活性污泥呈条纹状，是否有什么不良情况发生呢？

图 9-36　液面浮渣照片

图 9-37　沉降比实验图片

答复：

活性污泥沉降比实验会随着废水放置时间越久而压缩性越高，并且，活性污泥会不断相互吸附聚集，最后，在活性污泥性能正常、絮凝性很好的时候，就会出现如图 9-37 所示的条纹状。所以说，活性污泥呈条纹状，至少说明活性污泥的吸附絮凝性能处于一个良好的状态中。

问题 16：如图 9-38 所示，MLSS = 3000mg/L，但是，SV_{30} 实验结果才 10% 左右，是否说明活性污泥内无效成分比较多呢？

答复：

通常可以这么理解的，当 MLSS = 3000 时，通常 SV_{30} 会大于 15%，而 SVI 偏低，常常表示污泥老化。污泥老化时就容易造成活性污泥内无效成分偏多的问题。通过 SV_{30} 实验的照片可以看到上清液有些浑浊，但是间隙水还可以，说明与活性污泥老化有关。这种情况下，出现 SV_{30} 在 10% 左右的情况是正常的。整个 SV_{30} 的前 3min 沉降过程请参考视频文件。

问题 17：倒置 A^2O 工艺，目前好氧池溶解氧很高，缺氧池和厌氧池溶解氧也很好，却出现了氨氮达标、总氮不达标的问题。请问如何应对？系统的沉降比实验状态如图 9-39 所示。

答复：

首先，从沉降比实验来看，呈现出污泥细碎、上清液浑浊，沉降比压缩阶段明显等曝气过度特征。经过了解是因为进水量远未达到设计负荷，导致进水被曝气时间过久，溶解氧才居高不下的。

345

图 9-38　沉降比实验照片

图 9-39　沉降比实验状态

由于溶解氧过高，导致缺氧池内溶解氧也升高到了 4mg/L，这样的环境是无法很好地实现缺氧反硝化的，继而导致出水总氮几乎没有被去除。

针对这样的问题，一方面是通过间歇曝气降低好氧池的溶解氧，另一方面是采取集中进水。处理完进水后，使系统停止运行，继而进一步降低系统内的溶解氧，由此，逐渐降低缺氧池的溶解氧，为反硝化菌的优势生长创造条件，系统的脱氮功能将逐渐恢复。

问题18：请问显微镜看到的活性污泥比较松散，上清液浑浊，有一只小鞭毛虫，从生物相看，系统存在有哪些问题？具体生物相照片如图 9-40 所示。

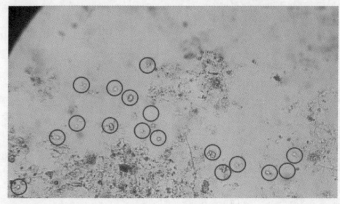

图 9-40　生物相照片

答复：

（1）从生物相来看，较大菌胶团中间夹杂着细小的菌胶团，且画圈处是成分以无机杂质为主的，比较多。

（2）由于细小絮体多、无机杂质多，所以表现出沉降比实验的上清液会比较浑浊。

（3）几乎看不到原生动物说明系统内的有毒物质有所积聚，或者是进水的工业废水种类影响了原生动物的出现。

（4）小鞭毛虫的出现，说明系统进水对原生动物影响并不绝对，应该是系统处于异常状态导致的原生动物稀少，而非进水特有性质导致的。

第十章

工艺控制管理者素质提升概要

污水、废水处理设施在建造阶段需要设计和施工人员严格把关，要最大限度保证建成后的设施符合实际生产运转需要。在运行过程中，设备故障的处理，则需要一支专门的队伍进行设备维修。而实际工作中最重要的管理，就是工艺控制管理了。作为工艺控制管理者，自身的管理水平直接关系到对工艺故障的判断和调整。作为管理者来讲，要具备较高的工艺故障控制水平，必须具备一些必要的素质和管理手段、方法。本章将重点阐述这方面的问题。

第一节 基础素质的具备

一、基础素质和要求

基础素质是针对接触污水、废水处理所应具备的素质条件，这是理解污水、废水处理工艺应具备的。

大多数的工艺控制管理人员是科班出身，在大学里接受过专门的污水、废水处理知识教育。给水排水工程、环境工程等专业都是污水、废水处理科班出身的摇篮。通过大学里的综合知识教育学习，工艺管理人员具备了基础性的整体分析能力，在理解污水、废水处理的要点上更加容易接受，也就为进一步在实践中理清和分析故障提供了有力的基础保证。

污水、废水处理工艺管理的实践知识是非常重要的。我们经常看到科班出身的新人在参加工作后，在实践操作上面显得相当拘束，主要还是实践中的很多现象和参数在教科书中没有或不完全地说明。自然，新人就显得束手无策了。因此具备一定的实践知识，是工艺控制管理人员必备的素质。

二、重视试验数据

试验数据的有效利用是判断工艺运行是否稳定的重要依据。污水、废水处理日常运行过程中，在设备现场和实验室，我们都能获得大量的数据。可以依靠这些数据来确认系统运行工况，改善工艺控制运行参数，诊断工艺运行故障。

1. 如何在运行设施现场发掘所需要的数据

（1）设施现场可挖掘的数据

在设施现场我们通常可以挖掘到如下数据：活性污泥沉降比（SV_{30}）、溶解氧（DO）、回流比、营养剂投加量等。

1）活性污泥沉降比的有效利用。在众多的现场可挖掘试验数据中，最重要的现场数据莫过于活性污泥沉降比了。由于该数据对系统运行的绝大多数工艺故障都能够给出很好的表现症状，因此工艺控制管理人员需要对这个参数格外注意并努力掌握。

原则上，活性污泥沉降比实验是在生化池现场进行的，因为如果离开现场进行，途中移动的过程会发生活性污泥的絮凝沉淀现象。虽然走动时震动的存在不会对活性污泥的絮凝沉淀产生干扰，但仍然对整个絮凝沉淀造成影响，特别是对上清液的清澈程度影响。

我们对活性污泥沉降比的检测频率方面，基本掌握在每天 2 次，或每个班组 1 次，记录下上清液清澈程度、液面浮渣情况、最终沉降比等简单数据，以备阶段性地对比参考。当然，作为工艺运行的管理者，最好每天能够实地看一下沉降比实验沉降情况，做到心中把握有数。这对工艺控制管理人员对生化系统的总体把握是至关重要的。当然，我们也可以将沉降比做成每日的曲线图表，以供在月度或季度时间段内观察活性污泥沉降比的演变趋势，结合其他工艺指标来对活性污泥运行状态和趋势进行把握，就可以很好地事前应对各类工艺运行故障了。

2）溶解氧值在实践中的有效利用。活性污泥系统溶解氧的实时检测是很重要的。因为，溶解氧的充足与否直接而快速地影响到生化系统对有机物的去除率，通常是需要在生化池安装在线溶解氧监测设备。当班人员每次巡检时记录溶解氧参数是有必要的。

当然，在线溶解氧仪需要经常维护，如果维护不到位，探头滋生生物膜后会影响监测值的准确性。为此，再次确认溶解氧监测值是否正确也很重要，否则错误的参数只会导致错误的操作指导。

3）回流比在实践中的有效利用。我们将进行泥水分离后的活性污泥回流到生化系统首端的时候，需要确定回流的流量。实践中，只要确认回流污泥管上的流量计显示值，再除以进入生化池的入流水量即可。

对回流比的控制，需要根据进流水量和进流水有机物浓度进行正比例调整，但是，实践中往往出现两个极端：一是从来没有调整过，二是过于频繁地调整。从来没有调整过的情况是操作人员没有认识回流比调整的具体意义；频繁调整虽然是根据进流水情况进行调整的，但是，操作人员却很难做到完全和进流水水质水量同步调整，反而容易出现反向调整和调整不到位的情况。为此回流比调整，在正常情况下，一周一次即可，当然在系统不正常的时候，就需要及时调整回流比来应对系统运行故障了。

（2）实验室可挖掘的数据

实验室检测数据较多，大多数是国家要求控制的排放水水质指标。这些指标包括：该污水、废水处理厂排放水政府规定排放控制指标、活性污泥浓度（MLSS）、食微比（*F/M*）、污泥容积指数、显微镜观察结果。

1）该污水、废水处理厂排放水控制指标检测数据在实践中的有效利用。这一部分实验室数据,我们主要是用来参考活性污泥系统对污染指标的去除率,通过放流出水指标和原水指标的比值即可确认去除率效果,另外的一些指标也可以指导我们解决处理工艺故障。

2)活性污泥浓度在实践中的有效利用。活性污泥浓度在工艺控制中至关重要,因为处理污水、废水的主体活性污泥,其浓度发生异常变化会迅速反应到放流出水方面,特别是误排泥等操作的及时发现都有赖于通过活性污泥浓度的确认。

建议每天对该指标进行实验室分析确认,因为该参数还为污泥容积指数和食微比的确认提供必要的参数支持。采样和检测的时候要注意采样地点,检测时要注意摇匀。

3)显微镜观察在实践中的有效利用。活性污泥的主体就是微生物,我们通过显微镜观察能够很好地了解微生物的活动状态,这是很多检测方法所不能比的。实践中需要我们每天对活性污泥进行一次检测,以便第一时间了解活性污泥系统的运行状态,特别是对多数敏感原生动物的观察,能够使我们较早地采取措施来应对运行故障,调整运行状态。

三、每天在现场需要做的工作

作为工艺控制管理人员,每天需要在现场进行必要的观察和确认,以保证污水、废水处理系统的正常运行。通常需要做如下工作:

(1)每天至少两次到各处理系统的构筑物上走一圈,以了解生化系统和物化系统的运行概况,包括各阶段处理水色泽、絮体大小、液面浮渣、出水情况等。

(2)每天至少一次到药品间、污泥脱水房察看一遍,避免这些部位发生故障而在后期导致生化系统运行故障。

(3)每天至少进行两次活性污泥沉降比的现场检测。

通过以上现场确认,再结合其他工艺控制参数及项目,就能够在多个方面来验证和保障活性污泥系统正常运转了。

四、实践工作中如何有效提高自身对专业知识的掌握

和其他知识的学习一样,水处理知识也需要良好的理论基础和丰富的实践经历才会让你的能力达到一个较高的水平。但是,污水、废水处理方面更加需要实践经验的积累,也就是说,很多运行工艺故障都需要亲身经历过,并经过亲自调整工艺参数,做出应对措施后才有可能充分掌握和认识。这就要求我们在平时的日子里勤做笔记,特别是工艺故障前后各工艺控制参数的确认,对综合分析工艺故障十分重要。而做出特殊调控措施的时候,往往前后工艺参数的记录也是必不可少的。就拿杀灭丝状菌采取的措施来说,如果没有在采取杀灭动作的时候记录有效的工艺参数和效果,那么很难将这些经验进行综合分析,最多是自己一时的掌握,对同行来讲无指导意义,对自己来说,时间长了也容易遗忘的。

另外一个重要的方面是认真分析故障原因。在需要数据参数验证的时候，自己要多动手去进行验证，而不是说实验室没有这个检测项目就不去追究了，那样的话对某个推断或结论就无法得到验证，自然也就无法在以后发生同类事情的时候，进行充分的应对了。

同样是污水、废水处理工作的技术管理人员，有的人已经在这个岗位上工作十多年了，你问他一些简单的专业知识，他都不知道。而有的人，进入污水、废水处理厂后经常到现场了解运行工况，积极参与实验检测，那么他的知识水平可能不用两年就超过已经工作十多年的技术管理人员了。所以，只要大家用心去发现污水、废水处理工艺中的知识点，把它们融会贯通，成为一个工艺控制专家也是一件很容易的事。

第二节　如何成为优秀的污水、废水处理工艺专家

习近平总书记提出"绿水青山，就是金山银山"后，从 2016 年 12 月开始，中央环保督察工作启动，全国各地环境保护工作被提升到了前所未有的高度。这就意味着除了严格的排放标准，更有了严格督查执行排放标准的空前力度。结果一方面污水、废水处理厂的运行成本会上升，另一方面，运行维护污水、废水处理系统的工艺控制技术人员肩上的压力更大了。

有很多污水、废水处理厂不得不进行提标改造，甚至有的污染项目，如电镀、印染等被要求搬进工业园集中进行排放污染物处理。

以往，国家对污水、废水排放管理相对严格，但是随着环保督察的进行，大气污染治理、土壤污染预防等也都以前所未有的严格管理姿态出现。这些都是国家重视环境保护工作的结果。这对于奋战在一线的环保工作人员来说是更高的挑战，但同时也创造了更大的机遇。

广大环境保护工作者奋战在环保战线上，正在发挥各自的才能为国家的环境保护事业贡献着力量，其中污水、废水处理从业人员最多。然而就作者多年来的切身感受而言，一些污水、废水处理一线人员的专业技术功底还比较薄弱，需要不断地提高。这既是个人发展的要求，更是国家环保事业水平进一步提升的重要一环。

那么造成一些污水、废水处理一线人员的专业技术功底薄弱的原因在哪呢？作者主要总结为如下几点：

（1）污水、废水处理一线人员中有相当一部分不是科班出身，导致理论知识相对不足。

（2）综合水平较高的专业技术人员大多在各水务公司任职，其经验很难有效地向一线污水、废水处理厂人员传授。

（3）污水、废水处理专业知识往往实践重于理论，而学习理论知识尚有老师引领，实践知识的学习往往难像在学校一样有老师引领了。

（4）污水、废水处理一线人员所在单位的处理工艺和运行特性较为固定，这势必导致一线人员无法获得综合的污水、废水处理综合知识，无法融会贯通，继而不能成为行业中的专业人士。

以上几点，应该是一线污水、废水处理人员中，技术水平较高的人员偏少的主要原因吧。所谓"师傅领进门，修行在个人"，我想这个师傅领进门还是非常重要的，他可以使"修行在个人"事半功倍。接下来作者就根据自身十多年来的心得体会，阐述"成为一名优秀的污水、废水处理工艺专家"所必需的构成要件：

一、树立工作目标

所谓爱岗敬业、做一行爱一行，但是，光有这点是不够的。作为污水、废水处理人员来说，树立远大的目标是必要的，目标既是方向也是动力。我们时常能看到很多工作了十几年以上的污水、废水处理一线人员，其专业技术水平的掌握程度与其工作年限极不相符，很多基本的工艺控制参数都不懂。那么为何会有如此现状呢？我想还是因为缺失了目标的缘故。

目标可以分为短期和中长期的目标，高成就必然需要高目标。所以，每个污水、废水处理人员必须给自己制定高目标，比如在 5 年内成为"水处理专家"。

当我们制定了远大的目标后，自然就会发现要达到这个目标，目前还缺少的东西和存在的阻碍与困难。明确所缺和会遇到的阻碍及困难是极其重要的一件事，是需要时刻关注的。因为，只有知道自己要达到目标而必须要解决什么问题的时候，才能够明确下一步的行动方针及内容。如果没有制定好自己的工作目标，或者有了目标又没有充分找出实现目标会遇到的阻碍的话，那么很有可能你干了十几年后，发现自己多年来毫无进步了。

综上所述，制定工作目标是成为污水、废水处理工艺专家的前提和基础。那么现在开始你就可以为实现"成为优秀的污水、废水处理工艺专家"的目标而准备了。下面作者会根据自己的经验体会来告诉大家，为实现目标，哪些准备工作是必不可少的。

二、确定和强化理论知识重点

专家，是指擅长某一领域的人，而不是什么行业都涉猎而能成为专家的。所以，我们必须明确，达到目标所缺的部分核心是什么。

作为刚出校门的学子来说，院校所学的是广而不专的专业知识，参加工作后，会发现有很多所学是要暂时放弃的，而所学被所用的却不多。此时，尽快地搞清楚哪些院校所学的知识会在接下来的工作中用到就显得很重要了，后面就是需要强化该部分理论知识了。这里就要介绍一些强化理论知识的方法和途径了。

（1）重新拿出教科书，再看几遍，你会发现理解的深度和接受的程度比在院校里强多了（那是因为院校里你还没有明确工作目标，自然不知道重点在哪里，所以，无法知道将来工作中会缺什么）。

（2）对单位里污水、废水处理工艺的设计说明、图纸、运行资料要反复研读体会，多找出不懂的地方，再用所学的理论知识去解读理解。如此反复，理论知识将会更加扎实。

（3）多去下载与本单位处理工艺相近的论文，打印后不断地研读体会（此时你会发现，看了这么多论文，怎么好多知识在自己所学的教科书上没有讲到呢）。

这里需要提到的是，在最初的开始阶段，需要专攻的是与自己单位处理工艺相近的理论知识来学习，而不是什么工艺都去学，这样不但造成对有效时间的浪费，也不利于新获知识的稳固。因为，所有的理论知识，如果本人不能够很好地在实践中加以检验的话，是不可能被充分通透地理解和掌握的，特别是在你还没有成为专家时，尤其如此。

三、通过实践不断验证自己的理论知识

通过实践检验所学理论是非常关键的，尤其对污水、废水处理人员来说更是如此。因为，污水、废水处理系统是一个动态的过程，其间会发生的问题是书本知识难以涵盖的，这就要求我们通过实践来反复验证自己所学的理论知识，加以积累和活用，如此，成为行业专家的脚步就开始慢慢踏出了。下面就工作如何通过实践来验证自己的理论知识的方法加以阐述。

1. 污水、废水设施的日常巡检

单位污水、废水处理系统是动态的，而我们也不必时刻了解这个动态过程，所以，我们要养成当班时的良好巡检习惯。我们很多同行很不愿意做这个巡检工作，因为感觉工作重复，无非就是抄表、开关设备而已，担心学不到知识；而恰恰相反，巡检是通过实践来验证理论知识的重要手段之一。因为，通过日常巡检，你会看到污水、废水系统的动态变化，能够清楚地知道每次系统动态变化的程度和原因，这是你判断系统运行状态不可或缺的基本依据。所以，我们决不能把污水、废水设备的日常巡检当成负担，相反，要对其足够重视，每次巡检都要带着问题和期待而去。

作者当年每天4次以上对污水、废水设施巡检的工作，从不缺失，每次近1小时的巡检总有新的收获，所以对系统的把握能力也逐步提高了。

2. 主宰实验室

污水、废水处理工艺运行效果的评定离不开实验室的数据支持，踏入工作岗位的污水、废水处理人员，一定要"占领实验室"，因为这是你通向"成为一名优秀的污水、废水处理工艺专家"这一目标必须夺下的城堡。因为你日后通过实践检验理论知识以及不断提高对污水、废水工艺控制参数的把握时，实验室是必由之地。

首先，所有的日常实验方法必须掌握，这对院校科班出身的污水、废水处理人员来说没什么难度。但是，你必须去自己动手体会，这个很重要，千万不要觉得我会实验方法的，不需要再操作了。这里举一例大家就知道了，在好氧生化处理中，我们需要通过显微镜来观察活性污泥中的原生动物、后生动物，以此来判断活性污泥的现状，而如果你委托别人做这个实验分析，自己不动手的话，我想你永远无法充分掌握活性污泥动态状态。

其次，实验室数据也不是能够保证100%准确的，只有自己操作才能够做到充分相信或怀疑。在分析污水、废水系统运行故障时，实验室数据是非常重要的，如果数据不准确的话，试想你的对策还会有效吗？更重要的是会误导你积累知识经验，阻碍你达成"成为一名优秀的污水、废水处理工艺专家"的目标。

也许有同行会说："我们单位分工很细，我做了工艺控制人员，就无法去实验室自己做实验了。"诚然，有的单位会有这样的情况，这也是我们通向目标的阻碍之一，那么就必须通过各种途径和方法将其扫除，比如多向领导请示，利用空暇时间参与实验分析等。

3. 系统运行参数的统计分析

经验来源于积累，除了需要每天关注系统的运行工况外，对每天记录下来的运行参数和设施状况也需要进行统计分析，否则，记录下来的实验数据和巡检参数将变得效用大减。因为，单个的运行参数和实验室数据通常不具备很好的指示和指导作用，只有将运行数据连贯地统计分析，才能通过实验室数据和运行参数来把握住整个系统的实际运行工况。

通常，只要是实验室有分析的数据，都可以将整年检测数据进行汇总统计，做成图表，由此便可直观地进行分析，根据年度指标波动情况来找出规律性的东西，此时你得到的经验值将完全属于你自己，也最不容易忘记。

另外需要分析统计的数据就是日常的抄表数据了，比如流量、pH值、溶解氧、回流比、排泥流量等在线监测数据了。同样这些数据也需要统计整年度的数据，将这些数据和上面提到的实验室整年度数据一起进行汇总分析，寻找规律性的东西。现举例如下：

（1）通过观察进水水量波动的情况下，出水各指标的波动幅度。

（2）通过观察溶解氧的幅度极限值来了解过低溶解氧或过高溶解氧对本系统的影响程度。

（3）通过观察年度pH值的波动区间。找出出水异常时的前期pH值波动情况，由此构建起关联性。

（4）通过观察进水底物和进水氨氮的比值，分析出在何比例时，出水氨氮能保证达标排放。

（5）分析进水有机物浓度和活性污泥浓度间的关系，找出在何种进水浓度情况下，配合多少活性污泥浓度，出水是稳定、合格的。

（6）分析出水悬浮颗粒浓度和活性污泥浓度的关系。

以上，种种关联不胜枚举，需要广大污水、废水工艺人员的不断自我总结和消化。当你扎实地做好每一天的功课，那么实现"成为一名优秀的污水、废水处理工艺专家"的目标将变得不远了。也就是说只要找准了奋斗的方向和方法，实现目标并不困难。

4. 日常作业外的实践课

前面提到的三点，是每个污水、废水处理人员应该要做的基本作业，除此之外，更重要的是做好实践课。主要概括起来有如下方法：

（1）系统调试、启动时是难得的学习机会，需要做好各种记录，将整个调试过程与理论知识加以比对，找出疑惑点，通过各种途径将这些疑惑解除。

（2）物化处理阶段通常都会有药品投加的情况，或是 pH 值调整，或是氧化还原，或是混凝沉淀；我们一定要亲自动手，根据水质、水量来调整出最合适的药品投加量。这里特别要强调这是一个长期的过程，绝不是说你调了几天的药品投加量就自认为掌握了。作者曾经在调试 PAM 投加量时，现场调整和实验室小试做了上千次，最终发现了混凝沉淀中的很多知识点，为学好物化混凝沉淀知识奠定了牢固的基础。

（3）生化系统的参数调整奥妙无穷，因为生化系统要调整到最佳状态，涉及多个控制参数，这些参数恰恰是相互关联的；如果不能融会贯通，则常常会发现调整一两个参数效果不佳的情况。所以，生化系统的调整经验获得，需要不断地实践积累，既要通过数据分析统计，又要不断地亲自动手尝试。特别要指出，不要因为怕调整失败而不敢进行系统的参数调整。

（4）每天经过各污水、废水处理构筑物时，不能放过每个细节，如颜色、气泡、状态、味道、运行情况等。如前所说，要学到真正的实践知识，还是要在运行设施现场来获得。每天要有目的地去巡检，任何异常都要通过各种途径去证明，找出原因。别人每天走马观花式的简单巡检，结果就是做了十几年还不如你两三年的实践经验积累。所以，每天污水、废水构筑物运行工况务必要牢牢把握，做到心中有数。当然也要注意安全，毕竟在构筑物上常年走动，时刻要注意安全。

四、时刻保持求知若渴的状态

具备了求知若渴的心态，则在实际工作中遇到搞不懂的，就会主动向老师、领导、同行请教了。要知道，遇到疑惑的地方，通过向他人请教是捷径，但是我们不可以当作主义，如前所说，"没有经过自己验证的知识点，永远要持有怀疑的态度"。否则会使你的知识点混乱，继而阻碍你向"成为一名优秀的污水、废水处理工艺专家"的目标前进。同时，我们也需要到书店去购买些专业书籍，这些书籍与院校的教科书不同，其更趋于专业。有了这些专业书籍，则可以有的放矢地在实际工作中进行实践了。除此之外，专业水处理门户网站的论坛是非常值得去交流学习的地方，不但可以看看别人提出的问题以及专业人士是如何解答问题的，也可以将自己在日常工作中遇到的难题和疑惑拿到论坛上与同行交流。

作者长期担任水世界论坛的顾问，坚持不懈地和同行交流水处理的各种问题和疑惑，在解答别人疑难问题的同时，其实自己也在温故和提升自己的专业水平。

五、量变到质变成为必然

当你的实践知识不断地积累，并与理论知识点融会贯通，你的专业能力就会不断地提升，朝向"成为一名优秀的污水、废水处理工艺专家"的目标不断迈进。有一天，你会发现，任何一个系统运行故障，你都能轻而易举地找出本质原因，清楚问题的所在。而这一切，通过简单实验分析或现场观察就足以。这正是说明你的专业技术能力得到了升华，离成为一名"优秀的污水、废水处理工艺专家"真的不远了。而这一切可能在5年内就可以实现了。

所以把握好现在，制定好目标，努力利用好每一天增加知识经验的机会，奋发向前，哪怕在院校里落下来的知识也终究可以被补上的。

国家的环保事业需要千千万万的环保工作者共同努力才可以实现，你我正是其中的一员，加油吧，朝着"成为一名优秀的污水、废水处理工艺专家"的目标不断努力，当我们的同行都树立有这样的目标，并付诸努力，那么何愁中国不会重现碧水蓝天呢？

《活性污泥法工艺控制》一书一直是污废水处理设计、管理、操作人员重要的现场实践类参考书籍，被水友们称为污废水处理的"红宝书"。本书作者三丰老师多年来不断听到读者朋友们要求以《活性污泥法工艺控制》一书为教材来开设视频教学课程的反馈。

值此《活性污泥法工艺控制》一书第三版发行之际，三丰老师和中国电力出版社联合推出以本书内容为核心的视频教学精品课程，通过大量现场图片、视频为教学素材，用现场人员能理解的语言，深入浅出地全面讲授《活性污泥法工艺控制》一书，为广大污废水处理相关人员技术水平提升、打破技术瓶颈提供一条快速而便捷的通道。精品课程信息如下：

- 课程名称：《活性污泥法工艺控制》精品课程
- 主讲老师：张建丰（微信 ZWS2030）
- 上课形式：视频课程（PPT 课件+讲师视频讲授）
- 课程课时：共 24 节课程（每节课约 40 分钟）
- 排课计划：参考下表

扫一扫，"码"上学起来

序号	课程主题	序号	课程主题
01	课程介绍（公开课）	13	显微镜生物相观察（1）
02	物化处理概述（1）	14	显微镜生物相观察（2）
03	物化处理概述（2）	15	显微镜生物相观察（3）
04	生化处理概述	16	运行故障分析和对策（1）-培菌、污泥老化
05	活性污泥法工艺控制参数（1）-原水成分、pH	17	运行故障分析和对策（2）-浮渣泡沫
06	活性污泥法工艺控制参数（2）-水温、DO 值	18	运行故障分析和对策（3）-污泥中毒
07	活性污泥法工艺控制参数（3）-MLSS、污泥龄	19	运行故障分析和对策（4）-污泥膨胀
08	活性污泥法工艺控制参数（4）-F/M、回流比	20	脱氮除磷（1）-概述
09	活性污泥法工艺控制参数（5）-SVI、营养剂	21	脱氮除磷（2）-脱氮工艺控制
10	SV30 沉降比实验（1）	22	脱氮除磷（3）-除磷工艺控制
11	SV30 沉降比实验（2）	23	厌氧处理概述（1）
12	SV30 沉降比实验（3）	24	厌氧处理工艺控制（2）